합격선언

기술직 공무원

식용작물

www.goseowon.co.kr

PREFACE

'정보사회', '제3의 물결'이라는 단어가 낯설지 않은 오늘날, 과학기술의 중요성이 날로 증대되고 있음은 더 이상 말할 것도 없습니다. 이러한 사회적 분위기는 기업뿐만 아니라 정부에서도 나타났습니다.

기술직공무원의 수요가 점점 늘어나고 그들의 활동영역이 확대되면서 기술직에 대한 관심이 높아져 기술직공무원 임용시험은 일반직 못지않게 높은 경쟁률을 보이고 있습니다.

기술직공무원 합격선언 시리즈는 기술직공무원 임용시험에 도전하려는 수험생들에게 도움이 되고자 발행되었습니다.

본서는 방대한 양의 이론 중 필수적으로 알아야 할 핵심이론을 정리하고, 출제가 예상되는 문제만을 엄선하여 수록하였습니다. 또한 최신 출제경향을 파악할 수 있도록 최근기출문제를 상세한 해설과 함께 구성하여 수록하였습니다.

신념을 가지고 도전하는 사람은 반드시 그 꿈을 이룰 수 있습니다. 서원각이 수험생 여러분의 꿈을 응원합니다.

STRUCTURE

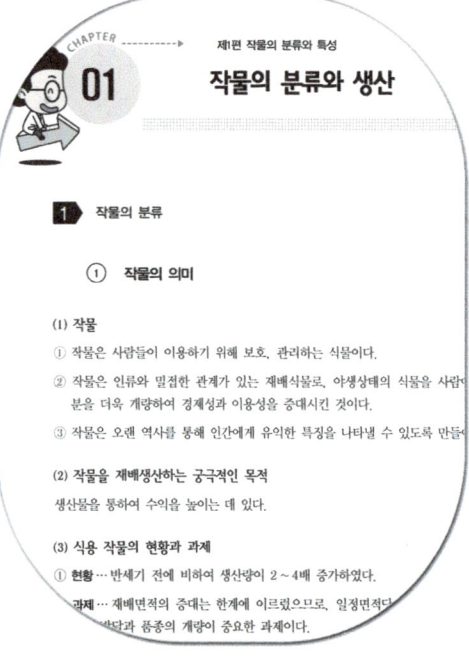

CHAPTER

01

▶ 제1편 작물의 분류와 특성

작물의 분류와 생산

1 작물의 분류

① **작물의 의미**

(1) 작물

① 작물은 사람들이 이용하기 위해 보호, 관리하는 식물이다.

② 작물은 인류와 밀접한 관계가 있는 재배식물로, 야생상태의 식물을 사람[이]
분을 더욱 개량하여 경제성과 이용성을 증대시킨 것이다.

③ 작물은 오랜 역사를 통해 인간에게 유익한 특징을 나타낼 수 있도록 만들[ ]

(2) 작물을 재배생산하는 궁극적인 목적

생산물을 통하여 수익을 높이는 데 있다.

(3) 식용 작물의 현황과 과제

① **현황** … 반세기 전에 비하여 생산량이 2~4배 증가하였다.

과제 … 재배면적의 증대는 한계에 이르렀으므로, 일정면적[당]
[ ]량과 품종의 개량이 중요한 과제이다.

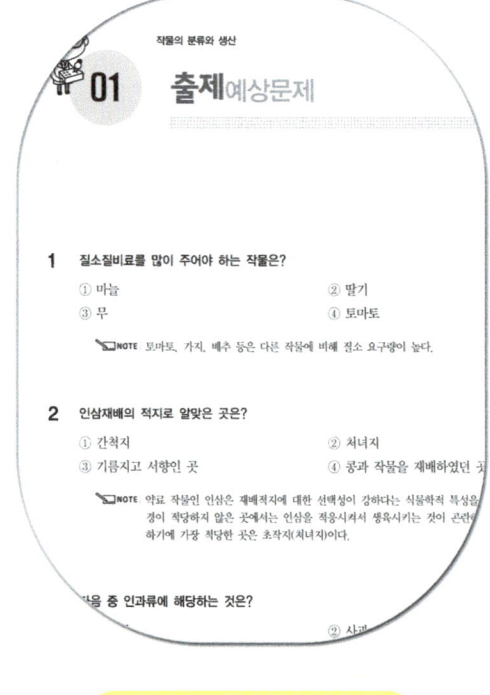

작물의 분류와 생산

01

출제예상문제

1 질소질비료를 많이 주어야 하는 작물은?

① 마늘　　　　　　　② 딸기
③ 무　　　　　　　　④ 토마토

🖉 NOTE 토마토, 가지, 배추 등은 다른 작물에 비해 질소 요구량이 높다.

2 인삼재배의 적지로 알맞은 곳은?

① 간척지　　　　　　② 처녀지
③ 기름지고 서향인 곳　④ 콩과 작물을 재배하였던 곳

🖉 NOTE 약료 작물인 인삼은 재배적지에 대한 선택성이 강하다는 식물학적 특성을[ ]
경이 적당하지 않은 곳에서는 인삼을 적응시켜서 생육시키는 것이 곤란[ ]
하기에 가장 적당한 곳은 초작지(처녀지)이다.

[ ]음 중 인과류에 해당하는 것은?

② 사과

핵심이론정리

식용작물 전반에 대해 체계적으로 편장을 구분한 후 해당 단원에서 필수적으로 알아야 할 내용을 정리하여 수록했습니다. 출제가 예상되는 핵심적인 내용만을 학습함으로써 난기산에 학습 효율을 높일 수 있습니다.

출제예상문제

그동안 치러진 국가직 및 지방직 기출문제를 분석하여 출제가 예상되는 문제만을 엄선하여 수록하였습니다. 다양한 난도와 유형의 문제들로 연습하여 확실하게 대비할 수 있습니다.

ⓒ 잡곡 : 옥수수, 수수, 기장, 조, 메밀,
ⓔ 두류 : 콩, 팥, 완두, 녹두, 땅콩, 강낭콩
ⓜ 서류 : 감자, 고구마, 토란, 카사바

다음 중 공예작물의 분류에서 옳지 않은 것은?

① 유료작물 – 참깨, 들깨, 콩   ② 섬유료
③ 기호료작물 – 차, 담배, 치커리   ④ 약료작

📝NOTE **공예작물의 분류**
ⓐ 유료작물 : 참깨, 땅콩, 들깨, 해바라기, 홍화 등
ⓑ 섬유료작물 : 목화, 대마, 저마, 청마, 아마, 양마
ⓒ 기호료작물 : 차, 담배, 홉, 치커리 등
ⓓ 약료작물 : 인삼, 구기자, 당귀, 두충, 맥문동 등
ⓔ 당료작물 : 사탕무, 단수수, 스테비아, 감초 등
ⓕ 전분료작물 : 구약감자, 율무, 마, 돼지감자 등
ⓖ 향료작물 : 박하, 길초 등
ⓗ 향신료작물 : 겨자, 겨자무, 고추냉이, 자소 등
ⓘ 염료작물 : 쪽, 비자 등
ⓙ 수액작물 : 옻나무, 고무나무 등

상세한 해설

매 문제마다 상세한 해설을 달아 문제풀이만으로도 개념학습이
가능하도록 하였습니다. 문제풀이와 함께 이론정리를 함으로써
완벽하게 학습할 수 있습니다.

2016. 6. 18 제1회 지방

1 **옥수수의 출수 및 개화에 대한 설명으로 옳지 않은 것은?**
① 일반적으로 웅성선숙이다.
② 수이삭의 개화기간은 7~10일이다.
③ 암이삭의 수염추출은 수이삭의 개화보다 3~5일 정도 빠르다.
④ 암이삭의 수염은 중앙 하부로부터 추출되기 시작하여 상하로 이행된다

📝NOTE ③ 암이삭의 수염추출은 수이삭의 개화보다 3~5일 정도 늦다.

2 **땅콩의 종합적 분류에 있어서 초형, 종실의 크기, 지유함량에 대한 설명으로**
① 발렌시아형의 초형은 입성이고, 종실의 크기는 작으며, 지유함량은 많
② 버지니아형의 초형은 입성·포복형이고, 종실의 크기는 크며, 지유함
③ 사우스이스트러너형의 초형은 포복성이고, 종실의 크기는 작으며, 지
④ 스페니쉬형의 초형은 입성이고, 종실의 크기는 크며, 지유함량은 작

📝NOTE ④ 스페니쉬형의 초형은 입성이고, 종실의 크기는 작으며, 지유함량

맥류에서 흙넣기의 생육상 효과로서 적절하지 않은 것은?

최근기출문제

최근 시행된 기출문제를 수록하여 시험 출제경향을 파악할 수
있도록 하였습니다. 기출문제를 풀어봄으로써 실전에 보다 철저
하게 대비할 수 있습니다.

CONTENTS

PART **01**

작물의 분류와 특성

CHAPTER

01

작물의 분류와 생산

1 작물의 분류

① 작물의 의미

(1) 작물

① 작물은 사람들이 이용하기 위해 보호, 관리하는 식물이다.

② 작물은 인류와 밀접한 관계가 있는 재배식물로, 야생상태의 식물을 사람이 이용할 수 있는 부분을 더욱 개량하여 경제성과 이용성을 증대시킨 것이다.

③ 작물은 오랜 역사를 통해 인간에게 유익한 특징을 나타낼 수 있도록 만들어졌다.

(2) 작물을 재배생산하는 궁극적인 목적

생산물을 통하여 수익을 높이는 데 있다.

(3) 식용 작물의 현황과 과제

① **현황** … 반세기 전에 비하여 생산량이 2 ~ 4배 증가하였다.

② **과제** … 재배면적의 증대는 한계에 이르렀으므로, 일정면적당 생산량을 증대시키기 위한 생산기술의 발달과 품종의 개량이 중요한 과제이다.

② 작물의 분류

(1) 일반 작물

식용작물, 공예작물, 사료작물, 풋거름작물로 나눈다.

① **식용작물** … 주식이나 보조식량으로 쓰인다.
  ㉠ 벼 : 논벼, 밭벼
  ㉡ 맥류 : 보리, 호밀, 밀, 라이밀, 귀리

    © 잡곡 : 옥수수, 수수, 메밀, 조, 피, 기장

    ② 두류 : 콩, 팥, 완두, 녹두, 강낭콩, 땅콩

    ⑩ 서류 : 고구마, 감자, 토란, 카사바

② **공예작물** … 공예, 공업의 원료로 또는 가공하여 이용된다.

    ㉠ 유료작물 : 참깨, 들깨, 땅콩, 콩, 홍화, 해바라기

    ㉡ 섬유료작물 : 목화, 대마, 아마

    ㉢ 기호료작물 : 차, 담배, 커피, 홉

    ㉣ 약료작물 : 인삼, 당귀, 구기자, 맥문동, 두충

    ㉤ 당료작물 : 사탕무, 단수수, 스테비아, 감초

    ㉥ 전분료작물 : 고구마, 감자, 율무, 마

    ㉦ 향료작물 : 계피, 박하, 라일락, 장미

    ㉧ 향신료작물 : 겨자무, 겨자, 고추냉이

    ㉨ 염료작물 : 쪽, 비자, 홍화

    ㉩ 수액작물 : 옻나무, 고무나무

③ **사료작물** … 가축의 사료로 쓰인다.

    ㉠ 벼과 사료작물 : 오처드그래스, 라이그래스, 옥수수, 호밀

    ㉡ 두과 사료작물 : 클로버, 알팔파

    ㉢ 기타 사료작물 : 돼지감자, 순무

④ **풋거름작물**(청예작물) … 비료로 사용된다.

    ㉠ 벼과 풋거름작물 : 귀리, 호밀, 라이그래스

    ㉡ 콩과 풋거름작물 : 알팔파, 자운영

(2) 원예작물

① **채소** … 부식, 양념으로 이용하는 초본이다.

    ㉠ 잎, 줄기 채소 : 배추, 양배추, 상추, 시금치, 마늘, 파, 부추

    ㉡ 열매채소 : 호박, 오이, 참외, 수박, 딸기, 토마토

    ㉢ 뿌리채소 : 당근, 무, 우엉, 생강

② **과수** … 열매를 이용하는 다년생 목본이다.

    ㉠ 인과류 : 배, 사과, 모과, 서양모과

    ㉡ 준인과류 : 감, 감귤

    ㉢ 핵과류 : 자두, 복숭아, 앵두, 살구, 매실

   ⓔ 장과류 : 무화과, 포도, 석류, 나무딸기

   ⓜ 각과류 : 호두, 밤, 피칸, 아몬드

 ③ **화훼** ⋯ 관상을 목적으로 하는 초본 또는 목본이다.

  ⓐ 한해살이 화초

   • 봄뿌림 한해살이 화초 : 나팔꽃, 해바라기, 샐비어, 백일홍, 채송화, 과꽃, 매리골드

   • 가을뿌림 한해살이 화초 : 팬지, 피튜니아, 금잔화, 안개초, 금어초, 시네라리아, 데이지

  ⓑ 여러해살이 화초 : 국화, 군자란, 카네이션, 베고니아, 거베라, 붓꽃, 제라늄, 원추리

  ⓒ 알뿌리 화초

   • 봄심기 알뿌리 화초 : 달리아, 칸나, 수련, 글라디올러스

   • 가을심기 알뿌리 화초 : 튤립, 크로커스, 히아신스, 동백, 수선화, 철쭉, 장미

  ⓓ 꽃나무류 : 군자란, 고무나무, 몬스테라, 소철, 아나나스

  ⓔ 관엽류 : 드라세나, 팔손이, 야자류, 아스파라거스

  ⓕ 난류

   • 자생란 : 건란, 춘란, 한란, 소심란

   • 착생란 : 반다, 카틀레야, 덴드로븀

  ⓖ 선인장 및 다육식물

   • 선인장 : 게발선인장, 공작선인장, 비모라느산취

   • 다육식물 : 알로에, 용설란, 꽃기린, 유카, 칼란코에

2   작물의 생산

①   작물의 생산현황

(1) 세계의 작물 생산현황

① **세계의 주된 작물** ⋯ 벼, 밀, 옥수수의 3대 식량 작물과 보리, 콩 등의 곡류이다.

② **쌀** ⋯ 90% 정도를 아시아에서 생산한다.

③ **밀** ⋯ 중국, 인도, 미국, 프랑스, 러시아 등이 주 생산국이다.

④ **옥수수** ⋯ 미국, 중국, 멕시코, 브라질, 아르헨티나, 프랑스 등이 주 생산국이다.

(2) 우리나라의 작물 생산현황

① **작물의 재배면적** ··· 우리나라에서 생산되는 작물은 크게 식용작물과 채소류, 특용작물, 과실류로 분류되고 2012년을 기준으로 식용작물의 재배면적이 전체의 60%를 차지하고 있다. 나머지는 채소류 13%, 과실류 9%, 특용작물 3% 순이다. 식용작물의 81%가 미곡이다.

② **작물의 생산량** ··· 2012년을 기준으로 채소류가 가장 많고 식용작물, 과실류, 특용작물 순으로 많다. 식용작물의 88%가 미곡이다.

♟ 총작물 생산현황 ♟

구분	재배면적			생산량		
	2011(ha)	2012(ha)	증감률(%)	2011(톤)	2012(톤)	증감률(%)
식용작물	1,055,847	1,051,676	-0.4	4,775,135	4,565,223	-4.4
미곡	853,823	849,172	-0.5	4,224,019	4,006,185	-5.2
맥류	42,098	30,667	-27.2	119,197	94,231	-20.9
잡곡	26,896	30,638	13.9	86,423	100,715	16.5
두류	88,186	93,272	5.8	141,876	136,306	-3.9
서류	44,844	47,927	6.9	203,621	227,786	11.9
채소류	242,332	224,713	-7.3	9,120,132	7,518,417	-17.6
엽채류	53,681	41,765	-22.2	3,270,673	2,327,040	-28.9
근채류	25,917	18,304	-29.4	1,330,491	908,524	-31.7
조미채류	116,139	116,226	0.1	2,586,021	2,215,112	-14.3
과채류	46,595	48,418	3.9	1,932,947	2,067,741	7.0
특용작물	62,218	58,913	-5.3	50,902	48,545	-4.6
과실류	161,232	159,658	-1.0	2,458,489	2,374,247	-3.4

♟ 총작물 재배면적 ♟

(단위 : 1천ha)

구분	2003	2004	2005	2006	2007	2008	2009	2010	2011	2012
총계	1,936	1,941	1,921	1,860	1,856	1,834	1,873	1,820	1,797	1,767
식용작물	1,236	1,233	1,234	1,180	1,163	1,145	1,127	1,095	1,056	1,052
벼	1,016	1,001	980	955	950	936	924	892	854	849
맥류	65	63	61	58	56	56	54	51	42	31
두류	95	100	118	101	88	87	83	83	88	93
잡곡	25	27	26	25	27	26	24	25	27	31
서류	34	42	50	41	42	40	42	44	45	48
채소	294	301	282	275	260	258	247	229	242	225
고추	58	62	61	53	55	49	45	45	43	45
마늘	33	30	32	29	27	28	26	22	24	28
양파	12	15	17	15	18	15	19	22	23	21
기타	191	194	172	178	160	166	157	140	152	131

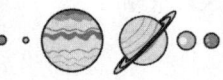

특·약용	68	60	61	61	63	59	69	66	62	59
참깨	35	32	34	31	31	29	35	27	26	25
들깨 등	33	28	27	30	32	30	34	39	36	34
과수	168	162	160	157	159	161	157	162	161	160
사과	26	27	27	28	29	30	30	31	31	31
배	24	23	22	21	20	18	17	16	15	14
복숭아 등	118	112	111	108	110	113	110	115	115	115
수원지 및 기타	170	185	184	187	211	211	273	268	276	271

※ 고추는 풋고추 미포함 면적이다.

♟ 경지이용률 ♟

지역	2011년 경지면적(ha)			2012년 경지이용면적(ha)			2012년 경지이용률(%)		
	총계	논	밭	총계	논	밭	평균	논	밭
전국	1,698,040	959,914	738,126	1,767,080	1,009,045	758,035	104.1	105.1	102.7
서울	828	296	532	712	278	434	86.0	93.9	81.6
부산	7,047	4,442	2,605	7,196	4,675	2,521	102.1	105.2	96.8
대구	8,927	4,345	4,582	8,969	4,557	4,412	100.5	104.9	96.3
인천	20,319	13,394	6,925	18,163	12,129	6,034	89.4	90.6	87.1
광주	10,794	7,015	3,779	11,575	7,585	3,990	107.2	108.1	105.6
대전	4,732	1,895	2,837	4,282	1,736	2,546	90.5	91.6	89.7
울산	11,560	6,947	4,613	9,944	6,573	3,371	86.0	94.6	73.1
경기	178,844	98,205	80,639	170,509	93,053	77,456	95.3	94.8	96.1
강원	109,496	41,086	68,410	105,052	37,817	67,235	95.9	92.0	98.3
충북	115,821	49,222	66,599	117,696	46,721	70,975	101.6	94.9	106.6
충남	232,289	165,678	66,611	234,364	162,380	71,984	100.9	98	108.1
전북	202,755	141,036	61,719	230,395	164,190	66,205	113.6	116.4	107.3
전남	303,975	190,588	113,387	346,201	214,283	131,918	113.9	112.4	116.3
경북	274,631	138,427	136,204	267,578	137,126	130,452	97.4	99.1	95.8
경남	156,992	97,305	59,687	172,120	115,928	56,192	109.6	119.1	94.1
제주	59,030	33	58,997	62,324	14	32,310	105.6	42.4	105.6

(3) 우리나라 곡물의 자급률과 수급률

① **자급률** … 우리나라의 식량작물 중 벼와 서류는 자급자족하고 있고, 맥류는 55%, 콩류 9.5%, 옥수수 1.2%, 밀 0.1%를 자급하고 있다.

② **수급률** … 밀, 옥수수, 콩의 3가지 곡물이 전체 수입량의 90% 이상을 차지하고 있다.

③ **자급률이 향상되기 어려운 조건** … 증가하고 있는 사료 및 가공용 양곡 수요의 증가와 경지 면적의 축소 등이 있다.

④ **식량부족의 원인** … 경지면적의 감소, 수확량 증가의 둔화, 기상이변, 인구증가 등이 있다.

② WTO(World Trade Organization)

(1) WTO 설립

① 1986년에 시작된 UR(우루과이라운드) 협상은 1947년에 설립되어 세계무역질서를 이끌어온 GATT (General Agreement on Tariffs and Trade) 체제의 문제점을 해결하고, 이 체제를 다자간 무역기구로 발전시키는 작업을 추진하게 되었다.

② 1994년 4월 모로코의 마라케시에서 개최한 UR 각료회의에서 마라케시선언을 채택하였고 UR 최종의정서, WTO 설립협정, 정부조달협정 등에 서명하였다.

③ 1995년 1월 1일 WTO가 공식 출범하였다.

(2) WTO의 역할

① 주로 UR협정의 사법부 역할을 맡아 국가간 경제분쟁에 대한 판결권과 그 판결의 강제집행권이 있으며 규범에 따라 국가간 분쟁이나 마찰을 조정한다.

② GATT에 없던 세계무역분쟁 조정, 관세인하 요구, 반덤핑 규제 등 준사법적 권한과 구속력을 행사한다.

③ 과거 GATT의 기능을 강화하여 서비스, 지적재산권 등 새로운 교역과제를 포괄하고 회원국의 무역관련법·제도·관행 등을 제고하여 세계교역을 증진하는 데 역점을 둔다.

④ 의사결정 방식도 GATT의 만장일치 방식에서 탈피하여 다수결원칙을 도입하였다.

(3) WTO 협정 당사국들의 목표

① 회원국의 생활수준 향상과 완전고용 달성, 실질소득과 유효수요의 지속적인 양적 확대를 추구하며, 상품과 서비스의 생산 및 교역을 증진한다.

② 지속 가능한 개발과 부합되는 방법으로 세계자원의 효율적인 이용을 도모하고 회원국의 상이한 경제수준에 상응하는 환경보전 노력과 보호수단을 허용한다.

③ 상호호혜의 바탕 위에서 관세 및 여타 무역장벽의 실질적인 삭감과 함께 국제무역상의 차별대우를 폐지한다.

④ 다자간 무역체제 구축과 그 기본원칙을 보존한다.

(4) WTO 설립의 영향

① WTO 설립은 산업·무역의 세계화와 함께 국경 없는 무한경쟁시대로 돌입하는 새로운 국제무역환경 기반을 조성하였다. 미국 등 일부 국가가 쌍무압력을 넣거나 국내정책에 대해 일방적으로 강요하는 등의 부담은 약해지고, 다자주의가 보다 힘을 얻을 수 있다. 이를 통해 미국의 슈퍼 301조 같은 일방적 조치나 지역주의 등을 일부 억제하는 효과가 있었다.

② 환경문제는 출범 후 2년의 검토기간을 거쳐 협상의 추진여부를 결정하도록 했으며 새로운 협상 과제로는 근로기준(BR)·기술(TR)·경제정책(CR) 등이 있었다.

③ 한국의 입장에서는 EU(European Union ; 유럽연합), NAFTA(North American Free Trade Agreement ; 북미자유무역협정) 등 지역주의가 극심해지는 데 따르는 불이익이나 미국, EU 등 선진국의 일방적인 무역보복조치의 피해를 줄일 수 있다는 장점이 있다.

(5) WTO 회원국과 본부

2001년 현재 회원국은 144개국이며, 본부는 스위스 제네바에 있다.

01 출제예상문제

1 질소질비료를 많이 주어야 하는 작물은?

① 마늘   ② 딸기

③ 무   ④ 토마토

>**NOTE|** 토마토, 가지, 배추 등은 다른 작물에 비해 질소 요구량이 높다.

2 인삼재배의 적지로 알맞은 곳은?

① 간척지   ② 처녀지

③ 기름지고 서향인 곳   ④ 콩과 작물을 재배하였던 곳

>**NOTE|** 약료 작물인 인삼은 재배적지에 대한 선택성이 강하다는 식물학적 특성을 지니고 있어 자연환경이 적당하지 않은 곳에서는 인삼을 적응시켜서 생육시키는 것이 곤란하다. 즉, 인삼을 재배하기에 가장 적당한 곳은 초작지(처녀지)이다.

3 다음 중 인과류에 해당하는 것은?

① 복숭아   ② 사과

③ 포도   ④ 귤

>**NOTE|** 과수의 분류
>㉠ 인과류 : 사과, 배, 모과, 서양모과
>㉡ 준인과류 : 감, 감귤
>㉢ 핵과류 : 복숭아, 자두, 살구, 앵두, 매실
>㉣ 장과류 : 포도, 무화과, 나무딸기, 석류
>㉤ 각과류 : 밤, 호두, 아몬드, 피칸

ANSWER | 1.④ 2.② 3.②

4 세계의 3대 식용작물로 옳게 짝지어진 것은?

① 밀 - 옥수수 - 벼 　　　　② 옥수수 - 밀 - 수수

③ 미곡 - 밀 - 보리 　　　　④ 콩 - 보리 - 수수

> **NOTE** | 대표적 식용작물
> ㉠ 3대 식용작물 : 밀, 벼, 옥수수
> ㉡ 4대 식용작물 : 밀, 벼, 옥수수, 보리

5 WTO의 극복방안으로 옳지 않은 것은?

① 수입 농산물을 전체 개방한다. 　　② 질 좋은 농산물을 생산한다.

③ 수량이 많이 나는 품종을 개발한다. 　④ 작물개량에 힘쓴다.

> **NOTE** | ① 품질 좋은 작물을 개량하여 WTO를 극복해야 한다.
> ※ WTO … GATT(General Agreement on Tariffs and Trade ; 관세 및 무역에 관한 일반협정)
> 체제를 대신하여 세계무역질서를 세우고 UR(Uruguay Round of Multinational Trade
> Negotiation ; 우루과이라운드) 협정의 이행을 감시하는 국제기구로 세계무역분쟁 조정, 관
> 세인하 요구, 반덤핑 규제, 농산물의 자유무역 확대 등 세계교역을 증진시켜 다자간 무역
> 체제의 효율성을 높이고자 한다.

6 공예작물 중에서 전매작물에 속하는 것은?

① 참깨 　　　　　　　　② 목화

③ 인삼 　　　　　　　　④ 박하

> **NOTE** | 전매작물 … 국가에서 전매하는 작물을 말하는데, 여기에는 인삼과 담배가 포함된다.

7 식물학상 과실에 해당되고, 영(껍질)에 싸여 있으므로 영과에 속하는 작물은?

① 콩 　　　　　　　　　② 보리

③ 옥수수 　　　　　　　　④ 감자

> **NOTE** | 영과작물에 속하는 작물은 벼, 보리, 밀 등이 있다.

ANSWER | 4.① 5.① 6.③ 7.②

8 다음 작물에 대한 설명 중 옳은 것은?

① 야생식물보다 생존경쟁에 강하다.　　② 일종의 기형식물이다.

③ 재배하는 데 기술이 필요하지 않다.　④ 재배할수록 환경이 오염된다.

> **NOTE** 작물
> ㉠ 사람이 이용할 목적으로 재배하는 식물을 뜻하며, 야생상태의 식물의 특정부분을 더욱 개량하여 경제성과 이용성을 증대시켜 온 것이다.
> ㉡ 작물은 생존경쟁에 있어서 야생식물보다 약하여 인간의 관리 및 보호없이는 생존하기 어렵다.

9 일정한 재배계획에 따라 어떤 포장에 재배하는 작물의 종류와 재배양식을 조절하는 방식은?

① 적지적작　　　　　　　　　　② 재배방식

③ 작부체계　　　　　　　　　　④ 이용계획

> **NOTE** 작부체계 … 작부란 경지에 작물을 심는다는 뜻으로, 순차적인 작물종류의 변천이나 작물의 조합, 배열방식을 뜻한다. 작부체계는 토지의 합리적 이용을 위한 것으로 윤작, 연작, 혼작, 간작, 교호작, 주위작 등 여러가지 방식이 있다.

10 다음 중 공예작물이 아닌 것은?

① 참깨　　　　　　　　　　　　② 목화

③ 호밀　　　　　　　　　　　　④ 박하

> **NOTE** ①②④ 공예작물　③ 풋거름작물
> ※ 공예작물 … 공예, 공업의 원료, 가공하여 이용되는 작물을 뜻한다.

11 다음 중 작물의 의미로 옳은 것은?

① 야생식물을 뜻한다.

② 인간이 이용할 목적으로 재배하는 식물이다.

③ 주로 산업용으로 쓰이는 식물이다.

④ 생태계의 동물들이 주로 섭취하는 식물이다.

> **NOTE** 작물 … 인간이 이용할 목적으로 재배하는 식물을 뜻하며, 야생상태의 식물을 사람이 이용할 수 있도록 더욱 개량하여 경제성과 이용성을 증대시켜 온 것이다.

ANSWER | 8.② 9.③ 10.③ 11.②

12 세계의 작물별 생산량을 비교한 것으로 옳은 것은?

① 벼 > 옥수수 > 밀
② 밀 > 옥수수 > 벼
③ 밀 > 벼 > 옥수수
④ 옥수수 > 밀 > 벼

✎NOTE| 작물별 생산량 ⋯ 밀 > 벼 > 옥수수 > 보리 > 콩 > 호밀

13 다음 중 일반작물에 속하지 않는 것은?

① 풋거름작물
② 식용작물
③ 공예작물
④ 원예작물

✎NOTE| 작물의 분류
 ㉠ 일반작물 : 식용작물, 사료작물, 공예작물, 풋거름작물
 ㉡ 원예작물 : 채소, 화훼, 과수

14 우리나라 농업의 특색으로 옳은 것은?

① 토지 이용률이 높다.
② 주곡농업이다.
③ 기상재해가 작다.
④ 농업규모가 거대하다.

✎NOTE| 우리나라 농업의 특색
 ㉠ 토지 이용률이 낮다.
 ㉡ 주곡농업이며, 영세농업이다.
 ㉢ 지력이 낮고, 기상재해가 크다.
 ㉣ 축산 비중이 낮다.

15 다음 중 핵과류에 속하는 것은?

① 감
② 자두
③ 무화과
④ 호두

✎NOTE| ① 준인과류 ③ 장과류 ④ 각과류
 ※ 핵과류 ⋯ 복숭아, 자두, 살구, 앵두, 매실 등이 있다.

ANSWER | 12.③ 13.④ 14.② 15.②

16 다음 중 식용작물의 의미로 옳은 것은?

① 공예, 공업의 원료, 가공하여 이용하는 작물

② 가축의 사료로 사용되는 작물

③ 주식이나 보조식량으로 이용되는 작물

④ 비료로 사용되는 작물

> **NOTE** 식용작물 … 인간의 생존을 위해서 필수적인 식량을 생산할 목적으로 재배하는 식물이다.

17 다음 중 식용작물 분류로 옳은 것은?

① 맥류 – 보리, 밀, 조　　　　　　② 잡곡 – 옥수수, 기장, 메밀

③ 두류 – 콩, 팥, 고구마　　　　　④ 서류 – 감자, 강낭콩, 호밀

> **NOTE** 식용작물의 분류
> ㉠ 벼 : 논벼, 밭벼
> ㉡ 맥류 : 보리, 밀, 호밀, 라이밀, 귀리
> ㉢ 잡곡 : 옥수수, 수수, 기장, 조, 메밀, 피
> ㉣ 두류 : 콩, 팥, 완두, 녹두, 땅콩, 강낭콩
> ㉤ 서류 : 감자, 고구마, 토란, 카사바

18 다음 중 공예작물의 분류에서 옳지 않은 것은?

① 유료작물 – 참깨, 들깨, 콩　　　② 섬유료작물 – 목화, 대마, 저마

③ 기호료작물 – 차, 담배, 치커리　④ 약료작물 – 인삼, 구기자, 율무

> **NOTE** 공예작물의 분류
> ㉠ 유료작물 : 참깨, 땅콩, 들깨, 해바라기, 홍화 등
> ㉡ 섬유료작물 : 목화, 대마, 저마, 청마, 아마, 양마 등
> ㉢ 기호료작물 : 차, 담배, 흡, 치커리 등
> ㉣ 약료작물 : 인삼, 구기자, 당귀, 두충, 맥문동 등
> ㉤ 당료작물 : 사탕무, 단수수, 스테비아, 감초 등
> ㉥ 전분료작물 : 구약감자, 율무, 마, 돼지감자 등
> ㉦ 향료작물 : 박하, 길초 등
> ㉧ 향신료작물 : 겨자, 겨자무, 고추냉이, 자소 등
> ㉨ 염료작물 : 쪽, 비자 등
> ㉩ 수액작물 : 옻나무, 고무나무 등

ANSWER | 16.③ 17.② 18.④

19 우리나라의 식량작물 중에서 자급률이 가장 높은 것은?

① 콩 ② 옥수수
③ 보리 ④ 밀

✎NOTE| 우리나라의 식량작물 중 벼와 서류는 자급자족하고 있고, 맥류는 55%, 콩류 9.5%, 옥수수 1.2%, 밀 0.1%를 자급하고 있다.

20 우리나라 농경지는 국토면적의 몇 %인가?

① 15% ② 17%
③ 19% ④ 21%

✎NOTE| 우리나라의 농경지면적은 현재 약 1,889천ha로 총 국토면적의 19%이다. 논은 1,149천ha이고, 밭은 740천ha로 구성되어 있다.

21 다음 중 전매작물을 바르게 짝지은 것은?

① 담배, 커피 ② 커피, 인삼
③ 인삼, 차 ④ 담배, 인삼

✎NOTE| 전매작물 … 공급과 수요를 균형있게 맞추기 위해 국가에서 모두 사들이는 작물로, 담배와 인삼이 있다.

22 다음 중 일반작물의 분류와 예로 옳지 않은 것은?

① 식용작물 – 벼, 옥수수, 기장, 귀리, 고구마
② 공예작물 – 참깨, 대마, 담배, 사탕무, 고무나무
③ 사료작물 – 오처드그래스, 알팔파, 순무, 호밀, 돼지감자
④ 풋거름작물 – 목화, 커피, 자운영, 라이그래스, 율무

✎NOTE| ④ 목화, 커피, 율무는 공예 작물이다. 풋거름작물에는 호밀, 귀리, 라이그래스, 자운영, 알팔파 등이 있다.

ANSWER | 19.③ 20.③ 21.④ 22.④

23 식용작물의 최대 과제로 옳은 것은?

① 재배면적 증대, 품종의 개량 　　② 재배면적 증대, 생산기술의 발달

③ 품종의 개량, 생산기술의 발달 　　④ 종 수의 증대, 생산기술의 발달

>📝**NOTE** 식용작물은 인구가 급증하는 오늘날의 상황에서 증산의 필요성이 매우 크며, 반세기 전에 비하여 생산량이 2 ~ 4배 증가하였다. 그러나 재배면적의 증대는 한계에 이르렀기 때문에, 앞으로는 일정면적당 생산량을 증대시키기 위한 생산기술의 발달이나 품종의 개량이 중요한 과제이다.

24 다음 작물 중 맥류에 속하지 않는 것은?

① 밀 　　　　　　　② 귀리

③ 호밀 　　　　　　④ 메밀

>📝**NOTE** ④ 메밀은 옥수수, 수수, 조, 기장, 피와 함께 잡곡에 속한다.

25 원예작물 중 과수의 분류에 속하지 않는 것은?

① 인과류 　　　　　② 난류

③ 핵과류 　　　　　④ 장과류

>📝**NOTE** 원예작물 중 과수는 인과류, 준인과류, 핵과류, 장과류, 각과류로 나눌 수 있다. 난류는 화훼에 속한다.

26 다음 중 식용작물에 해당되는 것은?

① 두류 　　　　　　② 기호료

③ 과수 　　　　　　④ 채소

⑤ 유료

>📝**NOTE** ②⑤ 공예작물　③④ 원예작물
>※ **식용작물** … 곡류, 맥류, 잡곡, 두류, 서류 등이 포함된다.

ANSWER | 23.③　24.④　25.②　26.①

27 다음 중 자운영처럼 풋거름으로 쓰기 위해 재배하는 작물은?

① 사료작물   ② 공예작물

③ 풋거름작물   ④ 식용작물

> ✎**NOTE**| 풋거름작물(녹비작물) … 자운영이나 라이그래스처럼 비료로 쓰기 위해 재배하는 작물을 말한다.

28 최근 농업경영의 변화에 대한 설명으로 옳지 않은 것은?

① 1농가당 경영규모가 커지고 있다.
② 농기계와 재배사육시설을 소형화하고 있다.
③ 원예를 전문적으로 경영하는 전업농가가 증가하고 있다.
④ 선진형 농업경영 형태로 변화하고 있다.

> ✎**NOTE**| 최근 농업은 젖소, 양돈, 양계 등의 축산과 채소, 과수, 화훼 등 원예를 전문적으로 경영하는 농가가 증가하고 있고, 농가 1호당 경영규모가 커져 선진형 농업경영 형태로 변화하고 있다. 농업 노동력의 부족으로 농업의 기계와 재배사육시설은 대형화되고 있다.

29 다음 중 작물의 학명으로 옳지 않은 것은?

① 수수 : Sorghum bicolor
② 보리 : Hordeum vulgare
③ 메밀 : Oryza sativa
④ 감자 : Solanum tuberosom

> ✎**NOTE**| 주요작물의 학명은 다음과 같다. 벼 Oryza sativa, 보리 Hordeum vulgare, 밀 Triticum aestivum, 호밀 Secale cereale, 귀리 Avena sativa, 옥수수 Zea mays, 수수 Sorghum bicolor, 조 Setaria italica, 기장 Panicum miliaceum, 메밀 Fagopyrum esculentum, 콩(대두) Glycine max, 팥 Phaseolus angularis, 녹두 Phaseolus radiatus, 땅콩 Arachis hypogaea, 강낭콩 Phaseolus vulgaris, 동부 Vigna sinensis, 완두 Pisum sativum, 고구마 Ipomoea batatas, 감자 Solanum tuberosum.
> ③ 메밀의 학명은 Fagopyrum esculentum이다. Oryza sativa는 벼의 학명이다.

ANSWER | 27.③   28.②   29.③

30 다음 중 원예작물에 속하지 않는 것은?

① 백합 ② 복숭아
③ 배추 ④ 라이밀

> **NOTE** ① 원예작물 중 화훼에 속한다.
> ② 원예작물 중 과수에 속한다.
> ③ 원예작물 중 채소에 속한다.
> ④ 식용작물 중 맥류에 속한다.

31 우리나라 논 토양의 일반적인 특성으로 옳지 않은 것은?

① 토양의 산도는 적정범위보다 조금 높은 알칼리성이다.
② 유효인산의 함량이 높은 편이다.
③ 칼륨은 적정범위에 근접하고 있다.
④ 유기물 함량은 조금 적거나 비슷하다.

> **NOTE** 우리나라 논 토양의 산도(pH), 규산, 석회, 마그네슘은 적정범위보다 낮고, 유기물과 칼륨은
> 근접하며, 인산은 높은 편이다.
> ① 산도(pH)는 적정범위보다 다소 낮은 산성이다.

32 작물의 분류 중 옳지 않은 것은?

① 용도에 의한 분류 – 사료작물, 녹비작물, 공예작물
② 작부방식에 의한 분류 – 구황작물, 대용작물
③ 생육형에 의한 분류 – 일년생, 영년생
④ 적온에 의한 분류 – 열대작물, 저온작물, 고온작물

> **NOTE** 생육형에 의한 분류 – 포복형 작물, 주형작물

02 작물의 생육

1 종자의 발아와 영양생장

① 종자의 발아

(1) 종자의 구조 및 성분

① **종자의 구조**

　㉠ 씨눈(배)과 씨젖(배젖, 배유)으로 나누어지고, 씨눈과 씨젖은 씨껍질에 싸여 있다.

　㉡ 씨눈의 구조 : 떡잎, 배축, 어린눈, 어린뿌리로 분화되어 있다.

② **종자의 구분** … 씨젖(배유) 종자와 무씨젖(무배유) 종자로 구분된다.

③ **종자의 성분** … 탄수화물, 단백질, 지방 및 여러가지 무기성분 등으로 이루어져 있다.

> ♣TIP | 작물의 재배
> 　㉠ 재배 : 작물을 기르는 것이다.
> 　㉡ 생육온도 : 작물이 일정한 범위의 온도에서 잘 자란다. 생육온도가 맞지 않을 경우 온실이나 비닐하우스와 같은 재배시설을 만들어 온도를 인공조절해줘야 한다.

(2) 발아과정 및 발아에 미치는 환경요소

① **발아과정** … 수분(물)의 흡수→효소의 활성화→저장양분의 분해 및 이전→씨눈의 생장 시작→껍질의 열림→유아(어린눈), 유근(어린뿌리)의 출현

② **발아에 영향을 미치는 요소**

　㉠ 발아의 3대 필수조건 : 산소, 수분, 온도

　㉡ 햇빛은 식물의 종류에 따라 발아에 주는 영향이 다르다.

③ **발아에서 햇빛에 따른 종자의 분류**

　㉠ 광발아 종자(호광성 종자) : 담배, 우엉, 상추, 금어초, 베고니아, 피튜니아, 화본과 목초 등

　㉡ 암발아 종자(혐광성 종자) : 가지, 토마토, 호박, 오이, 대부분 백합과 작물 등

② 작물의 영양생장

(1) 광합성(동화작용)

① **광합성** … 태양 에너지를 이용해 대기 중의 이산화탄소(CO_2)를 흡수하여, 탄수화물을 합성하고 산소(O_2)를 방출하는 과정이다.

② **광합성의 장소** … 잎의 엽록체에서 광합성이 이루어지고, 엽록체에 있는 엽록소는 태양 에너지를 흡수하는 광수용체이다.

③ **빛의 세기에 따른 광합성**

  ㉠ 광합성은 빛의 세기가 강할수록 증가하지만 일정한 빛의 세기가 되면 더 이상 광합성량이 증가하지 않게 된다.

  ㉡ 광포화점 : 더 이상 광합성량이 증가하지 않는 빛의 세기이다. 일반적으로 C_3식물보다 C_4식물의 광포화점이 더 높다.

> 🔔TIP | C_3식물과 C_4식물
> ㉠ C_3식물: 벼, 밀, 보리, 콩, 감자, 고구마 등
> ㉡ C_4식물 : 사탕수수, 수수, 옥수수 등

(2) 호흡(이화작용)

① **호흡** … 식물체 내의 탄수화물, 단백질, 지방을 산화하여 생장 및 생명활동에 필요한 에너지를 생산하는 대사과정이다.

② **호흡의 결과 생성되는 물질** … 에너지와 이산화탄소가 생성된다.

(3) 증산작용

① **증산** … 식물의 수분이 식물체의 표면에서 수증기가 되어 배출되는 현상이다.

② **증산작용에 영향을 주는 요인** … 빛, 온도, 습도, 바람 등이 있다.

2 작물의 생식생장

① 생식생장

(1) 의의

작물이 어느 정도 성장하게 되면 꽃이나 이삭이 분화되고 개화하여 수정과 결실이 이루어지는 것이다.

(2) 과정

① **꽃눈의 분화**(화아분화)

　㉠ 영양생식에서 생식생장으로 전환하는 단계로 기온과 일장의 영향을 받는다.

　㉡ 잎과 줄기를 분화시키던 줄기 끝의 생장점이 변화를 일으켜 꽃눈을 형성하게 되는 식물의 생육과정이다.

② **일장에 따른 작물의 분류**

　㉠ 단일성 작물 : 벼, 콩, 옥수수, 고구마, 들깨, 담배, 목화, 국화, 딸기, 나팔꽃, 코스모스 등

　㉡ 장일성 작물 : 보리, 밀, 양파, 시금치, 아주까리, 상추, 티머시, 감자, 오처드그래스 등

　㉢ 중일성 작물 : 강낭콩, 토마토, 고추, 샐러리, 당근 등

③ **개화**

　㉠ 개화 : 꽃눈이 발달하여 암술, 수술, 꽃잎, 꽃받침 등의 기관을 형성하고, 꽃받침과 꽃잎이 벌어지게 되는 현상이다.

　㉡ 개화에 영향을 주는 요인 : 질소에 대한 탄소의 비율, 지베렐린, 화성 호르몬, 옥신, 햇빛(광), 토양, 온도요인 등이 관여하는데 이 요인들 중 일장과 온도가 중요한 역할을 한다.

② 수정과정

(1) 배우자의 형성

① **배우자** … 씨방에 들어있는 밑씨와 수술의 꽃가루이다.

　㉠ 씨방의 구조 : 난세포 1개, 조세포 2개, 극핵 2개, 반족세포 3개로 이루어져 있다.

　㉡ 꽃가루 : 꽃가루 주머니에 들어있는데 어린 꽃가루 주머니의 정원세포가 소포자로, 소포자가 화분립(꽃가루)으로 성숙하게 된다.

② **배우자의 형성** … 여러 번의 감수분열을 거쳐서 형성된다.

♀ 배낭과 꽃가루의 모습 ♀

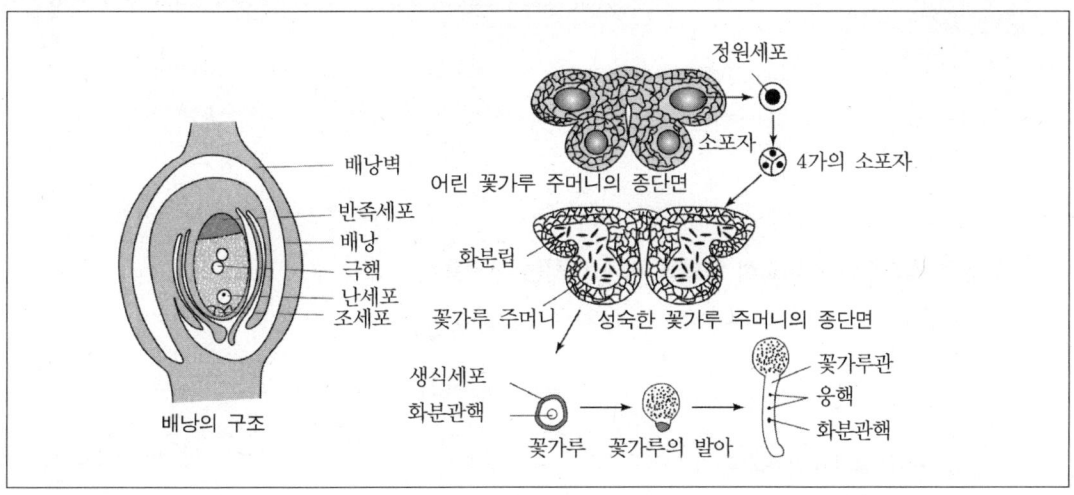

배낭의 구조

(2) 수분과 수정

① **수분**(꽃가루받이) … 수술의 꽃가루가 암술머리에 떨어지는 현상이다.

② **수정**(정받이) … 수분이 이루어진 후 화분관(꽃가루관)이 신장하여 꽃가루 속의 정핵이 배낭에 보내어져 배낭 속의 난세포와 극핵에 각각 합쳐지는 것이다.

③ **중복수정** … 속씨식물에서 1개의 정핵은 난세포와 결합하여 씨눈(배)이 되고, 다른 1개의 정핵은 2개의 극핵과 결합하여 씨젖(배젖, 배유)이 되는데 이와 같이 수정이 동시에 두 번 이루어지는 현상을 말한다.

㉠ 속씨식물은 외떡잎식물과 쌍떡잎식물로 분류된다. 외떡잎식물에는 벼, 보리, 밀 등이 있고, 쌍떡잎식물에는 콩, 메밀 등이 있다.

㉡ 외떡잎식물과 쌍떡잎식물의 비교

	외떡잎식물	쌍떡잎식물
떡잎	1장	2장
입맥	평행맥(나란히맥)	망상구조(그물맥)
줄기 관다발	복잡하게 흩어져 배열	원통형(고리 모양) 배열
꽃잎	3의 배수 구성	주로 4~5의 배수 구성
뿌리	수염뿌리	원뿌리(곧은뿌리)

작물의 생육

02 출제예상문제

1 작물의 종자수명에 비교적 영향을 적게 미치는 요인은?

① 온도   ② 수분

③ 탄소   ④ 산소

📝**NOTE|** 종자에 영향을 미치는 요인…산소 수분, 온도

2 장일성 또는 단일성 등 작물의 광주기성에서 일장을 인지하는 부위는?

① 줄기   ② 꽃

③ 잎   ④ 뿌리

📝**NOTE|** 일장처리를 감응하는 부위는 잎이며, 어린 잎은 거의 반응하지 않는다.

3 다음 중 단일식물로만 바르게 짝지어진 것은?

㉠ 벼	㉡ 시금치	㉢ 코스모스	㉣ 고추
㉤ 당근	㉥ 국화	㉦ 상추	㉧ 콩

① ㉠㉢㉣   ② ㉠㉤㉦

③ ㉠㉢㉥㉧   ④ ㉡㉢㉥㉦

📝**NOTE|** 일장에 따른 작물의 분류
　㉠ 단일성: 벼, 콩, 옥수수, 고구마, 들깨, 담배, 목화, 국화, 딸기, 코스모스 등
　㉡ 장일성: 보리, 밀, 양파, 시금치, 아주까리, 상추, 티머시, 감자 등
　㉢ 중일성: 강낭콩, 토마토, 고추, 당근 등

ANSWER | 1.③ 2.③ 3.③

4 다음 중 식물이 이용하는 수분에 해당하는 것은?

① 결합수   ② 흡습수

③ 지하수   ④ 모관수

> ✏️**NOTE** 모관수 … 표면장력에 의한 모세관 현상에 의해 보유되는 수분으로 pF 2.7~4.5로 식물이 주로 이용한다.

5 다음 중 호광성 종자에 해당하는 것은?

① 상추, 오이   ② 담배, 상추

③ 담배, 가지   ④ 호박, 토마토

> ✏️**NOTE** 햇빛에 따른 종자의 분류
> ㉠ 호광성(광발아) 종자 : 담배, 상추, 우엉, 금어초, 베고니아, 피튜니아, 화본과 목초 등
> ㉡ 혐광성(암발아) 종자 : 가지, 토마토, 오이, 호박, 백합과 작물 등

6 작물의 광합성에 가장 적게 이용되는 광파장은?

① 적색광   ② 청색광

③ 녹색광   ④ 가시광선

> ✏️**NOTE** 녹색, 황색, 주황색은 투과 · 반사되기 때문에 효과가 적다.

7 애멸구에 의해 발생하는 병이 아닌 것은?

① 보리줄무늬오갈병   ② 벼잎집무늬마름병

③ 괴저모자이크병   ④ 벼줄무늬잎마름병

> ✏️**NOTE** 괴저모자이크병 … 배추 · 멜론 · 누에콩 · 토마토 등에 피해가 많은 바이러스병이다. 진딧물에 의해 매개되므로 진딧물에 대한 저항성 품종을 재배하는 것이 좋다.

ANSWER | 4.④ 5.② 6.③ 7.③

8 다음 중 광포화점이 가장 높은 작물은?

① 벼   ② 담배

③ 상추   ④ 옥수수

> **NOTE** 광포화점은 더 이상 광합성량이 증가하지 않는 빛의 세기로 옥수수, 사탕수수와 같은 C_4식물의 광포화점이 대체적으로 높다.

9 작물의 생육주기 조절의 가장 큰 환경요인은?

① 양분과 온도   ② 온도와 일장

③ 토양과 일장   ④ 토양과 양분

> **NOTE** 꽃눈 분화는 영양생장에서 생식생장으로 전환하는 단계로, 잎과 줄기를 분화(영양생장)시키던 줄기 끝의 생장점이 질적 변화를 일으켜 꽃눈을 형성(생식생장)하게 되는 식물의 생육과정으로 온도와 일장의 영향을 받는다.

10 보리의 생육에 가장 알맞은 토양의 pH는?

① 4.0 ~ 4.5   ② 5.0 ~ 6.8

③ 7.0 ~ 7.8   ④ 8.0 ~ 8.8

> **NOTE** 주요 작물의 생육에 알맞은 토양 산성도
> ㉠ 호밀 : pH 5.0 ~ 6.0
> ㉡ 귀리 : pH 5.0 ~ 8.0
> ㉢ 밀 : pH 6.0 ~ 7.0
> ㉣ 보리 : pH 7.0 ~ 7.8

11 발아에 필요한 3대 환경요소로 옳지 않은 것은?

① 온도   ② 수분

③ 산소   ④ 햇빛

> **NOTE** ④ 햇빛은 식물의 종류에 따라 발아에 미치는 영향이 다르다.
> ※ 종자발아의 3대 조건 … 수분, 온도, 산소로 종자의 발아에 필수적인 조건이다.

ANSWER | 8.④   9.②   10.③   11.④

12 세포의 원형질을 구성하고 있는 단백질의 주성분이며 엽록소의 주성분으로 잎의 동화능력을 높이는 효과가 있는 무기요소는?

① 질소(N) ② 칼륨(K)

③ 인산(P) ④ 칼슘(Ca)

> **NOTE** 단백질은 C, H, O, N 혹은 S로 구성되어 있으며, 엽록소의 주성분으로 광합성작용을 촉진하는 성분은 질소이다.
> ※ 질소(N)
> ㉠ 단백질의 주성분으로 세포의 원형질을 구성한다.
> ㉡ 엽록소의 주성분으로 잎의 동화능력을 향상시킨다.
> ㉢ 뿌리에서 흡수된 질소는 탄수화물과 결합하여 벼의 분얼과 잎의 발생 · 생장을 왕성하게 하고 개체군의 잎 면적을 넓게 한다.

13 다음 중 배젖 종자에 속하는 것은?

① 보리 ② 콩

③ 녹두 ④ 팥

> **NOTE** 배유의 유무에 따른 분류
> ㉠ 배젖 종자 : 벼, 보리, 옥수수 등
> ㉡ 무배젖 종자 : 콩, 녹두, 팥, 땅콩 등

14 벼에 규산이 부족하였을 때 나타나는 현상은?

① 줄기, 잎이 연약하여 병원균에 대한 저항력이 감소한다.

② 분얼 및 잎의 발생이 적고 잎면적이 줄어든다.

③ 잎이 황록색을 띠며 키가 자라지 못한다.

④ 분얼이 적고 출수, 성숙이 늦어진다.

> **NOTE** 규산
> ㉠ 벼과 작물이 가장 많이 흡수하는 무기물질로, 건물중의 10% 정도를 차지한다.
> ㉡ 수분의 증산작용과 더불어 잎의 표면조직에 축적되어 규산 이중층을 형성하여 규질화된다.
> ㉢ 벼의 생리작용에는 관여하지 않으나 부족하면 잎이 연약해지고 도열병균, 깨씨무늬병균에 감염되기 쉽다.

ANSWER | 12.① 13.① 14.①

15 다음 중 광포화점이 높은 C₄식물은?

① 벼   ② 옥수수
③ 보리   ④ 고구마

　　　NOTE｜ C₃식물과 C₄식물
　　　　　　㉠ C₃식물 : 벼, 밀, 보리, 콩, 감자, 고구마 등
　　　　　　㉡ C₄식물 : 옥수수, 사탕수수, 수수 등

16 광합성에 필요한 3대 요소는?

① 햇빛, 수분, 이산화탄소   ② 햇빛, 수분, 산소
③ 수분, 이산화탄소, 산소   ④ 햇빛, 이산화탄소, 산소

　　　NOTE｜ 광합성 … 햇빛의 에너지를 이용해 대기 중의 이산화탄소를 흡수하여 탄수화물(포도당)을 합성
　　　　　　하면서 산소를 방출하는 과정이다. 따라서, 광합성에 필요한 요소는 햇빛, 수분, 이산화탄소이다.

17 광선이 있어야 발아가 잘 되는 종자는?

① 담배   ② 토마토
③ 오이   ④ 호박

　　　NOTE｜ 호광성 종자(광선이 있어야 발아가 잘 되는 종자) … 담배, 우엉, 상추, 금어초, 베고니아, 피튜
　　　　　　니아, 화본과 목초 등이다.

18 다음 중 영양분을 떡잎에 저장하는 종자가 아닌 것은?

① 콩   ② 녹두
③ 목화   ④ 해바라기

　　　NOTE｜ 저장장소에 따른 분류
　　　　　　㉠ 떡잎에 영양분을 저장하는 종자 : 녹두, 콩, 유채, 땅콩, 해바라기 등이 있다.
　　　　　　㉡ 씨젖에 영양분을 저장하는 종자 : 목화, 아주까리 등이 있다.

19 광선이 없어야 발아하는 종자들로 바르게 짝지어진 것은?

① 담배, 상추   ② 우엉, 토마토

③ 가지, 오이   ④ 상추, 오이

> **NOTE** 광선이 없어야 발아하는 종자…토마토, 가지, 호박, 오이, 대부분 백합과 작물 등이 있다.

20 다음 중 작물의 잎에서 일어나는 작용이 아닌 것은?

① 광합성   ② 흡수

③ 호흡   ④ 증산

> **NOTE** ② 뿌리에서 일어나는 작용이다.

21 광합성작용과 거리가 먼 것은?

① 햇빛   ② 산소

③ 엽록체   ④ 질소

> **NOTE** ④ 광합성작용과 관련이 없고 콩의 뿌리에서 뿌리혹박테리아에 의한 질소 고정작용과 관련이 있다.
> ※ 광합성…식물의 엽록체에서 빛에너지를 이용하여 대기 중의 이산화탄소를 흡수하고 탄수화물과 산소를 만드는 과정이다.

22 중복수정에 대한 설명으로 옳은 것은?

① 난핵과 정핵이 수정을 두 번하는 것

② 난핵과 정핵, 난핵과 극핵이 수정하는 것

③ 난핵과 정핵, 극핵과 정핵이 수정하는 것

④ 정핵과 극핵, 난핵과 극핵이 수정하는 것

> **NOTE** 중복수정…난핵과 정핵이 수정하여 배를 형성하고, 극핵과 정핵이 수정하여 배유를 형성하는 것이다.

ANSWER | 19.③ 20.② 21.④ 22.③

23 다음 중 단일성 작물인 것은?

① 보리   ② 옥수수

③ 시금치   ④ 상추

> **✏NOTE|** 일장에 따른 작물의 분류
>   ㉠ 단일성 작물
>   • 밤의 길이가 길어야 발아하는 식물이다.
>   • 벼, 옥수수, 콩, 담배, 고구마, 들깨, 딸기, 국화, 목화, 코스모스, 나팔꽃 등이 있다.
>   ㉡ 장일성 작물
>   • 밤의 길이가 짧아야 발아하는 식물이다.
>   • 보리, 밀, 양파, 시금치, 상추, 감자, 아주까리, 티머시, 오처드그래스 등이 있다.

24 다음 중 일장에 따른 식물의 분류로 옳은 것은?

① 장일식물 – 일장이 길어야 꽃이 피는 식물

② 단일식물 – 일장이 길어야 꽃이 피는 식물

③ 장일식물 – 일장이 짧아야 꽃이 피는 식물

④ 중일식물 – 일장이 짧아야 꽃이 피는 식물

> **✏NOTE|** 식물의 분류
>   ㉠ 장일식물 : 일장이 길어야 꽃이 피는 식물
>   ㉡ 단일식물 : 일장이 짧아야 꽃이 피는 식물
>   ㉢ 중일식물 : 장일식물과 단일식물의 중간쯤인 식물

25 다음 중 작물이 잘 자라는 일정한 온도범위는 무엇인가?

① 최적 온도   ② 최고 온도

③ 최저 온도   ④ 생육온도

> **✏NOTE|** 최적 온도는 작물이 가장 잘 자라는 온도를 말한다. 생육온도는 작물의 최적 온도, 최저 및 최
>   고 온도를 모두 포함한다.

ANSWER | 23.② 24.① 25.④

26 광합성과 작물의 호흡에 대한 설명으로 옳은 것은?

① 넓은 의미의 광합성작용은 호흡을 무시하고 광합성 그 자체만을 생각할 때의 광합성량이다.

② '작물의 성장 = 총 광합성량 − 호흡에 의한 탄수화물의 소모량'이다.

③ 옥수수, 사탕수수는 빛이 있는 상태에서 광합성을 하는 동시에 호흡이 증대된다.

④ 빛이 있는 상태에서 이루어지는 호흡을 광호흡이라 하며 광호흡을 하는 작물로는 옥수수, 사탕수수 등을 들 수 있다.

✎NOTE│ ② '작물의 성장 = 순광합성량 − 호흡에 의한 탄수화물의 소모량'이며 순광합성량은 총 광합성에서 호흡에 의한 소모를 빼고 외견상으로 나타난 광합성에 의한 유기물의 합성만을 본 것이다.
③ 빛이 있는 상태에서 광합성을 하는 동시에 호흡이 증대되는 작물은 콩, 벼, 밀, 보리 등이다.
④ 광호흡을 하는 작물은 콩, 벼, 밀, 보리 등이고, 옥수수, 사탕수수는 광호흡을 하지 않는다.

27 다음 종자 중 배젖 종자에 대한 설명으로 옳은 것은?

① 배젖의 영양성분이 떡잎에 저장되는 종자이다.

② 전분의 함량이 많아서 전분 종자라고도 한다.

③ 배젖조직은 씨껍질에 흔적이 남아있다.

④ 콩, 녹두, 땅콩 등이다.

✎NOTE│ ①③④ 무배젖 종자에 대한 설명이다.
※ 배젖 종자
㉠ 씨눈과 배젖이 확실하게 구분된다.
㉡ 전분의 함량이 많아서 전분 종자라고도 한다.
㉢ 벼, 보리, 밀, 옥수수 등의 화본과 작물이 이에 속한다.

ANSWER│ 26.① 27.②

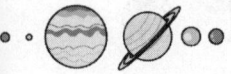

28 다음 중 증산작용에 영향을 주는 요인이 아닌 것은?

① 빛   ② 온도

③ 바람   ④ 산소

▨NOTE | 증산작용에 영향을 주는 요인…빛, 온도, 습도, 바람 등

29 쌍떡잎식물의 특징이 아닌 것은?

① 곧은뿌리를 형성한다.

② 입맥이 그물맥이다.

③ 줄기의 관다발이 원통형이다.

④ 꽃잎 수가 3의 배수이다.

▨NOTE | 외떡잎식물과 쌍떡잎식물의 비교

	외떡잎식물	쌍떡잎식물
떡잎	1장	2장
입맥	평행맥(나란히맥)	망상구조(그물맥)
줄기 관다발	복잡하게 흩어져 배열	원통형(고리 모양) 배열
꽃잎	3의 배수 구성	주로 4~5의 배수 구성
뿌리	수염뿌리	원뿌리(곧은뿌리)

ANSWER | 28.④ 29.④

30 식물 조직배양에 대한 설명 중 옳지 않은 것은?

① 생장점배양으로 무감염 모종을 생산할 수 있다.

② 약배양은 육종 기간을 연장하는 효과가 있다.

③ pomato는 세포융합으로 만들어낸 토마토와 감자의 잡종 작물이다.

④ 조직배양을 이용하여 2차 대사산물 생산이 가능하다.

NOTE | 식물의 조직배양

ⓞ 식물의 조직, 기관, 세포 등을 배양기에서 증식시키는 것을 말한다. 넓은 의미로는 배배양(종자에서 꺼낸 유배를 배양하는 것)이지만 좁은 의미로는 세포괴배양과 기관배양를 구별한다.

ⓛ 조직배양은 각 기관의 배양, 세포융합에 의한 체세포 잡종의 육성, 대량급속증식, 무병주 개체의 생산, 육종 응용 및 2차 대사산물의 생산을 목적으로 이루어진다.

ⓒ 멜처 등은 1978년에 토마토와 감자의 잡종인 pomato를 세포융합으로 만들어냈다.

ⓔ 꽃가루나 꽃밥을 이용한 화분배양과 약배양은 육종기간을 단축시켜준다.

ⓜ 생장점배양(경단배양)으로 무감염의 건전한 모종을 생산할 수 있다.

PART **02**

미곡(벼)

벼의 역사와 생산

1 벼의 역사

① 벼의 명칭과 역사

(1) 명칭

① **학명** … *Oryza sativa* L.이다.

② **영명(英名)과 한명(漢名)**

　㉠ 영명 : rice, lowland rice, paddy rice, paddy-field rice

　㉡ 한명 : 도(稻), 도(稌), 갱(粳), 선(秈)

(2) 벼의 역사

① **벼의 식물학상 위치** … 화본과의 벼속 식물이다.

② **재배벼의 분포** … *Oryza sativa*, *Oryza glaberrima*(일부 아프리카)가 재배되고 있다.

② 벼의 기원

(1) 개요

① **식물적 기원**

　㉠ 일원설 : Oryza sativa L.의 야생형이거나 AA 게놈을 가진 2n = 24의 야생형이라는 설이다.

　㉡ 다원설 : *Oryza sativa* 이외의 2개 또는 그 이상의 야생벼로부터 직접 또는 *Oryza sativa*와의 교잡에 의해 재배벼가 생겼다는 설이다.

② **벼의 원산지**

　㉠ 인도 기원설 : 인도 북부지방으로 기원전 3,800년쯤부터 재배의 기원을 이룬다.

　㉡ 중국 기원설 : 중국에는 기원전 3,000년쯤부터 재배가 시작되었다.

　㉢ 동남아 기원설 : 태국을 중심으로 약 5,500년 전부터 재배가 시작되었다.

(2) 우리나라 벼농사의 기원

① 벼농사의 시작

㉠ 경기도 여주 흔암리에서 출토된 탄화미를 분석한 결과 대략 3,000년 전부터 이루어진 것으로 추정된다.

㉡ 큰 강 유역을 중심으로 벼농사가 시작된 것으로 알려져 있다.

㉢ 전파 : 티벳→몽고→중국→만주를 거쳐 우리나라에 전파되어온 것으로 추정하고 있다.

② 벼농사의 발달

㉠ 삼국시대
- 벼농사를 위한 저수지, 수리시설이 갖추어지고 점차 재배면적이 확대되었다.
- 벼 재배방법 : 논에 직접 씨를 뿌려서 재배하는 직파재배였다.

㉡ 고려시대 후기 : 이앙법이 도입되었으나 널리 보급되지는 않았다.

㉢ 조선시대의 중기
- 1619년(광해군 11년)에 이앙재배가 보편화되었다.
- 보리와 벼의 이모작이 실시되었다.

㉣ 조선시대 말기
- 1906년(고종 9년) : 수원 농림학교를 설립하였다.
- 1907년 : 수원에 현 농촌진흥청의 전신인 권업모범장을 설립하였다.

㉤ 현재의 연구기관
- 농촌진흥청 산하기관인 수원작물시험장(수원)
- 호남작물시험장(이리)
- 영남작물시험장(밀양)
- 각 도의 농촌진흥원

③ 벼의 특성 및 종류

(1) 벼의 염색체 수와 게놈(Genome)구성

① **벼의 염색체 수** ⋯ 벼는 기본종의 염색체 수가 $n = 12$이므로 $2n = 24$이다.

② **벼의 게놈구성** ⋯ *Oryza sativa*의 염색체 수 $n = 12$를 벼속 식물의 기본 염색체 수로 하여 게놈 A라 하고, 기본종은 염색체 접합에 의해 AA 게놈구성을 가진다.

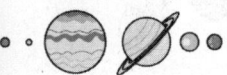

(2) 벼의 종류

① **자포니카형**(일본형 ; 단립종)

   ㉠ 특징 : 쌀알 모양이 비교적 둥글며, 키가 작고 가지는 중간 정도이고, 밥의 끈기가 강하다.

   ㉡ 재배지역 : 한국, 중국의 북부지방, 일본 등에서 재배한다.

② **인디카형**(인도형 ; 장립종)

   ㉠ 특징 : 쌀알 모양이 길쭉하며, 키가 크고 가지는 많고, 밥의 끈기가 약하다.

   ㉡ 재배지역 : 동남아시아, 중국의 남부지방, 서남아시아 등지에서 재배한다.

③ **자바니카형**(자바형 ; 중립종)

   ㉠ 특징 : 쌀알이 대립종이며, 키가 크고 가지는 적고, 밥의 끈기가 강하다.

   ㉡ 재배지역 : 인도네시아, 지중해 연안과 남아메리카 일부지방, 이탈리아 등지에서 재배한다.

♟ 벼의 종류별 특징 ♟

작물명	재배지역	키	가지	쌀의 형태	밥의 끈기
자포니카형	온대	작다.	중간 정도	둥글고 짧다.	강하다.
인디카형	열대	크다.	많다.	가늘고 길다.	약하다.
자바니카형	아열대	크다.	적다.	어느 정도 둥글고 길다.	강하다.

2 벼의 생산

① 벼의 생산현황

(1) 세계의 쌀 생산현황

① **재배면적** ⋯ 1억4천7백만ha이다.

② **총생산량** ⋯ 5억2천5백만톤이다.

(2) 주요 생산국

① 세계 총생산량의 50% 이상이 아시아 지역에서 생산된다.

② 중국, 인도, 인도네시아, 타이 순으로 쌀이 많이 생산된다.

♟ 국가별 작물생산량(2002년 기준) ♟

국가	순위	곡물 총생산량(1천톤)	순위	단위당 수량(kg/ha)
중국	1위	402,001	21위	4,963
미국	2위	298,745	17위	5,570
인도	3위	213,590	88위	2,340
러시아	4위	84,729	99위	2,034
프랑스	5위	69,158	3위	7,431
한국	38위	7,077	13위	6,092

🔔TIP│ 곡류는 미곡, 맥류, 잡곡이다. 단위당 수량(생산량)이 많은 나라는 모리셔스(1위), 벨기에(2위), 룩셈부르크(3위) 순이다.

(3) 세계 쌀의 주요 수출국과 수입국

① **주요 수출국** … 타이, 미국, 인도, 파키스탄, 베트남, 호주, 이탈리아 순이다.

② **주요 수입국** … 인도네시아, 이란, 러시아, 이라크, 사우디아라비아, 유럽의 여러 나라 순이다.

(4) 우리나라의 쌀 생산현황(2012년)

① **최근 재배면적** … 849천ha이다.

② **최근 쌀 총생산량** … 4,006천톤이다.

♟ 작물별 생산현황 ♟

구분	재배면적			10a당 수량			생산량		
	2011(ha)	2012(ha)	증감률(%)	2011(kg)	2012(kg)	증감률(%)	2011(톤)	2012(톤)	증감률(%)
식량작물	1,055,847	1,051,676	-0.4	-	-	-	4,775,135	4,565,223	-4.4
미곡	853,823	849,172	-0.5	-	-	-	4,224,019	4,006,185	-5.2
논벼	850,798	846,870	-0.5	496	473	-4.6	4,216,607	4,002,154	-5.1
밭벼	3,025	2,302	-23.9	245	175	-28.6	7,412	4,032	-45.6

③ **우리나라의 쌀의 자급도** … 1981년에 66.2%, 1987년에 99.8%, 1992년에 97.5%이었다.

④ **도별 벼 재배면적** … 재배면적은 전라남도가 가장 많고, 경상북도, 경기도, 충청남도, 전라북도, 경상남도 순이다.

② 재배경영상의 특성과 성분 및 용도

(1) 재배경영상의 특성

① 벼는 보통 담수상태의 논에서 재배하므로, 환경수로서 많은 물을 필요로 한다.

② 관개수에 의해 양분이 공급되고 온도조절이 용이하다.

③ 이앙재배시에는 잡초방제가 유리하다.

④ 토양에 의해 전염되는 병해와 유해물질이 물에 씻겨 버리기 때문에 이어짓기가 가능하다.

⑤ 비료사용의 과도로 발생되는 각종 염류집적의 조절이 용이하다.

⑥ 벼는 직파재배를 하는 경우도 있는데, 우리나라의 남부지방에서는 맥류 등 겨울 작물과 조합하여 맥후작을 할 수 있고, 중부 평야지에서도 2모작이 가능하다.

⑦ 벼는 우리나라의 기후 풍토에 알맞은 특성을 가지고 있으므로 재배하기가 쉬워 널리 보급되어 왔다.

⑧ 벼는 우리나라 국민식량의 주종을 이루고 있다.

(2) 성분 및 용도

① **도정과정**

　㉠ 정조→현미→쌀의 과정으로 도정이 된다.

　㉡ 정조를 현미로 만들 때 : 왕겨와 쇄미가 분리되어 나온다.

　㉢ 현미를 쌀(정백미)로 만들 때 : 싸라기, 쌀겨 등의 부산물이 나온다.

② **쌀**

　㉠ 성분 : 탄수화물이 약 73%이고, 단백질이 약 7%이며, 지방이 약 1.2%이다.

　㉡ 구별

　　• 멥쌀 : 약 20%의 아밀로오스, 약 80%의 아밀로펙틴으로 이루어져 있다.

　　• 찹쌀 : 대부분 아밀로펙틴으로 이루어져 있다.

　㉢ 이용 : 쌀은 주로 밥을 짓는 데 쓰이며, 그 밖에 양조용, 과자, 떡, 엿, 풀감 등에 쓰인다.

③ **쌀겨**

　㉠ 성분 : 탄수화물이 약 38.3%, 조단백이 약 15%, 조지방 약 20%이다.

　㉡ 이용 : 착유원료, 약용, 양열재료, 사료 및 비료 등에 쓰인다.

④ **볏짚의 이용** … 지력 증진을 위한 유기물로 많이 사용되고, 소의 겨울 조사료, 양송이 재배용, 외양간깃, 섬유 공업용으로 제지와 하드보드 등의 제조원으로 쓰인다.

01 출제예상문제

1 다음 중 자포니카(일본형)형 벼의 특성은?

① 쌀알이 길쭉하고 끈기가 있어 밥맛이 좋다.

② 쌀알이 둥글고 끈기가 있어 밥맛이 좋다.

③ 쌀알이 둥글고 끈기가 없어 밥맛이 나쁘다.

④ 쌀알이 길쭉하고 끈기가 없어 밥맛이 나쁘다.

> **NOTE |** 자포니카형… 우리나라, 중국의 북부지방, 일본 등지에 분포되어 있다.
>
> ※ 벼의 특성
>
> ㉠ 일본형 벼는 키와 이삭 길이가 짧고 분얼이 많다. 쌀알의 모양이 둥글고 끈기가 있으며 밥맛이 좋은 것이 특징이다.
>
> ㉡ 일본형 벼는 온대자포니카형과 열대자포니카형으로 구분된다. 자포니카형과 인디카형의 특성을 비교하면 다음과 같다.

키	인디카가 온대자포니카보다 크다
낟알 형태	온대자포니카는 둥글고 짧고, 인디카는 가늘고 길다.
밥의 끈기	온대자포니카 > 열대자포니카 > 인디카 순이다.
분얼 발생 정도	인디카 > 온대자포니카 > 열대자포니카 순이다.
내냉성	온대자포니카 > 열대자포니카 > 인디카 순이다.
내한성(가뭄견딜성)	인디카 > 열대자포니카 > 온대자포니카 순이다.
아밀로오스 함량	인디카 > 열대자포니카 > 온대자포니카 순이다.

> ㉢ 2008년 농촌진흥청과 국제벼농사연구소(IRRI)가 개발해 필리핀에 보급한 열대지역용 '자포니카' 품종으로 'MS11'이 있다.

2 재배 벼의 체세포 내 염색체 수는?

① 22   ② 23

③ 24   ④ 25

> **NOTE |** 재배 벼의 생식세포의 염색체 수는 $n = 12$이므로 체세포의 염색체 수는 $2n = 24$이다.

ANSWER | 1.② 2.③

3 다음 중 벼의 특징을 설명한 것으로 옳지 않은 것은?

① 논과 밭 상태 모두에서 재배된다.　　② 햇볕이 강한 곳에서 잘 자란다.

③ 세계 3대 식량 작물에 속한다.　　④ 이어짓기의 피해가 거의 없다.

⑤ 건조한 토양이나 가뭄에서 잘 견딘다.

　　✎NOTE| 벼의 특성
　　　　　㉠ 세계 3대 식량(밀, 벼, 옥수수) 작물에 속한다.
　　　　　㉡ 밭에서도 재배하지만 보통 담수상태의 논에서 재배하므로 다른 밭 작물에 비하여 물을 많이 필요로 한다.
　　　　　㉢ 담수하므로 관개수에 의한 양분공급과 온도조절이 용이하다.
　　　　　㉣ 모를 키워 본답에 이앙함으로써 잡초방제가 유리하다.
　　　　　㉤ 토양에 의해 전염되는 병해와 토양에서 생성되는 유해물질이 물에 씻겨 나가기 때문에 이어짓기가 가능하며 최근 비료사용의 과다로 발생되는 각종 염류집적의 조절이 가능하다.
　　　　　㉥ 벼는 생육기간 동안 비교적 높은 온도와 충분한 관개수의 공급을 필요로 한다.

4 다음 중 벼의 염색체의 게놈구성은?

① $2n = 12AA$　　　　　　　　　　② $2n = 24AA$

③ $2n = 12BB$　　　　　　　　　　④ $2n = 24BB$

　　✎NOTE| 벼의 염색체 수와 게놈구성
　　　　　㉠ 염색체 수 : 벼의 기본종은 염색체 수가 $n = 12$이므로 $2n = 24$이다.
　　　　　㉡ 게놈구성 : 염색체 접합에 의해 AA 게놈구성을 가진다.

5 다음 중 인도형 벼의 특성으로 옳지 않은 것은?

① 벼의 쌀알 모양이 길쭉하다.　　　② 동남아시아, 서남아시아에서 재배한다.

③ 끈기가 없어 밥맛이 나쁘다.　　　④ 인도네시아, 이탈리아에서 재배한다.

　　✎NOTE| 인디카형(인도형)의 벼
　　　　　㉠ 쌀알 모양이 길쭉하다.
　　　　　㉡ 끈기가 없어서 밥맛이 나쁘다.
　　　　　㉢ 동남아시아, 중국의 남부지방, 서남아시아에서 재배한다.

ANSWER | 3.⑤　4.②　5.④

6 다음 중 쌀 주요 수출국이 아닌 것은?

① 미국 　　　　　　　　　　② 타이
③ 인도 　　　　　　　　　　④ 인도네시아

> ✎NOTE | 세계 쌀 주요 수출·입국
> ㉠ 주요 수출국 : 타이(연간 수출량 450만톤), 미국(250만톤), 인도, 파키스탄, 베트남, 호주, 이탈리아 순이다.
> ㉡ 주요 수입국 : 인도네시아, 이란, 러시아, 이라크, 사우디아라비아, 유럽의 여러 나라 순이다.

7 다음 중 쌀의 총생산량이 가장 많은 나라는?

① 인도네시아 　　　　　　　② 미국
③ 중국 　　　　　　　　　　④ 일본

> ✎NOTE | 중국이 세계 쌀 총생산량의 35%를 생산하고 있다. 그 다음으로 인도, 인도네시아 순으로 쌀을 많이 생산하고 있다.

8 다음 중 벼의 도정순서로 옳은 것은?

① 현미 → 백미 → 정조 　　　② 현미 → 정조 → 백미
③ 정조 → 현미 → 백미 　　　④ 정조 → 백미 → 현미

> ✎NOTE | 도정과정은 먼저 정조를 현미로 만들고 이를 다시 도정하여 쌀로 만들게 되는데, 정조를 현미로 만들 때에는 왕겨와 쇄미가 분리되어 나오고 현미를 다시 깎아서 쌀, 즉 정백미를 만들 때에는 싸라기, 쌀겨 등의 부산물이 나온다.

9 벼의 재배적 특성에 관한 설명으로 옳지 않은 것은?

① 관개수에 의한 양분을 공급한다. 　　② 담수에 의한 잡초를 억제한다.
③ 염류집적 조절이 불가능하다. 　　　④ 물이 다량으로 필요하다.

> ✎NOTE | 토양에 의해 전염되는 병해와 토양에서 생성되는 유해물질이 물에 씻겨 버리기 때문에 이어짓기가 가능하며, 최근 비료사용의 과다로 발생되는 각종 염류집적의 조절이 가능하다.

ANSWER | 6.④ 7.③ 8.③ 9.③

10 다음 중 우리나라 벼농사의 기원에 대한 설명으로 옳은 것은?

① 지금으로부터 대략 5,000년 전부터 벼농사를 시작하였다.

② 삼국시대에서 벼 재배방법은 직파재배였다.

③ 고려시대 후기에 이모작이 실시되었다.

④ 조선시대 중기에 이앙법이 처음 도입되었다.

> ✎NOTE I ① 경기도 여주 흔암리에서 출토된 탄화미를 분석한 결과 지금으로부터 대략 3,000년 전부터
>   이루어진 것으로 추정된다.
> ② 삼국시대에는 벼농사를 위한 저수지, 수리시설이 갖추어지고 점차 재배면적이 확대되면서
>   주요한 식량으로 자리잡게 되었다. 이 때의 벼 재배방법은 주로 논에 직접 씨를 뿌려서 재
>   배하는 직파재배였다.
> ③ 고려시대 후기에는 이앙법이 도입되었으나 널리 보급되지는 않았다.
> ④ 조선시대의 중기에는 이앙재배가 보편화되었고 일부지방에서는 보리와 벼의 이모작이 실시
>   되었다.

11 현재 재배되는 벼의 체세포 염색체 수와 생식세포 염색체 수로 옳은 것은?

① 체세포 염색체 수 - 6, 생식세포 염색체 수 - 3

② 체세포 염색체 수 - 12, 생식세포 염색체 수 - 6

③ 체세포 염색체 수 - 24, 생식세포 염색체 수 - 12

④ 체세포 염색체 수 - 48, 생식세포 염색체 수 - 24

> ✎NOTE I 재배 벼의 체세포 염색체 수는 2n = 24이고, 생식세포의 염색체 수는 체세포의 절반이므로 n
>   = 12이다.

12 다음 중 쌀겨의 이용으로 옳지 않은 것은?

① 착유원료　　　　　　　　　② 약용

③ 양송이 재배용　　　　　　　④ 양열재료

> ✎NOTE I 쌀의 용도
> ㉠ 쌀겨 : 착유원료, 약용, 양열재료, 사료 및 비료 등에 쓰인다.
> ㉡ 볏짚 : 지력증진을 위한 유기물로 가장 많이 사용되고, 소의 겨울 조사료, 외양간깃, 양송이
>   재배용, 섬유 공업용으로 제지와 하드보드 등의 제조원으로 쓰인다.

ANSWER I 10.② 11.③ 12.③

13 멥쌀에 비해 찹쌀에 많은 성분은?

① 수분   ② 단백질
③ 아밀로오스   ④ 아밀로펙틴

✎NOTE│ 쌀의 성분
　　　　㉠ 멥쌀 : 약 20%의 아밀로오스와 약 80%의 아밀로펙틴을 지니고 있다.
　　　　㉡ 찹쌀 : 대부분이 아밀로펙틴이다.

14 다음 중 벼의 명칭으로 옳지 않은 것은?

① *Oryza Sativa* L.   ② rice
③ 선(나락)   ④ Javanica

✎NOTE│ ④ 벼의 품종 중 하나이다.
　　　　※ 벼의 명칭
　　　　　　㉠ 학명 : *Oryza Sativa* L.
　　　　　　㉡ 영명 : rice, paddy rice, paddy-field rice
　　　　　　㉢ 한명 : 선(벼, 나락)

15 다음 중 벼 재배 발상지 기원지역으로 옳지 않은 것은?

① 인도 기원   ② 중국 기원
③ 한국 기원   ④ 동남아 기원

✎NOTE│ 벼 재배 발상지 기원설 … 인도 기원설, 중국 기원설, 동남아 기원설이 있다.

16 다음 중 벼의 종류를 세 가지로 분류한 것으로 옳은 것은?

① 인도형, 일본형, 자바형   ② 인도형, 중국형, 자바형
③ 일본형, 자바형, 중국형   ④ 일본형, 중국형, 자바형

✎NOTE│ 벼 품종을 크게 나누면 인도형(India type)과 일본형(Japonica type) 및 자바형(Javanica type)
　　　　의 세 가지 품종으로 분류된다.

ANSWER│ 13.④ 14.④ 15.③ 16.①

CHAPTER - - - - - - - - →

02

벼의 생육

1 벼의 생장과정

① 개요

(1) 벼의 일생

볍씨를 뿌려 싹이 튼 후 수확까지의 기간을 말한다.

구분	분류		
영양생장기	묘대기		
	이앙기		
	착근기		
	분얼기	유효분얼기	
		유효분얼 종지기(유효분얼 완료기)	
		무효분얼기	
		최고분얼기	
생식생장기	절간신장기	유수형성기	
		수잉기	
	출수기		
	등숙기	유숙기	
		호숙기	
		황숙기	
		완숙기	
		고숙기	

(2) 영양생장기

벼의 어린 이삭이 분화되기 직전까지의 기간을 말한다.

(3) 생식생장기

이삭이 분화된 이후부터의 생장기를 말한다.

♀ 벼의 일생 ♀

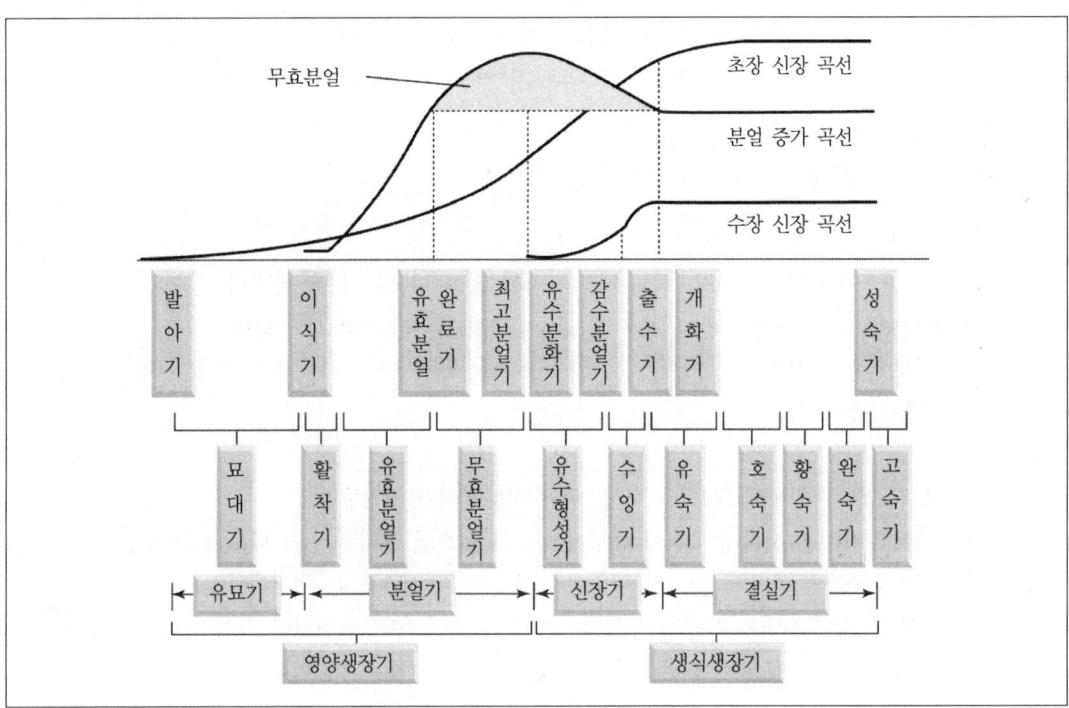

② 영양생장기

(1) 특징

① 식물체가 양적으로 생장하는 기간이다.

② 이 기간에는 육묘기, 모내기, 착근기, 분얼기가 해당된다.

③ 인산, 질소, 칼륨 등의 영양흡수가 뿌리에서 활발하게 일어나고 광합성작용도 잎에서 활발하게
   일어난다.

(2) 기본 영양생장과 가소 영양생장

① 기본 영양생장

ㄱ 영양생장에서 생식생장으로 전환하는 데 매우 필요한 최소한의 영양생장이다.

ㄴ 빛이나 온도 및 양분 등의 환경에 의하여 조절되지 않는다.

② 가소 영양생장

ㄱ 일장과 온도 및 양분의 조절 등 환경에 의하여 조절될 수 있는 생장이다.

ㄴ 영양생장에서 생식생장으로 전환에 필요한 생장 이상의 것이다.

(3) 영양생장기 과정

① 과정 … 육묘기 → 모내기 → 착근기 → 분얼기의 순이다.

② 육묘기(묘대기)

ㄱ 볍씨의 발아 : 씨뿌리(종자근)와 떡잎집이 왕겨를 뚫고 나오는 것을 말한다.

• 발아의 온도 : 자포니카형의 발아 최저 온도는 인도형보다 1 ~ 2℃ 정도 낮다.

- 최적 온도 : 30 ~ 34℃

- 최저 온도 : 10 ~ 13℃

- 최고 온도 : 40 ~ 44℃

• 발아 시작 : 볍씨무게의 약 25%의 수분을 흡수하면 발아가 시작된다.

- 정상 발아 : 싹이 틀 시기에 모판에 충분한 산소가 있으면 뿌리가 먼저 나오고 싹이 튼다.

- 이상 발아 : 싹이 틀 시기에 산소가 부족할 경우 싹이 먼저 나오는 현상이다.

• 발아할 때 물 속의 산소가 부족하면 씨뿌리가 잘 나오지 않고 떡잎집이 길게 자라는 현상이 나타난다.

❚ 볍씨의 발아 상태 ❚

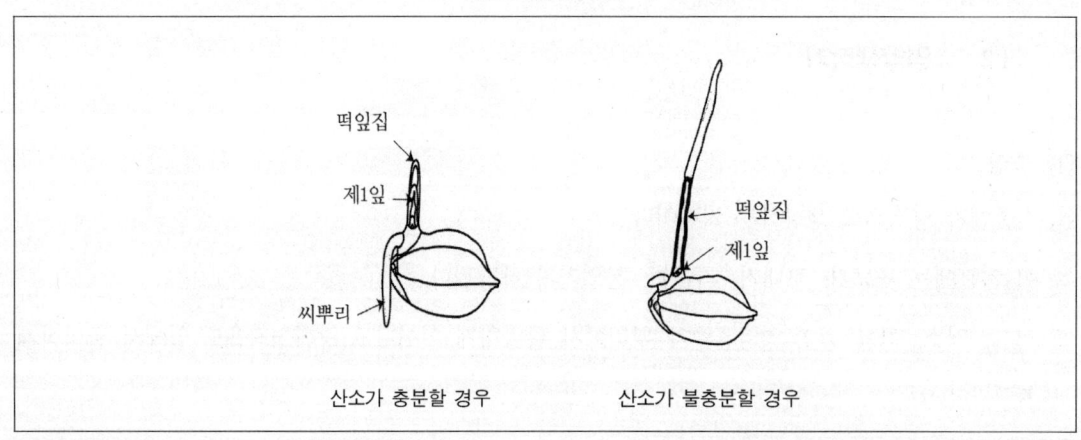

ⓛ 기계 모내기의 육묘 일수
- 중모 : 30일(잎의 수는 3 ~ 4개)
- 치모 : 20일(잎의 수는 1 ~ 2개)
- 어린모 : 10일(잎의 수는 1 ~ 2개)

ⓒ 벼의 뿌리
- 씨뿌리 : 발아할 때 씨눈으로부터 나오는 1개의 뿌리인데, 모가 어릴 때에만 뿌리의 기능을 발휘하고 죽는다.
- 수염뿌리 : 줄기의 아랫마디에서 5 ~ 25개 정도 나온다.

♛ 벼의 뿌리 ♛

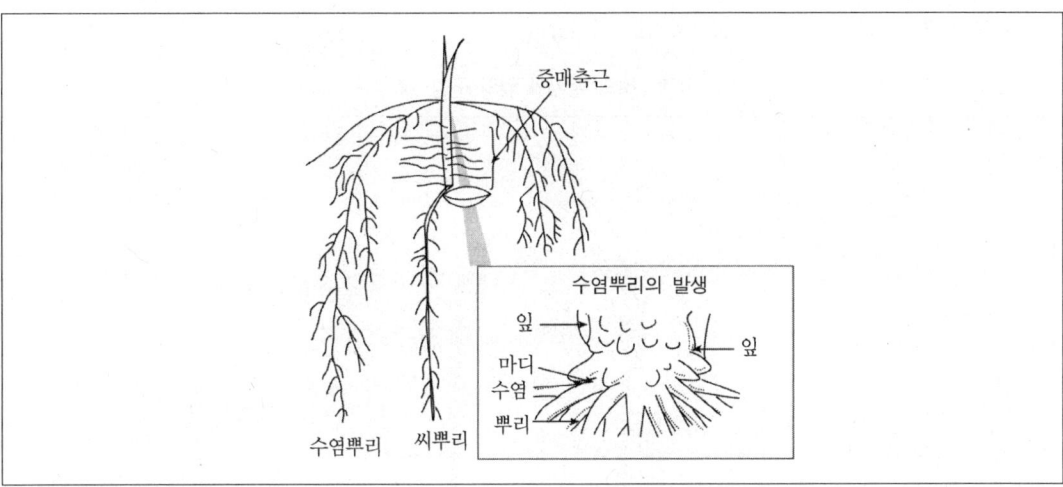

ⓓ 벼잎의 체계
- 떡잎집 : 볍씨로부터 맨 먼저 나오는 잎으로 엽록소가 없다.
- 제1잎 : 떡잎집 다음에 나오는 침엽으로 엽록소가 있다.

♛ 벼잎의 체계 ♛

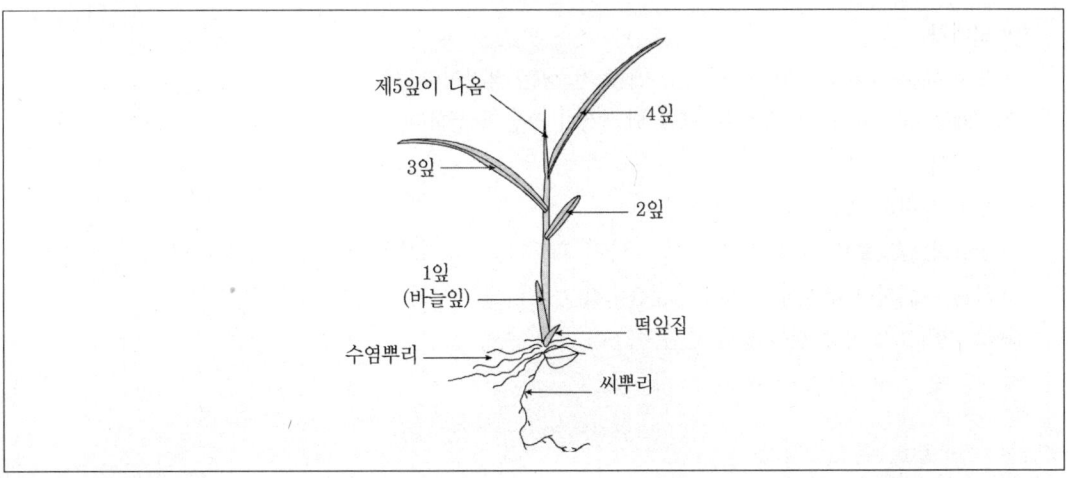

ⓜ 이유기

• 배젖의 양분이 없어지는 시기이다.

• 일반적으로 비닐하우스나 보온절충 못자리에 상자 육묘를 하면 10일 후에는 1 ~ 2엽기에 이르고, 18 ~ 20일 후에는 이유기에 이르게 된다.

• 이유기 때부터 독립적으로 양분을 흡수하고 분얼이 시작된다.

ⓗ 벼의 잎

• 잎의 출현

 – 영양생장기 : 4 ~ 5일에 1매씩 규칙적으로 출현한다.

 – 생식생장기 : 1잎이 나오는 데 7 ~ 8일 걸린다.

• 잎의 구성 : 잎집, 잎귀, 잎몸, 잎혀로 되어있다.

❢ 벼의 줄기와 잎의 구성 ❢

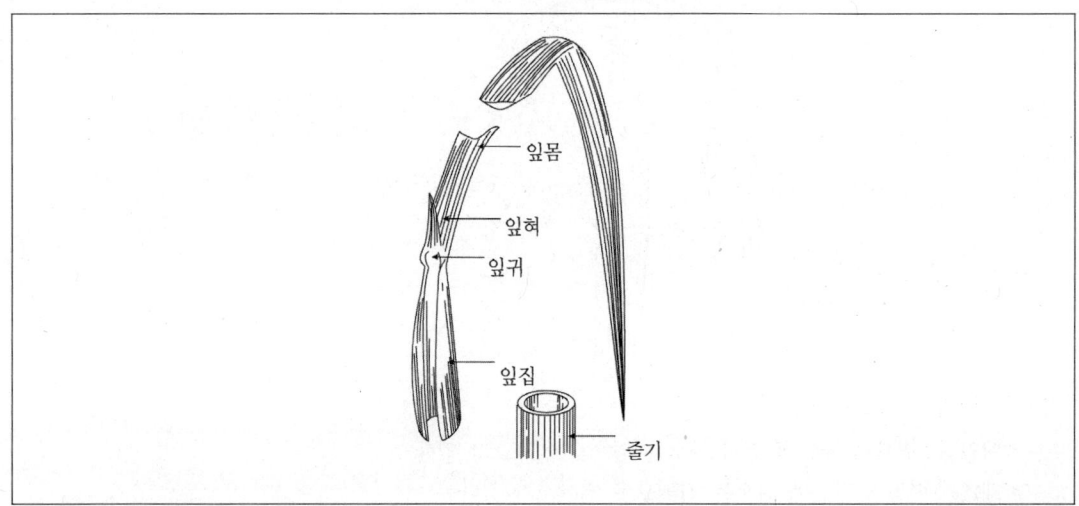

③ **모내기**(이앙기) **및 착근기**

㉠ 모내기

• 모를 내는 시기로, 자란 모를 본논에 옮겨 심는 작업이다.

• 대체로 40 ~ 45일 정도 자란 모가 발근력이 가장 왕성하다.

㉡ 착근기

• 모가 완전히 회복되기까지의 기간이다.

• 일반적으로 모를 낸 후 5 ~ 7일이 지나면 새 뿌리를 내려서 양분을 흡수하게 된다.

• 착근기에 물이 부족하면 벼의 수분흡수가 부족하게 되므로 충분히 물을 줘야 한다.

• 모 키의 1/2 이상 깊이 물을 준다.

④ **분얼기**

　㉠ **분얼**

　　• 모의 원줄기로부터 이삭(벼알)이 달리기 시작하는 것이다.

　　• 착근이 끝난 후부터 영양생장기까지 이루어진다.

　㉡ **유효분얼과 무효분얼**

　　• 유효분얼 : 분얼경이 나와 이삭이 하나라도 달리는 경우이다.

　　• 무효분얼 : 분얼경이 나오기는 하지만 이삭이 달리지 않는 경우이다.

　㉢ **최고 분얼기**

　　• 모내기 후 착근한 모의 분얼이 한동안 급속히 증가하여 분얼 수가 가장 많은 시기이다.

　　• 조기 · 조식 재배 : 이앙 후 40 ~ 45일 이내에 온다.

　　• 보통재배 : 35 ~ 40일 이내에 온다.

　　• 만기재배 : 30일 이내에 온다.

　㉣ **유효분얼 완료** : 최후의 이삭 수와 분얼 수가 일치하는 시기이다.

③ 생식생장기

(1) 개념 및 분류

① **개념** … 유수분화기부터 성숙기까지의 기간이다.

② **분류** … 출수기를 경계로 하여 두 기간으로 나눌 수 있다.

　㉠ 유수발육기 : 유수분화기에서 출수기까지의 기간이다.

　㉡ 등숙기 : 출수기에서 성숙기까지의 기간이다.

③ **특징**

　㉠ 어린 이삭이 형성되어 자라기 시작하는 때로 출수 30일 전에 해당한다.

　㉡ 생육의 전환점을 이루는 지표로 마디가 길게 신장하고, 잎이 나오는 속도가 늦어지며 벼꽃이 형성된다.

　㉢ 개화와 정받이(수정)가 이루어지고, 잎에서 만들어진 탄수화물이 벼알에 이동하여 축적됨으로 등숙이 완료되는 시기이다.

(2) 생식생장기의 과정

① 이삭의 분화와 발달

㉠ 특징

• 어린 이삭이 줄기의 밑에서 이삭패기 30일 전에 생기며, 줄기는 이삭패기 10일 전에 길게 자란다.

• 줄기는 영양생장기에는 자라지 않고 생식생장기에 위의 신장마디 4 ~ 5마디가 길게 자란다.

• 줄기는 통기조직이 발달되어 있어 잎을 통해 들어온 공기를 뿌리까지 이동시켜 준다.

• 감수분열기에 16 ~ 18℃ 이하의 낮은 온도가 2 ~ 3일 계속되면 쭉정이가 많이 생겨 수량이 크게 줄어든다.

㉡ 시기

• 벼꽃의 암술과 수술이 분화하는 시기 : 이삭패기 약 20일 전이다.

• 꽃가루와 씨방의 감수분열기 : 이삭패기 약 12일 전이다.

• 꽃의 내부형태가 완료되는 시기 : 이삭패기 1 ~ 2일 전이다.

♟ 벼의 꽃 ♟

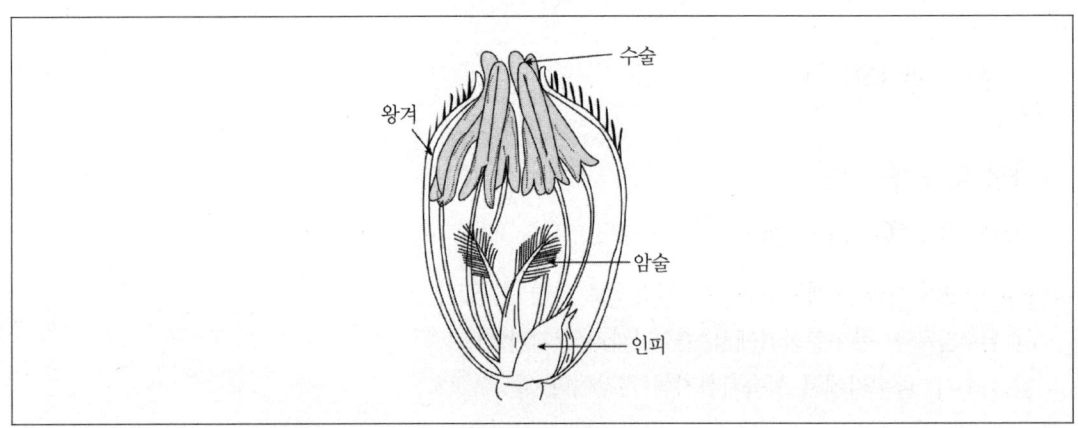

㉢ 유수분화기와 유수형성기

• 유수분화기 : 유수가 분화하여 그 길이가 약 2mm에 달할 때까지, 즉 출수 전 30일부터 출수 후 24일까지이다.

• 유수형성기 : 유수분화기 이후 7 ~ 10일에 영화의 분화가 이루어지고 이삭이 3 ~ 5cm로 자라서 꽃밥 속에 생식세포가 나타나는 시기이다.

㉣ 수잉기

• 출수 약 10 ~ 12일 전부터 출수 직전까지이다.

• 이삭이 급속히 자라서 그 길이를 거의 완성하게 되는 시기이다.

• 화분 모세포와 배낭 모세포는 감수분열을 하여 수정을 할 수 있게 된다.

• 냉해 및 한해에 매우 예민한 시기이다.

② 출수, 개화와 수정(정받이)

㉠ 출수(이삭패기)

- 벼의 이삭이 지엽으로부터 나오는 것이다.
- 출수기 : 출수한 이삭이 전체 줄기 수의 40% 내외에 달한 때이다.
- 수전기 : 80 ~ 90% 출수한 때이다.
- 출수와 동시에 꽃이 피기 시작하는데, 이 시기에는 외부조건에 대한 감수성이 예민하다.

㉡ 개화

- 벼는 이삭패기 당일 또는 그 다음날 꽃피기(개화)가 시작된다.
- 벼의 꽃은 1개의 암술과 6개의 수술로 이루어져 있는데, 개화에는 1 ~ 1.5시간이 걸린다.
- 수정
  - 개화할 때는 인피가 수분을 흡수하여 팽배해짐으로써 큰 껍질과 작은 껍질이 벌어지는 것을 돕는다.
  - 개화와 동시에 꽃밥이 터져 꽃가루가 날아 자기 암술머리에 붙는 자가수분이 주로 일어난다.

♦ 벼 이삭과 꽃 ♦

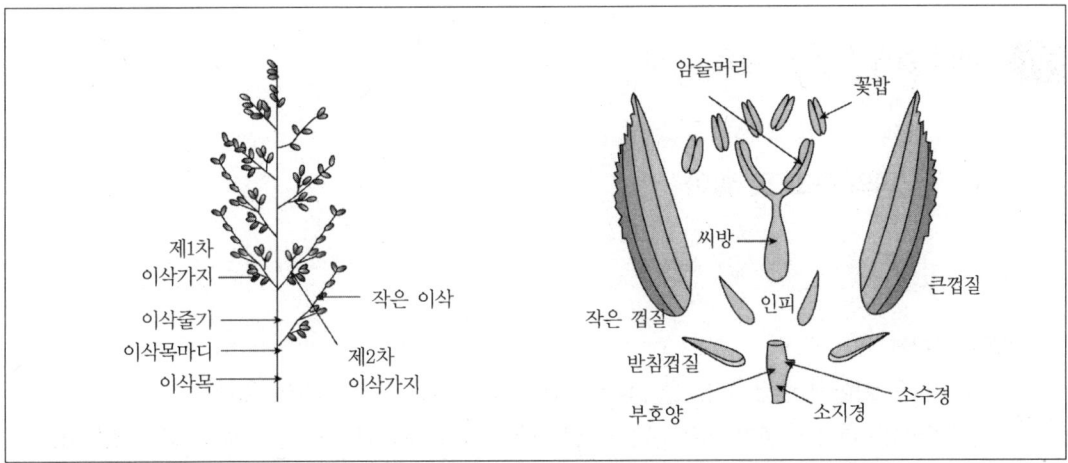

- 개화시간
  - 날씨가 맑고 온도가 높을 때에 오전 9시 ~ 11시까지이다.
  - 13시가 넘으면 개화하지 않는다.
  - 한 포기의 벼가 이삭패기를 마칠 때까지 걸리는 기간은 7일 정도이다.
  - 전체의 70%의 벼가 이삭패기를 마칠 때까지 걸리는 시간은 3일 이내이다.
- 출수기와 수전기
  - 출수기 : 논 1필지에서 40 ~ 50%가 이삭이 패였을 때이다.
  - 수전기 : 논 1필지에서 80%가 이삭이 패였을 때이다.
- 중복수정 : 꽃가루가 암술머리에 떨어지면 화분관이 길어지기 시작하는데, 이 때 2개의 정핵이 이동되어 1개의 정핵은 씨방의 난세포와 결합하여 씨눈(배)이 되고, 또 하나의 정핵과 2개의 극핵이 결합하여 배젖(배유)을 만드는 것이다.

③ 결실기

㉠ 결실기

- 개화 후 수정이 완료되고 씨방이 발육비대하여 성숙하게 되는 기간이다.
- 유숙기, 호숙기, 황숙기, 완숙기로 나눌 수 있다.

㉡ 유숙기 : 벼알을 만져보면 거의 물로 채워져 있다.

㉢ 호숙기 : 벼알을 누르면 백색의 풀이 나오는데, 이 때 새가 벼알을 빨아먹기 쉬워서 새의 피해가 심하다.

㉣ 황숙기(수분함량 40% 내외) : 벼알이 노랗게 변하기 시작하고 생리적 등숙한계기이다.

㉤ 완숙기(수분함량 20% 내외) : 출수 개화 후 40일에 해당하며 벼알이 건조해지고 수확에 적합한 시기가 된다.

㉥ 고숙기(수분함량 18% 이하) : 수확기를 지나게 되면 쌀알에 금이 가고 품질이 나빠지는 시기이다.

2 벼의 형태와 생장 · 발육

① 볍씨의 구조 및 발아

(1) 볍씨의 구조

① 낟알의 구성

㉠ 낟알 : 작은 이삭에 해당하며, 큰 껍질과 작은 껍질 안에 현미가 들어 있다.

㉡ 큰 껍질에는 까락이 붙어 있는 품종도 있으나 현재 대부분의 품종은 까락이 없는 것이다.

㉢ 현미 : 벼의 낟알에서 껍질을 벗겨 낸 것으로, 씨껍질(종피), 씨눈, 배젖으로 구성되어 있다.

② 씨눈(배)의 구성

㉠ 씨눈 : 극히 어린 식물체로서 큰 껍질 쪽의 밑에 붙어 있다.

㉡ 씨눈의 구성 : 어린 싹(떡잎집과 1~3본의 원기체가 분화), 어린 뿌리, 배축으로 구성되어 있다.

③ 배젖의 구성

㉠ 배젖은 현미의 대부분을 차지하고 있다.

㉡ 현미의 껍질 : 단백질과 지방이 많은 호분층이 있는데, 호분층의 세포막이 두꺼워서 소화가 잘 안 되므로 도정할 때 제거한다.

㉢ 현미는 영양소가 풍부하여 도정하지 않고 식용으로 사용된다.

④ **멥쌀과 찹쌀** … 배젖의 성질에 따라 구분된다.

　㉠ **멥쌀**

　　• 반투명하다.

　　• 아이오딘반응에 의해 청남색을 나타낸다.

　　• 아밀로오스(20% 정도)와 아밀로펙틴(80% 정도)으로 되어 있다.

　㉡ **찹쌀**

　　• 백색이며 불투명하다.

　　• 아이오딘반응에 의해 적갈색을 나타낸다.

　　• 대부분 아밀로펙틴으로 되어 있다.

(2) 발아

① **발아의 경과**

　㉠ 적당한 온도와 수분, 산소를 부여하면 볍씨는 발아한다.

　㉡ 발아할 때에는 유아는 초엽→제1본엽→제2본엽→제3본엽의 순서로 나온다.

　㉢ 종근이 근초를 뚫고 나오게 되면 발근이 된다.

② **발아시 종자의 생리적 변화** … 배유의 저장양분은 전분, 단백질, 지방 및 섬유소로 되어 있는데, 이들은 분해효소에 의하여 가수분해된다.

③ **발아온도와 수분**

　㉠ 발아온도 : 조생종이나 재래종은 발아 최저 온도가 낮아서 낮은 온도에서도 빨리 싹이 트지만, 통일형 품종은 발아 최저 온도가 높아서 낮은 온도에서는 싹이 잘 트지 못한다.

　㉡ 발아와 수분

　　• 볍씨가 종자 중량의 약 25%의 수분을 흡수하면 발아가 일어난다.

　　• 발아의 수분(수심)에 따라 발아할 때 유아와 유근 중 어느 것이 먼저 나와서 신장하느냐가 결정된다.

　　• 산소가 부족한 깊은 수심에서는 초엽이 이상 신장하고 유근인 종자근은 거의 자라지 않는다.

　㉢ 발아와 광선 : 벼 종자의 발아에는 광선은 관계가 없어서 빛이 없는 어둠에서도 발아한다. 발아 직후부터 광선은 유아의 생장에 영향을 미친다.

④ **볍씨의 출아진단**

　㉠ 볍씨의 출아진단 : 어린 잎이 5mm 이상 지상에 출현하였을 때에 일정 면적에 파종한 종자의 출아 개체 수를 세어서 판정한다.

　㉡ 출아율 = 출아 개체 수 / 단위면적당 총파종 수 × 100

　㉢ 출아기 : 총파종 수의 40%가 지표면 위로 출아한 날을 말한다.

　㉣ 출아종료 : 총파종 수의 80%가 지표면 위로 출아한 날을 말한다.

② 묘의 생장

(1) 유묘의 생장

① 이유기

　㉠ 모가 배젖 양분의 의존으로부터 독립해서 모 자체의 뿌리로 양분을 흡수하여 잎으로 광합성
　　작용을 통해 얻어진 영양분에 의해서 생육이 가능한 시기를 일컫는다.

　㉡ 종속적 영양에서 독립적 영양으로 바뀌는 시기인 2.4엽기이다.

② 유묘의 질소함량 … 질소의 함량은 제4~5본엽기에 최고가 되고, 그 후에는 감소하여 탄수화물
과 질소의 비율이 높아져 모가 단단해진다.

③ 유묘의 생리적 전환기

　㉠ 제1본엽이 초엽에서 나오는 시기이다.

　㉡ 배유의 소진기 : 제4본엽의 출현기로 종속적 영양에서 독립적 영양으로 바뀌는 시기이다.

　㉢ 못자리 말기의 생육변조기이다.

④ 유묘의 생육변조기 … 고온기가 되거나 양분이 부족한 상태가 될수록 생육변조기가 빨리 온다.

(2) 묘의 생장과 환경조건

① 묘의 생육과 온도

　㉠ **최적 온도** : 31~32℃이고 기온은 26℃, 수온은 29℃ 이상이 적당한 온도이다.

　㉡ **최저 온도** : 7~10℃이고 15℃ 이하에서는 심한 장애를 받는다.

　㉢ **최고 온도** : 35℃ 이상에서는 장해가 나타나고 40℃ 이상에서는 장해가 심해진다.

② 묘의 생육과 광선

　㉠ **광선이 부족한 상태** : 묘가 쓰러지거나, 병충해에 대한 저항성이 약화된다.

　㉡ **광선이 과도한 상태** : 묘의 생장이 억제된다.

(3) 모의 진단

① 잎의 나이

　㉠ **어린 모** : 바늘잎을 제외하고 1.5~2.0이다.

　㉡ **중모** : 3.5~4.0이다.

② **건물중**

  ㉠ 어린 모 : 개체당 8 ~ 12mg 정도이다.

  ㉡ 치모 : 개체당 10 ~ 14mg 정도이다.

  ㉢ 중모 : 개체당 20 ~ 30mg 정도이다.

③ **모의 키**

  ㉠ 어린 모 : 5 ~ 8cm 정도이다.

  ㉡ 치모 : 10 ~ 15cm 정도이다.

  ㉢ 중모 : 15 ~ 18cm 정도이다.

(4) 건물중/초장 비

① 건물중/초장 비율이 크면 모의 충실도가 높고 비율이 작으면 낮다.

② 온도가 높고 질소질 비료를 많이 주면 충실도가 낮아진다.

(5) 새 뿌리의 수와 길이

① 모의 뿌리를 기부로부터 1mm 정도만 남기고 절제하여 맑은 물에 담근 후에 출현하는 뿌리의
 길이와 수를 센다.

② 모가 충실하면 새 뿌리의 길이가 길고, 뿌리의 수도 많다.

③ 줄기 및 분얼

(1) 줄기

① **줄기의 구분**

  ㉠ 신장절

   • 벼의 마디 중 상위의 4 ~ 5마디 사이이다.

   • 제일 윗마디는 특히 마디 사이가 길고 이삭목이 형성되어 있다.

   • 벼의 키는 신장절간의 길이에 의하여 결정되고 장간종, 단간종이 있다.

  ㉡ 분얼절 : 줄기의 기부에 밀집되어 분얼경을 내는 밑마디이다.

② **줄기의 생장**

  ㉠ 신장의 양상 : 밑마디로부터 윗마디로 향하여 신장하는데, 하위절간은 신장이 작으며, 상위절
   간은 신장이 크다.

ⓛ 절간신장과 유수발육과의 관계 : 절간신장과 유수형성이 같이 이루어진다.

ⓒ 간기

• 제1신장 절간의 하단을 기점으로 그 위 10cm까지이다.

• 간기의 조건은 도복과 밀접한 관계가 있는데, 간기중이 무거운 것일수록 내도복성이 강하다.

ⓔ 간기중의 증대방법 : 간기의 신장기에 질소분을 많이 주거나 깊게 물을 대면 도복되기 쉬우므로 중간 낙수를 하고 칼리, 인산 및 규산질 비료를 준다.

(2) 분얼

① 분얼과 분얼개수

ⓐ 분얼 : 줄기 아래쪽에 있는 마디의 겨드랑눈이 신장하여 여러 개의 줄기를 이루는 것이다.

ⓛ 분얼의 개수 : 일반적으로 포기당 20개 정도이다.

② 분얼체계와 규칙성

ⓐ 분얼체계

• 원줄기(O)에서 나온 분얼을 제1차 분얼이라고 하고, 제1차 분얼경에서 제2차 분얼, 제2차 분얼경에서 제3차 분얼의 차례로 나온다.

• 일반적으로 제3차 분얼 이상 나오는 일은 드물다.

ⓛ 분얼출현의 규칙성

• 분얼이 생기는 것은 잎이 나오는 것과 밀접한 관계가 있다.

• 동신엽(동신분얼이론) : 어떤 잎(제n잎)이 나올 때에는 그 잎보다 아래쪽의 세 번째 잎(제n-3잎)이 붙은 마디에서 동시에 분얼경의 첫 잎이 나온다.

♟ 벼의 분얼체계 ♟

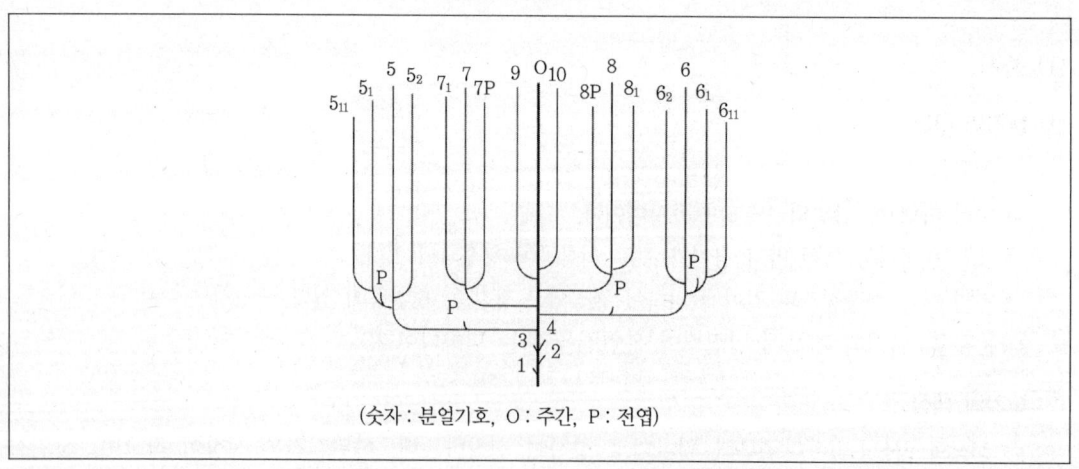

(숫자 : 분얼기호, O : 주간, P : 전엽)

③ 분얼 수의 증가와 벼의 생육과정

　㉠ 분얼개시기 : 이앙 후 분얼이 증가하기 시작하는 시기이다.

　㉡ 최고 분얼기 : 분얼 수가 최고에 달하는 시기이다.

　㉢ 최고 분얼수 : 유효분얼 수와 무효분얼 수의 합이다.

　㉣ 유효분얼경 : 최종 이삭 수인 유효분얼 수/최고 분얼 수의 비인데, 보통 60 ~ 80%이다.

④ 분얼의 절위별 형태와 발생

　㉠ 분얼의 절위별 형태 : 제2차 분얼보다 제1차 분얼이, 그리고 위쪽 마디에서 나온 분얼보다 아래
　　쪽 마디에서 나온 분얼이 잎 수가 많고 이삭이 크며, 벼알 수도 많다.

　㉡ 분얼의 발생 : 분얼경이 나오는 가장 아랫마디의 위치가 상승할수록 분얼 수가 적어지는 경향
　　이다.

⑤ 분얼의 진단

　㉠ 분얼 수 : 원줄기를 포함하지 않고 잎이 2개 이상 붙은 줄기의 수를 센다.

　㉡ 분얼의 출현 : 모의 종류에 따라서 분얼의 시작위치가 달라지는데, 어린 모의 분얼위치가 가장
　　낮고 다음이 치모, 중모 순으로 낮다.

　㉢ 유효경 비율

　　• 이삭이 있는 분얼 수/총분얼 수이다.

　　• 유효경 비율이 낮으면, 즉 무효분얼이 많으면 수량이 떨어진다.

🔑 벼의 작황을 나타내는 분얼곡선 🔑

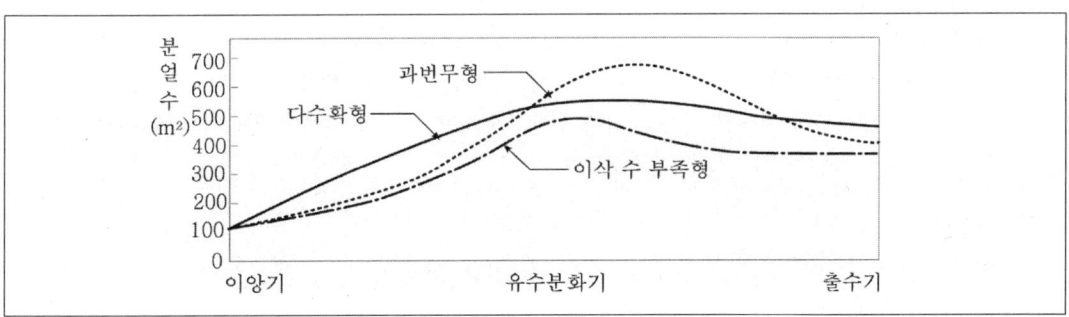

④ 잎과 뿌리

(1) 잎

① **잎의 발생** … 잎은 줄기의 각 마디에 1장씩 붙으므로, 잎의 수는 마디의 수와 일치한다.

② **잎의 분류**

　㉠ 초엽 : 발아할 때 처음으로 나오는 잎이다.

　㉡ 제1본엽 : 초엽의 끝에서 나오는 잎으로, 잎몸이 불완전한 원통형의 침엽이다.

　㉢ 제2본엽 : 제1본엽 다음에 나오는 잎으로, 잎몸이 갸름한 숟가락 모양이다.

　㉣ 제3본엽 : 제2본엽 다음에 나오는 잎으로, 비로소 완전한 잎의 형태를 갖춘 잎이다.

　㉤ 지엽 : 이삭목 바로 밑의 마디에서 나오는 잎으로 마지막 잎이다.

③ **잎의 구조와 생장**

　㉠ 잎의 구조

　　• 잎집 : 마디 사이 사이에서 줄기를 둘러싸고 있는 것이다.

　　• 잎몸 : 잎집 끝에 길게 자라는 것이다.

　　• 잎혀 : 잎집과 잎몸의 경계부분에 잎집 끝에 흰색의 혀 모양으로, 물이 줄기와 잎집 속으로 들어가
　　　는 것을 막는다.

　　• 잎귀 : 양 귀에 털모양으로 된 것으로, 줄기를 집게 모양으로 물고 있어 잎집이 줄기로부터 떨어지
　　　지 않게 한다.

　㉡ 잎의 생장

　　• 일정한 주기로 밑의 마디로부터 윗마디의 순서로 잎이 나와 신장한다.

　　• 신장은 잎몸에서부터 시작된 다음 잎집이 신장하게 되며, 또 그 다음에 잎몸이 신장하게 된다.

④ **잎의 표면구조**

　㉠ 규질화

　　• 잎의 표면에 규산이 침적되어 규질세포층을 형성하고 있다.

　　• 규질화의 역할

　　　– 잎이 단단해져서 늘어지지 않고 꼿꼿이 서서 도복을 방지한다.

　　　– 도열병균이나 깨씨무늬병균의 침입을 막는다.

　　　– 수분의 증산을 조절한다.

　㉡ 기동세포

　　• 잎의 수분이 적어지면 기동세포가 수축하여 잎을 안으로 말려들게 한다.

　　• 증산작용을 억제하여 가뭄의 피해를 줄일 수 있게 한다.

⑤ **잎의 영양진단**

　㉠ 벼의 영양상태 진단 : 잎의 형태와 빛깔로 상태를 진단한다.

　㉡ 잎의 형태 : 길고 넓으며 단단하고 규산흡수가 많아서 곧게 서는 것이 좋다.

　㉢ 잎의 빛깔 : 밝은 녹색을 띠어야 한다.

잎의 형태			영양진단
긴잎	폭이 넓다.	단단하다.	영양상태 양호
		연하다.	일조 부족, 질소 · 규산 부족
	폭이 좁다.		인산 부족
짧은 잎	폭이 넓고, 농녹색이다.		칼륨 부족
	폭이 좁고, 담록색이다.		질소 부족

(2) 뿌리

① **뿌리의 분류**

　㉠ 종자근

　　• 유근이 발아시 근초를 뚫고 제일 처음으로 나와 신장하는 1개의 뿌리이다.

　　• 발아 후 2 ~ 3일 동안 3 ~ 5cm 자라면서 기부에서는 분지근이 발생한다.

　㉡ 관근

　　• 초엽절 이상의 각 절부에서 나오는 부정근이다.

　　• 관근은 하위절에서 순차로 출엽과 동시에 상위절로 발근한다.

② **근군의 발달** … 1포기의 뿌리 수는 유수형성기 무렵에 최대에 이르게 되고, 그 이후로는 점차 적게 증가한다.

③ **뿌리의 진단** … 생육이 왕성한 시기의 벼는 뿌리의 빛깔이 산화철에 의하여 붉은 피막이 형성되어 있고, 새로 나오는 유백색의 뿌리가 많다.

⑤　이삭의 분화

(1) 이삭의 분화과정

① 분얼이 거의 끝나고 마디 사이의 신장이 시작되면 어린 이삭이 분화되기 시작한다.

② **이삭의 분화**

　㉠ 이삭의 목이 될 마디인 제1포가 분화된다.

　㉡ 이삭가지가 분화된다.

　㉢ 벼꽃이 분화된다.

③ **유수 형성기** ⋯ 제1포의 분화로부터 꽃의 분화가 끝나 어린 이삭이 3cm 정도 자라는 시기까지를 말한다.

(2) 감수분열

① 꽃의 분화가 끝나고 어린 이삭의 길이가 15 ~ 40mm 정도가 되면 꽃가루의 모세포나 배낭의 모세포가 생긴다.

② 출수 10 ~ 15일 전쯤 되면 꽃가루와 배의 모세포가 감수분열을 하여 정세포와 난세포가 생긴다.

③ 불량 환경조건(가뭄, 낮은 온도, 양분의 부족 등)에 대한 감수성이 가장 예민한 시기이다.

(3) 생육상의 전환

① **생육전환기의 징조**

　㉠ 출엽속도의 변화 : 총엽수 중 앞 2/3의 출엽간격은 4 ~ 5일, 나머지 1/3의 출엽간격은 8일 정도이다.

　㉡ 이삭목 마디의 분화시작 : 출엽속도 변화시기가 지나면 제1포가 분화하기 시작하는데 포가 이삭목 마디에 해당한다.

　㉢ 절간신장의 시작 : 이삭목분화기가 지나면 줄기 기부의 하위절간이 신장하기 시작한다.

② **생식생장기와 영양생장기의 관계**

　㉠ 양 시기 중복형 : 최고분얼기 전에 유수분화한다.

　㉡ 양 시기 접속형 : 최고분얼기와 유수분화시기가 일치한다.

　㉢ 양 시기 분리형 : 최고분얼기 이후에 유수분화한다.

⑥ 이삭의 발육과정과 진단

(1) 출수 전 일수

① **출수 전 30일** ⋯ 제1포의 분화가 시작되어 유수분화가 시작된다.

② **출수 전 24일** ⋯ 지경분화가 끝나고 영화분화가 시작된다.

③ **출수 전 20일** ⋯ 벼꽃의 암 · 수술의 분화가 시작된다.

④ **출수 전 12일** ⋯ 감수분열이 시작된다.

⑤ **출수 전 2 ~ 1일** ⋯ 화기의 내부형태가 완성된다.

(2) 출엽

① 이삭의 발달과정은 출엽과 관계가 깊다.

② 지엽추출기에는 영화가 분화해서 화분 모세포가 형성되는 단계에까지 진전된다.

(3) 엽령지수

① 엽령지수(%) = 일정한 시기까지 나온 엽수/주간의 총엽수 × 100

② 벼의 내적 발육단계를 쉽게 추정할 수 있어서 어린 이삭의 발육단계를 알아보는 좋은 방법이 된다.

③ **엽령지수에 의한 이삭의 발육단계**
  ㉠ 유수분화기의 엽령지수 : 77
  ㉡ 꽃이 분화될 때의 엽령지수 : 88 ~ 92
  ㉢ 감수분열기의 엽령지수 : 97
  ㉣ 꽃가루의 외각형성이 시작되는 시기의 엽령지수 : 100

(4) 잎귀 사이의 길이

① **화분과 배낭의 감수분열기 판정** … 지엽의 잎귀와 그 아랫잎의 잎귀 사이의 간격으로 판정한다.
  ㉠ 지엽의 잎귀가 아랫잎의 잎집 속에 있을 때 : −
  ㉡ 일치하였을 때 : 0
  ㉢ 아랫잎의 잎집에서 나왔을 때 : +

② **감수분열의 시작** … 잎귀 사이의 길이 −10cm일 때 시작된다.

③ **감수분열의 최고** … 잎귀 사이의 길이 0cm일 때 최고에 달한다.

④ **감수분열의 끝** … 잎귀 사이의 길이 +10cm일 때 끝난다.

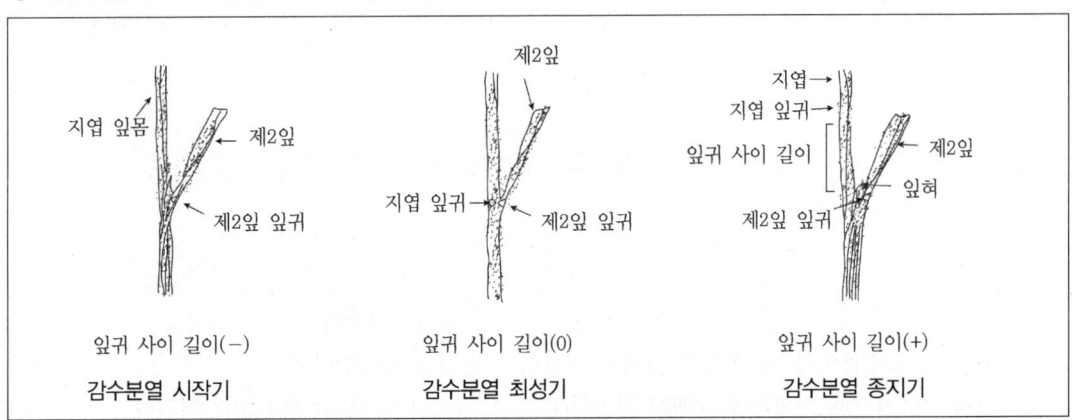

(5) 유수(어린 이삭)의 길이

① **유수의 길이** … 이삭의 발육단계를 진단하는 방법이다.

② 이삭패기 30 ～ 32일 전에 어린 이삭이 생기기 시작하는데, 줄기 밑동을 벗겨 보면 어린 이삭을 볼 수 있다.

⑦ 개화와 화기의 구조

(1) 개화

① **벼의 개화순서**

　㉠ 이삭이 나오면 그날 또는 다음날부터 이삭줄기의 윗부분에 있는 벼꽃부터 피기 시작한다.

　㉡ 같은 이삭줄기 내에서는 가장 끝에 붙은 꽃이 먼저 피기 시작하고, 이어서 아래부터 위쪽으로 꽃이 피어 올라간다.

　㉢ 끝에서부터 두 번째의 꽃이 최후에 핀다.

② **개화 시작**

　㉠ 고온 조건하에서 9시부터 개화가 시작되어 11시까지는 집중적으로 피고, 13시경에는 거의 개화하지 않는다.

　㉡ 20℃에 근접한 저온에서는 12시부터 개화가 시작되어 17시경까지 계속된다.

③ **개화와 환경조건**

　㉠ 개화 온도

　　• 최적 온도 : 30 ～ 35℃

　　• 최고 온도 : 약 50℃

　　• 최저 온도 : 약 15℃

　㉡ 습도 : 온도가 알맞으면 50 ～ 90%의 습도에서 꽃이 피는데, 최적 습도는 70 ～ 80%이다.

(2) 수정

① **수분** … 벼꽃은 피기 직전에 꽃밥이 열려 꽃가루가 날아 암술머리에 붙어 제꽃가루받이(제수분)를 하는 특성을 가진다.

② **수정과정**

　㉠ 꽃가루 내에 있던 정핵이 분열하여 제1정핵 및 제2정핵의 2개의 정핵이 된다.

　㉡ 씨방 속에 방출되어 제2정핵과 극핵이 결합하여 배젖을 형성한다.

　㉢ 한편, 제1정핵과 난세포의 난핵이 결합하여 배를 형성하는 중복수정이 이루어진다.

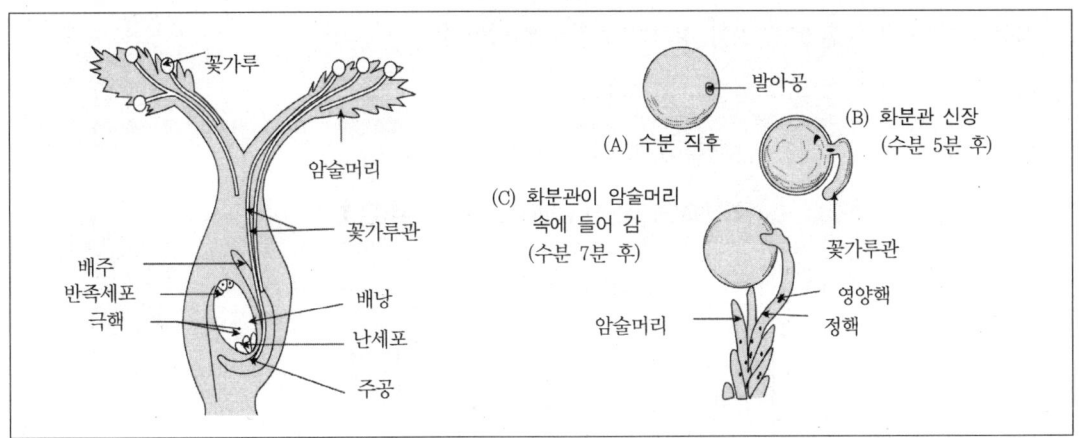

❦ 벼의 정받이 ❦

(3) 화기의 구조

① **벼의 이삭** … 작은 이삭은 이삭줄기와 제1차 지경의 상부에서는 각각의 줄기와 지경에 붙고, 제1차 지경의 중앙부와 하부에서는 다시 갈려진 제2차 지경에 착생한다.

② **영화**(벼꽃)

    ㉠ **암술**

    • 씨방, 암술대, 암술머리로 되어 있다.

    • 암술머리의 윗부분은 두 조각으로 갈라져 각각 깃털 모양을 이루고 있다.

    ㉡ **수술**

    • 수술의 꽃밥은 4개의 방으로 되어 있고, 그 안에 많은 꽃가루가 들어 있다.

    • 꽃실은 개화 후 급격히 신장하여 꽃밥을 외부에 낸다.

    ㉢ **인피**

    • 꽃 속의 최하위부의 큰 껍질에 씨방이 중앙에 있고, 백색이며 육질이고 난형의 인피가 2매 있다.

    • 개화할 때 흡수·팽창되어 개화의 기능(개영)을 한다.

    ㉣ **까락** : 종자의 전파, 외적의 방어, 수분의 증산, 동화작용 등에 도움을 준다.

⑧ 쌀알의 발달

(1) **녹말알의 형성**

수정이 끝난 씨방 내에서 배젖 원핵이 분열조직을 만들고, 꽃이 피고 4일쯤 후부터 그 속에 녹말알을 형성하기 시작한다.

(2) 쌀알의 외형적 발달

① **길이** ··· 꽃이 개화 후 5~6일이 경과하면 전장에 달한다.

② **너비** ··· 꽃이 개화 후 15~16일이 지나면 전장에 달한다.

③ **두께** ··· 꽃이 개화 후 20~25일쯤에 전장에 달한다.

📍 현미의 외형적 발달(길이, 너비, 두께) 📍

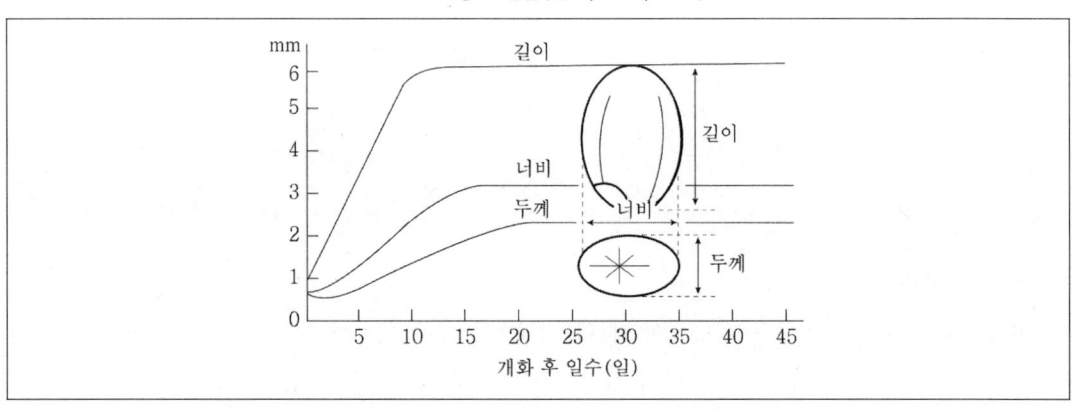

(3) 쌀알의 무게와 수분함량의 변화

① **생체중** ··· 수정 후 급격히 증가하고, 20일이 지나면 증가도가 둔화되고, 25일경에는 최대에 달하며, 35일 이후에 약간 감소되어 완숙한다.

② **건물중**

ㄱ 완만한 S자 곡선을 나타내는 증가를 보인다.

ㄴ 10~20일 사이에 현저하게 증대되며, 35일이면 증대가 거의 끝나고 완숙될 때까지 변화가 없다.

③ **쌀알 내의 수분함량**

ㄱ 꽃이 핀 후 : 80% 이상이 된다.

ㄴ 20일째 : 35% 정도이다.

ㄷ 35일 이후 : 20% 정도이다.

(4) 완전미와 불완전미

① **완전미**

ㄱ 미립이 품종 고유의 특징을 갖춘 전체가 고른 쌀이다.

ㄴ 풍만하고 외관상의 불투명한 부분이 없이 전체가 투명질이다.

ㄷ 표면이 특유의 광택을 지니며 쌀 표면의 세로 골도 얕다.

② **불완전미**

    ㉠ 복백미

      • 현미의 복부에 백색 불투명한 부분이 있는 쌀이다.

      • 백색부와 반투명부와의 경계가 뚜렷하며, 대부분 품종의 특성으로 나타난다.

    ㉡ 심백미

      • 쌀알의 중심부에 백색 불투명한 부분이 있는 쌀이다.

      • 대립에 많으며 중심부분에 전분축적이 떨어지고 공극이 많아 백색으로 보인다.

    ㉢ 청미

      • 과피에 엽록소가 남아 있어서 녹색으로 보이는 쌀이다.

      • 개화가 늦은 벼를 등숙이 완료되지 않았을 때 수확한 벼에서 많이 발생한다.

      • 현미를 도정하게 되면 녹색이 제거된다.

    ㉣ 사미

      • 쌀알이 불투명하며 광택이 없는 백색으로 내부도 거의 백색립이다.

      • 전체에 전분의 축적이 불충분하여 무게가 가볍다.

      • 내부가 투명해도 표층부가 백색 불투명인 경우에는 사미로 본다.

    ㉤ 동절미 · 복절미 : 현미의 발달 초기에 일시적인 저온이나 가뭄의 해로 발생하고, 심한 것은 도정시에 싸라기가 된다.

      • 동절미 : 쌀알의 중앙부에 조여진 부분이 있는 것으로 복부쪽만 잘록한 것이다.

      • 복절미 : 배 쪽이 조여진 것이다.

    ㉥ 동할미

      • 쌀알에 가로 1개 ~ 수개의 금이 간 쌀이다.

      • 완전히 등숙은 되었으나 수확이 늦어져서 비에 맞거나 생벼를 급격하게 고온건조할 때에 발생하기 쉽다.

      • 도정하면 싸라기가 되나, 가벼운 한 줄 정도의 동할미는 싸라기가 되지 않아서 완전립으로 취급한다.

    ㉦ 수미

      • 쌀알에 자 · 갈색의 반점이 생긴 쌀이다.

      • 태풍에 의해 받은 상처부위로부터 균이 침입하여 과피에서 번식하여 황세포에 색소가 생긴 것이다.

      • 현미의 발달이 불량하고 도정하여도 색깔이 제거되지 않는다.

    ㉧ 유백미

      • 쌀알 표면은 백색 불투명하나 광택이 있고 횡단면의 내부는 백색 불투명하지만 표층부는 투명화되어 있다.

      • 등숙 초 · 중기에 양분축적이 불량하였다가 후기에 회복된 것으로 등숙기의 저온, 혹은 조기재배의 고온에서 많이 발생한다.

(5) 등숙과 온도

① **등숙** … 초기에는 배, 배젖의 조직이 형성되는 시기이며, 잎이 광합성을 통해 양분을 왕성하게 생산하고 있는 시기이다.

② **등숙에 영향을 주는 요인** … 온도가 높아야 등숙이 빠르고, 일기온의 교차가 커야 유리하다.

(6) 쌀알의 구조

① **현미** … 정조에서 왕겨를 벗겨낸 자실이다.

    ㉠ 종피
- 과피는 자방벽에서 유래하였고, 외과피, 중과피, 엽록층, 내과피로 되어 있다.
- 종피는 주피 및 주심의 일부에서 유래하였고, 안팎의 2층으로 되어 있다.

    ㉡ 배
- 반상체
  – 배유와 배아 사이에 있는 것으로 배유와 접하는 부분은 상피세포층을 이루고 있다.
  – 발아할 때 당화효소를 분비하여 전분을 당화시키고, 당화된 전분을 배아에 흡수되도록 작용한다.
- 배아
  – 벼의 어린 식물체로 큰 껍질 쪽 밑에 붙고, 유아, 배축, 유근으로 되어 있다.
  – 배아에는 생장점과 제1~3본엽의 원기체가 분화되어 있으며, 이것을 초엽이 둘러싸고 있다.
  – 종근이 될 유근은 근관과 근초로 보호된다.

    ㉢ 배유
- 호분층
  – 종피와 접하여 이루어진 배유의 바깥 부분이다.
  – 단백질과 지방이 풍부하나 세포층이 두꺼워 소화가 잘 안 되기 때문에 도정으로 제거해야 한다.
- 전분층
  – 배유의 안쪽 부분이며 배유부의 세포는 호분립으로 충만되어 있다.
  – 입간의 간극에는 단백질이 채워져 있어서 배유는 백색 반투명하게 된다.
  – 쌀알이 충실하게 여물지 못하면 백색 불투명하게 된다.

② **큰 껍질과 작은 껍질**
    ㉠ 잎의 변형물로 큰 껍질과 작은 껍질은 잎집에, 큰 껍질에 있는 까락은 잎몸에 해당한다.
    ㉡ 장영도 : 작은 껍질과 큰 껍질의 길이가 비슷한 것이다.
    ㉢ 까락의 역할
- 수분을 증산한다.
- 외적을 방어한다.
- 종자를 전파한다.
- 동화작용을 촉진한다.

③ **받침껍질** … 총포에 해당하며, 길이는 보통 큰 껍질의 1/5이다.

3 수량 및 양분

① 수량의 구성과 진단

(1) 수량을 결정하는 주요 요인

① **불수정 입수와 발육정지립** … 등숙 비율을 결정하는 요인이다.

② **출수 전 저장 탄수화물량** … 출수 전 저장 탄수화물량의 등숙에 대한 역할은 등숙기의 동화량이 부족했을 때 완충적인 작용을 한다.

③ **영양조건과 뿌리의 생리적 활력** … 광합성과 동화산물의 전류와 밀접한 관계를 가진다.

④ **등숙기 기상환경** … 벼의 등숙에는 주간온도 26℃, 야간온도 16℃가 최적의 온도범위이다.

(2) 수량의 구성 4요소

① 단위면적당 이삭 수

② 1이삭당 평균 영화 수

③ 등숙률

④ 1립중

> 수량 = (단위면적당 이삭 수 × 1이삭당 평균 영화 수 × 등숙률 × 현미 천립중) ÷ 1,000

⑤ **수량 구성요소 성립과정**

　㉠ 이삭 수

　　• 재식밀도와 유효분얼 수에 의해 결정된다.

　　• 모내기 후에 기온과 일사량이 높고, 알맞은 거름을 주어서 분얼 수를 늘린다.

　㉡ 1이삭당 영화 수

　　• 어린 이삭이 분화하는 시기부터 출수 5일 전쯤까지 기온이 높고 양분을 알맞게 공급해야 영화 수가 많아진다.

　　• 높은 기온과 양분의 알맞은 공급으로 벼꽃의 분화를 많게 한다.

ⓒ 등숙률
- 총 영화 수에 대한 쌀알의 비율이다.
- 감수분열기에 냉해를 받지 않아야 쭉정이 수가 적어지며, 등숙기간 중에 일사량이 많고 밤과 낮의 온도차가 10℃ 정도인 것이 등숙에 좋다.
- 알맞은 등숙온도
  - 출수 후 처음 10일 : 낮 29℃, 밤 19℃
  - 그 후 : 낮 25℃, 밤 15℃
ⓡ 현미 천립중
- 이삭이 패기 전에 왕겨의 크기에 의해 정해지고, 출수 후 벼알이 여무는 정도에 따라 달라진다.
- 천립중이 감소하기 쉬운 시기 : 감수분열성기와 등숙성기 때이다.

♟ 벼 수량 구성요소의 4요소 ♟

(가) 이삭 수(1m²당)　　　(나) 영화 수　　　(다) 등숙률　　　(라) 천립중

(3) 수량 구성요소의 조사방법

① 1m²당 이삭 수

ⓙ 포장의 재식밀도
- 기계 모내기 때에 줄 사이 : 30cm
- 기계 모내기 때에 포기 사이 : 12 ~ 14cm

ⓛ 1m² 안에 있는 벼 주수 : 생육상태가 중 정도인 곳에서 20주를 표본추출하고, 그 이삭을 세어서 1주의 이삭 수는 15개이었다. 휴간거리는 30cm, 1m 내의 포기 사이에는 평균 8주가 있다.
- 포기 사이의 거리 : 100cm ÷ 8 = 12.5cm
- 1주가 차지하는 면적 : 30 × 12.5cm = 375cm²
- 1m² 내의 주수 : 10,000cm² ÷ 375cm² = 26.7
- 1m² 내의 이삭 수 : 26.7 × 15(1주의 이삭 수) = 400.5개

② 1이삭당 평균 영화 수 = 표본의 전체 영화 수 ÷ 이삭 수

③ 등숙률 = 등숙립 수 ÷ 전체 영화 수 × 100

④ **천립중**

ⓐ 벼 종실을 일정 비율의 소금물(정조 : 비중 1.06, 현미 : 1.02)에 띄워 알갱이와 쭉정이를 가리고 그 수를 센다.

ⓑ 소금물에 가라앉은 정조 또는 현미를 맑은 물에 씻어 충분히 건조한 후 1,000개를 세어서 무게를 측정한다.

(4) 수량의 진단

① **수량 구성 4요소가 서로간에 미치는 영향**

ⓐ 이삭 수가 많아지면 1이삭의 평균 영화 수가 적어진다.

ⓑ 영화 수가 많아지면 등숙률이 낮아진다.

ⓒ 등숙률이 높을 때는 천립중이 커진다.

② 벼의 수량을 증가시키기 위해서는 1m²당 이삭 수, 1이삭당 영화 수, 등숙률과 현미의 무게를 높여야 한다.

② 양분의 흡수

(1) 식물체의 조성분

① **필수 원소** … 식물 생육에 필수적으로 필요한 원소를 필수원소라 하며, 이는 다량원소와 미량원소로 구분된다.

ⓐ 다량 원소 : 탄소, 산소, 수소, 질소, 칼륨, 인, 칼슘, 마그네슘, 황이 있다. 탄소, 산소, 수소는 대부분의 식물체에서 필수 원소의 90% 이상을 차지한다. 질소, 인, 칼륨은 비료의 3요소이다.

ⓑ 미량 원소 : 철, 구리, 아연, 붕소, 망간, 몰리브덴, 염소, 니켈이 있다.

② **기타 원소** : 규소

(2) 양분의 흡수

① **무기양분의 흡수** … 산소와 탄소, 수소는 공기와 물로부터 얻어지고, 그 밖의 원소는 뿌리에서 각종 화합물의 형태로 흡수한다.

② **벼 산화력과 환원력**

　㉠ 산화력

　　• 벼뿌리 속에는 통기조직이 형성되어 있어서 호흡에 필요한 산소의 대부분을 공급받게 되고, 산화력을 지니게 된다.

　　• 담수 조건하에서 뿌리부분에 생기는 유독성분을 무해하도록 할 수 있고, 뿌리의 호기적 호흡을 가능하게 한다.

　㉡ 환원력

　　• 담수 상태하에서도 환원층이 발달하지 않으면 벼뿌리는 뿌리부분의 토양에 당분이나 아미노산을 분비하여 미생물에 의해 분해되게 함으로써 토양을 환원시킨다.

　　• 토양이 환원되면 뿌리부분 내에 있는 인산이나 철 등이 용해되어 흡수가 쉬워진다.

③ **벼뿌리에 의한 양분 흡수**

　㉠ 성근 : 영양분과 수분의 흡수력이 크다.

　㉡ 새뿌리 : 영양분과 수분의 흡수력이 약하다.

④ **양분 흡수장애**

　㉠ 황화수소(H_2S)에 의한 흡수장애

　　• 황화수소의 생성 : 비료를 시용했을 때 토양 중에서 환원되어 다량 생성되며, 유기물과 요소 등도 황화수소 생성원인이 된다.

　　• 양분의 흡수억제 : 황화수소는 벼뿌리의 호흡을 제한해서 물과 양분의 흡수를 억제시킨다.

　㉡ 기타 흡수저해 물질 : 유기물 분해에 의한 유기산, CO_2, Al, 2가철 등은 뿌리의 양분 흡수력을 저하시킨다.

⑤ **양분 흡수와 체내 이동률**

　㉠ 질소, 인, 황 : 단백질의 구성성분으로 생육 초기에 흡수되어 개화기까지 거의 흡수가 완료되고, 그 후에 잎, 줄기에 축적되어 있던 것이 이삭으로 이동되어 등숙된다.

　㉡ 칼륨, 칼슘 : 생육 초기부터 생육이 완료될 때가지 흡수되는데, 수량을 증대하기 위해서 생육 후기까지 계속 흡수시켜야 한다.

　㉢ 마그네슘 : 유수발육기에 요구가 크고, 이 시기에 비교적 많이 흡수된다.

벼의 생육

출제예상문제

1 다음 중 영양생장기인 것은?

① 신장기   ② 결실기

③ 분얼기   ④ 수잉기

> **NOTE** ①②④ 생식생장기에 해당한다.
> ※ 영양생장기의 특징
>   ㉠ 식물체가 양적으로 생장하는 기간
>   ㉡ 육묘기, 모내기, 착근기, 분얼기
>   ㉢ 뿌리에서는 영양흡수, 잎에서는 광합성작용 활발

2 멥쌀과 찹쌀에 대하여 바르게 기술한 것은?

① 찹쌀은 약 20% 정도의 아밀로오스를 함유하고 있다.

② 찹쌀의 아밀로펙틴 함량은 약 80% 정도이다.

③ 멥쌀은 아이오딘반응에 의해 적갈색을 나타낸다.

④ 멥쌀은 약 20% 정도의 아밀로오스를 함유하고 있다.

> **NOTE** ①② 찹쌀은 대부분 아밀로펙틴으로 구성되어 있다.
> ③ 멥쌀의 아이오딘반응색은 청남색이다.

3 벼의 호분층에 대한 설명으로 옳은 것은?

① 현미의 구성성분으로 대부분을 차지한다.   ② 단백질과 지방의 함량이 높다.

③ 현미의 내부에 존재하며 소화가 잘 된다.   ④ 호분층의 세포막은 얇다.

> **NOTE** 호분층…현미의 껍질에 존재하며 단백질과 지방의 함량이 높다. 호분층의 세포막은 두껍기 때문에 소화가 잘 안되므로 도정시 제거해야 한다.

ANSWER | 1.③ 2.④ 3.②

4 다음 중 벼의 수량 구성요소가 아닌 것은?

① 단위면적당 이삭 수   ② 1립중
③ 등숙률   ④ 전체 영화 수

　　　NOTE| 벼 수량의 구성요소
　　　　　　⊙ 단위면적당 이삭 수
　　　　　　ⓛ 1이삭당 평균 영화 수
　　　　　　ⓒ 등숙률
　　　　　　ⓔ 1립중

5 다음 중 벼의 영양생장기에 대한 설명으로 옳은 것은?

① 발아기로부터 유수분화 직전까지의 기간을 말한다.
② 수잉기에 해당하며 병해의 위험률이 높다.
③ 이삭이 급속히 자라 길이를 거의 완성하게 되는 시기이다.
④ 탄수화물이 이삭으로 이동하고 축적되어 등숙이 완료되는 시기이다.

　　　NOTE| 영양생장기
　　　　　　⊙ 발아기부터 유수분화 직전까지의 기간을 말한다.
　　　　　　ⓛ 식물의 양적으로 생장하는 기간으로 육묘기, 모내기, 착근기, 분얼기가 해당된다.
　　　　　　ⓒ 인산, 질소, 칼륨 등의 영양흡수가 뿌리에서 활발하게 나타난다.
　　　　　　ⓔ 잎에서 광합성작용도 활발하게 일어난다.

6 벼의 수분흡수와 증산작용에 대한 설명으로 옳은 것은?

① 까락에서도 수분의 증산작용이 이루어진다.
② 잎의 수분이 건조하면 기동세포가 팽창하여 잎이 넓게 퍼진다.
③ 규질화는 동화작용을 촉진시킨다.
④ 벼의 요수량은 800g 정도이다.

　　　NOTE| ② 잎의 수분이 적어져 건조해지면 기동세포가 수축하여 잎을 안으로 말려들게 한다.
　　　　　　③ 규질화는 수분의 증산을 조절한다.
　　　　　　④ 벼의 요수량은 330g이다.

ANSWER | 4.④ 5.① 6.①

7 벼의 영양생장기와 생식생장기의 구분시기로 옳은 것은?

① 최고분얼기   ② 유수분화기

③ 유효분얼기   ④ 수잉기

> ✎NOTE | 유수분화기…유수가 분화되어 그 길이가 약 2mm에 달할 때까지, 즉 출수전 30일부터 출수
> 후 24일까지를 말한다.
> ※ 영양생장기는 발아부터 유수분화 직전까지를 나타내며, 생식생장기는 유수분화부터 성숙기
> 까지를 나타낸다.

8 다음 그래프에서 유효분얼 종지기를 나타내는 것은?

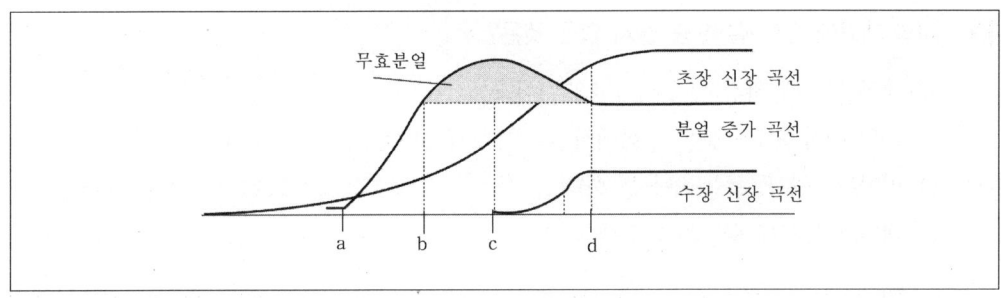

① a   ② b
③ c   ④ d

> ✎NOTE | a는 이식기, b는 유효분얼완료기, c는 유수분화기, d는 출수기이다.

9 벼의 중복수정시 씨눈(배)을 형성하는 것은?

① 정핵 + 난세포   ② 정핵 + 조세포
③ 정핵 + 극핵   ④ 정핵 + 반족세포

> ✎NOTE | 중복수정…1개의 정핵은 난세포와 결합하여 씨눈(배)이 되고 나머지 1개의 정핵은 2개의 극핵
> 과 결합하여 씨젖(배젖, 배유)이 되는데, 이와 같이 2가지 수정이 동시에 이루어지는 것을 중
> 복수정이라 하며 수정은 개화 후 2.5 ~ 4시간만에 끝난다.
> ※ 씨앗
>   ㉠ 정핵 + 난세포(2n) = 배
>   ㉡ 정핵 + 극핵(3n) = 배젖

ANSWER | 7.② 8.② 9.①

10 다음 중 벼의 배에 포함되어 있지 않은 것은?

① 초엽, 유근

② 종자근, 2엽

③ 관근, 종자근

④ 유아, 초엽

> NOTE| 배(胚) … 발아를 통해 벼의 식물체를 형성하는 근원으로 배의 야생조직은 상부에 유아, 하부에 유근이 있다.
> ㉠ 유아 : 표면이 아린과 전린에 의해 보호되어 있고 초엽에 둘러싸여 내부에는 1엽, 2엽, 3엽의 원기가 이미 분화되어 있다.
> ㉡ 유근 : 1개의 종자근으로 그 선단에는 근관이 있고 중심부 내에는 원생목부가 분화되어 있으며 근초가 보호하고 있다.

11 벼의 개화에 관한 설명 중 옳지 않은 것은?

① 개화하는 데 적정온도는 30 ~ 35℃이다.

② 하위 이삭줄기에 붙은 영화에서부터 개화가 진행된다.

③ 인피는 개영을 돕는 구실을 한다.

④ 개화와 동시에 꽃밥이 터진다.

> NOTE| 개화의 순서 … 이삭이 나오면 그 날 또는 그 다음 날부터 이삭줄기의 윗부분에 붙은 벼꽃부터 피기 시작한다. 같은 이삭줄기 내에서는 가장 끝부분에 붙은 꽃이 먼저 피고, 이어 아래로부터 위쪽으로 꽃이 피어 올라가며 끝에서부터 두 번째의 꽃이 최후에 핀다.

12 벼의 생장에 따른 건강한 벼 뿌리의 색깔변화로 옳은 것은?

① 흰색→담홍색→다갈색

② 흰색→다갈색→흑색

③ 담황색→흑색→회백색

④ 담홍색 → 흰색→흑색

> NOTE| 뿌리의 진단
> ㉠ 벼의 생육이 왕성한 시기의 뿌리를 뽑아보면 선상한 벼는 산화철에 의하여 붉은 피막이 형성되어 있으며 새로 나오는 백색의 뿌리가 많다.
> ㉡ 토양에 산소가 극히 부족하고 유해가스가 집적된 논에서 자라는 뿌리는 흑색을 띤다.

ANSWER | 10.③ 11.② 12.①

13 다음 중 땅 속의 뿌리로 산소가 공급되어 벼가 물 속에서도 살 수 있는 이유는?

① 통기조직의 발달

② 기동세포의 발달

③ 유조직의 발달

④ 책상조직의 발달

✎NOTE│ 벼는 피층 내에 통기조직이 발달해 땅 속의 뿌리로 산소를 공급할 수 있다.

　　※ 뿌리

　　　　㉠ 벼는 1개의 씨뿌리(종근)와 5개 정도의 제뿌리(관근)를 내린다.

　　　　㉡ 한 포기 뿌리수가 가장 많은 시기는 유수형성기이다.

　　　　㉢ 한 포기 뿌리길이가 가장 길 때는 출수기이다.

14 출수 전 30일부터 출수기까지 햇빛이 부족할 때 가장 크게 피해를 받는 수량 구성요소는 무엇인가?

① 이삭 수

② 1이삭당 벼알 수

③ 벼알무게

④ 등숙률

✎NOTE│ 1이삭당 영화 수는 출수 30일 전쯤의 어린 이삭이 분화하는 시기부터 출수 5일 전쯤까지 기온이 높고 양분의 공급을 알맞게 해야 많아진다.

15 다음 중 생식생장기를 구분할 때 기준이 되는 시기는?

① 수잉기

② 유수분화기

③ 유수형성기

④ 유효분얼기

✎NOTE│ 벼의 생육과정

　　㉠ 영양생장기

　　　• 발아로부터 유수분화 직전까지의 기간을 영양생장기라 한다.

　　　• 이 기간동안에는 주로 영양기관인 잎, 줄기, 뿌리 등이 형성된다.

　　　• 볍씨를 뿌린 다음에 싹이 터 초장이 자라고 분얼되는 것이 특징이다.

　　㉡ 생식생장기

　　　• 유수분화기 이후부터 성숙기까지를 말한다.

　　　• 이삭이 형성되고 열매를 맺는 것이 특징이다.

ANSWER │ 13.① 14.② 15.②

16 볍씨 발아시 산소의 부족으로 일어나는 현상은?

① 발아가 되지 않는다.

② 초엽과 뿌리가 정상적으로 자란다.

③ 초엽은 자라지 못하고 뿌리가 깊게 뻗는다.

④ 뿌리는 잘 나오지 못하고 초엽이 길게 자란다.

✎NOTE| 물 속에서 볍씨가 발아를 할 때 산소가 부족하면 떡잎집이 길게 자라지만 씨뿌리는 잘 나오지 못하게 된다.

17 벼의 생육시기별 용수량이 가장 많이 필요한 시기는?

① 활착기, 수잉기 ② 유효분얼기, 수잉기

③ 활착기, 유효분얼기 ④ 수잉기, 황숙기

✎NOTE| 활착기는 모내기를 한 후 뿌리가 내려 양분과 수분을 흡수할 수 있기까지의 기간으로 물을 깊이 대며, 모에 따라 5～7일이 소요된다. 또한 수잉기는 벼의 일생 중 물을 가장 많이 소모하는 시기로 물이 마르지 않도록 하나, 이삭이 팬 후 30～35일 후에는 물을 아주 뗀다.

18 벼의 중복수정시 배유의 형성은?

① 1개의 정핵과 1개의 난세포의 융합 ② 1개의 정핵과 1개의 극핵의 융합

③ 1개의 정핵과 2개의 극핵의 융합 ④ 2개의 정핵과 2개의 난세포의 융합

✎NOTE| 벼의 중복수정시 배는 1개의 정핵과 1개의 난세포의 융합으로 2n이 되고, 배유(배젖)는 1개의 정핵과 2개의 극핵의 융합으로 3n이 된다.

19 일조가 부족할 때 쌀알의 크기가 부족한 시기는?

① 유숙기 ② 호숙기

③ 황숙기 ④ 완숙기

✎NOTE| 유숙기 … 벼알의 내용물이 젖모양과 같은 시기로 이 시기에 일조가 부족하면 동화물질의 감소와 배유로의 전류, 축적을 감퇴시켜 배유의 발육을 저해하고 등숙률을 감소시킨다.

ANSWER | 16.④ 17.① 18.③ 19.①

20 다음 중 벼가 도달할 수 있는 최대 수량은 언제 결정되는가?

① 출수기   ② 영화분화기

③ 유수형성기   ④ 감수분열기

📝 **NOTE** | 수량의 성립
     ⑤ 수량증가 : 수량을 적극적으로 증대시키는 힘은 영화분화기까지만 작용하므로 도달할 수 있는 최대수량은 영화분화기에 결정된다.
     ⓛ 수량감소의 방지 : 영화분화기 이후에는 수량감소를 방지하는 힘이 작용된다.

21 벼의 수량을 구성하는 요소로 옳지 않은 것은?

① 단위면적당 이삭 수   ② 현미의 1립중

③ 1,000이삭의 평균 영화 수   ④ 등숙률

📝 **NOTE** | 벼의 수량을 구성하는 요소
     ⑤ 1m²당 이삭 수
     ⓛ 1이삭당 평균 영화 수 : 표본의 전체 영화 수 / 이삭 수
     ⓒ 등숙률 : 등숙립 수/전체 영화 수 × 100
     ⓔ 1립중
     ※ 수량 구성요소와 경과 모식도(빗금친 윗 부분은 수량을 증대시키는 힘이고 아래부분은 수량을 감소시키는 힘이다.)

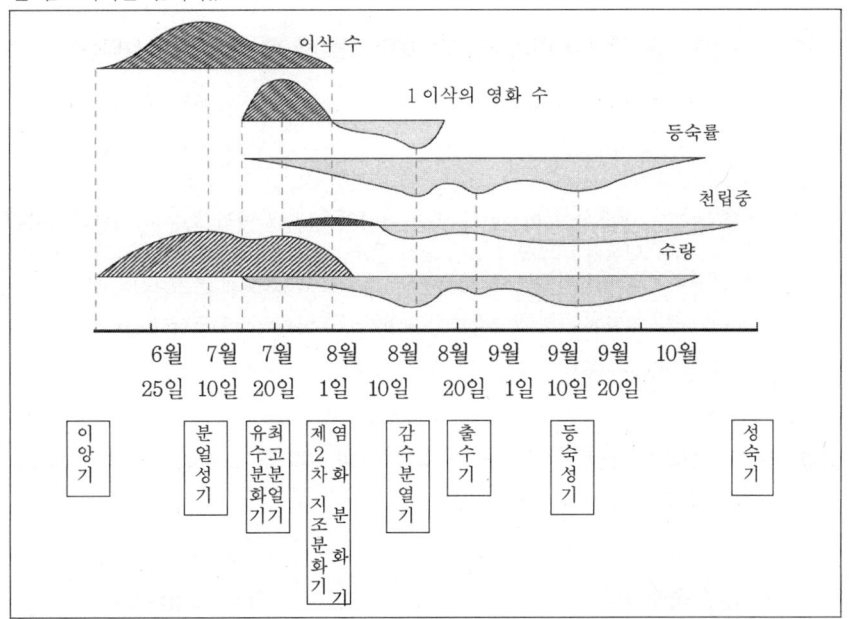

22 다음은 벼의 개화에 대해 설명한 것으로 옳지 않은 것은?

① 개화는 보통 오후 2 ~ 3시 사이에 개화한다.

② 벼의 꽃은 1개의 암술과 6개의 수술로 구성된다.

③ 자가수정을 원칙으로 한다.

④ 개화는 보통 1 ~ 1.5시간이 걸린다.

NOTE | 벼의 개화
ⓐ 개화시기 : 이삭이 나오는 당일 또는 그 다음 날부터 꽃이 피기 시작한다.
ⓑ 개화순서 : 한 이삭줄기에서 가장 끝 부분에 붙은 꽃이 먼저 개화하고 이어서 아래에서 위쪽으로 꽃이 피어 올라가며, 맨 끝으로부터 두 번째의 꽃이 최후에 핀다.
ⓒ 개화시간 : 개화시간은 기상조건에 따라 차이가 있으나 11시경이 개화 최성시간이 되며 오후 1시경이 되면 거의 개화하지 않는다.
ⓓ 개화 적정 온도 : 개화의 적정 온도는 30 ~ 35℃이며, 최고 온도는 50℃, 최저 온도는 15℃이다.
ⓔ 개화 최적 습도 : 온도가 알맞으면 50 ~ 90%의 습도에서 꽃이 피는데 최적 습도는 70 ~ 80%이다.
※ 수정
ⓐ 자화수분 : 개화와 동시에 꽃밥이 터져 꽃가루가 날아 들어가 암술머리에 붙는 자화수분을 원칙으로 하지만 1% 이내로 타화수분되는 경우도 있다.
ⓑ 중복수정 : 2개의 배낭 속에서 2개의 정핵이 1개는 극핵과 다른 1개는 난핵과 동시에 정받이하는 것을 중복수정이라 하며 수정은 개화 후 2.5 ~ 4시간만에 끝난다.

23 벼의 생육 중 잎귀 사이의 길이가 '0'이 되었을 때 벼의 생육상태는?

① 감수분열 개시기   ② 감수분열 최성기
③ 제1화분 모세포 형성기   ④ 감수분열 종료기

NOTE | 잎귀와 그 아랫잎의 잎귀 사이의 간격에 따라 화분과 배낭의 감수분열기를 판정할 수 있다. 잎귀가 아랫잎의 잎집 속에 있을 때는 −, 일치할 때는 0, 아랫잎의 잎집에서 나왔을 때는 +로 표시하며 잎귀 사이의 길이가 −10cm일 때 감수분열이 시작되고(감수분열 시작기), 0일 때 최고에 달하며(감수분열 최성기), +10cm일 때 끝난다(감수분열 종지기).

24 1포기 중에서 가장 긴 줄기의 등숙립 수를 헤아려 그것이 100립 정도일 경우 평균 1이삭당 등숙립 수는?

① 50 ~ 70%   ② 70 ~ 75%
③ 75 ~ 80%   ④ 90 ~ 100%

ANSWER | 22.① 23.② 24.③

NOTE | 등숙률

㉠ 이삭에 붙은 낱알 수의 몇 %가 도정되어 쌀로서의 가치를 지니게 될 것인가를 수치화 한 것이다.

㉡ 일반적으로 75 ~ 80%이며, 아무리 높아도 100%를 넘을 수 없다.

㉢ 주로 유수분화기에서부터 영향을 받기 시작하여 감수분열기, 출수기, 등숙성기에 가장 떨어지기 쉬우며 출수 후 35일을 경과하면 영향을 받지 않는다.

㉣ 공식 : 등숙립 수/전체 영화 수 × 100

25 다음 중 벼의 암술과 수술이 알맞게 짝지어진 것은?

① 암술 1개 – 수술 3개　　　　② 암술 1개 – 수술 6개

③ 암술 3개 – 수술 1개　　　　④ 암술 6개 – 수술 1개

NOTE | 벼꽃은 1개의 암술과 6개의 수술이 있으며 암술은 씨방과 짧은 암술대 및 양쪽으로 갈라진 깃털모양의 암술머리로 되어 있다.

26 벼 잎의 구조에서 줄기에 밀착되어 물이 줄기 속으로 들어가는 것을 막아주는 부위는?

① 잎혀　　　　　　　　　　　② 잎집

③ 잎몸　　　　　　　　　　　④ 잎귀

NOTE | 잎의 구조와 역할

㉠ 잎몸(엽신) : 동화작용의 주체를 이루며 평행맥이다.

㉡ 잎혀(엽설) : 물이 줄기와 잎집 속으로 들어가는 것을 막는 구실을 한다.

㉢ 잎귀(엽이) : 잎집이 줄기로부터 떨어지지 않게 하는 구실을 한다.

㉣ 잎집(엽초) : 줄기를 둘러싸서 보호한다.

27 벼의 씨뿌리는 몇 개인가?

① 1개　　　　　　　　　　　② 2개

③ 3개　　　　　　　　　　　④ 5개

NOTE | 벼의 뿌리 … 벼는 1개의 씨뿌리(종근)와 5개 정도의 제뿌리(관근)를 내리며 제뿌리의 수와 길이가 증가하여 근계를 형성한다.

ANSWER | 25.② 26.① 27.①

28 볍씨의 발아과정으로 옳은 것은?

① 광(光)이 없으면 발아가 불가능하다.

② 종자의 발아속도는 온도가 낮을수록 느리다.

③ 종자의 수분함량이 90% 이상일 경우에는 유근이 유아보다 먼저 출현한다.

④ 깊은 물 속에서는 유아보다 유근이 길게 자란다.

> ✎**NOTE** | 발아
>
> ㉠ 개념 : 씨뿌리와 떡잎집이 왕겨를 뚫고 나오는 것을 말하며 볍씨는 적당한 온도, 수분, 산소를 부여하면 발아한다. 발아할 때에는 유아로서 '제1본엽→제2본엽→제3본엽'의 순서로 나온다.
>
> ㉡ 발아의 조건
> • 발아온도 : 발아하기 적당한 온도에서 2일 정도면 대부분 싹이 튼다.
> • 발아수분 : 볍씨는 종자 중량의 약 25%의 수분을 흡수하면 발아가 가능하다.
> • 발아시 유근 : 산소가 부족한 깊은 물에서는 초엽이 5 ~ 10cm까지 이상신장하고 유근인 종자근은 거의 자라지 않는다.
> • 광(光) : 벼 종자의 발아에 광은 관계가 없다.

29 벼의 생육시기별 지상부에 대한 지하부의 건물중(Dry weight) 비율이 가장 높은 시기는?

① 분얼기　　　　　　　　　　② 감수분열기

③ 출수기　　　　　　　　　　④ 등숙기

> ✎**NOTE** | 벼의 생육시기별 지상부에 대한 지하부의 건물중 비율은 생육 초기와 분얼기에는 약 35%이며, 생식생장기로 접어들면 점차 감소한다.

30 벼의 수량 구성의 설명으로 옳은 것은?

① 이삭 수를 증가시키려면 영화분화기의 비배관리가 가장 중요하다.

② 천립중은 유전의 영향이 커서 등숙기의 비배관리에 상관없이 대체로 일정하다.

③ 등숙비율은 재배기술로 적극적으로 높일 수 있는 수량 구성요소기 이니다.

④ 1수립수는 출수기에 적극적으로 증대시킬 수 있다.

> ✎**NOTE** | ① 이삭수는 모내기 후의 환경에 영향을 받으며, 특히 분얼최성기에 가장 크게 영향을 받는다.
> ③ 등숙비율은 재배기술로 높일 수 있는 수량 구성요소이다.
> ④ 1수립수는 분화영화 수와 퇴화영화 수의 차이에 의해 결정되는데, 분화영화 수는 유수분화기로부터 주로 영향을 받기 시작하여 영화분화기 이후에는 거의 영향을 받지 않는다.

ANSWER | 28.② 29.① 30.②

31 다음 중 벼가 개화할 때 수분을 흡수하여 그 팽창압력에 의하여 양 껍질이 열리면서 꽃이 피게 하는 역할을 하는 것은?

① 씨방　　　　　　　　　　　② 비늘껍질

③ 받침껍질　　　　　　　　　　④ 기동세포

✎NOTE| 비늘껍질(인피) … 꽃이 필 때에 수분을 흡수하여 팽창하는 압력에 의해 바깥 껍질이 바깥쪽으로 밀려 닫혀있던 양 껍질이 열리면서 꽃을 피우는 역할을 한다.

32 볍씨가 진공상태 또는 깊은 물 속에서 발아할 때 무엇이 이상발아를 하는가?

① 종자근　　　　　　　　　　　② 본엽

③ 관근　　　　　　　　　　　　④ 초엽

✎NOTE| 이상발아 … 대부분 모판에 충분한 산소가 있으면 뿌리(종자근)가 먼저 나오나 담수직파나 물 못자리의 물이 깊고 산소가 부족한 경우 싹(초엽)이 먼저 나오는 것을 이상발아라고 한다.

33 다음 중 벼의 생육단계에서 감수분열기를 판별하는 데 가장 편리하고 알맞은 진단방법은?

① 어린 이삭의 길이에 의한 방법

② 잎귀 사이의 길이에 의한 방법

③ 줄기수에 의한 방법

④ 잎 나이지수에 의한 방법

✎NOTE| 지엽의 잎귀와 2차위엽의 잎귀 사이의 길이로 이삭의 발육단계를 예측할 수 있으며, 특히 잎귀 사이의 길이를 통해 감수분열기를 판별할 수 있다.

※ 감수분열
  ㉠ 꽃의 분화가 끝나고 어린 이삭의 길이가 15 ~ 40mm 정도에 도달하면 꽃가루의 모세포나 배낭의 모세포가 생긴다.
  ㉡ 출수 10 ~ 15일 전쯤되면 꽃가루와 배의 모세포가 감수분열을 하여 정세포와 난세포가 생긴다.
  ㉢ 감수분열에 있어서 하나의 꽃은 2일, 1이삭은 7일 정도의 기간이 소요된다.

ANSWER | 31.② 32.④ 33.②

34 벼의 기본 영양생장기간이란?

① 생육기간이 일장과 온도에 지배되지 않는 기간
② 생육기간이 일장과 온도의 지배로 단축되는 기간
③ 생육기간이 일장과 온도의 지배로 연장되는 기간
④ 생육기간이 일장으로 지연되고 온도로 단축되는 기간

> ✎NOTE | 기본 영양생장기간 … 영양생장에서 생식생장으로 전환하는 데 필요한 최소한의 영양생장으로
> 일장이나 온도 등에 지배되지 않는 기간을 말한다.

35 벼의 수량 구성요소의 성립과정으로 옳은 것은?

① 이삭수는 모내기 후 환경에 지배되어 출수기에 거의 결정된다.
② 1수 영화수는 감수분열기에 가장 크게 영향을 받는다.
③ 등숙률은 주로 유수분화기부터 영향을 받기 시작하여, 출수 후 35일을 경과하면 영향을 받지 않는다.
④ 천립중은 유수분화기부터 감수분열성기에 거의 결정된다.

> ✎NOTE | ① 이삭수는 모내기 후의 환경에 영향을 받으며, 특히 분얼최성기에 가장 크게 영향을 받으나
> 분얼기 이후에는 거의 영향을 받지 않는다.
> ② 1수 영화 수는 유수분화기 때 가장 큰 영향을 받는다.
> ④ 천립중은 감수분열기와 등숙기에 거의 결정된다.

36 다음은 벼의 각 부위의 역할에 대하여 설명한 것이다. 옳지 않은 것은?

① 잎몸은 동화작용의 주체부이다.
② 잎혀는 줄기와 잎몸 사이의 내부로 물이 들어가는 것을 방지한다.
③ 잎집은 줄기를 보호한다.
④ 잎귀는 발생학적으로 잎집에 속하며 잎몸이 줄기에서 떨어지지 않게 한다.

> ✎NOTE | ④ 잎귀는 발생학적으로 잎몸에 속한다.
> ※ 잎의 구조
> ㉠ 잎몸(엽신) : 동화작용의 주체를 이루는 평행맥이다.
> ㉡ 잎혀(엽설) : 물이 줄기와 잎집 속으로 들어가는 것을 막는 구실을 한다.
> ㉢ 잎귀(엽이) : 잎집이 줄기로부터 떨어지지 않게 하는 구실을 한다.
> ㉣ 잎집(엽초) : 줄기를 둘러싸서 보호한다.

ANSWER | 34.① 35.③ 36.④

37 다음 중 벼잎의 기동세포가 갖는 주요 기능은?

① 증산량 조절

② 호흡량 조절

③ 수광량 조절

④ 병충해 방제

✎NOTE | 잎의 기동세포 … 잎의 표면에 군데군데 분포하여 건조한 날씨가 계속되면 수축하여 잎을 안으로 말려들게 함으로써 증산작용억제 및 가뭄의 피해를 줄일 수 있게 한다.

38 벼 영화의 인피 기능은?

① 수분흡수

② 내외영의 개폐

③ 성숙촉진

④ 암술의 보호

✎NOTE | 인피 … 식물의 1차 체부 안쪽의 형성층에 의해서 만들어진 2차 체부를 말한다. 수목의 줄기는 표피, 피층, 1차 체부, 2차 체부로 되어 있으며 그 중 오래 된 부분은 수피로 되어 탈락되는 경우가 많다. 이 때 형성층보다 바깥쪽에 남아 있는 조직을 인피라고 하며 인피는 개화할 경우 흡수·팽창되어 개폐기능을 한다.

39 다음 중 벼를 너무 늦게 수확하거나 건조할 때 비를 맞아서 금이 간 쌀알은 무엇인가?

① 동절미

② 동할미

③ 복절미

④ 다색미

✎NOTE | 동할미 … 쌀알에 가로 1개 ~ 수개의 금이 간 쌀로서 완전히 등숙은 되었으나 수확이 늦어져 비에 맞거나 생벼를 급격하게 고온 건조할 때에 발생하기 쉽다.

40 벼의 어린 이삭이 1.5 ~ 2mm 정도 자란 시기는?

① 수잉기

② 유수형성기

③ 유수분화기

④ 감수분열기

✎NOTE | 분얼기를 지나 줄기 속에 어린 이삭이 분화하게 되는 시기를 유수분화기라고 하고 어린 이삭이 3 ~ 5mm로 자란 시기는 유수형성기라고 한다.

ANSWER | 37.① 38.② 39.② 40.③

41 벼의 수량 구성 4요소가 아닌 것은?

① 시비량
② 단위면적당 이삭 수
③ 등숙률
④ 평균 1이삭의 영화 수

　✎NOTE| 벼의 수량 구성 4요소 … 단위면적당 이삭 수, 평균 1이삭의 영화 수, 등숙률, 1립중이다.

42 벼잎의 구성요소에 해당하지 않는 것은?

① 잎집
② 잎혀
③ 떡잎
④ 잎몸

　✎NOTE| 벼잎의 구성
　　　㉠ 잎집 : 잎의 마디 사이를 둘러싸고 있는 것이다.
　　　㉡ 잎몸 : 잎집 끝에 자라는 것이다.
　　　㉢ 잎혀 : 잎집과 잎몸의 경계 부분에 밀착되어 있다.
　　　㉣ 잎귀 : 양 귀에 털모양으로 되어 있는데 줄기를 집게 모양으로 물고 있다.

43 벼의 일생에서 영양생장기에 속하는 것은?

① 출수기
② 착근기
③ 등숙기
④ 감수분열기

　✎NOTE| 영양생장기 … 식물체가 양적으로 생장하는 기간으로, 발아로부터 어린 이삭이 분화되기 직전까지의 기간으로 육묘기, 모내기, 착근기, 분얼기로 구성되어 있다.

44 다음 벼의 잎에 대한 설명 중 옳은 것은?

① 원줄기에서만 나온다.
② 줄기의 각 마디에 1잎씩 붙는다.
③ 줄기의 각 마디에 2잎씩 붙는다.
④ 줄기의 맨 아랫마디에서 모두 나온다.

　✎NOTE| 잎은 줄기의 각 마디에 1장씩 붙는데, 이에 따라 잎의 수는 마디의 수와 일치한다. 잎은 초엽, 제1 본엽, 제2 본엽, 제 본엽, 지엽으로 분류된다.

ANSWER | 41.① 42.③ 43.② 44.②

45 벼의 일생 중 환경에 의해 조절되지 않는 생장시기는?

① 수잉기　　　　　　　　　　② 생식생장기
③ 유수분화기　　　　　　　　 ④ 기본 영양생장기

　　NOTE| 기본 영양생장 … 벼가 영양생장에서 생식생장으로 전환하는 데 필요한 최소한의 영양생장으로
　　　　　 일장, 온도 및 양분 등의 환경에 의하여 조절되지 않는다.

46 다음 중 영화(벼꽃)의 구성요소에 해당하지 않는 것은?

① 수술　　　　　　　　　　　② 인피
③ 유수　　　　　　　　　　　④ 암술

　　NOTE| ③ 어린 이삭을 말한다.
　　　　　 ※ 벼꽃의 구성 … 수술 6개, 암술 1개로 되어 있으며 인피와 까락이 둘러싸고 있다.

47 벼의 일생순서로 옳은 것은?

① 이앙기 → 무효분얼기 → 유효분얼기 → 개화기 → 호숙기
② 이앙기 → 유수형성기 → 유수분화기 → 수잉기 → 등숙기
③ 묘대기 → 분얼기 → 개화기 → 출수기 → 황숙기
④ 묘대기 → 분얼기 → 유수형성기 → 개화기 → 등숙기

　　NOTE| 벼의 일생순서
　　　　　 ㉠ 영양생장기
　　　　　 • 벼의 어린 이삭이 분화되기 직전까지를 말한다.
　　　　　 • 묘대기 → 이앙기 → 착근기 → 분얼기 순이다.
　　　　　 ㉡ 생식생장기
　　　　　 • 영양생장기 이후를 말한다.
　　　　　 • 절간신장기 → 출수기 → 등숙기 순이다.

ANSWER | 45.④　46.③　47.④

48 다음 중 현미의 식물학상 해당 부위는?

① 배   ② 배유

③ 과실   ④ 종피

✎NOTE| 현미는 벼의 낟알에서 큰 껍질과 작은 껍질을 벗겨낸 자실로 식물학상 과실에 해당하고 영과라고 한다.

49 다음 중 벼의 수량 구성 4요소로 옳은 것은?

① 단위면적당 이삭 수, 1,000이삭의 평균 영화 수, 등숙률, 천립중

② 등숙률, 천립중, 1이삭당 평균 영화 수, 단위면적당 파종량

③ 1립중, 1이삭당 평균 영화 수, 단위면적당 이삭 수, 등숙률

④ 1,000이삭의 평균 영화 수, 단위면적당 파종량, 등숙률, 천립중

✎NOTE| 벼의 수량 구성 4요소 … 단위면적당 이삭 수, 1이삭당 평균 영화 수, 등숙률, 현미 1립중이다.

50 다음 중 쌀알의 외형적 발달순서가 옳은 것은?

① 길이→두께→너비   ② 길이→너비→두께

③ 너비→길이→두께   ④ 너비→두께→길이

✎NOTE| 쌀알은 길이→너비→두께의 순서로 형성되고, 25일쯤이면 전형이 거의 완성된다.

51 볍씨가 물 속에서 발아할 때 떡잎집만 길게 자라고 씨뿌리가 나오지 않는 이유는?

① 이산화탄소 과다   ② 햇빛 부족

③ 수분 과다   ④ 산소 부족

✎NOTE| 볍씨는 물 속에서 산소공급이 적으면 떡잎집이 이상적으로 길게 자라고 씨뿌리가 잘 나오지 않는다.

52 다음 중 까락의 역할로 옳지 않은 것은?

① 외적의 방어

② 종자의 전파

③ 동화작용 촉진

④ 개화의 기능

✎NOTE| 까락

㉠ 큰 껍질의 끝에 돋아나 있다.

㉡ 종자의 전파, 외적의 방어, 수분의 증산 또는 동화작용 촉진 등에 도움이 된다.

53 다음 벼의 생육진단방법 중 감수분열기를 판별하는 효과적인 진단법은?

① 엽령지수에 의한 방법

② 유수의 길이에 의한 방법

③ 잎귀 사이의 길이에 의한 방법

④ 이삭목 마디의 분화에 의한 방법

✎NOTE| 지엽과 아랫잎의 잎귀 사이의 간격에 따라 화분과 배낭의 감수분열기를 판정할 수 있다. 지엽의 잎귀가 아랫잎의 잎집과 일치하였을 때를 0으로 표시하는데, 이 때 감수분열이 최고에 달한다.

54 벼가 건조하여 수분이 적어지면 잎을 수축시켜 증산작용을 억제함으로써 가뭄의 피해를 줄이는 역할을 하는 것은?

① 기동세포

② 까락

③ 떡잎집

④ 잎혀

✎NOTE| 기동세포 … 잎의 표면에 규칙·정연하게 배열되어 있고 건조해서 잎의 수분이 적어지면 수축하여 잎이 안으로 말려들게 만들어서 증산작용을 억제시킨다.

② 벼의 호영(꽃에 있는 포엽) 앞 끝에 난 돌기로, 외부의 적을 막고 종자를 전파하며 수분 증산을 돕는 역할을 한다.

③ 벼의 종자가 싹이 텄을 때 제일 먼저 지상으로 나오는 부분으로 자엽초라고도 한다.

④ 줄기에 밀착되어 있어 물이 줄기와 잎집 속으로 들어가는 것을 막는 구실을 한다.

ANSWER | 52.④ 53.③ 54.①

55 다음 중 불완전미에 대한 설명으로 옳지 않은 것은?

① 청미는 과피에 엽록소가 남아 있기 때문에 녹색으로 보인다.

② 동절미는 쌀알에 자색 혹은 갈색의 반점이 생긴 것이다.

③ 동할미는 쌀알에 1개 ~ 수개의 금이 간 쌀이다.

④ 사미는 쌀알이 불투명하며 광택이 없는 백색으로 내부도 거의 백색립이다.

> ✎NOTE│ ② 동절미는 쌀알이 중앙부에 잘록하게 조여진 부분이 있는 것으로 배 쪽이 잘록하게 조여진
> 것이고, 현미의 발달 초기에 일시적 저온이나 가뭄의 해로 발생한다.

56 다음 중 엽령지수에 의한 이삭의 발육단계로 옳지 않은 것은?

① 유수분화기의 엽령지수 – 77

② 꽃이 분화될 때의 엽령지수 – 88

③ 감수분열기의 엽령지수 – 55

④ 꽃가루의 외각형성이 시작되는 시기의 엽령지수 – 100

> ✎NOTE│ ③ 감수분열기의 엽령지수는 97이다.
> ※ 엽령지수
> ㉠ $\dfrac{\text{현재의 잎 나이}}{\text{주간의 총엽수}} \times 100(\%)$
> ㉡ 벼의 내적 발육단계를 쉽게 추정할 수 있다.

57 다음 중 지엽에 대한 설명으로 옳은 것은?

① 다른 잎보다 길고 넓다.   ② 이삭목 바로 밑의 마디에서 나온다.

③ 제일 앞에 나오는 잎이다.   ④ 다른 잎보다 일찍 고사한다.

> ✎NOTE│ 지엽
> ㉠ 이삭목 바로 밑의 마디에서 나오는 잎으로, 마지막 잎이다.
> ㉡ 다른 잎보다 길이가 짧고 폭이 넓다.
> ㉢ 어린 이삭을 싸고 있다가 출수 후에도 끝까지 남아 동화작용을 하여 벼알의 성숙에 많은
> 도움을 준다.

ANSWER│ 55.② 56.③ 57.②

58 다음 중 벼의 중복수정시 배의 형성은?

① 1개의 정핵과 1개의 난세포의 융합

② 1개의 정핵과 1개의 극핵의 융합

③ 1개의 정핵과 2개의 극핵의 융합

④ 2개의 정핵과 2개의 난세포의 융합

NOTE | 벼의 중복수정 … 1개의 정핵(n)과 1개의 난세포(n)가 융합하여 배(2n)를 형성하고, 1개의 정핵 (n)과 2개의 극핵(2n)이 융합하여 배젖(3n)을 형성한다.

59 찰벼의 배젖에 없는 성분은?

① 아밀로펙틴

② 아밀로오스

③ 단백질

④ 지방질

NOTE | 쌀의 구성성분
　　　㉠ 찹쌀 : 대부분 아밀로펙틴이고 아밀로오스는 거의 없다.
　　　㉡ 멥쌀 : 20% 아밀로오스, 80% 아밀로펙틴이 들어 있다.

60 벼의 생장과정 중 영양생장에서 생식생장으로 옮겨지는 생육상의 전환의 징조가 아닌 것은?

① 출엽속도의 변화

② 이삭목 마디의 분화

③ 절간신장의 개시

④ 영화의 분화

NOTE | ④ 최대 수량이 결정되는 시기이다.

61 다음 벼의 수량 구성요소 중 영양생장기에 결정되는 것은?

① 단위면적당 이삭 수

② 1이삭당 평균 영화 수

③ 등숙률

④ 현미 천립중

NOTE | 이삭 수는 모내기 후 기온과 일사량이 높고, 알맞은 거름을 주어서 분얼 수를 늘리는 것이 중 요하다. 모내기 전의 조건에 의해서도 어느 정도 영향을 받지만, 대부분 모내기 후의 환경에 영 향을 받으며, 특히 분얼최성기에 가장 크게 영향을 받는다. 즉, 영양생장기 내에서 결정된다. ②③④ 생식생장기에 결정된다.

ANSWER | 58.① 59.② 60.④ 61.①

62 다음 중 벼의 체내에서의 양분흡수와 체내 이동에 대한 설명으로 옳지 않은 것은?

① 인과 질소는 단백질의 구성성분으로서 생육 초기에 왕성히 흡수된다.
② 칼륨과 칼슘은 생육 초기부터 생육이 완료될 때까지 흡수된다.
③ 마그네슘은 유수발육기에 요구가 크며, 이 시기에 많이 흡수된다.
④ 황은 개화기 이후에 많이 흡수되어 생육이 완료될 때까지 흡수된다.

　　✎◻NOTE| 인(P), 질소(N), 황(S)은 단백질의 구성성분으로서 생육 초기에 왕성하게 흡수되어 개화기까지는 거의 흡수가 완료되고, 그 후 잎, 줄기에 축적되어 있던 것이 이삭으로 이동되어 등숙된다.

63 다음 중 벼에서 흡수된 양분의 체내 이동률로 옳은 것은?

① P > N > S > Mg > K > Ca
② P > S > N > Mg > Ca > K
③ Mg > S > N > P > Ca > K
④ Mg > S > P > N > K > Ca

　　✎◻NOTE| 양분의 체내 이동률 … 인산 79%, 질소 67%, 황 55%, 마그네슘 53%, 칼리 40%, 석회 6%이다.

64 벼꽃의 암술과 수술은 각각 몇 개인가?

① 암술 6개, 수술 3개
② 암술 6개, 수술 1개
③ 암술 1개, 수술 6개
④ 암술 3개, 수술 6개

　　✎◻NOTE| 1개의 암술은 위 쪽이 갈라져서 2개의 암술머리를 형성하고 있고, 6개의 수술은 길게 신장되어 수술대를 형성한다.

65 벼의 수량은 출수를 전후한 광합성에 의해 합성된 탄수화물량(전분)의 이삭으로의 전류, 축적으로 이루어진다. 대체로 출수 후의 기여도는 얼마인가?

① 약 30%
② 약 50%
③ 약 70%
④ 약 90%

　　✎◻NOTE| 벼 수량 능력은 출수 전 22~25일에 거의 결정되고 그리고 탄수화물의 생산이 시작된다. 출수 전에 생산된 탄수화물이 이삭으로 전류되어 최종적으로 벼 수량에 기여하는 비율은 20~40% 범위에 있고, 나머지 60~80%는 출수 후 기여도이다.

ANSWER | 62.④ 63.① 64.③ 65.③

66 다음 중 출수에 대한 설명으로 옳지 않은 것은?

① 이삭이 패는 시기이다.

② 출수기와 수전기로 나눌 수 있다.

③ 이삭이 잎집에서 나오는 것이다.

④ 출수와 동시에 수정이 이루어진다.

✎NOTE| ④ 벼는 출수와 동시에 곧 꽃이 피기 시작한다.
　　※ 출수
　　　　㉠ 꽃이 피기 전에 이삭이 잎집에서 나오는 것을 말한다.
　　　　㉡ 출수기 : 출수한 이삭이 전체 줄기 수의 40% 내외에 달한 때이다.
　　　　㉢ 수전기 : 80~90% 출수한 때를 말한다.

67 다음 중 생식생장기에 대한 설명으로 옳은 것은?

① 발아에서 유수분화기까지이다.

② 유수분화기에서 출수까지이다.

③ 출수로부터 성숙까지이다.

④ 유수가 분화하기 직전까지이다.

✎NOTE| 벼의 생장과정
　　　　㉠ 영양생장기 : 발아에서 유수분화기까지이다.
　　　　㉡ 생식생장기 : 유수분화기로부터 출수까지이다.
　　　　㉢ 등숙기 : 출수로부터 성숙까지이다.

68 생육기간의 차이는 벼의 일생 중 어느 것에 의해 결정되는가?

① 영양생장기　　　　　　　　　② 생식생장기

③ 등숙기　　　　　　　　　　　④ 출수기

✎NOTE| 생육기간의 차이는 영양생장기의 차이에 의해 결정된다. 생식생장기와 등숙기는 일정한 환경 조건하에서는 거의 동일하다.

69 다음 벼의 잎 중 광합성작용을 하는 주된 기관은?

① 잎집   ② 잎몸

③ 잎혀   ④ 잎귀

>✎NOTE| 잎몸 … 긴 피침형으로 평행엽맥을 이루고 있으며, 여기에서 광합성과 증산작용이 일어나고, 엽신이라고도 한다.

70 다음 쌀알의 구조 중 발아에 필요한 영양분이 들어 있는 것은?

① 까락   ② 배

③ 배유   ④ 종피

>✎NOTE| 쌀알의 구조
>㉠ 배유 : 탄수화물, 단백질, 지방으로 구성되어 있고, 이들은 발아에 필요한 영양분이 된다.
>㉡ 배 : 장차 식물체로 자랄 부분이다.

71 다음 중 벼의 수량을 결정하는 요인이 아닌 것은?

① 발육정지립

② 출수 전 저장 탄수화물량

③ 뿌리의 생리적 활력

④ 출수기 기상환경

>✎NOTE| 벼의 수량을 결정하는 주요 요인 … 불수정 입수와 발육정지립, 출수 전 저장 탄수화물량, 뿌리의 생리적 활력, 등숙기 기상환경이 있다.

ANSWER | 69.② 70.③ 71.④

72 과피에 엽록소가 남아 있어 녹색으로 보이는 쌀은?

① 청미

② 사미

③ 수미

④ 복백미

> NOTE | ② 쌀알이 불투명하며 광택이 없는 백색으로 보이는 쌀이다.
> ③ 쌀알에 자갈색 반점이 생긴 쌀이다.
> ④ 현미의 복부에 백색 불투명한 부분이 있는 쌀이다.

73 벼 종자가 발아할 때 수심이 깊어 산소가 부족한 상태에서는 어떤 현상이 일어나는가?

① 종자근과 초엽의 신장이 동시에 왕성하다.

② 초엽과 종자근의 신장이 모두 이루어지지 않는다.

③ 종자근의 신장이 왕성하고 초엽의 신장이 이루어지지 않는다.

④ 초엽이 이상신장하고 종자근의 발생신장이 저해된다.

> NOTE | 이상 발아현상 … 벼 종자가 발아할 때 산소가 부족한 경우에 초엽이 먼저 나오고 종자근이 잘
> 자라지 못하는 현상을 말한다.

CHAPTER 03

벼의 품종

1 벼의 분류 및 주요 특성

① 벼의 분류

(1) 벼의 분화

20여종이 알려져 있으며, 야생종과 재배종으로 나눌 수 있다.

(2) 벼의 분류

① **일본형**(자포니카) **벼**

    ㉠ 쌀알이 짧고 둥글며 굵고 끈기가 강하다.

    ㉡ 벼의 키가 작고 분얼이 많다.

    ㉢ 저온 발아성이 인도형 벼보다 강해 온대의 고위도 지방에서도 재배된다.

    ㉣ 재배지역 : 일본, 아랍공화국, 한국, 중국, 이탈리아, 미국, 러시아 등에서 재배된다.

② **인도형**(인디카) **벼**

    ㉠ 쌀알이 길고 가늘며 끈기가 약하다.

    ㉡ 벼의 키가 크고 분얼이 적다.

    ㉢ 저온 발아성이 일본형보다 약해 온대 남부로부터 열대기후에 알맞다.

    ㉣ 깊은 물에서 자라는 부도군이 있다.

    ㉤ 재배지역 : 인도, 인도네시아, 이라크 등에서 재배된다.

③ **자바형 벼**

    ㉠ 쌀알은 약간 둥글고 크며 끈기가 일본형과 인도형의 중간이다.

    ㉡ 벼의 키가 크고 분얼이 적다.

    ㉢ 재배지역 : 브라질, 자바, 필리핀, 스페인 등에서 재배된다.

② 벼의 주요 특성

(1) 저온 발아성

① 저온 발아성이 강한 것은 벼농사의 북한계지 또는 온대와 고랭지에서 조기육묘하는 경우 유리한 특성이다.

② **재래종** … 저온 발아성이 매우 강하다.

③ **통일형 품종** … 저온 발아성이 약하다.

④ **일반형 품종** … 중간 정도이다.

(2) 조만성

① **개념** … 생육일수의 길고 짧은 것을 나타낸다.

② **조만성의 결정** … 씨뿌리기로부터 유수분화기까지의 영양생장기간의 장단에 따라 결정된다.

🌱 벼 품종의 조만성을 나타낸 모식도 🌱

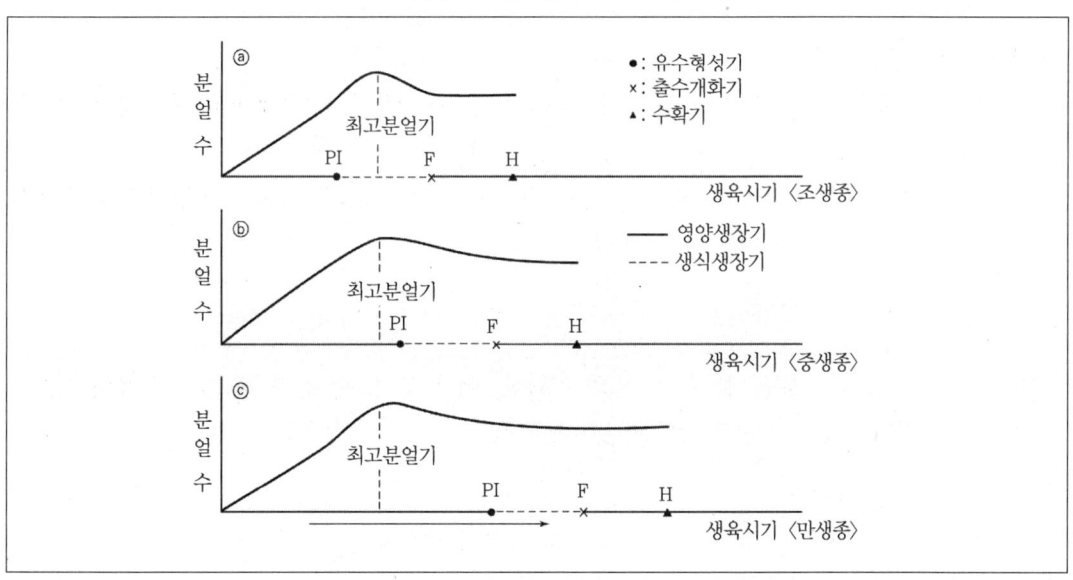

③ **조만성을 결정하는 요인** … 기본 영양 생장성, 감온성, 감광성 등이 있다.

❢ 벼의 생육단계 ❢

(파종) →	영양생장기	→ (유수분화) →	생식생장기	→ (수확)
	기본 영양생장성 / 감광성		생식성 / 등숙성	

㉠ **기본 영양생장성** : 고온 및 단일조건으로 유수분화를 촉진시키려고 해도 한도가 있으며 반드시 어느 기간 영양생장을 해야 하는 성질이다.

㉡ **감온성**
- 온도에 따라 출수가 빨라지고 늦어지는 성질이다.
- 벼는 고온일 때 유수분화가 촉진되고 출수가 빨라진다.
- 조생종은 감온성이 높아 추수가 빠르다.

㉢ **감광성**
- 광선의 시간길이에 따라 출수가 빨라지고 느려지는 성질이다.
- 감광성이 높다는 것은 일조시간이 짧은 것이고 감광성이 낮다는 것은 일조시간이 긴 것을 뜻한다.
- 만생종은 감광성이 높아 일조량이 적어서 출수가 늦다.

④ **벼의 출수촉진** … 고온, 단일의 조건에서 촉진된다.

⑤ **벼의 기상 상태형**

㉠ **남방 만생종** : 기본 영양생장성은 짧지만 감광성이 큰 것으로, 일장에 따라 유수분화 형성이 좌우된다.

㉡ **북방 조생종** : 기본 영양생장성이 짧고 감광성이 낮은 것으로, 유수분화가 일장에 의한 영향을 받지 않고 생육 일수가 짧다.

(3) 초형

① **개념** … 벼의 키, 분얼개도, 분얼 수, 잎의 직립성, 이삭 길이, 이삭 수 등 품종 고유의 특성으로 이들의 외부 형태적 특성을 종합한 것이다.

② **줄기 길이에 따른 구분**

㉠ 장간종 : 이삭 길이는 길지만 이삭 수가 적고 도복의 위험이 많다.

㉡ 단간종 : 도복의 위험이 적다.

③ **이삭에 따른 구분**

㉠ **수수형 품종**
- 분얼이 많고 뿌리가 얕다.
- 이삭의 무게가 비교적 가볍고, 이삭 수가 많은 품종이다.

- 줄기가 가늘고 짧으며, 이삭과 잎이 모두 작고 쓰러지지 않는다.
- 기름진 땅에 성기게 심는다.
- 다비재배하여 이삭 수를 증가시킨다.
- 분얼거름과 밑거름이 효과가 크다.
- 종류 : 설악벼, 운봉벼, 증원벼, 관악벼, 대창벼, 봉광벼, 추청벼 등이 있다.

ⓛ 수중형 품종

- 장간이고 이삭이 크지만 이삭 수는 적다.
- 뿌리는 심근성이고, 이 품종에는 밀식과 이삭거름이 유효하다.
- 척박지, 만식, 소비재배 등과 같이 이삭 수의 확보가 어렵고 이삭이 빈약해지기 쉬운 곳에 적합하다.
- 종류 : 백양벼, 가야벼, 서광벼, 신광벼, 남영벼, 밀양 23호 등이 있다.

ⓒ 중간형 품종 : 수수형과 수중형 양자의 특성을 갖춘 품종이다.

(4) 내병성

① **개념** … 벼에 많이 발생하는 병에 대하여 저항성을 나타낸다.

② **도열병** … 도열병에 대한 저항성은 일본형 품종보다 인도형 품종이 강하다.

③ **흰빛잎마름병**

ㄱ **저항성이 약한 품종** : 유신, 통일, 김마제, 진흥 등이 있다.

ⓛ **저항성이 강한 품종** : 농림 6호, 농백, 한강찰벼, 신 2호 등이 있다.

④ **줄무늬잎마름병** … 저항성이 강한 품종에는 통일계의 품종, 쥬고꾸 31호 등이 있다.

⑤ **오갈병** … 일반 재배품종은 대부분 약하다.

(5) 내충성

① **개념** … 벼에 해를 입히는 해충에 대하여 저항성을 나타낸다.

② **멸구류** … 줄무늬잎마름병은 애멸구가 매개하는데 이 병에 대한 내병성 품종은 애멸구에 대한 내충성 품종이 된다.

③ **이화명나방** … 일본형 벼가 인도형 벼에 비해 이화명나방에 대한 내충성이 강하다.

(6) 내랭성

① **개념** … 생육기간 중 저온장해에 대하여 견디는 성질이다.

② **벼의 생육기간 중 가장 피해를 입기 쉬운 시기** … 못자리 시기, 수잉기, 등숙기

③ **종류**

    ㉠ **지연형 냉해** : 영양생장기의 저온으로 출수가 지연된다.

    ㉡ **장해형 냉해** : 수잉기의 저온으로 불임립이 형성된다.

    ㉢ **병해형 냉해** : 냉도열병이 유발된다.

④ **품종의 내랭성** : 일반적으로 장해형 냉해에 대한 저항성의 정도를 나타낸다.

    ㉠ 일본형 > 인도형

    ㉡ 일반벼 > 통일형

(7) 내도복성

① **개념** ⋯ 벼가 비바람에 의하여 쓰러지는 것을 도복이라고 하고, 도복에 견디는 힘을 말한다.

② 줄기가 굵고 튼튼하며 키가 작은 품종(단간종)은 쓰러짐에 대한 저항성이 강하다.

③ 내도복성이 강한 대표적 품종은 통일벼이다.

(8) 탈립성

① 탈립성은 품종마다 차이가 큰데, 기계로 수확·탈곡할 때에는 쉽게 탈립되는 것이 좋다.

② 통일형 품종은 쉽게 탈립되는 것들이 많다.

(9) 내염성

① 염분농도에 대한 저항성은 품종마다 차이가 있고, 간척지에서 재배할 벼 품종을 선택하는 데 고려해야 할 특성이다.

② **내염성이 강한 품종** ⋯ 만경, 남양 4호, 간척 9호, 삼풍 등이 있다.

⑽ 미질

① **쌀의 외형적 특징** ⋯ 크기, 모양, 윤기, 빛깔, 투명도 등이 있다.

② **양질미의 조건**

    ㉠ 단백질 함량 특히 필수 아미노산이 많고, 아밀로오스 함량이 적어야 한다.

    ㉡ 알칼리 붕괴도가 높고 끈기가 강해야 한다.

    ㉢ 색깔이 희고 윤기가 나며, 알이 둥글고 작아야 한다.

    ㉣ 호화온도가 낮아 밥짓기가 쉬워야 한다.

    ㉤ 밥을 지을 때 기름이 흐르며, 구수한 향기와 식미가 좋아야 한다.

③ **아밀로오스 함량**

　ⓐ 쌀의 전분은 아밀로펙틴과 아밀로오스로 되어 있는데, 아밀로오스 함량이 높으면 찰기가 적어진다.

　ⓑ 자포니카형은 아밀로오스 함량이 18 ~ 20%, 인도형은 약 24% 정도이다.

④ **단백질 함량** … 백미의 단백질 함량은 일반형 품종이 6.5 ~ 7.0% 정도이고 통일형 품종은 7.0 ~ 8.0%로 조금 높다.

(11) 묘대 일수 감응도

① **불시출수**

　ⓐ 밀파, 고온, 영양결핍 등의 불량 조건하에서 못자리 육묘 일수가 길어진 묘를 이앙하면 분얼 상태도 좋지 않고, 출수까지의 기간이 많이 남았는데도 불구하고 주간만이 일찍 출수하는 경우를 말한다.

　ⓑ 이삭이 극히 미약하고 출수의 불균일, 유효 수수의 감소 등으로 심할 경우에는 생산량의 감수요인이 된다.

② **묘대 일수 감응도** … 불시출수 현상이 나타나는 정도를 나타낸 것이다. 감온성이 높은 조생종이 묘대 일수에 민감하고, 특히 남부 평야지대에서 못자리 일수가 연장되면 불시출수 현상이 현저하게 나타난다.

2 　벼의 품종

① 　우리나라의 벼 품종

(1) 현재 장려되고 있는 벼의 특징

① 도복 방지(쓰러짐 방지)를 위해 과거보다 키가 작다(단간종).

② 잎이 직립이다(다수확 품종의 특징).

③ 영화 수가 많다(다수확 품종의 특징).

(2) 우리나라의 장려품종과 특성

① 양질미의 특성이 가장 중요하다.

② 다수성, 내랭성, 내병성, 내충성 등도 장려품종이 가져야 할 특성이다.

♟ 우리나라의 장려품종과 특성 ♟

숙기	품종	간장 (cm)	내랭성	현미 전립중 (g)	쌀 수량 (kg/10a)	장려품종 결정연도
조생종	금오벼	76	강	20	483	1988
	둔내벼	56	강	21	461	1991
	오대벼	77	강	22	481	1982
	오봉벼	64	강	22	503	1989
중생종	동해벼	79	중	21	493	1988
	서안벼	80	강	21	505	1990
	서해벼	77	강	19	481	1988
	화성벼	82	강	22	493	1985
만생종	동진벼	94	중	23	479	1981
	일품벼	79	강	21	534	1990
	화남벼	77	중	20	509	1993
	화청벼	89	강	21	513	1986

(3) 통일벼의 특성

① 자포니카형과 인도형의 교배종이다(원연교잡종).

② 잎이 직립성이고 단간 수중형이며, 내도복성이 강하고 수광 태세가 좋으며, 도열병에 대한 저항성도 강한 내비성의 다수성 품종이다.

③ 우리나라에서는 1971년 장려품종으로 결정되었다.

④ 미질은 아밀로오스 함량이 높고 점성이 적어 우리나라 사람들의 기호에 맞지 않으며, 내랭성이 약하고 탈립이 쉬운 단점이 있다.

(4) 쌀알의 크기

현미 1,000알의 무게를 기준으로 한다.

① **대립종** … 25g 이상이다.

② **중립종** … 23 ~ 25g 정도이다.

③ **소립종** … 22g 이하이다.

②　품종의 분류 및 개량

(1) 품종

① **개념** … 종이나 변종 안에는 유전형질이 다른 개체들이 있는데, 이 중 유전형질이 재배적 견지에서 균일하고 영속적인 개체들을 말한다. 같은 종에 속하는 작물을 분류하는 최소 단위이다.

② **특성** … 품종 고유의 형태적, 생리적 및 생태적인 성질을 말한다.

③ **품종 선택시 고려사항** : 재배목적, 자연환경, 재배방법을 고려해야 한다.

(2) 품종의 분류

① **재래품종** … 재래품종은 지방품종이라고도 한다.

② **육성품종**

　　㉠ 육성품종은 개량품종이라고도 한다.

　　㉡ 육성된 방법에 따라 교잡육성품종, 분리육성품종, 일대잡종 등으로 나뉜다.

③ **도입품종** … 도입품종은 외래품종이라고도 한다.

　　🔔TIP | 우량 품종의 구비조건 … 균일성, 우수성, 광지역성, 영속성

(3) 품종 개량(육종법)

① **순계분리법** … 일반 재배품종에서 자연적 돌연변이나 교잡변이의 개체 중 우량한 것으로 개체별로 반복재배하고 증식하여 새 품종을 육종하는 방법이다.

② **교잡육종법**

　　㉠ 교잡에 의해 어버이의 우수한 유전성질을 하나로 조합하여 새로운 품종을 육종해내는 방법이다.

　　㉡ 종류 : 집단육종법, 계통육종법, 다교잡법, 여교잡법 등이 있다.

　　• 집단육종법 : 계통육종법과는 달리, 집단으로서 선발 개체군을 유지해 나가는 방법이다.

　　• 계통육종법 : 잡종의 분리세대인 제2대 이후부터 개체선발과 선발개체별 계통재배를 계속하여 계통간을 비교하고, 그들의 우열을 판별하면서 선발과 고정을 통하여 순계를 만드는 방법이다.

　　• 다교잡법 : 교잡을 몇 회 반복하여 그 도중이나 그 후에 선발하는 방법이다.

　　• 여교잡법 : 연속적으로 또는 순환적으로 교배, 선발하여 비교적 작은 집단의 크기로 짧은 세대 동안에 품종으로 고정해 가는 방법이다.

③ **분리육종법** : 이미 있는 품종 중 어떤 개체 또는 개체군을 선발하여 그 품종을 개량하거나 새로운 품종을 육성하는 품종 개량방법이다. 선발육종법이라고도 한다.

④ **돌연변이 육종법** … 볍씨에 화학약품을 처리하거나 방사선을 쬐어 인위적으로 돌연변이를 일으켜 생긴 변이개체 중 좋은 것을 골라 새로운 품종을 만들어 내는 방법이다.

⑤ **잡종강세육종법**

　ㄱ 개념 : 서로 다른 종을 서로 교잡시킨 후 얻어지는 잡종의 형질이 그 세대의 부모개체보다 뛰어난 형질이다.

　ㄴ 종류

　　• 근교약세(자식약세) : 타가수정 작물의 경우 근계교배를 하면 동형성의 증가와 함께 자식 약세가 나타난다.

　　• 잡종강세 : 근계교배로 세력이 육성된 자식계는 동형성을 나타내지만 자식약세 현상으로 세력이 약하다. 먼 종과 교배를 걸어 이형성이 회복되면 잡종강세 현상을 나타낸다.

⑥ **배수성 육종법** … 콜히친을 처리하면 염색체 수가 2배인 배수체를 만들 수 있다. 식물에서는 배수체의 인위적인 작성이 비교적 쉬우며, 그 방법에는 절단법·온도처리법·아세나프텐법 등이 있다. 특히 콜히친을 사용하면 확실하다.

(4) 벼 품종의 선택과 채종

① **품종의 선택**

　ㄱ **지역에 따른 선택**

　　• 중북부 지방 : 조생종이나 중생종을 선택하는 것이 유리하다.

　　• 남부평야지대 : 중생종이나 만생종을 선택하는 것이 유리하다.

　ㄴ **재배양식에 따른 선택**

　　• 기계화 재배로 담수직파를 선택할 때에는 물 속에서 발아력이 강한 것을 선택해야 한다.

　　• 등숙기에는 도복이 강한 품종을 선택해야 한다.

　ㄷ **습답의 경우** : 탈립이 어려운 품종을 선택하는 것이 유리하다.

　ㄹ **기계수확을 할 경우** : 탈립이 쉬운 품종을 선택하는 것이 유리하다.

　ㅁ **이모작 재배시** : 조생종을 선택하는 것이 유리하다.

　　　🔔TIP | 채종과 종자를 갱신해야 한다.

② 채종(씨받이)

　㉠ 채종포 구비조건

　　• 지력이 보통인 곳이어야 한다.

　　• 햇볕이 잘 쬐는 곳이어야 한다.

　　• 땅이 메마르지 않는 곳이어야 한다.

　　• 땅이 지나치게 비옥하지 않은 곳이어야 한다.

　㉡ 채종 재배시 주의사항

　　• 도열병, 키다리병, 깨씨무늬병 방제를 위해 종자소독을 철저히 해야 한다.

　　• 도복을 방지하여 성숙이 잘되게 하기 위해서 질소비료 사용을 줄여야 한다.

　　• 출수 후 이형주를 제거해야 한다.

　　• 병충해 방제를 철저히 해야 한다.

　　• 수확은 보통보다 빠른 황숙기에 해야 한다.

　　• 탈곡시 동할미가 생기지 않도록 하고 탈곡, 조제, 포장시 이형종자 혼입을 막아야 한다.

　　• 저장시 변질 및 해충이나 쥐의 피해가 없도록 해야 한다.

03 출제예상문제

1 벼의 품종에 대한 설명으로 옳지 않은 것은?

① 전분층은 아밀로오스 함량이 80%이고 아밀로펙틴의 양은 20%이다.

② 아이오딘화 칼륨반응에 메벼는 청남색이고 찰벼는 적갈색이다.

③ 현미껍질의 호분층에는 단백질과 지방이 많다.

④ 찰벼는 백색 불투명하다.

> **NOTE** | 메벼와 찰벼
>
> ㉠ 메벼
> • 반투명하다.
> • 아이오딘반응에 의하여 청남색을 나타낸다.
> • 전분층은 20% 내외의 아밀로오스와 80% 내외의 아밀로펙틴으로 되어 있다.
> ㉡ 찰벼
> • 백색 불투명하다.
> • 아이오딘반응에 의하여 적갈색을 나타낸다.
> • 대부분 전분층은 아밀로펙틴으로 되어 있다.
> ※ 호분층과 전분층
>   ㉠ 호분층 : 종피와 접하여 이루어진 배유의 바깥 부분을 말하며, 단백질과 지방이 풍부하나 세포층이 두꺼워 소화가 잘 안 되므로 도정하여 제거한다.
>   ㉡ 전분층 : 배유의 안쪽 부분으로 배유부의 세포는 호분립으로 채워져 있고 그 입간의 간극에는 단백질이 채워져 있어 배유는 백색 반투명하게 되지만 쌀알이 충실하게 여물지 못하면 백색 불투명하게 된다.

2 다음 중 3계교잡 방식으로 옳은 것은?

① (A×B)   ② [(A×B)×C]

③ [(B×B')×A]   ④ [(A×A')×B]

ANSWER | 1.① 2.②

3 다음 중 쌀의 미질에 대하여 설명한 것으로 옳지 않은 것은?

① 끈기가 강한 것이 밥맛이 좋다.

② 인도형은 아밀로오스 함량이 약 24% 정도이다.

③ 단백질 함량이 많은 것이 좋다.

④ 아밀로오스 함량이 높을수록 밥맛이 좋다.

✎NOTE | ④ 아밀로펙틴의 함량이 높고 아밀로오스의 함량이 낮을수록 끈기가 강하고 밥맛이 좋다.
※ 미질
㉠ 개념 : 쌀알이 갖는 밥맛, 영양정도, 외형적 특성 등 물리적·화학적 성질을 종합해서 일컫는 말이다.
㉡ 미질을 구성하는 요인
• 외형적 성질 : 쌀알의 크기, 모양, 투명도, 색, 윤기, 동할미, 싸라기의 혼입비율
• 밥을 지었을 때 나타나는 특성 : 호화온도, 퍼짐성
• 밥맛을 결정하는 특성 : 아밀로오스 함량, 점성, 밥의 색과 윤기, 향미
• 영양가치 : 단백질 함량(필수 아미노산의 함량)

4 벼의 초형에서 수중형의 특징은?

① 뿌리는 천근성이다.

② 키가 짧아 도복에 강하다.

③ 척박지에 적합하다.

④ 분얼거름이 효과적이다.

✎NOTE | 수중형 품종의 특징
㉠ 뿌리는 심근성이다.
㉡ 밀식과 이삭거름이 효과적이다.
㉢ 장간이면서 이삭은 크지만 이삭수는 적다.
㉣ 소비재배, 척박지, 만식 등과 같이 이삭수의 확보가 어렵고 이삭이 빈약해지기 쉬운 곳에 적합하다.

ANSWER | 3.④ 4.③

5 다음 중 1대 잡종과 1개 자식계통과의 교잡방법은?

① 단교잡   ② 복교잡

③ 3계교잡   ④ 변형단교잡

> ✎NOTE | 작물의 육종법
> ⊙ 단교잡 : A, B, C, D를 근교계라고 할 때 A × B, C × D와 같은 2개의 근교계 사이에서 잡종을 만드는 방법으로 균일성은 우수하나, 종자생산량은 감소한다.
> ⊙ 복교잡 : (A × B) × (C × D)와 같이 2개의 단교잡 사이에서 잡종을 만드는 방법으로 균일성은 감소하나 종자생산량이 증대되고 잡종강세 발현도 높아진다.
> ⊙ 3계교잡 : (A × B) × C와 같이 잡종을 만드는 방법으로 균일성은 감소하고 종자생산량은 증대한다.
> ⊙ 변형단교잡 : (A × A') × B와 같이 잡종을 만드는 방법이다.

6 다음 중 벼의 감온성 품종의 설명으로 옳은 것은?

① 고온에 의하여 유수분화가 촉진되는 품종

② 고온에 의하여 유수분화가 지연되는 품종

③ 고온에 의하여 영양생장이 연장되는 품종

④ 고온에 의하여 전 생육기간이 연장되는 품종

> ✎NOTE | 감온성 … 온도에 따라 출수가 빨라지고 늦어지는 성질을 감온성이라 한다. 벼는 고온일 때 유수분화가 촉진되고 출수가 빨라지는데 조생종의 경우 감온성이 높아 추수가 빠르다.

7 우리나라 벼 품종의 감온성에 대한 옳은 설명은?

① 북부지역(고위도)의 품종이 크다.

② 중부지역의 품종이 크다.

③ 남부지역(저위도)의 품종이 크다.

④ 어느 지역이나 같다.

> ✎NOTE | 감온성
> ⊙ 온도에 따라 출수가 빨라지고 늦어지는 성질을 말한다.
> ⊙ 고위도에서는 기본 영양생장성과 감광성이 작은 반면, 감온성이 크기 때문에 고온에 감응하는 감온형이 일찍 출수하여 안전하게 성숙할 수 있다.

ANSWER | 5.③ 6.① 7.①

8 도열병에 대한 저항성 품종의 특성이 아닌 것은?

① 규산·질소비율이 높은 품종

② 체내에 가용 질소물 함량이 높은 품종

③ 벼의 표피세포가 많이 규질화된 품종

④ 탄소율이 높은 품종

> ✏️**NOTE** 도열병에 대한 저항성 품종
> ㉠ 벼의 표피세포가 규질화된 품종이다.
> ㉡ 체내에 가용 질소물 함량이 적은 품종이다.
> ㉢ 탄소율 및 규산·질소율이 높은 품종이다.

9 다음 중 양질미의 조건에 해당되지 않는 것은?

① 단백질 함량이 많은 것   ② 점성이 강한 것

③ 알칼리 붕괴도가 낮은 것   ④ 아밀로오스 함량이 낮은 것

> ✏️**NOTE** 양질미의 조건
> ㉠ 단백질 함량이 많고 아밀로오스 함량이 적어야 한다.
> ㉡ 알칼리 붕괴도가 높고 끈기가 강해야 한다.
> ㉢ 색택이 희고 윤기가 나야 한다.
> ㉣ 알이 둥글고 작으며, 호화온도가 낮아 밥짓기가 쉬워야 한다.
> ㉤ 밥을 지었을 때 기름기가 흐르며, 구수한 향기와 식미가 좋아야 한다.

10 다음 중 수수형 품종의 특성으로 옳지 않은 것은?

① 줄기길이가 길다.   ② 잎과 이삭이 작다.

③ 분얼이 많다.   ④ 뿌리분포가 얕다.

> ✏️**NOTE** 수수형 품종
> ㉠ 이삭은 작지만 분얼이 많으며, 키가 작아 도복에 견디기 쉽다.
> ㉡ 뿌리는 천근성이며, 비옥답, 다비재배에 적합하며, 조식재배에 유리하다.
> ㉢ 분얼거름과 밑거름이 유효하다.

ANSWER | 8.② 9.③ 10.①

11 내병성 품종을 육성할 목적으로 주로 쓰이는 여교잡 방식은?

① (A×B)
② (A×B)×A
③ (A×B)×C
④ (A×B)(C×D)

✎NOTE| 여교잡육종법 … 두 품종 간에 교배를 하고, 그들의 잡종 1세대에 다시 두 품종 중에서 우수한 특성을 많이 가지는 보다 좋은 품종을 몇 차례 교배하여, 이들 후대로부터 우수한 개체 및 계통을 선발, 고정시켜 새로운 품종을 만드는 방법이다. 즉, (A×B)×A 또는 (A×B)×B의 교잡이다.

12 다음 중 우리나라에서 가장 많이 쓰이는 육종법은?

① 약배양법
② 교잡육종법
③ 순계선발법
④ 돌연변이 육종법

✎NOTE| 교잡육종법 … 교잡에 의해 어버이가 가지는 각각의 우수한 유전적인 성질을 하나로 조합하여 새로운 품종을 육종해 내는 것으로, 우리나라에서 가장 널리 쓰이는 육종법이다.

13 벼의 육종방법 중 순계선발법에 의한 것은?

① 조생 통일벼
② 화성벼
③ 통일벼
④ 밀양 23호

✎NOTE| 순계선발법(순계 분리법)
㉠ 일반 재배품종 중 재배하는 데 지장이 없는 것이라도 유전적으로 다른 성질을 가진 개체들이 섞여 있는 경우, 이런 개체군 중 우수한 유전적인 성질을 가진 개체를 선발해 내는 육종법이다.
㉡ 통일벼가 장려품종으로 보급된 후 통일벼가 냉해로 재배면적이 감소되자 그 후 많은 순계선발법을 통해 냉해에 강한 신품종인 조생통일, 영남조생 등이 등장하였다.

14 다음 중 내병성 강화를 위한 품종 개량방법은?

① 계통육종법
② 순계선발법
③ 여교잡법
④ 돌연변이 육종법

ANSWER | 11.② 12.② 13.① 14.③

✎NOTE | 여교잡육종법
　　　㉠ 두 품종 간에 교배를 하고, 그들의 잡종 1세대에 다시 두 품종 중 우수한 특성을 많이 가
　　　지는 품종을 몇 차례 교배하여, 이들 후대로부터 우수한 개체 및 계통을 선발, 고정시켜
　　　새로운 품종을 만드는 방법이다.
　　　㉡ 작물의 내병, 내충성 품종 육성시 많이 적용된다.

15 다음 중 일본형 벼에 대한 설명으로 옳지 않은 것은?

① 쌀알이 짧고 둥글며 굵다.　　　　　② 키가 작고 분얼이 많다.
③ 저온 발아성이 인도형 벼보다 약하다.　④ 밥을 지을 때 끈기가 강하다.

✎NOTE | 일본형 벼의 특징
　　　㉠ 키가 작고 분얼이 많으며, 쌀알이 짧고 둥글며 굵다.
　　　㉡ 밥을 지을 때 끈기가 강하며, 저온 발아성이 인도형 벼보다 강하다.
　　　㉢ 주로 일본, 한국, 미국 등지에서 재배된다.

16 다음 중 품종의 조만성을 결정하는 요인이 아닌 것은?

① 기본 영양생장성　　　　　　② 감광성
③ 저온 발아성　　　　　　　　④ 감온성

✎NOTE | 품종의 조만성
　　　㉠ 생육 일수의 길고 짧은 것을 나타낸 것으로, 보통 씨뿌리기로부터 유수분화기까지의 영양
　　　생장 기간의 장단에 따라 결정된다.
　　　㉡ 기본 영양생장성, 감온성, 감광성 등에 의해 영향을 받는다.

17 다음 중 벼의 감광성 품종은 무엇인가?

① 단일에 의해 유화분화가 촉진되는 품종　② 단일에 의해 영양생장이 촉진되는 품종
③ 장일에 의해 유화분화가 연장되는 품종　④ 장일에 의해 영양생장이 연장되는 품종

✎NOTE | 감광성
　　　㉠ 햇볕쬠의 시간길이에 따라 출수가 빨라지고 느려지는 성질을 말한다.
　　　㉡ 감광성이 높다는 것은 일조시간이 짧은 것이고 감광성이 낮다는 것은 일조시간이 긴 것을
　　　뜻한다. 만생종은 감광성이 높아 일조량이 적어서 출수가 늦다.
　　　㉢ 일반적으로 벼는 고온, 단일의 조건에서 출수가 촉진된다.

ANSWER | 15.③　16.③　17.①

18 벼의 초형에서 수수형의 특징은?

① 이삭은 작지만 분얼이 많다.　　② 뿌리는 심근성이다.

③ 밀식과 이삭거름이 유효하다.　　④ 키가 커서 도복에 약하다.

> **NOTE | 수수형 품종**
> ㉠ 이삭은 작지만 분얼이 많으며, 키가 작아 도복에 견디기 쉽다.
> ㉡ 뿌리는 천근성이며, 비옥답, 다비재배에 적합하며, 조식재배에 유리하다.
> ㉢ 밑거름과 분얼거름이 유효하다.

19 다음 중 통일벼의 특성으로 옳지 않은 것은?

① 수광 태세가 좋다.　　② 단간 수중형이다.

③ 내랭성이 강하다.　　④ 자포니카형과 인도형의 교배종이다.

> **NOTE | 통일벼의 특성**
> ㉠ 단간 수중형이고 잎이 직립성이며 수광 태세가 좋다.
> ㉡ 내도복성이 강하며 도열병에 대한 저항성이 강하다.
> ㉢ 미질은 아밀로오스 함량이 높고 점성이 적어 우리나라 사람들의 기호에 알맞지 않다.
> ㉣ 내랭성이 약하고 탈립이 쉽다.
> ㉤ 자포니카형과 인도형의 교배종이다.

20 벼의 3가지 냉해를 바르게 짝지은 것은?

① 장해형 냉해, 지연형 냉해, 생태적 냉해

② 장해형 냉해, 지연형 냉해, 병해형 냉해

③ 지연형 냉해, 생태적 냉해, 병해형 냉해

④ 생리적 냉해, 장해형 냉해, 병해형 냉해

> **NOTE | 냉해의 종류**
> ㉠ 장해형 냉해 : 주로 수잉기의 낮은 기온 때문에 불임립이 발생하여 수량이 줄어드는 것이다.
> ㉡ 지연형 냉해 : 영양생장기의 낮은 기온에 의하여 출수가 늦어지고 등숙이 나빠지는 것이다.
> ㉢ 병해형 냉해 : 저온으로 인해 생리작용이 쇠퇴되어 냉도열병의 발생이 심해지는 것이다.

ANSWER | 18.① 19.③ 20.②

21 다음 중 벼의 조만성 중 감광성이 가장 큰 품종은?

① 만생종   ② 조생종
③ 중생종   ④ 개량종

> ✎NOTE | 만생종 … 기본 영양생장성은 짧으나 감광성이 큰 것으로 일장에 따라 유수분화 형성이 크게 좌우된다.

22 다음 중 현재 장려되고 있는 벼의 특징이 아닌 것은?

① 잎이 직립이다.   ② 영화 수가 많다.
③ 과거보다 키가 작다.   ④ 생장속도가 느리다.

> ✎NOTE | 현재 장려되고 있는 벼의 특징
> ㉠ 도복방지를 위해 키가 작은 단간종이다.
> ㉡ 다수확 품종의 특징인 잎의 직립과 많은 영화 수를 갖는다.

23 다음 중 작물의 품종을 인위적으로 서로 교잡시켜서 유전형질이 다른 새로운 작물개체를 만들어내는 방법은 무엇인가?

① 돌연변이 육종법   ② 분리육종법
③ 교잡육종법   ④ 조직배양

> ✎NOTE | 교잡육종법 … 교잡에 의해 어버이의 우수한 유전성질을 하나로 조합하여 새로운 품종을 육종하는 방법이다.
> ※ 조직배양 … 식물체로부터 분열조직을 떼내어 여기에 영양을 주고 유리용기 내에서 배양 증식시켜 완전한 식물체를 형성하는 방법이다.

24 다음 중 벼의 품종 선택시 고려해야 할 사항이 아닌 것은?

① 재배목적   ② 경제적 사항
③ 자연환경   ④ 재배방법

> ✎NOTE | 품종 … 같은 종에 속하는 작물을 분류하는 최소 단위로서, 품종 선택시 고려해야 할 사항은 재배목적, 자연환경, 재배방법이 있다.

ANSWER | 21.① 22.④ 23.③ 24.②

25 다음 자연적으로 재배되고 있는 품종 중 실용성이 있는 어떤 특정한 개체를 골라 내어 새로운 품종을 만드는 방법은?

① 돌연변이 육종법 ② 분리육종법
③ 교잡육종법 ④ 조직배양

NOTE| 분리육종법 … 선발육종법이라고도 하는데 이 방법으로 재래품종에 포함되어 있는 우량한 유전자 조성의 품종을 선발할 수 있다.

26 다음 중 잡종강세 육종법으로 가장 적당한 방법은?

① 집단육종법 ② 여교잡법
③ 다계교잡법 ④ 돌연변이 육종법

NOTE| 잡종강세는 잡종 1대가 어떤 형질, 즉 크기, 내성, 다산성 등의 점에서 양친계통보다 우수한 경우이며, 이것의 특징을 이용한 육종법이 잡종강세 육종법이다. 잡종을 만들기 위해서는 다계교잡이 필요하다.

27 우리나라의 쌀 자급과 녹색혁명을 일으킨 통일품종의 장려품종 결정 연도는 언제이며, 육종방법은 무엇인가?

① 1971년, 원연교잡법 ② 1972년, 돌연변이 육종법
③ 1973년, 근연교잡법 ④ 1976년, 분리육종법

NOTE| 통일벼는 자포니카형과 인도형의 교배종으로, 이와 같이 비교적 먼 관계의 작물의 교잡을 원연교잡법이라 한다. 원연교잡법을 통해서는 잡종강세 현상이 확연하게 나타난다.

ANSWER | 25.② 26.③ 27.①

28 우리나라에서 녹색혁명으로 1971년 쌀의 자급이 이루어진 가장 큰 계기는?

① 논 농사의 기계화 ② 수리시설의 확충
③ 농약의 공급 ④ 통일벼의 육성

> **NOTE** | 우리 쌀의 오랜 역사에서 가장 큰 사건은 1971년 통일벼의 탄생이다. 다수확 품종인 통일벼의 출현으로 1977년 쌀 생산량이 660만톤을 기록했고, ha당 수확량이 4.94톤으로 세계 최고 기록을 세웠다.

29 다음 중 벼품종의 주요 특성에 대한 설명으로 옳지 않은 것은?

① 재래종은 저온 발아성이 크다.
② 저온 발아성은 온대지방에서는 전혀 문제가 되지 않는다.
③ 조생종은 감온성이 크다.
④ 조만성은 그 품종의 온도와 일장에 대한 반응에 의해 지배된다.

> **NOTE** | ② 온대지방에서는 저온 발아성이 크면 발아하지 않을 수 있다. 저온 발아성이 강한 것은 벼 농사의 고랭지와 온대에서 조기 육묘하는 경우에 유리하다.

30 야생벼의 특징으로 옳지 않은 것은?

① 재배벼에 비해 종자의 탈립이 잘 되지 않는다.
② 재배벼에 비해 종자 수가 적다.
③ 재배벼에 비해 대부분 저온에 강하고 휴면성이 높다.
④ 재배벼에 비해 타식성이며 종자 수명이 길다.

> **NOTE** | 야생벼는 재배벼에 비해 종자 크기가 작고 내비성이 약하며, 종자의 탈립이 잘 된다.

ANSWER | 28.④ 29.② 30.①

벼의 재배환경

1 기상환경

① 온도

(1) 벼의 생육온도

① **생육 적정온도** … 30 ~ 32℃

② **생육의 최저 한계온도** … 10 ~ 13℃

③ **생육의 최고 온도** … 40 ~ 44℃

(2) 온도가 벼의 생육에 미치는 영향

① **기온이 미치는 영향**

ㄱ 벼의 생육기간 중 온도가 낮은 경우

• 영양생장기에 생장량과 분얼이 적어지고 생육지연에 의한 이삭 패는 시기가 늦어진다.

• 생식생장기에 등숙과 임실이 불량하여 수량이 감소한다.

ㄴ 냉해의 종류

• 지연형 냉해

- 영양생장기의 일조부족이나 저온으로 인하여 벼의 생육이 불량해지고 출수가 늦어져 등숙이 저해되는 현상이다.

- 미숙한 개체가 많아지고 청치가 많이 생겨 수량 및 품질을 저하시킨다.

• 장해형 냉해

- 생식생장기의 일조부족이나 저온으로 생식세포의 감수분열과 유수의 형성이 저해되는 현상이다.

- 생식기관이 형성되지 못하거나 수정, 수분 등에 장해를 일으켜 불임현상을 나타낸다.

• 병해형 냉해 : 저온에 의해 광합성이 저해되고 증산작용이 감퇴되어 병이 많이 발생하고 식물체가 연약해지는 냉해이다.

ⓒ 생육시기별 저온에 의한 피해

• 벼가 저온에 의한 피해를 가장 심하게 받는 시기 : 벼꽃의 감수분열기(이삭패기 전 10 ∼ 12일)

• 육묘기 : 생육과 발아가 불량해진다.

• 분얼초기 : 저온에 의한 모내기가 지연되고 모의 착근이 불량해진다.

• 유효분얼기 : 분얼 수가 감소하고 유수형성이 지연된다.

• 수잉기 : 이삭가지가 퇴화하고 벼꽃이 감소하며 벼꽃의 발육이 정지된다.

• 출수기 : 출수가 지연되고 등숙이 불량해진다.

• 개화기 : 개화가 지연되고 이삭추출 불량에 의한 벼꽃의 개화가 불량하게 된다.

• 등숙기 : 등숙이 불량하고 미질이 저하된다.

② **수온이 미치는 영향**

㉠ 수온의 영향을 크게 받는 시기 : 모를 낸 후 유수형성기까지이다.

㉡ 수온과 기온의 영향을 동시에 받는 시기 : 유수형성기부터 수잉기까지이다.

㉢ 기온의 영향을 주로 받는 시기 : 수잉기 이후 출수·개화 및 등숙기까지이다.

㉣ 분얼기에 수온이 낮으면 양분흡수가 적어지고, 특히 질소 및 인산의 흡수가 떨어진다.

♠ 온도가 벼의 생육기간 중 수량에 미치는 영향 ♠

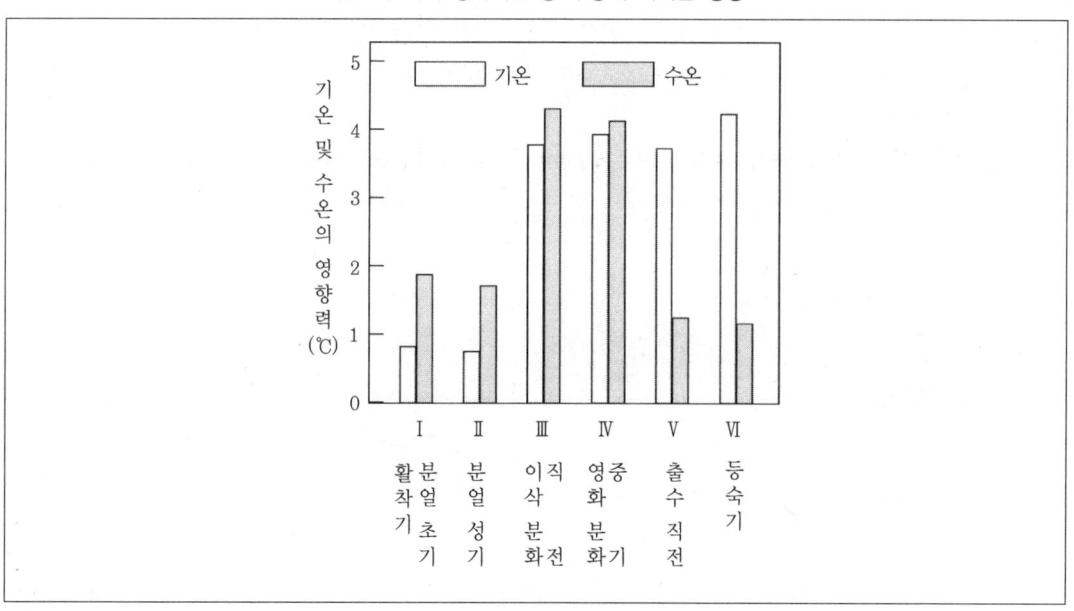

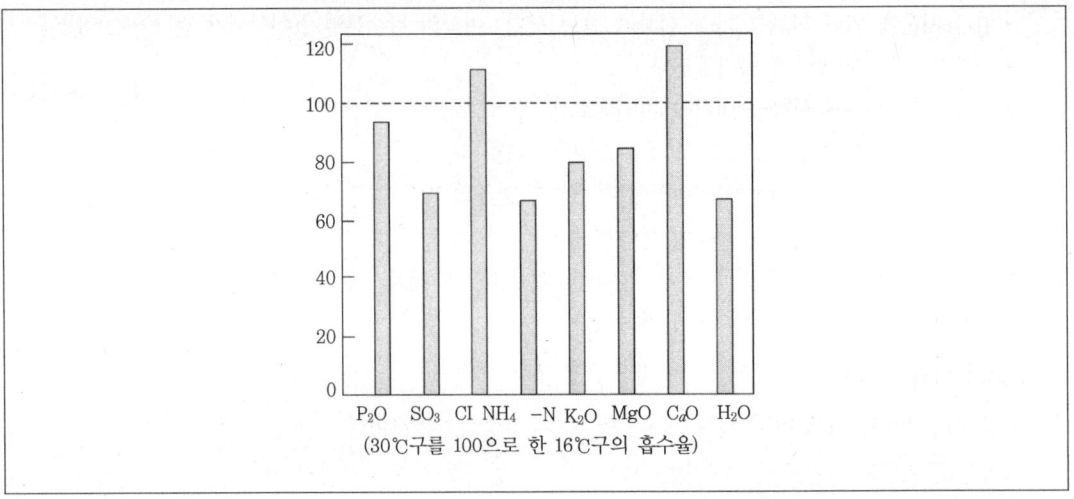

♀ 수온과 양분흡수 ♀

(30℃구를 100으로 한 16℃구의 흡수율)

③ 일교차가 미치는 영향

　　㉠ 이삭이 팬 후 수정이 끝난 벼 : 동화산물을 이삭으로 이동시켜 쌀알을 만든다.

　　　• 이 시기에 일교차가 있는 것이 좋다.

　　　• 낮의 온도 24 ~ 26℃, 밤의 온도 5 ~ 16℃ : 등숙률 및 천립중의 증가가 크다.

　　　• 밤의 온도가 적당히 낮을 때 : 벼는 호흡량이 적어 낮에 생성된 탄수화물의 소모가 적고 이삭으로의 이동이 많아진다.

　　㉡ 자포니카형의 평균 등숙 최저 온도는 17℃이고 통일벼는 19℃이다.

　　㉢ 등숙 적산온도 : 등숙기간 중 밤과 낮의 온도를 평균해서 합산한 온도이다.

　　　• 자포니카형 : 780℃

　　　• 통일벼 : 880℃

② 일조

(1) 일사량과 일장

① 일사량

　　㉠ 일조가 풍부해야 병충해에 견디는 힘이 증가되고 생육이 건전하며 등숙이 양호하여 수량이 증대된다.

　　㉡ 벼 포장에 도달한 햇빛은 10% 정도만 벼잎을 투과하고, 나머지는 벼잎에 흡수되어 광합성에 이용되거나 반사된다.

　　㉢ 벼가 무성하게 자라면 군락이 우거져 아랫잎은 광을 받지 못해, 최고분얼기 이후 생육 중기 및 후기에는 광포화점에 도달하기 어렵다.

TIP | 광포화점

 ⊙ **광포화** : 벼의 동화량은 빛의 세기, 즉 일사량이 강해짐에 따라 증가하다가 빛의 세기가 어느
정도에 이르면 그 이상 동화량은 늘어나지 않는 현상이다.

 ⓒ **광포화점** : 더 이상 동화량이 증가하지 않는 빛의 세기이다.

② **일장**

 ⊙ **감광성** : 벼는 단일성 작물로 낮의 길이가 짧아짐에 따라서 이삭패기가 빨라지는 것을 말한다.

 ⓒ 중생종, 만생종은 감광성이 크다.

 ⓒ 조생종은 감온성이 감광성보다 크기 때문에 온도가 높을수록 이삭패기가 촉진된다.

(2) 일조의 영향

① **벼의 수량에 영향을 주는 요인** … 출수 후 건물생산이며, 건물생산량은 일사량과 비례관계를 보인
다. 즉, 일사량이 많을수록 많은 수량을 얻을 수 있다.

② **생육시기별 일조부족의 피해**

 ⊙ **못자리 기간**

  • 밀파한 모와 같이 연약하게 도장한다.

  • 이앙 후에 여러가지 장해를 받기가 쉽다.

 ⓒ **수잉기 이후**

  • 저장 탄수화물량이 적어져 충실한 이삭의 분화형성이 이루어지지 못한다.

  • 도열병, 잎집무늬마름병 등의 발생요인이 된다.

  • 도복을 유발하게 된다.

 ⓒ **영양생장기**

  • 성숙이 지연되고 출수가 지연되는 이삭이 많아진다.

  • 이삭 수가 적어지고 착립 수도 적어지며 분얼이 감소된다.

 ⓔ **유수형성기부터 등숙기**

  • 생리기능이 감퇴되고 쌀알의 양분집적이 억제된다.

  • 등숙이 지연되고 등숙 정지미가 많이 생긴다.

   TIP | 수량에 영향을 가장 많이 미치는 시기 … 감수분열기부터 출수 후 20일까지이고 결실기의 일조
부족은 사미와 유백미가 특히 많아져 미질도 나빠진다.

③   수분

(1) 물의 종류

① **생리수** … 벼의 광합성이나 물질대사와 같은 생리작용에 필요한 물이다.

② **환경수** … 벼가 있는 주변의 환경을 조절하는 물이다.

(2) 요수량

① **개념** … 건물 1g을 생산하는 데 필요한 수분의 양이다.

② **여러 작물의 요수량** : 벼 330g, 호박 830g, 보리 523g, 밀 513g, 옥수수 370g, 콩 307~429g

(3) 용수량

① **용수량**

ㄱ 작물 생산을 위한 관개용수의 전체 용량으로, 식물에 의한 소비, 증발, 누수 및 침투, 표면 유출 등에 쓰이는 모든 물의 양을 말한다.

ㄴ 용수량(관개수량) = (엽면증산량 + 수면증발량 + 지하침투량) − 유효우량

ㄷ **최적 용수량** : 토양 최대 용수량의 85~95%이다.

② **모낸 후 수확까지 필요한 10a 용수량** … 1,200 ~ 1,500kl이다.

③ **벼가 물을 가장 필요로 하는 시기** … 모낸 직후 착근까지, 수잉기, 출수기 때이다.

④ **용수량이 가장 적게 요구되는 시기** … 무효분얼기에 용수량이 적게 든다.

❧ 벼 생육시기별 용수량 분포비율 ❧

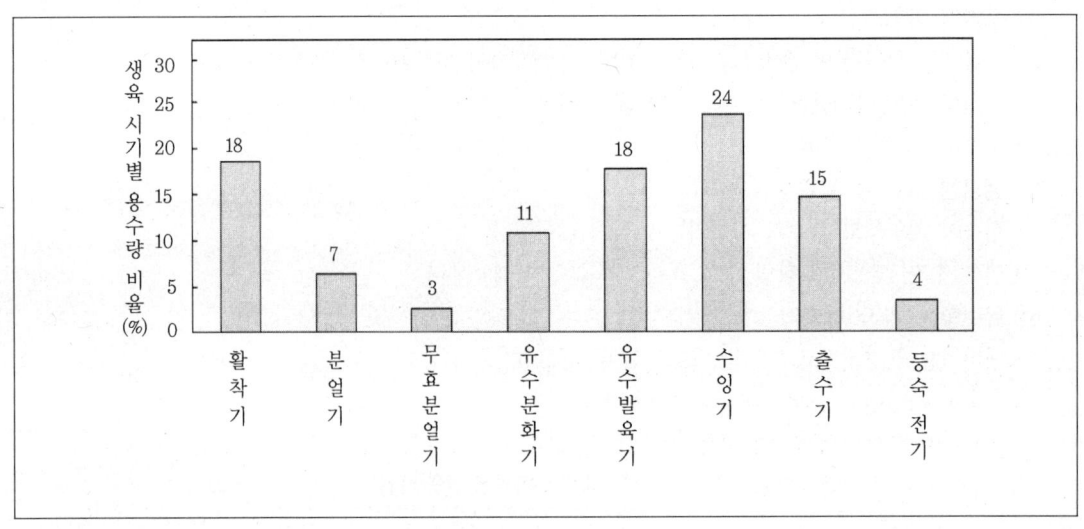

(4) 강수량

① **강수와 강수량** … 강수는 관개수의 근원이 되며, 강수의 양에 따라 작물의 재배성과가 달라진다.

② **우리나라 연간 강수량**

ㄱ 벼의 생육기인 여름철에 대부분 내린다(7 ~ 8월 사이).

ㄴ 모내기 때인 5월 중·하순에 강우가 부족하여 모내기가 늦어지는 일이 있다.

③ **강수량의 영향**

　㉠ 생육이 왕성한 시기의 강수량 과다 : 일조의 부족 및 공기습도를 높여 증산작용을 방해하고 이로 써 벼가 튼튼하게 자라지 못하게 한다.

　㉡ 장마철 : 병충해 발생의 원인이 되어 수확량을 적게 한다.

(5) 관개수(담수)

① **개념** … 강수를 저장하였다가 필요한 경우 끌어다 쓸 수 있도록 한 농업용수이다.

② **장·단점**

　㉠ 장점
- 잡초의 발생을 억제하고 전염병 등을 방제한다.
- 물에 용해되어 있는 양분도 공급되고 양분흡수에도 유리하다.
- 여러번짓기를 유리하게 한다.
- 못자리 초기에 물을 대줌으로써 어린 모를 냉온으로부터 보호할 수 있다.
- 감수분열기(수잉기)의 냉해방지에 효과적이다.

　㉡ 단점
- 담수상태의 지속은 토양을 강한 환원상태로 만들므로 뿌리의 발육과 활력을 감퇴시키는 원인이 된다.
- 빈번한 관개수 공급은 온도를 낮게 하므로 일조·일사량을 감소시키고 공기습도를 높여 생육을 방해한다.

④ 바람

(1) 미풍의 효과

① 증산을 촉진하고, 양분 및 수분흡수를 조장한다.

② **병해의 경감** … 증산작용이 촉진되면 규산의 흡수가 많아져서 벼가 튼튼해지고 병해에 대한 저항 성이 강해진다.

③ **광합성의 조장** … 풍속 3 ~ 4m/s에서는 광합성작용이 활발하다.

(2) 강풍의 피해

① 풍속이 5 ~ 6m/s 이상으로 강하면 풍해를 일으킨다.

② **시기별 강풍의 피해**

　㉠ 이앙기 : 잎의 강제건조를 촉진하여 모의 몸살을 일으키고 활착을 나쁘게 한다.

　　ⓛ 출수개화기 : 수정을 방해하고, 심한 경우 백수현상을 일으킨다.

　　ⓒ 등숙 초기
　　　• 잎과 이삭에 기계적인 손상을 주고 광합성을 저해하여 등숙을 저하시킨다.
　　　• 사미, 쇄미 등을 증가시켜 미질을 나쁘게 한다.

　　ⓔ 등숙 성기 이후 : 도복을 일으켜 수량과 등숙을 저하시킨다.

2 토양환경

① 논 토양의 특성

(1) 토층 분화

① **개념** … 논 토양의 토층이 산화층과 환원층으로 분화되는 것이다.

② **산화층 형성**
　　㉠ 표층으로부터 1cm 정도에 해당된다.
　　ⓛ 물이나 공기에서 오는 산소, 또는 조류나 잡초가 동화작용을 할 때 생성되는 산소 등 비교적 산소가 넉넉하게 있고 적갈색을 띤다.

③ **환원층 형성**
　　㉠ 표층을 제외한 부분이다.
　　ⓛ 논은 물이 괴어 있어서 산소의 보급이 적고 유기질의 분해로 산소의 부족을 조장하며, 암회색이나 청회색을 띤다.

(2) 논 토양의 노후화

환원층의 형성으로 논 토양의 흙 중에는 칠분을 비롯해서 여러 유용한 무기염류가 줄어드는 현상이다.

(3) 탈질작용

① 질산태 질소는 토양에 잘 흡착되지 않아서 유실된다.

② 암모늄태 질소(NH_4^+-N)는 토양에 잘 흡착된다.

③ **질산화 작용** … 암모늄태 질소(NH_4^+-N)를 산화층에다 주면 산화하여 질산태 질소($NH_4^+ \rightarrow NO_2^+ \rightarrow NO_3^-$)가 되는 것이다.

④ **탈질작용** … 질산태 질소가 환원층에 도달하면 점점 환원되어 산화질소(NO) → 일산화질소(N_2O) → 질소 가스(N_2)로 변하여 공중으로 날아가 버리는 현상이다.

⑤ **탈질작용의 방지대책** … 전층시비, 환원층시비, 심층시비를 한다.

♟ 논 토양의 구조와 질소비료의 탈질작용 ♟

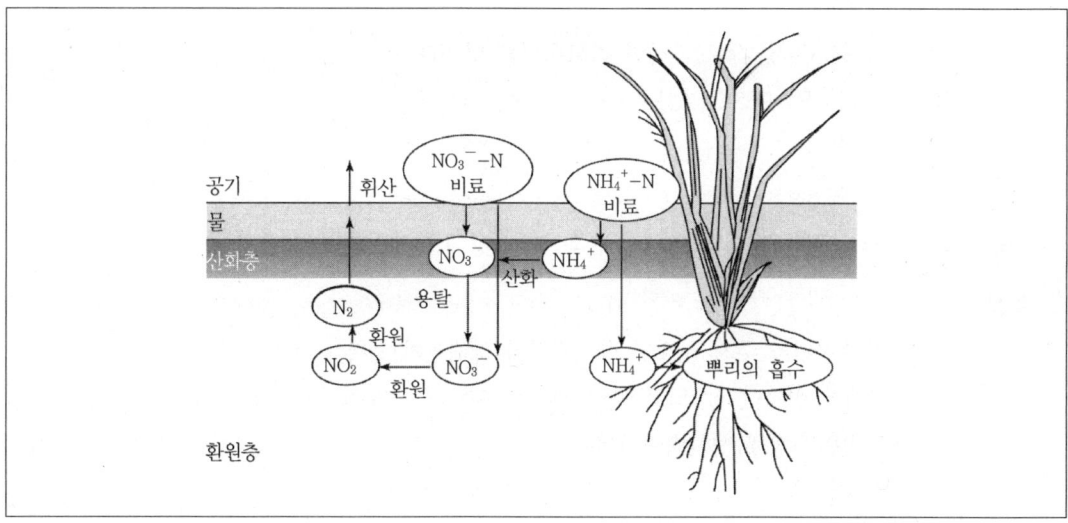

(4) 벼 생육에 적합한 토양조건

① 부식이 많아야 한다.

② 작토층이 깊어야 한다.

③ 질참흙이나 참흙이 가장 알맞고, 점토나 사토는 부적당하다.

④ 하루에 15 ~ 20mm씩 투수되는 토양이 적당하다.

② 논의 종류별 특성

(1) 습답

① **개념** … 지대가 낮고 지하수의 수위가 높아 배수가 잘 되지 않아서 항상 논에 물이 고여 있거나 포화상태 이상의 수분을 지니고 있어 답리작으로는 밭 작물재배가 곤란한 논이다.

② **특징**

  ㉠ 벼뿌리의 발달이 불량하고 잠재지력의 발현이 약하다.

  ㉡ 여름철에 온도가 올라가면 유기물 분해가 왕성해져 토양의 환원상태가 심해진다.

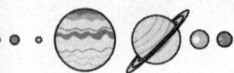

 © 토양은 환원상태가 계속되 부식의 분해가 느리고, 축적되는 부식의 양이 많다.

 ® 황화수소(H_2S)의 발생이 많아져 뿌리의 흡수력이 떨어지고 뿌리썩음이 일어나 추락현상이 나타나기 쉽다.

③ **개량**

 ㉠ 휴립재배를 한다.

 ㉡ 암거배수, 명거배수 및 객토를 하여 지하수위를 낮춘다.

 ㉢ 미숙퇴비와 황산기를 가지고 있는 비료의 사용을 피한다.

(2) 건답

① **개념** … 관개수의 조절을 임의대로 해서 논과 밭의 상태로 자유롭게 이용할 수 있는 논이다.

② **특징**

 ㉠ 지력을 계속 증진시켜 주지 않으면 잠재지력이 약해지기 쉽다.

 ㉡ 유기물의 분해가 비교적 잘 되고, 관·배수가 수월해 토양의 물리·화학적 성질이나 생물적 환경이 양호하여 수량의 생산력이 높다.

(3) 추락답

① **개념** … 상습적으로 추락현상이 나타나는 논이다.

② **추락현상** … 여름철까지 잘 자라 영양생장이 좋았던 벼가 생식생장기인 유수형성기로부터 갑자기 아랫잎이 말라 죽으며, 수량이 몹시 떨어지고 깨씨무늬병이 많아지게 되는 것을 말한다.

③ **추락현상의 과정 및 특징**

 ㉠ 과정 : 여름철에 왕성한 유기물 분해와 높은 온도에 의하여 논 토양의 환원상태가 심해짐으로 황산기가 환원되어 된 황화수소 가스가 뿌리를 상하게 한다.

 ㉡ 특징

  • 철분이 많을 경우 : 뿌리에 붉은 산화철의 피막을 형성하여 황화수소가스(H_2S)를 황화제이철(FeS)로 만들어 피해를 감소시킨다.

  • 철분이 부족할 경우 : $H_2S \rightarrow FeS$로 변화시키지 못해 뿌리를 썩게 한다.

  • 추락답 외의 논에서 추락현상이 일어나는 경우 : 유기물이 많이 집적되어 있는 습답, 누수답, 흙이 얕은 논 등에서 일어난다.

④ **추락현상의 대책**

 ㉠ 규산질비료를 시용한다.

 ㉡ 심경을 한다.

   © 산적토(야산의 붉은 흙)로 객토를 한다.

   ② 황산기비료(황산암모늄, 황산칼륨) 사용을 금한다.

(4) 간척답

① 특징

   ③ 염분농도가 높고 제염시 무기염류의 용탈이 많다.

   © 토양반응이 산성이나 알칼리성에 치우치기 쉽다.

   © 토양입자가 미세하여 통기가 잘 되지 않고 황산근이 환원되어 유해한 황화수소 가스의 발생이 많다.

② 개량

   ③ 암거배수나 명거배수를 한다.

   © 유기물을 첨가하며 민물로 염분을 씻어낸다.

(5) 누수답

① 개념 … 자갈이나 모래가 많고 작토가 얕은 땅 또는 제주도의 화산회토처럼 물의 지하침투가 과해 보수상태가 굉장히 약한 논이다.

② 특징

   ③ 양분의 용탈이 많다.

   © 용수량이 많아 냉수가 항상 뿌리를 씻게 되어 지온과 수온, 식물체의 체온을 낮게 하여 냉해를 입게 된다.

③ 개량

   ③ 밑다짐을 하거나 호밀 같은 녹비 작물을 재배한다.

   © 비료는 고형비료 같은 완효성 비료를 사용하거나 분시하도록 하고, 심층시비는 피한다.

(6) 천수답과 냉수답

① 천수답 … 관개용수를 강우에만 의존하는 논이다.

② 냉수답 … 기온과 관계없고 냉수가 솟거나 냉수를 관개하여 벼의 생육이 저해되는 논이다.

(7) 수리안전답(수리답)

① 개념 : 가뭄 피해를 막기 위해 저수지, 양배수장, 보, 집수암거, 관정 등의 수리시설을 하여 인위적인 관개를 하는 논을 말한다.

② 특징 : 우리나라의 수리시설은 저수지가 총관개면적의 절반을 차지하고 있다.

③ 우리나라의 논 토양

(1) 우리나라 논 토양의 특징

① 대부분 화강편마암과 화강암이 모재이다.

② 모래땅이 많고, 부식과 각종 무기염류의 함량이 적다.

③ 토양이 산성이고 비옥도가 낮으며 갈이흙의 깊이가 얕아서 작물의 생산력이 떨어진다.

(2) 우리나라 논 토양의 지력

① **토양모재** … 전체에서 66% 정도가 화강편마암과 화강암이다.

② **토질** … 대부분 사질토이다.

③ **작토깊이** … 평균 10.9 ± 1.67cm이다.

④ **pH** … 5.37

⑤ **부식 함량** … 2.23%

⑥ **염기 포화도** … 56%

⑦ **염기 치환용량** … 11.7me/100g

④ 논의 공익적 기능

(1) 식량을 생산한다.

(2) 홍수를 조절하고 토양 유실을 방지한다.

(3) 논에 담수된 용수가 지하로 침투하여 지하수 수위를 높여준다.

(4) 대기의 온도를 조절하고, 수질과 대기를 정화한다.

(5) 다양한 생물체의 삶의 터전이 된다.

(6) 아름다운 경관을 조성하여 휴양지를 제공한다.

04 출제예상문제

1 다음 중 벼의 생육기간에 대한 저온의 영향으로 옳지 않은 것은?

① 육묘기 – 발아불량　　　　　② 분얼기 – 분얼감소

③ 개화기 – 출수지연　　　　　④ 등숙기 – 미질감소

NOTE 벼의 생육시기별 저온에 의한 피해
　　　⊙ 육묘기 : 발아불량, 생육불량
　　　ⓛ 분얼 초기 : 저온에 의한 모내기 지연, 모의 착근불량
　　　ⓒ 유효분얼기 : 분얼감소, 유수형성 지연
　　　ⓡ 수잉기 : 이삭가지의 퇴화, 벼꽃의 감소, 벼꽃의 발육정지
　　　ⓜ 출수기 : 출수지연, 등숙불량
　　　ⓗ 개화기 : 개화지연, 이삭추출 불량에 의한 벼꽃의 개화불량
　　　ⓢ 등숙기 : 등숙불량, 미질저하

2 다음 노후화답을 개량하는 방법 중 옳지 않은 것은?

① 산 흙으로 객토　　　　　② 미량요소 시용

③ 유안 시용　　　　　　　④ 철분 시용

NOTE 노후화답의 개량방법
　　　⊙ 규산질소의 시용 : 규회석, 규산석회 등을 시용한다.
　　　ⓛ 함철자재의 시용 : 결핍된 철분을 보급하기 위해 갈철광의 분말, 퇴비철, 비철토 등의 함철자재를 시용한다.
　　　ⓒ 심경 : 심토층까지 심경하여 침전된 철분 등을 다시 작토층으로 되돌리며 심경 후 퇴비를 시용할 때에는 질소비료를 2 ~ 3할 정도 증시한다.
　　　ⓡ 객토 : 좋은 점토로 이루어진 산의 붉은 흙, 못의 밑바닥 흙, 바닷가의 질흙 등을 객토하여 양질의 점토와 철, 규산, 마그네슘, 망간 등을 보급한다.

ANSWER | 1.③　2.③

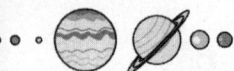

3 탈질작용 현상을 방지하는 시비방법이 아닌 것은?

① 환원층시비　　　　　　　　　　② 전층시비

③ 표층시비　　　　　　　　　　　　④ 심층시비

　　NOTE| 탈질작용의 방지대책 … 전층시비, 환원층시비, 심층시비

4 다음 중 탈질작용 현상을 방지하는 시비방법은?

① 표층시비　　　　　　　　　　　　② 엽면시비

③ 전층시비　　　　　　　　　　　　④ 산화층시비

　　NOTE| 탈질작용 … 논에 주는 질소질 거름 중에 질산태 질소는 토양에 잘 흡착되지 않아서 유실되지만, 암모늄태 질소는 토양에 잘 흡착한다. 암모늄태 질소라도 산화층에다 주면 산화하여 질산태 질소가 되는데, 이것을 질산화 작용(질화작용)이라 하고, 질산태 질소가 환원층에 도달하면 점차 환원되어 산화질소(NO) → 일산화질소(N_2O) → 질소가스(N_2)로 변하여 공중으로 날아가 버리는 현상을 탈질작용이라고 한다.

　　※ 탈질작용의 방지대책 … 전층시비, 환원층시비, 심층시비

5 백수현상을 일으키는 뙤 현상의 재해방식은?

① 냉해　　　　　　　　　　　　　　② 습해

③ 풍해　　　　　　　　　　　　　　④ 한해

　　NOTE| 백수현상

　ⓐ 개념 : 벼 이삭이 하얗게 변하는 현상을 말한다.

　ⓑ 원인

　• 이삭이 팰 때부터 이삭이 팬 1 ~ 3일경에 건조하고 강한 바람을 맞으면 발생한다.

　• 풍속이 1초당 4 ~ 8m이고, 습도가 65% 이하이며 온도가 25℃ 이상일 때 발생한다.

　• 태풍이 지나간 다음날 강한 햇볕이 쪼일 때 벼 이삭의 기공을 통하여 수분이 급히 증산·건조되어 발생한다.

　ⓒ 대책

　• 사전대책 : 태풍통과가 예상될 때 침관수 우려가 없는 논에는 가능한 한 물을 깊이 대어둔다.

　• 사후대책 : 태풍통과 후 흰 이삭(백수) 또는 변색된 이삭이 발생된 6시간 이내에 동력분무기를 이용하여 10a당 물을 600L 이상 뿌려준다.

ANSWER | 3.③ 4.③ 5.③

6 다음 중 벼의 냉해 중에서 장해형 냉해에 해당하는 것은?

① 영양생장기 저온으로 출수지연　　② 육묘기 저온으로 적고현상

③ 감수분열기 저온으로 불임의 유발　④ 등숙기 저온으로 등숙률 저하

> **NOTE** | 냉해의 종류
> ㉠ **지연형 냉해** : 영양생장기의 저온으로 인해 출수가 늦어지고 등숙이 나빠진다.
> ㉡ **장해형 냉해** : 수잉기의 저온으로 인해 불임립이 발생하여 수량이 감소된다.
> ㉢ **병해형 냉해** : 저온으로 인해 생리작용이 쇠퇴하여 냉도열병을 유발한다.

7 다음 중 논에서 질소의 손실을 줄이기 위해서는 어떻게 해야 하는가?

① 질산태 질소 심층시비　　② 요소 심층시비

③ 질산태 질소 표층시비　　④ 요소 표층시비

⑤ 질산암모니아 표층시비

> **NOTE** | **질소질비료** … 질소질 비료에는 요소, 황산암모늄, 석회질소 등이 있으며, 논에 사용할 경우 모두 변화하여 암모늄이나 질산이 되어 벼에 흡수되고 용탈 및 탈질된다. 그러므로 질소비료는 대부분 심층시비를 해야 한다. 단, 사력질계 누수답에서의 심층시비는 오히려 불리하다.
> ※ **질소(N)**
> ㉠ 세포의 원형질을 구성하고 있는 단백질의 주성분이다.
> ㉡ 엽록소의 구성성분이며 잎의 동화능력을 높인다.
> ㉢ 과다할 경우 도복위험, 각종 병충해 발생 및 줄기와 잎이 너무 무성하여 벼알의 등숙이 나빠지고 청치가 많아진다.
> ㉣ 결핍될 경우 황백화현상이 생긴다.

8 산화층에 사용하면 탈질현상이 있는 것은 어떠한 형태의 질소비료인가?

① 암모늄태　　　　　　　② 단백태

③ 질산태　　　　　　　　④ 요소태

> **NOTE** | 암모니아성 질소(NH_4^+-N)를 환원층에 사용할 경우 질소의 탈질을 막고 토양에 잘 흡착되나, 산화층에 사용하면 산화되어 질산성 질소로 변한다.
> ※ **탈질현상** … 질산성 질소가 토양에 흡착되지 않고 밑층으로 용탈되며, 환원층에 이르면 환원되어 질소가스로 변하여 공기 중으로 나가는 현상을 말한다.

9 벼의 염해가 발생하지 않는 농도는?

① 0.08%

② 0.1%

③ 0.2%

④ 0.3%

> **✎NOTE│** 간척지의 논은 대개 염분농도가 높은 것이 특징인데 염화나트륨이 0.3% 이하일 경우 벼의 재배는 가능하지만, 염화나트륨이 0.1% 이상의 상태에서는 염해가 우려된다.

10 벼의 무기성분 중 수광태세 및 규질화에 관여하여 도열병, 깨씨무늬병 등 내병성과 관계있는 성분은?

① 인산

② 질소

③ 칼륨

④ 석회

⑤ 규산

> **✎NOTE│** 영양성분의 특성
> ㉠ 질소(N) : 질소는 세포의 원형질을 구성하고 있는 단백질의 주성분이자, 엽록소의 구성성분으로 잎의 동화능력을 높인다.
> ㉡ 인산(P) : 세포의 핵을 구성하는 주성분이며, 세포분열과 생체조직의 발달에 필요한 성분으로 생육 전기에 분얼과 뿌리자람을 위해서 많이 필요하다.
> ㉢ 칼륨(K) : 단백질의 합성에 필요하며 동화작용 및 호흡 등 벼의 주요 생리작용에 중요한 역할을 한다.
> ㉣ 규산(SiO_2) : 잎, 줄기의 표피, 세포막에 남아서 조직을 튼튼하게 한다. 작물 중 벼는 가장 많은 규산을 흡수하며, 결핍될 경우 잎이 연약해지고 늘어져 수광태세가 나빠진다. 또한 잎에 도열병균, 깨씨무늬병균이 침입하게 된다.
> ㉤ 칼슘(Ca) : 석회(CaO)의 칼슘성분은 분얼조직의 생장과 근단발육에 중요한 역할을 하며, 유기산의 중화작용을 한다.
> ㉥ 석회 : 벼의 분얼조직의 생장과 뿌리의 발육에 관여하며 토양의 산도를 교정한다.

11 다음 중 볍씨가 싹트는 데 반드시 필요한 조건은?

① 빛, 양분, 산소

② 수분, 산소, 빛

③ 적당한 온도, 빛, 양분

④ 수분, 빛, 양분

⑤ 적당한 온도, 수분, 산소

ANSWER │ 9.① 10.⑤ 11.⑤

⊙ 온도
- 최적온도 : 30 ~ 32℃
- 최저온도 : 8 ~ 12℃
- 최고온도 : 40 ~ 44℃

ⓛ 수분 : 종자무게의 25%를 흡수한다.

ⓒ 산소 : 공급량이 충분하면 좋다.

12 다음 중 벼 잎의 수광태세를 좋게 해주는 비료와 관계가 깊은 것은?

① Si
② N
③ P
④ Ca

NOTE | 양분의 흡수와 생육

⊙ 질소(N) : 엽록소의 구성성분이며 잎의 동화능력을 높인다.

ⓛ 인산(P) : 세포의 핵을 구성하는 주성분이며, 세포분열과 생체조직의 발달에 필요한 성분으로 생육 전기에 분얼과 뿌리자람을 위해 많이 필요하다.

ⓒ 칼륨(K) : 단백질의 합성에 필요하며 동화작용 및 호흡 등 벼의 주요 생리작용에 중요한 역할을 한다.

ⓓ 규산(SiO₂) : 규산은 잎, 줄기의 표피, 세포막에 남아서 조직을 튼튼하게 하고, 작물 중 벼는 가장 많은 규산을 흡수한다.

ⓔ 칼슘(Ca) : 석회(CaO) 중의 칼슘성분은 분얼조직의 생장과 근단발육에 중요한 역할을 하며, 유기산의 중화작용을 하여 소석회나 생석회를 토양으로 사용하면 토양유기물의 분해가 촉진된다. 즉, 석회는 다량 사용하는 간접비료라고 할 수 있다.

13 다음 중 벼의 생육기간 중 냉해를 가장 받기 쉬운 시기는?

① 감수분열기
② 영화분화기
③ 출수기
④ 유수분화기

NOTE | 감수분열

⊙ 꽃의 분화가 끝나고 어린 이삭의 길이가 15 ~ 40mm 정도에 도달하면 꽃가루의 모세포나 배낭의 모세포가 생긴다.

ⓛ 출수 10 ~ 15일 전쯤 되면 꽃가루와 배의 모세포가 감수분열을 하여 정세포와 난세포가 생긴다.

ⓒ 냉해 및 한해 등에 대해 예민하다.

ANSWER | 12.① 13.①

14 탈질현상의 대책으로 옳은 것은?

① NH_4^+-N를 산화층으로 사용   ② NO_3^--N를 산화층으로 사용

③ NH_4^+-N를 환원층으로 사용   ④ NO_3^--N를 환원층으로 사용

> ✎NOTE| 암모니아성 질소(NH_4^+-N)를 사용할 때에는 환원층에 시비하여 질소의 탈질을 막고 토양에 잘 흡착시켜서 벼가 잘 이용하도록 해야 한다. 반면 질산성 질소(NO_3^--N)는 토양의 입자와 같이 음이온을 띠고 있어 토양에 흡착되지 않고 밑층으로 용탈된다.

15 논 토양에서 황화수소가스의 발생원인은?

① 황산의 다량 증가   ② 규산의 다량 증가

③ 환원상태   ④ 산화상태

> ✎NOTE| 황산비료의 사용, 여름철 높은 온도, 왕성한 유기물의 분해에 의하여 논 토양의 환원상태가 심해지면 황산기가 환원되어 황화수소가스를 발생하며, 발생한 황화수소가스는 벼뿌리를 상하게 한다.

16 다음 중 우리나라에서 수리상태에 따른 논의 종류로 가장 많은 면적을 차지하는 논은?

① 습답   ② 냉수답

③ 천수답   ④ 수리안전답

> ✎NOTE| 관개수의 조건에 따른 논의 분류
> ㉠ 수리안전답 : 우리나라 전체 논의 약 70%가 여기에 속하며 경우에 따라 물을 대고 뺄 수 있는 논을 말한다.
> ㉡ 천수답 : 관개시설이 전혀 없고 빗물에만 의존하는 논으로 최근에는 수리사업 및 지목전환으로 천수답의 면적이 크게 줄었다.
> ㉢ 습답 : 배수가 불량하여 항상 포화상태 이상의 토양수분을 지니고 있어 답리작이 곤란한 논을 말하며, 습답토양은 환원상태가 계속되어 있어 많은 부식이 축적된다.
> ㉣ 저수답 : 겨울에 물을 담아 두었다가 이듬해 못자리에 물을 대는 논으로 물잡이 논이라고도 한다.
> ㉤ 누수답 : 자갈이나 모래가 많고 작토가 얕은 땅 또는 화산회토와 같이 물이 빨리 새는 논으로 논을 다지거나 객토하여야 한다.
> ㉥ 냉수답 : 냉수가 솟아나거나 관개수로 냉수를 관개해야 하는 논을 말한다.

ANSWER | 14.③ 15.① 16.④

17 다음 중에서 규산질비료를 가장 많이 흡수하는 작물은?

① 벼   ② 콩

③ 고구마   ④ 옥수수

> **NOTE** 규산(SiO_2)
> ㉠ 작물 중 벼는 가장 많은 규산을 흡수한다.
> ㉡ 잎, 줄기의 표피, 세포막에 남아서 조직을 튼튼하게 한다.
> ㉢ 규산이 결핍될 경우 잎, 줄기가 연약하게 자라며 도열병, 깨씨무늬병 등과 같은 병해에 걸리게 된다.
> ㉣ 볏짚, 산야초에는 규산함량이 많아 규산질비료가 된다.

18 다음 벼의 기상재해에 대한 설명으로 옳지 않은 것은?

① 자포니카벼의 냉해 유발온도는 육묘기 4 ~ 5℃, 출수기 17℃, 등숙기 20℃이다.

② 벼가 저온에 처하면 약(約)의 세포층이 이상비대하여 불임을 유발한다.

③ 백수현상은 온도 15 ~ 20℃, 습도 60% 이하의 건조한 바람에 의해 나타난다.

④ 침관수해는 감수분열기 > 유수형성기 > 출수기 순으로 피해가 크다.

> **NOTE** ④ 침관수해에 따른 벼의 피해정도는 감수분열기 > 출수기 > 유수형성기 > 유숙기 > 분얼기의 순으로 크다.

19 질소질의 유실과 탈질을 막기 위한 가장 효과적인 시비방법은?

① 암모늄태 질소를 환원층에 준다.

② 질산태 질소를 산화층에 준다.

③ 암모늄태 질소를 산화층에 준다.

④ 질산태 질소를 환원층에 준다.

> **NOTE** 질산태 질소는 토양에 잘 흡착되지 않아 유실되지만 암모늄태 질소는 토양에 잘 흡착된다. 그러나 암모늄태 질소라도 산화층에 줄 경우 산화하여 질산화 작용을 하여 질산태 질소가 되므로 암모늄태 질소비료는 환원층에 시비해야 한다.
> ※ **심층시비** … 질소비료를 시용할 경우 환원층에 시비하여 질소의 탈질을 막고 토양에 잘 흡착시켜 벼가 잘 이용하도록 하는 것을 말한다.

ANSWER | 17.① 18.④ 19.①

20 다음 중 벼의 출수가 촉진되는 조건은?

① 고온, 장일　　　　　　　　　② 고온, 단일

③ 저온, 장일　　　　　　　　　④ 저온, 단일

✎NOTE| 품종에 따라 차이는 있으나 온도가 높을수록 1일 일장은 9시간 정도로 짧아질수록 벼의 출수가 촉진된다.

21 벼의 생육기간 중 가볍게 부는 부드러운 바람이 벼농사에 미치는 효과와 가장 거리가 먼 것은?

① 동화작용이 왕성해진다.

② 증산작용이 왕성하여 양분의 흡수가 많아진다.

③ 개화시 수정이 잘 되게 한다.

④ 질소성분을 많이 흡수하여 벼가 도복이나 병충해에 잘 견딘다.

✎NOTE| 연풍

㉠ 4~6Km/h 이하의 부드러운 바람으로 벼농사에 매우 유리하다.

㉡ 왕성한 증산작용으로 양분흡수가 많아진다.

㉢ 규산을 많이 흡수하여 벼가 튼튼해져 도복에 강하고 병충해에 잘 견딘다.

㉣ 이산화탄소의 농도를 균일하게 하여 동화작용이 왕성해진다.

㉤ 수정을 조장한다.

22 벼가 규산이 부족하였을 때 나타나는 현상은?

① 줄기, 잎이 연약하며 병원균에 대한 저항력이 약해진다.

② 잎이 황록색을 띠며 키가 자라지 못한다.

③ 분얼이 적고 출수·성숙이 늦어진다.

④ 분얼 및 잎의 발생이 적고 잎면적이 줄어든다.

✎NOTE| 규산(SiO_2)이 결핍될 경우 잎, 줄기가 연약하게 자라며, 도열병, 깨씨무늬병 등과 같은 병해에 걸리기 쉬워진다.

ANSWER | 20.② 21.④ 22.①

23 사질답에 가장 알맞은 조치는?

① 심경   ② 객토

③ 암거배수   ④ 심층시비

> **NOTE** 사질답은 많은 모래 함량으로 양분 보유력이 약하고 양분의 용탈이 많아 객토작업을 통해 토지를 개량해야 한다.

24 다음 중 추락답의 토성적 특성으로 옳은 것은?

① 지력은 높으나 철, 망간이 결핍된 토양

② 철, 망간은 충분하나, 유기물이 부족한 토양

③ 경토가 깊고, 질소성분이 과다한 토양

④ 지력이 약하고 교질물, 철, 망간, 마그네슘이 결핍된 토양

> **NOTE** 추락답
> ⊙ 특징
> • 추락현상이 상습적으로 나타난다.
> • 유기물이 집적된 습답이다.
> • 거름분이 유실되기 쉬운 누수답이다.
> • 논의 흙이 얕다.
> • 벼의 양분이 되는 각종 무기염류(철분, 망간)이 적은 노후답이다.
> ⓒ 대책
> • 산적토로 객토한다.
> • 규산질 비료를 사용한다.
> • 황산암모늄, 황산칼륨과 같은 황산기 비료의 사용을 금한다.
> ※ 추락현상 … 벼가 영양생장기에는 생육이 좋았으나 생식생장기에 접어들면서 갑자기 아랫잎이 말아 오르고 퇴색하는 등 소출이 크게 떨어지는 현상을 말한다.

25 노후답의 합리적인 개량법은?

① 얕이 갈이를 한다.   ② 황산암모늄을 많이 준다.

③ 인산질비료를 많이 준다.   ④ 야산의 붉은 흙으로 객토한다.

> **NOTE** 논 토양의 노후화 … 논 토양의 작토 중에 철분을 비롯한 여러 유용한 무기염류가 줄어드는 현상을 말한다. 노후화된 논은 철분을 비롯해서 무기염류를 시용하고 객토작업 등을 통해 토양을 개량한다.

ANSWER | 23.②   24.④   25.④

26 벼의 일생 중 냉해나 한해 등의 불량환경에 가장 민감한 시기는?

① 이앙기 ② 최고분얼기

③ 출수기 ④ 감수분열기

> **NOTE** 수잉기 … 출수 10 ~ 12일 전부터 출수 직전까지를 말한다. 수잉기에는 이삭이 급속하게 자라 그 길이를 거의 완성하게 되며, 화분모세포와 배낭모세포가 감수 분열하여 수정태세를 갖추고 출수에 임하는 시기로 이삭이 자랐음을 외관상으로 확인할 수 있는 때인데, 이 때가 냉해 및 한해 등에 가장 예민한 시기이다.

27 벼 재배에서 등숙률 향상에 가장 크게 기여하는 비료는?

① 질소 ② 인산

③ 칼슘 ④ 규소

> **NOTE** 질소(N)
> ㉠ 세포의 원형질을 구성하고 있는 단백질의 주성분이다.
> ㉡ 엽록소의 구성성분으로 잎의 동화능력을 높인다.
> ㉢ 결핍될 경우 엽록소와 한 이삭의 알수가 적어진다.
> ㉣ 질소를 많이 주면 어느 정도까지는 증수하지만 과다한 경우에는 무효분얼의 발생, 도복, 출수, 성숙기의 지연, 임실불량, 병충해의 발생 등으로 수량이 떨어지며 품질이 나빠진다.

28 다음 중 벼의 생육온도 중 최적 온도와 최저 온도 및 최고 온도가 바르게 짝지어진 것은?

① 최적 온도 − 30 ~ 32℃, 최저 온도 − 10 ~ 13℃, 최고 온도 − 40 ~ 44℃

② 최적 온도 − 20 ~ 22℃, 최저 온도 − 10 ~ 13℃, 최고 온도 − 45 ~ 49℃

③ 최적 온도 − 30 ~ 32℃, 최저 온도 − 0 ~ 3℃, 최고 온도 − 40 ~ 44℃

④ 최적 온도 − 20 ~ 22℃, 최저 온도 − 0 ~ 3℃, 최고 온도 − 45 ~ 49℃

> **NOTE** 벼의 생육온도
> ㉠ 벼는 높은 온도를 좋아하는 작물이므로 기온과 수온을 30℃ 정도로 유지하는 것이 생육도 좋고 수량도 많다.
> ㉡ 생육의 최적 온도는 30 ~ 32℃이며, 10℃ 이하로 내려가거나 44℃를 넘으면 생장하기 어렵다.

ANSWER | 26.④ 27.① 28.①

29 질소시비방법 중 심층시비(전층시비)가 오히려 불리한 논의 종류는?

① 냉수답　　　　　　　　　　　② 추락답

③ 누수답　　　　　　　　　　　④ 습답

> **NOTE | 누수답**
> ⊙ 모래나 자갈이 많고 작토가 얕은 땅으로 보수상태가 극도로 약한 논이다.
> ⊙ 누수가 심해 비료는 고형비료와 같은 완효성 비료를 사용하도록 하고 심층시비는 피해야 한다.

30 벼에 있어서 출수가 촉진되는 조건은?

① 고온장일　　　　　　　　　　② 고온단일

③ 저온장일　　　　　　　　　　④ 저온단일

> **NOTE | 벼의 출수 촉진조건**
> ⊙ 벼는 단일식물로, 일반적으로 고온, 단일의 조건에서 출수가 촉진된다.
> ⊙ 36℃ 부근까지 온도가 높을수록, 1일 일장은 9시간 정도로 짧을수록 출수가 촉진된다.

31 다음 중 우리나라 논 토양의 특성으로 옳지 않은 것은?

① 모래땅이 많다.

② 토양산도가 강하다.

③ 부식과 각종 무기염류 함량이 많다.

④ 모재는 대부분 화강암과 화강편마암이다.

> **NOTE | 우리나라 논 토양의 특징**
> ⊙ 대부분 화강편마암과 화강암이 모재이다.
> ⊙ 모래땅이 많고, 부식과 각종 무기염류의 함량이 적다.
> ⊙ 토양이 산성이고 비옥도가 낮으며 갈이흙 깊이가 얕아서 작물의 생산력이 떨어진다.

ANSWER | 29.③　30.②　31.③

32 황화수소의 발생이 많은 논은?

① 건답   ② 추락답

③ 천수답   ④ 누수답

> **NOTE** 추락답
> ㉠ 과정 : 여름철에 높은 온도와 왕성한 유기물의 분해에 의하여 논 토양의 환원상태가 심해지면서 황산기가 환원되어 황화수소가 많이 발생하면서 생성된다.
> ㉡ 황화수소는 벼뿌리를 상하게 하므로 철분을 넣어주면 황화수소(H_2S)가 해가 없는 황화제이철(FeS)로 된다.

33 다음 벼의 재배환경 중 일교차에 대한 설명으로 옳지 않은 것은?

① 자포니카형의 등숙 최저 온도는 17℃이다.

② 밤의 온도가 낮으면 호흡량이 많아져서 낮에 생성된 탄수화물의 소모가 많다.

③ 밤과 낮의 온도 차이가 어느 정도 있는 것이 벼의 등숙에 좋다.

④ 등숙기간 중의 밤과 낮의 온도를 평균해서 합산한 온도를 등숙 적산온도라 한다.

> **NOTE** ② 이삭이 팬 후 정받이가 끝난 벼는 동화산물을 이삭으로 전류시켜 쌀알을 만드는데, 이 시기에는 밤과 낮의 온도 차가 있는 것이 좋다. 밤의 온도가 적당히 낮으면 벼는 호흡량이 적어서 낮에 생성된 탄수화물의 소모가 적고 이삭으로의 전류가 많아진다.

34 다음 중 습답의 특징으로 옳지 않은 것은?

① 황화수소의 발생이 많다.

② 양분의 용탈이 많다.

③ 축적되는 부식의 양이 많다.

④ 토양은 환원상태가 계속된다.

> **NOTE** ② 양분의 용탈이 많이 일어나는 논은 누수답이다.
> ※ 습답
> ㉠ 배수가 잘 되지 않아 항상 논에 물이 고여 있는 논이다.
> ㉡ 토양은 환원상태가 계속되므로 부식의 분해가 느리며, 축적되는 부식의 양이 많다.
> ㉢ 황화수소의 발생이 많아져 뿌리의 흡수력이 약해지고 추락현상이 나타나기 쉽다.

ANSWER | 32.②   33.②   34.②

35 벼의 생육기간 중 용수량을 가장 많이 필요로 하는 시기는?

① 유수형성기   ② 분얼기

③ 감수분열기   ④ 수잉기

> **NOTE** | 벼의 용수량
> ㉠ 벼가 물을 가장 필요로 하는 시기는 모낸 직후의 착근기까지와 수잉기 및 출수개화할 때이다.
> ㉡ 모내기 후 수확까지 필요한 용수량은 10a당 1200 ~ 1500kl이다.

36 다음 중 수리상태에 따른 논의 종류가 아닌 것은?

① 누수답   ② 습답

③ 천수답   ④ 윤답

> **NOTE** | ④ 윤답은 작부방식에 따른 것으로 2 ~ 3년씩 벼농사와 밭농사를 돌려가며 짓는 논을 말하며 윤답을 하면 지력이 좋아지고 잡초나 병충해의 해도 적어진다.
> ※ 논의 수리상태에 따른 분류 … 수리안전답, 습답, 천수답, 누수답, 저수답, 냉수답 등이 있다.

37 벼의 생육시기 중 저온에 의한 피해가 가장 심한 시기는?

① 출수기   ② 분얼기

③ 감수분열기   ④ 등숙기

> **NOTE** | 벼가 저온에 의한 피해를 가장 심하게 받는 시기는 이삭패기 전 10 ~ 12일에 해당하는 벼꽃의 감수분열기이다. 자포니카형은 이 기간 중 16 ~ 17℃ 이하에서 4 ~ 5일이 지나면 심한 냉해를 받는다.

38 추락답에 부족한 무기염류 성분으로만 짝지어진 것은?

① Mn, Fe, Mg   ② Mg, S, Mn

③ S, Fe, Mn   ④ S, Fe, Mg

> **NOTE** | 추락답에 특히 부족한 무기염류 성분은 Mn, Fe, Mg이다. 따라서, 추락답을 개량할 때에는 Mn, Fe, Mg 등을 많이 함유하는 흙으로 객토한다.

ANSWER | 35.④ 36.④ 37.③ 38.①

39 다음 중 벼의 강풍에 의한 피해로 옳지 않은 것은?

① 이앙기에는 활착을 나쁘게 한다.　② 출수개화기에는 수정을 촉진한다.

③ 등숙 성기에는 도복을 일으킨다.　④ 등숙 초기에는 광합성을 저해한다.

> 📝NOTE| 강한 바람에 의한 피해
> ㉠ 이앙기 : 잎의 강제건조를 촉진하여 활착을 나쁘게 한다.
> ㉡ 출수개화기 : 수정을 방해하며 심한 경우에는 백수현상을 일으킨다.
> ㉢ 등숙기 : 광합성을 저해하여 등숙을 저하시키고 도복을 일으켜 수량을 저하시킨다.

40 벼의 생육시기별 용수량이 가정 적게 요구되는 시기는?

① 이앙 및 활착기　② 무효분얼기

③ 감수분열기　④ 출수기

> 📝NOTE| 생육시기별 용수량
> ㉠ 착근기 : 142mm
> ㉡ 유효분얼기 : 101mm
> ㉢ 무효분얼기 : 17mm
> ㉣ 분얼감퇴기 : 92mm
> ㉤ 유수발육전기 : 134mm
> ㉥ 수잉기 : 193mm
> ㉦ 출수기 전후 : 125mm
> ㉧ 등숙전기 : 34mm

41 벼가 담수재배에 적응하고 침수 저항성이 큰 이유는?

① 기원지가 습지이기 때문이다.

② 식물체 내에 통기조직이 발달되어 있기 때문이다.

③ 지상부에 비해 뿌리의 건물중이 무겁기 때문이다.

④ 용수량이 적기 때문이다.

> 📝NOTE| 벼의 줄기에는 통기조직이 발달되어 있어 물속에 잠겨 있더라도 산소를 흡수할 수 있으므로
> 담수재배에 용이하다.

ANSWER | 39.② 40.② 41.②

42 다음 중 논 토양의 특성으로 옳지 않은 것은?

① 표층은 산소가 풍부한 산화층이다.

② 심층은 산소가 결핍된 환원층이다.

③ 표층에서는 질화작용이 이루어진다.

④ 심층에서는 질화작용이 표층에서보다 활발하게 이루어진다.

> **NOTE |** 논 토양은 산소가 풍부한 산화층(표층)과 산소가 결핍된 환원층(심층)으로 분화되어 있다. 질소비료를 주었을 때 표층에서는 질화작용이 일어나지만 환원층에서는 질소의 손실을 야기시키는 탈질작용이 일어난다.

43 탈질작용에 대한 설명으로 옳은 것은?

① 논의 산화층에서 일어난다.

② 질소의 손실을 야기시키는 현상이다.

③ 암모니아→아질산→질산으로 되는 산화과정이다.

④ 탈질작용 대책으로 산화층시비를 한다.

> **NOTE |** 탈질작용 … 논의 심층인 환원층에서 일어나는 현상으로, 질소비료가 질화작용을 통해 질산으로 산화된 것이 질소가스로 대기중으로 확산되어 소실되는 과정이다. 탈질작용을 줄이기 위해서는 전층시비, 환원층시비가 바람직하다.

44 다음 중 누수답에 대한 설명으로 옳은 것은?

① 배수가 잘 되지 않는 논이다.

② 염분농도가 높은 논이다.

③ 냉수가 솟는 논이다.

④ 보수상태가 약한 논이다.

> **NOTE |** 누수답 … 자갈이나 모래가 많고 작토가 얕아서 보수상태가 약한 논이다.
> ① 습답 ② 간척답 ③ 냉수답

ANSWER | 42.④ 43.② 44.④

CHAPTER

05

벼의 재배

1 개요

① 벼의 재배양식

(1) 재배

작물을 가꾸는 것을 말한다.

(2) 재배방법

① **모내기재배**

　　㉠ 손 모내기재배(관행)

　　㉡ 기계 모내기재배(이앙기)

② **직파재배**

　　㉠ 담수 직파재배

　　㉡ 건답 직파재배

> ♣TIP | 재배방법의 변천… 손 모내기에서 기계 모내기로 전환되었는데, 현재 98% 정도가 기계 모내기로 이루어지고 있다.

(3) 재배양식의 종류

① **직파재배**

　　㉠ 개념 : 본답에 직접 종자를 파종하여 재배하는 방식이다.

　　㉡ 장점

　　　• 이앙과 육묘에 소요되는 노력을 절감할 수 있다.

　　　• 재배방법이 기계화될 수 있어서 매우 생산적인 방식이다.

　　　• 생육의 정체 없이 생육이 진전되어 분얼의 확보가 유리하다.

　　　• 출수기가 다소 빨라진다.

ⓒ 단점

- 입모가 불량하고 고르지 못하다.
- 잡초의 발생이 많고 도복하기 쉽다.
- 무효분얼이 많아져 유효경 비율이 낮아진다.

② **이식재배**(이앙재배)

ⓐ 못자리에서 모를 키운 후 본답으로 옮겨 심는 재배양식이다.

ⓑ 우리나라에서는 직파재배보다 이식재배를 많이 한다.

ⓒ 장점

- 본논을 효율적으로 이용(여러번 짓기가 유리)할 수 있다.
- 물과 벼농사에 필요한 노동력을 절감할 수 있다.
- 수리 불완전답의 초기 육묘가 안전하다.
- 조밀한 관리가 가능하다.
- 조기이앙으로 증수할 수 있다.
- 등숙이 잘 되게 한다.

② 벼의 생산

(1) 벼 생산의 3요소

① 재배환경

② 품종

③ 재배기술

> 🔔TIP | 벼 생산 3요소의 중요성 ⋯ 3요소 중 어느 한 가지라도 부족하면 충분한 수량을 올릴 수 없다.
> 따라서, 3요소가 서로 균형을 이루도록 관리하여야 한다.

(2) 벼 재배의 기본 목표

① 국민의 주식인 쌀의 자급을 달성하는 데 있다.

② 부가가치가 높은 가공식품용 쌀을 생산하는 데 있다.

③ 생산비 절감과 양질미 생산을 통해 농가소득을 올리는 데 있다.

2 볍씨의 준비

① 씨가리기(선종)

(1) 개념

볍씨 중 배유가 크고 무거운 것을 선별하는 것이다.

(2) 방법

① **품종에 따른 비중액의 비중**

   ㉠ 밭벼 : 1.08

   ㉡ 통일계 품종 : 1.03

   ㉢ 까락이 없는 메벼 : 1.13

   ㉣ 까락이 있는 메벼 : 1.10

② **비중액 만들기** ··· 식염, 요소, 황산암모늄 등을 사용한다.

③ **비중의 측정법** ··· 보오메 비중계를 써야 하나 간편한 방법으로 신선한 날달걀을 띄워서 1/5이 물 밖으로 나오도록 식염을 타면 된다.

🔑 달걀을 사용한 비중의 간이 판단 🔑

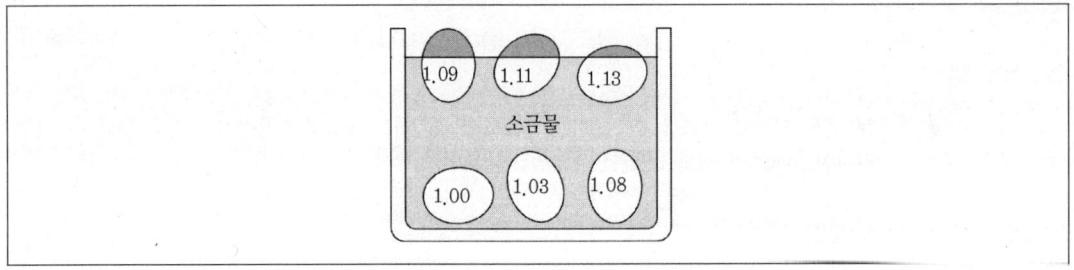

② 볍씨의 소독

(1) 소독의 의의

① 파종 전에 종자로부터 발생하는 병해를 1차적으로 방지하기 위해 종자를 소독하는 것이다.

② 깨씨무늬병, 도열병, 키다리병 등을 방제할 수 있다.

(2) 약제에 의한 소독

① **TCM 유제(부산-30)** … 유제를 1,000배액으로 만들어 약물이 15℃ 이상이 되도록 보존하여 볍씨를 24시간 담근다.

② **베노람 수화제나 티오람 수화제** … 수화제 200배액에 볍씨를 24시간 담근다.

③ **스포탁 유제** … 유제를 2,000배액으로 만들어 볍씨를 담근다.

(3) 냉수 온탕 침법

볍씨를 냉수에 24시간 담근 다음 45℃ 온탕에 담가서 고루 덥게 한 후 52℃ 온탕에 10분간 처리하여 바로 건져 냉수에 담가 식힌다.

③ 씨담그기(침종)

(1) 개념

볍씨는 물에 담가 충분한 물을 흡수시키도록 한 후 뿌려야 싹이 고르고 일찍 트게 되는데, 이런 목적으로 씨뿌리기 전에 물에 담그는 것을 말한다.

(2) 방법

① 볍씨 무게의 22 ~ 23%에 해당하는 물을 흡수시켜 25%의 포화상태까지 도달시킨다.

② 온도가 높을수록 물의 흡수가 빠르다.

③ 고온에서 짧게 담그는 것보다 저온에 여러 날 담그는 것이 좋다.

④ 싹틔우기(최아)

(1) 개념

침종 후(파종 전) 싹을 틔우는 일을 말하는데, 싹틔우기는 1mm 정도가 좋다.

(2) 목적

① 저온 조건하의 육묘에서 출아의 촉진처리이다.

② 출아까지의 시간단축과 균일한 생장 및 초기 생장을 촉진시킨다.

(3) 방법

씨담그기가 끝난 볍씨는 21 ~ 30℃ 되는 따뜻한 방안이나 비닐하우스 속에 6 ~ 9cm 두께로 펴 놓으면 하루쯤 지나서 싹이 튼다.

3 육묘(모 기르기)

① 모의 종류

(1) 이앙기로 모내기하는 모

① 어린 모
   ㉠ 3엽이 퍼지고, 4엽은 1/5쯤 나온 묘이다.
   ㉡ 비교적 저온에 강하고, 이식 후 착근이 빠르다.
   ㉢ 가장 밀파, 밀식인 육묘이다.

② 중모
   ㉠ 손으로 모내기하는 데 사용하는 모와 어린 모의 중간인 모이다.
   ㉡ 2모작 늦심기나 고랭지 등 어린모가 좀더 자란 모가 필요한 경우에 사용된다.

(2) 손으로 모내기하는 데 사용하는 모(성묘)

① 손으로 모내기하는 데 사용하는 모이다.

② 못자리에서 기른다.

② 못자리에서 모 기르기

(1) 못자리의 종류(물 관리방법에 따라 분류)

① 물못자리
   ㉠ 못자리 전면에 물을 대어 볍씨가 물밑에서 싹이 터서 자라게 하는 방법이다.
   ㉡ 장점
     • 생육 초기에 냉해를 방지한다.
     • 모를 고르게 자라게 한다.

- 잡초발생이 적다.
- 도열병 발생이 적다.

ⓒ 단점 : 모가 다소 연약해진다.

② **밭못자리**(건답못자리)

ⓐ 밭못자리는 밭에 모판을 만드는 것이고, 건답못자리는 물이 없는 상태로 논에 모판을 만드는 방법이다.

ⓑ 장점

- 모가 튼튼히 자라고 모내기 후의 활착과 생육이 좋다.
- 묘대 일수가 길어도 과숙되지 않아 만식재배에 알맞다.

ⓒ 단점

- 도열병에 대한 저항성이 약하다.
- 쥐나 새의 피해를 받기 쉽다.

③ **절충못자리**

ⓐ 물못자리와 밭못자리를 절충한 것이다.

ⓑ 초기에는 통로에만 물을 대어 뿌리를 튼튼하게 기른 뒤 후기에 가서 물못자리와 같이 모판 위까지 물을 대어 기르는 방법이다.

(2) 못자리 위치

① 관배수가 자유로운 곳이어야 한다.

② 땅이 너무 기름지거나 메마르지 않은 곳이어야 한다.

③ 찬물이나 더러운 물이 들어오지 않는 곳이어야 한다.

④ 통풍과 볕쬠이 잘 되고, 찬바람이 불어들지 않는 곳이어야 한다.

⑤ 본답에서 가깝고 관리하기 편한 곳이어야 한다.

⑥ 교통이 빈번하지 않는 곳이어야 한다.

⑦ 잡초가 덜나고 새나 짐승의 피해가 적은 곳이어야 한다.

(3) 못자리 면적 및 파종량

① **못자리의 면적에 영향을 주는 요인** ··· 씨뿌리는 양, 본논의 재식밀도

② **1평당 씨뿌리는 양** ··· 3.6 ~ 5.4dl

③ **본논 10a당 실제 파종면적** ··· 29.3 ~ 44m² (재식밀도 80포기에 1포기당 4대의 모 기준)

(4) 못자리의 거름(시비)

① **3요소의 흡수량** … 10a당 질소 24 ~ 30kg, 인산 6 ~ 12kg, 칼리 24 ~ 30kg이다.

② **3요소의 시용량** … 3.3m^{2}당 질소 38 ~ 50g, 인산 6 ~ 12g, 칼리 48 ~ 60g이다.

③ **시비방법**

    ㉠ 균등하게 뿌려준다.

    ㉡ 인산과 칼리는 전량을 밑거름으로 준다.

    ㉢ 질소는 밑거름으로 80% 정도를 주고 웃거름 20%를 이앙 1주일 전에 준다.

(5) 못자리 만들기

① **일반적인 못자리 만들기**

    ㉠ 추심경을 해놓은 논을 봄에 3.3m^{2}당 5.0kg의 퇴비를 주고 10cm 정도로 봄갈이를 하고 못자리를 만든다.

    ㉡ 모판은 너비 120 ~ 150cm, 통로 30cm의 간격으로 한다.

    ㉢ 모판이 약간 굳어지면 물을 대주고 흙탕물이 가라앉은 다음 볍씨를 뿌린다.

② **보온절충못자리 만들기**

    ㉠ 모판에 물을 대지 않은 상태로 씨를 뿌리고 볍씨가 보이지 않게 고운 모래로 덮는다.

    ㉡ 보온방법을 PVC 골재를 써서 터널식으로 프레임을 만들어 비닐을 덮어 보온한다.

    ㉢ 프레임 속의 온도는 30 ~ 35℃로 유지한다.

    ㉣ 밤에는 10 ~ 15℃ 이상으로 유지한다.

    ㉤ 5월 상순경, 본잎이 6 ~ 7장이 될 때 이앙모내기 10일쯤부터 비닐을 걷고 튼튼히 기른다.

③ 기계 이앙모 기르기

(1) 기계 이앙용 모로서 갖추어야 할 조건

① 작은 모, 건모이어야 한다.

② 균일한 생장을 하는 것이어야 한다.

③ 결주가 없어야 한다.

④ 활착력이 강한 모이어야 한다.

⑤ 육묘의 생력화, 재비용화가 되어야 한다.

(2) 육묘 상자의 준비

① **육묘의 종류**

  ㉠ 어린 모 : 잎 수가 1.5 ~ 2.0매

  ㉡ 치모 : 잎 수가 2.0 ~ 2.5매

  ㉢ 중모 : 잎 수가 3.5 ~ 4.0매

  ㉣ 손이앙모 : 잎 수가 6.0 ~ 7.0매

② **육묘 상자의 규격** … 세로 60cm, 가로 30cm, 깊이 3cm의 플라스틱 상자가 사용된다.

③ **상자 소요량**(10a당)

  ㉠ 어린 모일 때 : 20상자

  ㉡ 중모일 때 : 30 ~ 35상자

(3) 상토(모판흙) 준비

① **상토의 조건**

  ㉠ 부식을 알맞게 함유하고 있어야 한다.

  ㉡ 물 빠짐이 양호하면서 적당한 보수력을 지녀야 한다.

  ㉢ 병원균이 없어야 한다.

  ㉣ pH 5 정도의 토양이어야 한다.

② **못자리 흙의 양** … 상자당 4.5L

③ **못자리 흙 사용 전 처리**

  ㉠ 잘록병을 예방하기 위하여 소독한다.

  ㉡ pH가 높을 경우 pH 4.5 ~ 5.5가 되도록 황산이나 황가루를 처리하여 조정한다.

(4) 거름(시비)의 양

① **어린 모일 경우** … 1상자당 질소, 인산, 칼륨 각각 1g씩 사용한다.

② **중모일 경우**

  ㉠ 1상자당 3요소 각각 3 ~ 4g씩 사용한다.

  ㉡ 질소는 1g을 밑거름으로 주고 새잎이 나올 때마다 1g씩 나누어 준다.

  ㉢ 인산과 칼륨은 전량을 밑거름으로 준다.

(5) 씨뿌리기(파종)

① 파종량

　　㉠ 어린 모일 경우 : 200 ~ 220g

　　㉡ 중모일 경우

　　　• 소립종 : 100g

　　　• 중립종 : 120g

　　　• 대립종 : 150g

② 씨뿌리기가 끝나면 씨가 보이지 않을 정도인 3 ~ 5mm 두께로 흙을 덮는다.

③ 건조를 막고 출아를 돕기 위해 검은색 비닐이나 신문지로 덮어준다.

(6) 육묘 관리

① 모를 건전하게 하려면 온도 관리와 물 관리가 중요하다.

② 시기별 육묘 관리

　　㉠ 출아기

　　　• 출아 최적 온도 : 32 ~ 35℃

　　　• 48시간이 지나면 길이 1cm 정도 출아가 된다.

　　　• 수분이 부족하면 출아가 늦고 고르지 않다.

　　㉡ 녹화기

　　　• 출아한 어린 싹을 햇볕에 쬐어 엽록소를 형성시키는 시기이다.

　　　• 녹화는 어린 싹이 1cm 정도 자랐을 때 시작한다.

　　　• 낮에는 20~25℃, 밤에는 15~20℃ 정도의 온도를 유지하고 20 ~ 31℃의 물을 오전 중에 대준다.

　　　• 밤과 낮의 온도차가 심하고 강한 빛에 쬐면 백화묘가 발생한다.

　　㉢ 경화기

　　　• 자연환경에 적응할 수 있도록 하기 위하여 천천히 길들이는 것을 말하고, 녹화 후 이앙기까지의 기간이다.

　　　• 경화 초기 온도

　　　－ 낮 : 20 ~ 25℃

　　　－ 밤 : 15 ~ 20℃

　　　• 경화 후기 온도

　　　－ 낮 : 15 ~ 20℃

　　　－ 밤 : 10 ~ 15℃

　　　• 야간에는 10℃ 이하로 내려가지 않도록 한다.

③ 다단식 선반 육묘

　　㉠ 어린 모는 육묘 기간이 짧아서 보온절충못자리에 치상하지 않고 온실 내나 비닐 하우스에 선
　　　반을 만들어 육묘 상자를 놓고 기른다.

　　㉡ 선반의 간격 : 20 ~ 30cm로 하여 6 ~ 7단을 설치한다.

　　㉢ 선반 육묘에서는 상자가 마르기 쉬우므로 1일 2회 물을 뿌려 준다.

(7) 장해대책

① **육묘 중에서 발생하기 쉬운 장해** … 백화현상과 잘록병(입고병) 및 뜸묘이다.

② **백화현상의 발생원인**

　　㉠ 출아기의 35℃ 이상의 고온과 녹화 초기의 10 ~ 15℃의 저온(온도 장해형)인 경우에 발생한다.

　　㉡ 출아 기간 연장과 녹화 초기에 6만lx 이상 강한 광선이 6시간 이상 계속될 때(광장해형) 발생
　　　한다.

③ **잘록병**(입고병)**의 발생원인**

　　㉠ 잘록병의 병원균이 있는 토양의 모판흙을 사용할 때 발생한다.

　　㉡ 모판흙의 pH가 5.5 이상일 때 발생한다.

　　㉢ 낮과 밤의 큰 온도차이 때문에도 발생한다.

　　㉣ 지나친 습도와 건조의 반복으로 발생한다.

④ **뜸묘의 발생원인**

　　㉠ 모판흙의 높은 pH, 낮과 밤의 온도 차로 발생한다.

　　㉡ 모판흙의 과습과 건조가 심할 때 발생한다.

　　㉢ 뿌리의 기능이 불량하고 지방부의 증산이 심할 때 발생한다.

⑤ **장해 방제대책**

　　㉠ 온도와 물 관리에 유의한다.

　　㉡ 다찌밀, 다찌가렌, 다찌에이스, 리도밀, 메타실 등으로 모판흙에 약제처리를 한다.

4 모내기

① 본논 준비

(1) 본논의 정지

① **정지의 목적** … 파종 및 이식 전에 토양의 성질을 작물생육 특히 뿌리의 발육에 적당한 상태로 개선하여 작물생산에 좋은 조건을 마련하는 것이다.

② 경운→관개→논두렁바르기→써리기 순으로 작업한다.

(2) 논갈이

① **논갈이의 정도에 영향을 주는 요인** … 토양의 성질, 토층의 구조, 기상조건, 재배법, 시비법

② 깊이 갈면서 증비할수록 수량이 늘어난다.

(3) 논써리기

① **목적** … 경토를 부드럽게 하고 논의 표면을 편평하게 하여 이앙작업을 쉽게 하기 위해서이다.

② **효과**

    ㉠ 물의 삼투와 유실을 적게 한다.

    ㉡ 비료성분을 균일하게 혼합하여 벼의 생육을 고르게 한다.

    ㉢ 작토를 환원상태로 하며 암모니아태 질소의 손실을 방지한다.

③ **유의사항** … 써레질 횟수를 너무 많이 하면 임실이 불량해진다.

② 모내기 시기

(1) 같은 품종이라도 모내기를 일찍 하는 것이 수량이 많은 이유

① 영양생장기간이 길어진다.

② 분얼 수가 많아져 이삭 수가 늘어난다.

③ 탄수화물 축적량이 늘어난다.

(2) 모내기 적기

① 조기 이앙한계

　　㉠ 물 못자리 : 15 ~ 15.5℃

　　㉡ 비닐 밭 못자리 : 13 ~ 13.5℃

② 이앙적기

　　㉠ 손 이앙 : 본잎이 6 ~ 7매 나왔을 때이다.

　　㉡ 어린 모 이앙 : 본잎이 3매 정도 나왔을 때이다.

③ 이앙시기

　　㉠ 중부지방 : 5월 중순 ~ 6월 상순 사이이다.

　　㉡ 남부지방 2모작 : 6월 중순경이다.

③ 모내는 방식

(1) 정방 형식(정사각형 심기)

① 정사각형에 가까운 형태로 이앙하는 방식이다.

② **적용지** … 비옥지, 심경지, 다비조건, 소식, 온난한 평야지, 수수형 품종의 재배 등 생육 초기의 분얼을 많게 하는 것이 유리한 환경하에서 적용한다.

(2) 장방 형식(직사각형 심기)

① 포기 사이는 좁지만 줄 사이가 넓어 초기 생육은 다소 제약이 되지만 후기에는 생육의 제약이 적다.

② **적용지** … 한랭지, 천경지, 소비조건, 밀식, 산간, 수중형 품종, 조식 등의 재배조건이나 추락현상이 나타나기 쉬운 환경하에 적용된다.

(3) 편정 조식

간격을 일정하게 해서 모를 내고 줄을 피며 줄과 줄 사이는 산식으로 이앙하는 방식이다.

(4) 기계이앙

① 결주의 발생을 적게 하기 위해 본답의 정지작업은 손이앙의 경우보다 정밀하고 곱고 판판하게 해야 한다.

② 일반적으로 기계이앙이 손이앙보다 밀식이 용이하다.

(5) 모내기할 때의 주의점

① 모를 뜨지 않을 정도로 가능한 얕게(2~3cm) 심는 것이 유효분얼경 수가 증가하고 활착이 빠르다.

② 논 전면을 수평이 되게 정지하고 발자국을 메우면서 심는다.

③ 못줄의 방향은 가능한 남북방향으로 하는 것이 통풍과 채광에 좋다.

④ 이앙기로 심는 경우에 기계에 맞는 모를 사용하고 써레질을 곱게 하며 결주가 생기지 않도록 한다.

④ 재식밀도

(1) 재식밀도

① 단위면적당 심는 주 수를 말한다.

② 재식밀도는 논의 특성이나 지역에 따라 조절한다.

(2) 경제적 재식밀도

① **조식재배** … 1포기당 모수를 3~4개로 하여 3.3m²당 60~70포기로 한다.

② **보통기재배** … 1포기당 모수를 3~4개로 하여 3.3m²당 70~90포기로 한다.

③ **만식재배** … 3.3m²당 100포기 이상이고, 이 경우 1포기당 모수도 늘린다.

5 ▶ 본논의 비료(거름)

① 비료의 성분

(1) 질소

① **기능**

　㉠ 질소는 세포질의 원형질을 구성하고 있는 단백질의 주성분이다.

　㉡ 질소는 엽록소의 주성분이며, 잎의 동화능력을 높인다.

② 과잉증상

ㄱ 도복의 위험이 있다.

ㄴ 각종 병충해가 발생한다.

ㄷ 줄기와 잎이 너무 무성하여 벼알의 등숙이 나빠지고 청치가 많아진다.

③ 결핍증상

ㄱ 잎의 황백화 현상이 발생한다.

ㄴ 유효분얼기의 질소결핍은 분얼을 억제해 이삭수가 감소하여 수량이 적게 된다.

ㄷ 유수형성기로부터 수잉 초기의 사이에 질소결핍은 1이삭의 지경 수, 영화 수가 감소된다.

(2) 인산

① 기능

ㄱ 인산은 세포핵을 구성하는 주성분이고 세포분열과 생체조직의 발달에 필요한 성분이다.

ㄴ 생육 전기에 분얼과 뿌리자람을 위해서 많이 필요하다.

② 결핍증상

ㄱ 뿌리발육이 저해되고 벼잎은 황록색을 띠고 가늘어지며, 둘레에 오점이 생긴다.

ㄴ 줄기 수가 감소하고 성숙기와 출수기가 늦어진다.

ㄷ 도열병에 걸리기 쉽다.

ㄹ 줄기, 잎의 인산함량이 극히 적어지고, 호흡작용이 저하된다.

(3) 칼륨

① 기능

ㄱ 칼륨은 단백질 합성에 필요하다.

ㄴ 동화작용 및 호흡 등 벼의 주요 생리작용에 중요한 역할을 한다.

② 결핍증상

ㄱ 칼륨의 결핍은 체내 질소함량이 가장 많은 분얼최성기에 생기기 쉽다.

ㄴ 줄기가 부러지기 쉽고 도복되기 쉽다.

ㄷ 좀균핵병, 도열병, 깨씨무늬병에 걸리기 쉽다.

(4) 규소

① 기능

ㄱ 벼는 작물 중에서 규소를 가장 많이 흡수한다.

　　　ⓛ 줄기, 잎의 표피 세포막에 남아서 조직을 튼튼하게 한다.

　　　ⓒ 잎을 직립시켜 수광태세를 향상시킨다.

　② **결핍증상**

　　　㉠ 식물체가 연약해 도복에 대한 피해가 커진다.

　　　ⓛ 잎이 연약해져 늘어지고 수광태세가 나빠진다.

　　　ⓒ 깨씨무늬병, 도열병 등과 같은 병해에 걸리기 쉽다.

(5) 칼슘

　① **기능**

　　　㉠ 근단발육과 식물체 분열조직의 생장에 중요한 역할을 한다.

　　　ⓛ 토양유기물의 분해를 촉진시키고 토양산성을 중화한다.

　　　ⓒ 질소의 이용, 흡수를 조장한다.

　② **결핍증상** … 줄기나 뿌리의 생장점이 붉은 색으로 변해 고사한다.

(6) 마그네슘

　① **기능** … 엽록소의 구성성분이다.

　② **결핍증상**

　　　㉠ 잎의 황화현상이 나타난다.

　　　ⓛ 규산의 흡수와 단백질 합성이 나빠져 깨씨무늬병과 도열병에 약해진다.

(7) 철

　① **기능**

　　　㉠ 엽록소의 형성을 돕는다.

　　　ⓛ 황화수소와 결합해 황화철이 되어 침전해서 황화수소의 피해를 줄인다.

　② **결핍증상** … 어린 잎으로부터 황백화하여 엽맥 사이가 퇴색한다.

(8) 망간

　① **기능** … 동화물질의 호흡작용, 합성분해, 광합성 등에 관여한다.

　② **결핍증상** … 깨씨무늬병에 약해지고 노후화답에서 망간결핍이 인정된다.

(9) 석회, 아연

① **석회** ··· 뿌리의 발육과 벼의 분열조직의 생장에 관여하며, 토양의 산도를 교정한다.

② **아연** ··· 결핍증상으로는 잎이 황화한다.

② 시비량과 시비방법

(1) 시비량(거름주는 양)

♟ 시비량 계산식 ♟

시비량(거름주는 양) = (어느 요소의 필요 성분량 − 천연 공급량) / 어느 요소의 흡수율 × 100

① **관개수나 땅에서 공급되는 천연 공급량** ··· 10a당 질소 4 ~ 6kg, 인산 1 ~ 4kg, 칼륨 4 ~ 6kg

② **10a당 비료의 흡수율** ··· 질소 40 ~ 60%, 인산 20%, 칼륨 40 ~ 50%

③ **본논의 표준 시비량** ··· 10a당 질소 11kg, 인산 7kg, 칼륨 8kg

♟ 본답 시비계산 ♟

비료 무게 = 100 / 성분량

④ **비료 성분량**

 ㉠ N : 요소 46% (유안 21%)

 ㉡ P : 용성 인비 17 ~ 20%

 ㉢ K : 염화칼륨 60%

(2) 시비방법(밑거름과 덧거름)

① **밑거름**

 ㉠ 생짚, 두엄, 풋거름 등을 봄갈이 할 때 미리 전면에 뿌리고 갈아 덮는다.

 ㉡ 질소비료 ··· 초기에는 과다하고 후기에는 부족하게 되어 좋지 않으므로 덧거름과 밑거름으로 나누어 주도록 한다.

 • 한랭지 : 밑거름(70%), 1회 덧거름(30%)

 • 중부지방 : 밑거름(60%), 1회 덧거름(30%), 2회 덧거름(10%)

 • 남부지방 : 밑거름(40%), 1회 덧거름(40%), 2회 덧거름(15%), 3회 덧거름(5%)

 • 인산, 칼륨, 규소, 석회 : 유실이 적고 효과가 느리게 나타나며 오래 지속되므로 전량을 밑거름으로 사용한다.

② **덧거름**

　㉠ **줄기거름(잎거름)** : 분얼기에 주는 거름은 줄기 수를 늘리고 잎을 크게 하는 거름으로서 유효
　　분얼을 촉진하기 위해 이앙 후 15일 이내에 주는 거름이다.

　㉡ **이삭거름**

　　• 유수형성기 및 수잉기에 이삭을 풍족하게 하기 위해 주는 거름이다.

　　• 유수형성기에 주는 거름(출수 전 25일)이다.

　㉢ **알거름** : 수잉기 이후 약간의 질소를 주어 씨알을 충실히 하기 위해 주는 거름이다.

③ **거름 줄 때의 주의점**

　㉠ 질산질소를 제외한 그 밖의 질소비료는 심층시비가 되도록 논을 갈 때 미리 주어서 흙 속에
　　갈아 넣는다.

　㉡ 탈질작용 방지를 위해 모를 낼 때 거름을 주더라도 써리기 전에 주는 것이 써린 다음에 주는
　　것보다 좋다.

　㉢ 덧거름을 줄 때에는 물을 빼고 거름을 준 다음 김을 매 주도록 한다.

　㉣ 추락현상이 보일 때에는 요소 1%액을 몇 차례 엽면시비한다.

6 본논의 물 관리

① 물 관리

(1) 지하 침투량과 증발량

① **1일 지하 침투량** … 15 ~ 20mm

② **1일 증발량** … 30 ~ 35mm

(2) 관개수의 효과

① 천연양분을 공급한다.

② 잡초나 병충해 발생을 억제한다.

③ 토양 중의 양분분해를 촉진한다.

④ 한랭시 보온효과가 있다.

(3) 담수상태의 단점

① 토양을 환원시켜 뿌리의 발육과 활력을 저해한다.

② 기온이나 수온이 높을수록 심하고, 물빠짐이 불량하고 지하침투가 적은 논에서는 벼의 뿌리가 썩는 근부현상이 나타난다.

② 생육시기별 물 관리

(1) 착근기

① 모 키의 2/3 정도로 깊이 물을 대어준다.

② 물이 얕으면 뿌리내림이 늦어지고 모가 쓰러지기 쉽다.

(2) 분얼기

① 물 깊이를 2 ~ 3cm로 얕게 대준다.

② 가끔 표층을 노출시켜 산소를 공급시켜 준다.

③ 수심이 너무 깊으면 분얼에 장해가 온다.

(3) 무효분얼기

① 가장 물을 필요로 하지 않는 시기이다.

② **중간 물떼기**(중간 낙수)

    ㉠ 시기 : 모를 낸 후 40 ~ 45일, 4 ~ 5일 동안 실시한다.

    ㉡ 정도 : 논바닥에 발자국이 날 정도가 적당하다.

    ㉢ 효과

      • 무효분얼을 억제한다.

      • 산소를 공급한다.

      • 뿌리가 깊어진다.

      • 황화수소, 유기산 등 유해물질이 감소된다.

      • 토양 중의 양분을 유효화하여 흡수하기 쉽게 한다.

(4) 수잉기 전후

① 벼가 일생을 통하여 가장 많은 물을 필요로 하는 시기이다.

② 항상 담수하여 물을 충분히 공급해야 한다.

(5) 출수기 전후

다량의 관개수는 필요없고 얕게 대어준다.

(6) 낙수

① 출수 후 30～35일 후에 물을 뗀다.

② **조기낙수** … 이삭목도열병이 발생하기 쉽다.

③ **만기낙수** … 결실이 늦고 청치가 발생한다.

③ **냉수**

(1) 냉수의 피해지역

산간 고랭지나 한랭지 또는 냉수 용출답 등의 지역에서 피해가 생긴다.

(2) 관개대책

① 밑다짐 또는 객토를 한다.

② 풋베기 호밀을 재배하여 갈아 넣어 누수방지 및 수온상승을 시킨다.

③ 간단 관개와 무담수 관개를 한다.

④ 비닐 또는 폴리에틸렌 호스를 사용하여 통과하는 냉수의 수온을 상승시킨다.

⑤ 관개구의 위치를 자주 변경하는 방법이 있다.

⑥ 증발 억제제인 OED를 사용하여 수온을 높이는 방법이 있다.

7 잡초방제

① 논 잡초

(1) 특징
① 한 세대가 짧다.
② 개화, 수정 후 짧은 시간 안에 발아력을 갖는다.
③ 한 세대에 많은 양의 종자를 형성한다.

(2) 종류
① **1년생 잡초** … 피, 여뀌바늘, 물달개비, 논뚝외풀, 사마귀풀 등이 있다.
② **다년생 잡초** … 벗풀, 올방개, 너도방동사니, 올미, 올챙고랭이, 가래 등이 있다.

② 방제 및 제초

(1) 논 잡초의 방제
① **기계적 잡초방제** … 수취, 경운, 소각, 베기, 훈증, 관수 등을 실시한다.
② **생태적 잡초방제** … 작물의 품종 및 종류, 시비, 파종, 토양의 피복, 배수 · 관, 작물체계 등으로 잡초를 방제한다.
③ **생물적 잡초방제** … 미생물 · 곤충 또는 병원성을 이용하여 잡초를 방제한다.
④ **화학적 잡초방제** … 제초제를 사용하여 방제한다.

(2) 제초의 효과
① 수광량의 감소를 방지한다.
② 통풍을 좋게 한다.
③ 지온, 수온 및 작물의 체온을 높인다.
④ 토양 중의 양분 및 수분에 대한 작물과의 경합을 없게 한다.
⑤ 잡초종자가 생산물에 섞여 그 품질이 저하되는 것이나 독초의 혼입을 방지한다.

8 병충해 방제

① 병해

(1) **도열병**

① **병징** … 벼포기의 군데군데에 고동색이나 검푸른색의 작은 반점이 생기며 식물체의 모든 부분에 발생하고 가장 피해가 큰 병이다.

② **구분**

㉠ 병이 발생하는 시기와 부분에 따른 구분 : 목도열병, 잎도열병, 이삭가지도열병, 마디도열병, 낟 알도열병, 이삭목도열병, 뿌리도열병 등으로 나뉜다.

㉡ 냉도열병 : 낮은 기온(18℃ 이하)에 의하여 발생하는 것을 말한다.

③ **병원균** … 도열병은 10 ~ 14℃ 사이에서 생육하며 28℃ 정도에서 생육이 가장 좋다.

④ **발병요인**

㉠ 비오는 날이 계속되고 습도가 높고 볕쬠이 적은 경우에 발생한다.

㉡ 이삭목이나 잎이 상했을 때 심하게 발생한다.

㉢ 갑자기 물을 떼거나 질소비료를 많이 주거나 하면 발생한다.

⑤ **방제법**

㉠ 병에 강한 품종(통일계)을 재배한다.

㉡ 볍씨소독을 한다.

㉢ 질소비료를 과용하지 않는다.

㉣ 못자리의 밀파 및 만파를 피한다.

㉤ 찬물을 대지 않는다.

㉥ 도열병 만연시 낙수를 금지한다.

㉦ 도열병약 : 후치왕, 키라진, 오리단 등이 있다.

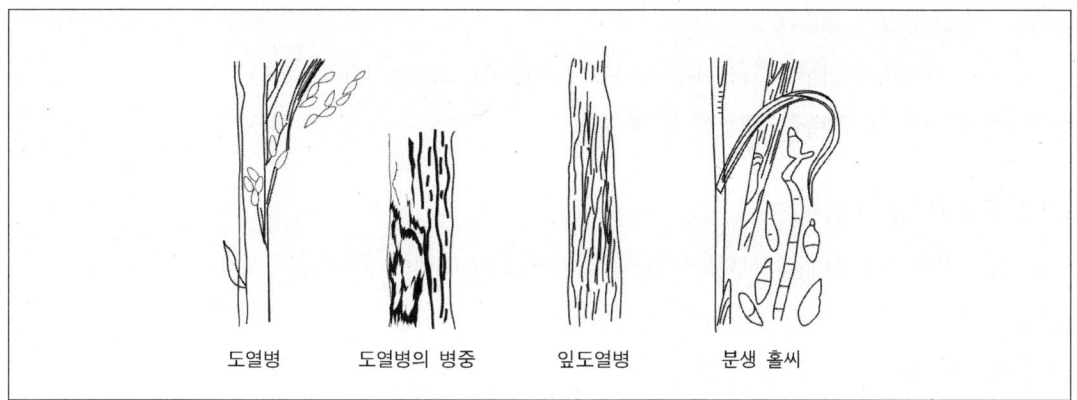

도열병　　　도열병의 병중　　　잎도열병　　　분생 홀씨

♟ 벼의 병해 발생비율(1991 ~ 1992) ♟

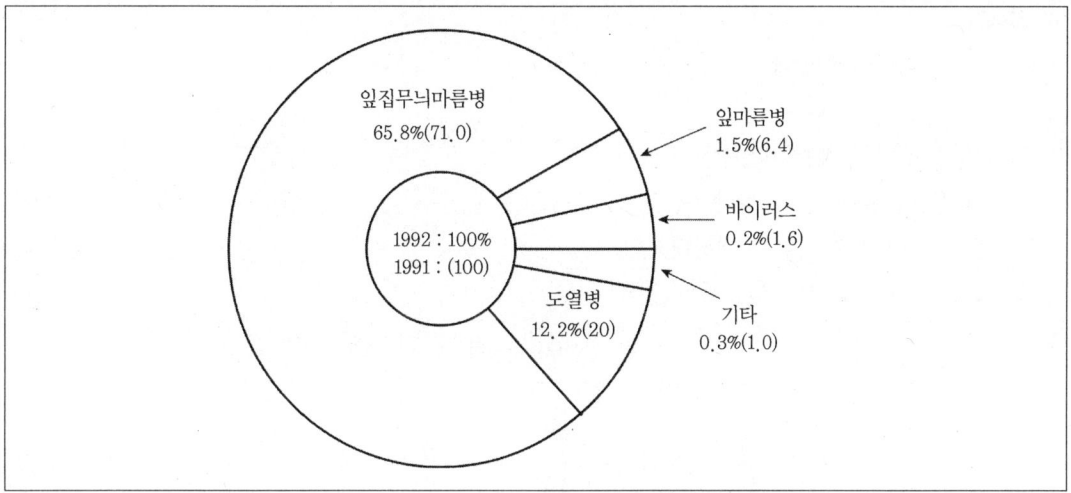

잎집무늬마름병
65.8%(71.0)

잎마름병
1.5%(6.4)

바이러스
0.2%(1.6)

기타
0.3%(1.0)

도열병
12.2%(20)

1992 : 100%
1991 : (100)

(2) 잎집무늬마름병(문고병, 풍년병)

① **병징** … 주로 아래쪽 잎집 부분에 구름무늬 모양의 병반이 생기고 점차 위쪽 잎으로 번지며 성숙 전에 잎이 말라 죽어서 등숙을 나쁘게 한다.

② **병원균** … 초여름 고온이 되면서 발병하기 시작한다.

③ **발병요인**

　㉠ 최근 모내는 시기가 빨라지고 거름 주는 양이 늘어남에 따라 많이 발생한다.

　㉡ 고온다습한 해에 많이 발생한다.

05. 벼의 재배　**169**

④ **방제법**

　　㉠ 내병성 품종을 택한다.

　　㉡ 모를 빽빽하게 심는 배게심기를 피하고 질소비료의 과용을 피한다.

　　㉢ 약제 : 바리신, 키타진, 네오진 등이 있다.

(3) 흰빛잎마름병

① **병징** … 잎의 가장자리와 끝부분이 흰 빛이 되며 심할 때에는 끝에서부터 말라 죽는다.

② **발병요인**

　　㉠ 대체로 8 ～ 9월경에 발생한다.

　　㉡ 침수답 또는 폭풍우가 내습한 후에 심하게 발생한다.

③ **방제법**

　　㉠ 내병성 품종을 택한다.

　　㉡ 질소과용을 회피한다.

　　㉢ 논두렁 잡초를 제거한다.

　　㉣ 더러운 물 관수를 금지한다.

　　㉤ 태풍, 장마 직후 약제를 뿌린다.

　　㉥ 약제 : 페나진, 테람, 메디 등이 있다.

❦ 잎집무늬마름병 ❦

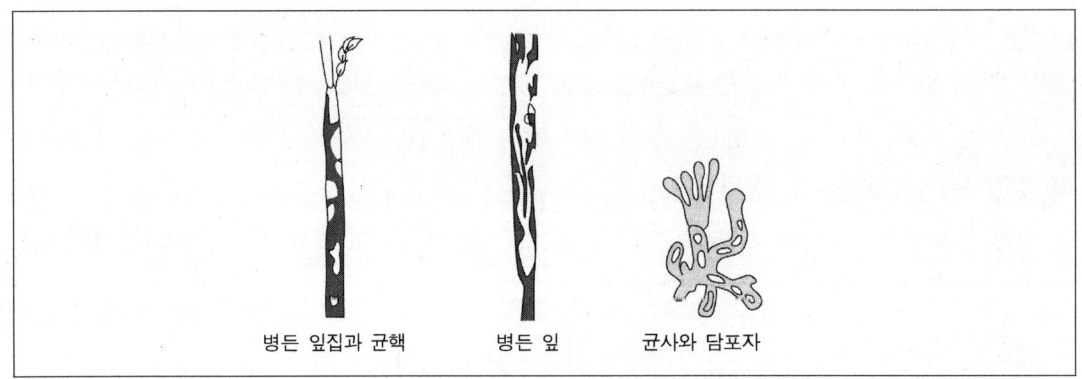

병든 잎집과 균핵　　　　병든 잎　　　　균사와 담포자

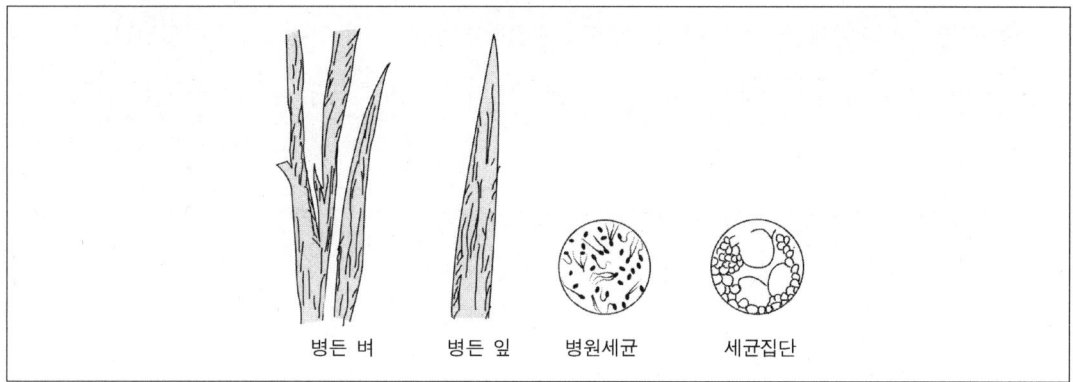

병든 벼   병든 잎   병원세균   세균집단

(4) 줄무늬잎마름병

① **병징** … 새 잎이 나올 때 돌돌 말리며 벌어진 잎에는 줄무늬가 생기고 늘어져 처진다.

② **발병요인**

    ㉠ 바이러스이며, 매개체는 애멸구이다.

    ㉡ 따뜻한 지방에서 다비재배, 논뒷그루 재배한 경우 발생하기 쉽다.

③ **방제법**

    ㉠ 내병성 품종을 선택(통일계)한다.

    ㉡ 질소의 과용을 피하고 잡초를 제거한다.

    ㉢ 병든 포기 제거 및 보식을 한다.

    ㉣ 살충제를 살포하여 애멸구를 구제한다.

(5) 오갈병

① **병징** … 잎의 빛깔이 진하고 잎이 거칠고 포기 전체가 오그라든다.

② **발병요인**

    ㉠ 바이러스가 원인이며, 매개충은 번개매미충과 끝동매미충이 있다.

    ㉡ 못자리나 본논 초기에 발생한다.

③ **방제법**

    ㉠ 내병성 품종을 선택한다.

    ㉡ 병에 걸린 포기는 일찍 제거한다.

    ㉢ 살충제를 살포하여 번개매미충과 끝동매미충을 구제한다.

(6) 깨씨무늬병

① **병징** … 잎이나 벼알에 생기며 도열병 병반과 비슷하나 그보다 작고 뚜렷하게 나타난다.

② **발생요인** … 생육 후기에 영양부족상태에서 발생하며 사질답, 노후화답, 추락답에서 많이 발생한다.

③ **방제법**

    ㉠ 종자소독을 실시한다.

    ㉡ Fe, Mn을 공급한다.

        🔔TIP | 그 외 키다리병과 이삭누룩병이 있다.

② 충해

(1) 멸구류와 매미충류

① **특징** … 1년에 몇 차례 발생하고, 떼를 지어 잎이나 줄기에서 양분을 빨아먹는다.

② **종류**

    ㉠ 멸구류의 종류 : 흰등멸구, 애멸구, 벼멸구

    ㉡ 매미충류의 종류 : 번개매미충, 끝동매미충

③ **방제법**

    ㉠ 저항성 품종을 재배한다.

    ㉡ 논둑의 잡초를 방제한다.

    ㉢ 살충제 살포 : 카보입제, 아프로밧사, 오리단 등을 살포한다.

(2) 이화명나방

① **특징**

    ㉠ 애벌레가 줄기 속으로 파먹어 들어가 이삭과 줄기를 죽게 한다.

    ㉡ 벼의 그루터기나 볏짚 등에서 애벌레 상태로 월동한다.

    ㉢ 제1화기 : 6월 경, 못자리 말기나 본답 초기에 발생한다.

    ㉣ 제2화기 : 8월 경

② **방제법**

    ㉠ 못자리 때 나방을 그물 등으로 잡는다.

    ㉡ 살충제 살포 : 리바이짓드, 파단, 칼탑, 메브 등을 살포한다.

(3) 벼물바구미

① 특징

    ㉠ 미국, 도미니카, 캐나다, 중국, 일본 등과 우리나라에 발생하며 점차 확산되고 있는 추세이다.

    ㉡ 벼물바구미의 애벌레가 벼뿌리를 갉아 먹어 벼포기가 누렇게 변하여 잘 자라지 못하고, 쉽게 뽑아지며, 뿌리에서 애벌레를 볼 수 있다.

② 방제법

    ㉠ 어린 모 건답직파 : 침종 후 육묘상에 파종 전 종자분을 처리한다.

    ㉡ 건답직파 : 파종 전 종자에 습분처리를 한다.

    ㉢ 이앙 당일 : 이앙 직전에 육묘상에 소정량의 입제농약을 처리한다.

    ㉣ 이앙 후 본논 : 이앙 후 성충이 많이 이동해오는 시기에 논 전면에 골고루 처리한다.

(4) 그 밖의 충해

벼잎선충, 벼잎벌레, 혹병나방, 벼줄기굴파리, 벼잎굴파리, 멸강나방 등이 있다.

9   기상재해와 그 대책

① 가뭄해(한해)

(1) 개념

생리수 또는 환경수 부족에 의한 벼의 생육장해이다.

(2) 특징

① 벼의 수량은 토양 최대 용수량의 50% 정도에서는 현저하게 감소하며 30%가 되면 잎이 시든다.

② 우리나라에서는 6월에 가물면 이앙이 늦어져 피해를 보는 경우가 많다.

③ 수잉기부터 성숙 초기까지 가뭄해에 가장 크게 영향을 받는다.

④ 생육시기별 한해 피해 양상

생육시기	피해증상
육묘기, 모대기	묘의 노화, 하위엽고사, 불시출수
분얼기	초장신장 저해, 분얼발생 억제
유수형성기	출수지연, 수당립수 감소
수잉기	분화영수의 퇴화, 불임립 증가
등숙기	등숙불량, 수량감소

(3) 대책

① 관개수 시설을 확보한다.

② 상습적 피해지역은 건답직파를 한다.

③ 못자리 면적을 넓게 하고, 파종량을 적게 한다.

④ 재식밀도를 높여준다.

② 수해

(1) 개념 및 특징

① **개념** … 침수로 인한 벼의 손상과 그 밖의 침수에 의한 기계적 손상으로 입은 피해이다.

② **특징** … 수잉기 ~ 출수 개화기 사이에 수해의 피해가 크게 나타난다.

(2) 관수해

① **개념** … 벼포기 끝까지 물 속에 잠기는 정도로 침수되는 경우이다.

② **관수해에서 피해가 큰 상해**

　㉠ 관수기간이 길수록 피해가 크다.

　㉡ 물의 온도가 높을수록 피해가 크다.

　㉢ 산소가 적을수록 피해가 크다.

　㉣ 흙탕물일 때와 물이 정체되어 있을 때 피해가 크다.

생육시기	피해양상
이앙기, 활착기	초장심장의 이상, 결주
분얼기	분얼발생 지연, 이삭수 감소
유수형성기	이삭분화 및 영화분화 감소
수잉기~출수기	영화분화 감소 및 불임발생
등숙기	등숙률 및 완전립 감소
성숙기	수발아 발생 및 품질저하

생육시기별 관수 피해양상

(3) 대책

① 수해에 강한 품종을 심는다.

② 수해 중에는 신속한 배수를 한다.

③ 치산치수를 하고 배수시설을 잘한다.

④ 수해 후 병충해 방제를 한다.

⑤ 물이 빠진 후 줄기와 잎의 흙앙금을 세척한다.

⑥ 배수 후 김을 매어 토양통기를 양호하게 한다.

⑦ 피해가 심할 경우 보식하거나 대체작물을 심는다.

③ 풍해

(1) 특징

4~6km/h 이상의 강풍에 의해 발생하며 풍속이 크고 공기습도가 낮을 때에 심하다.

(2) 8~9월의 태풍기

① 벼가 쓰러진다.

② 벼꽃의 수정이 저해된다.

③ 이삭목도열병이 만연하여 여물지 못하는 흰 이삭이 나온다.

(3) 대책

① 방풍림을 조성한다.

② 단간종이고 강건한 품종을 재배한다.

③ 풍해 위험시에는 심수재배를 한다.

④ 두엄, 칼륨비료, 규산질비료를 많이 주어 벼를 튼튼히 한다.

⑤ 벼의 품종인 조생종, 중생종, 만생종을 알맞게 나누어 심는다.

④ 냉해

(1) 개요

① **발생원인** … 일반적으로 저온과 일조부족에 의해 발생한다.

② **특징** … 잦은 강우로 기온이 낮아지면 직접적인 생리장해가 일어나 영화수의 감수, 불임비율의 증대로 수량이 감소한다.

③ **냉해를 가장 받기 쉬운 시기** … 묘대기, 수잉기, 등숙기이다.

(2) 냉해의 종류

① **지연형 냉해** … 유수분화기 ~ 유수형성기 때 모의 활착이 불량하고 분얼이 억제되어 이삭수가 감소한다.

② **장해형 냉해** … 수잉기(감수분열기)의 저온에 의한 피해로 불임립이 형성된다.

③ **병해형 냉해** … 냉도열병이 발생한다.

(3) 대책

① 냉해 저항성이 강한 품종을 재배한다(조생종이 강하다).

② 누수답을 개량하고 지력을 높인다.

③ 냉수관개를 개선한다.

④ 조식재배하여 출수기를 앞당긴다.

⑤ 도열병 방제를 한다.

⑥ 인산, 칼륨, 규산을 사용하고 질소질비료의 과용을 삼간다.

⑤ 도복

(1) 개념

벼 재배기간 중에 생육이 과번무하거나 태풍, 호우 등 외부환경에 의해서 지상부가 쓰러지는 것을 말한다.

(2) 특징

① 도복은 수량감소와 품질저하의 원인이 되며 기계화 효율을 낮추는 피해를 가져온다.

② 직파재배에서 도복발생이 심하다.

(3) 대책

① 내도복성 품종을 재배한다(단간이며, 줄기가 굵다).

② 밀식과 밀파를 피한다.

③ 칼륨과 규산질비료를 충분히 준다.

④ 지상부의 지나친 생장과 분얼을 방지하고 뿌리의 활력을 유도한다.

10 수확 및 조제

① 벼 베기

(1) 벼 베는 적기(수확 적기)

외관상 벼이삭이 황색을 띠고 등숙립 전체의 90% 이상 황색을 띠는 황숙기 말에서 완숙기이다. 일반적인 수확적기는 출수 후 40~50일이다.

(2) 벼 베는 시기가 이른 경우의 피해

① 청치가 많아진다.

② 수량 및 품질이 저하되고 저장 중에 충해를 받기 쉽다.

③ 죽은 쌀과 쌀알이 가는 싸라기가 많이 난다.

(3) 벼 베는 시기가 늦은 경우의 피해

① 쌀의 밥 맛이 나쁘고 광택이 적다.

② 탈립이 많고 쥐나 새의 피해를 받는다.

③ 동할미가 많아져 정미할 때 싸라기가 많이 나온다.

(4) 벼 베는 방법

① 낫으로 벼 베기를 할 때에는 벼의 이삭이 구부러진 반대방향에서 벤다.

② 벼를 벨 때에는 그루를 얕게 베어 병충해의 잠복처가 되지 않도록 한다.

② 건조

(1) 건조 정도

① 건조는 햇볕에 말리는 것이 가장 좋다.

② **저장 및 도정에 알맞은 수분함량** … 15% 이하가 적당하다.

(2) 건조방법

① 인공 건조기에서 열풍건조시킨다.

② **열풍기의 건조온도**

    ㉠ 상품용 : 55℃ 이하

    ㉡ 종자용 : 40 ~ 45℃

(3) 건조시 유의할 점

수분이 많은 벼를 높은 온도에서 말리면 금가는 쌀이 많아지고, 전분과 단백질이 변질되어 미질이 크게 떨어지므로 유의해야 한다.

출제예상문제

1 다음 중 벼의 생산요소를 옳지 않은 것은?

① 품종

② 재배기술

③ 균일성

④ 재배환경

> **NOTE** | 벼 생산의 3요소… 재배환경, 품종, 재배기술

2 다음 중 논에 발생하는 다년생 잡초에 해당하는 것은?

① 물달개비

② 올미

③ 사마귀풀

④ 피

> **NOTE** | 논에 발생하는 잡초의 종류
> ㉠ 1년생 잡초 : 피, 여뀌바늘, 물달개비, 논뚝외풀, 사마귀풀 등
> ㉡ 다년생 잡초 : 볏풀, 올방개, 너도방동사니, 올미, 올챙고랭이, 가래 등

3 다음 중 벼의 충해로 6, 8월에 발생하는 것은?

① 벼물바구미

② 멸강나방

③ 벼멸구

④ 이화명나방

> **NOTE** | 이화명나방
> ㉠ 6월경(제1화기), 8월경(제2화기)에 발생한다.
> ㉡ 애벌레가 줄기 속으로 파먹어 들어가 이삭과 줄기를 죽게 한다.
> ㉢ 벼의 그루터기나 볏짚 등에서 애벌레 상태로 월동한다.
> ㉣ 방제법
> • 못자리 때 나방을 그물로 잡는다.
> • 리바이짓드, 메브 등의 살충제를 살포한다.

ANSWER | 1.③ 2.② 3.④

4 못자리 상토가 pH 6.0인 경우 조절하는 방법으로 옳은 것은?

① 객토 실시
② 소독 실시
③ 황가루 처리
④ 질소 처리

✎NOTE| 못자리 상토의 pH가 높을 경우 pH 4.5~5.5가 되도록 황상이나 황가루를 처리하여 조절한다.

5 다음 벼의 해충 중 우리나라에서 월동하지 못하는 것은?

① 애멸구
② 멸강나방
③ 흑명나방
④ 벼멸구

✎NOTE| 중국에서 오는 비래해충… 벼멸구, 흑명나방, 멸강나방, 흰등멸구 등

6 다음 중 흙탕물로 인하여 전염되는 병은?

① 잎집무늬마름병
② 깨씨무늬병
③ 흰빛잎마름병
④ 도열병

✎NOTE| 흰빛잎마름병
⊙ 개념 : 세균성으로 잎의 가장자리와 끝 부분이 흰빛이 되며 심할 때는 끝에서부터 말라죽는 병이다.
⊙ 발병 : 주로 무더운 8 ~ 9월에 발생하는데, 우리나라는 전국적으로 발생하며, 특히 저습지대의 관수피해를 보는 곳에서 발생한다.
⊙ 전염 : 볍씨나 짚 속에서 월동하기도 하고 잡초 속에서 월동하여 다음 해의 전염원이 된다. 기주식물체에 도달한 세균은 수공이나 상구를 통해서 침입하며 비바람 또는 폭우(흙탕물 등)에 의해 전파된다.

7 다음 중 벼의 중간 낙수효과를 설명한 것으로 옳지 않은 것은?

① 거름의 분해가 왕성해진다.
② 토양 속으로 공기가 잘 스며든다.
③ 뿌리가 깊어진다.
④ 유효분얼이 억제된다.

ANSWER | 4.③ 5.④ 6.③ 7.④

NOTE | 중간낙수

   ㉠ 개념 : 물이 그다지 필요하지 않은 시기인 최고분얼기를 중심으로 무효분얼기로부터 분얼감
       퇴기에 걸쳐 낙수하여 뿌리의 건전화를 도모하는 물관리법을 말한다.

   ㉡ 효과

    • 뿌리가 깊어진다.

    • 무효분얼이 억제된다.

    • 토양 속으로 공기가 잘 스며든다.

    • 토양 중의 양분을 유효화하여 흡수가 용이해진다.

    • 황화수소, 유기산 등 유해물질을 배제하여 뿌리썩음현상을 방지한다.

---

8 현재 기계이앙재배로 가장 많이 발생되는 병은?

① 흰빛잎마름병   ② 잎집무늬마름병

③ 도열병   ④ 오갈병

NOTE | 기계이앙재배 … 못자리에서 모를 키운 후 기계를 통하여 본답에 옮겨 심는 재배방식을 말하며,
현재 기계이앙면적의 확대로 잎집무늬마름병으로 인한 피해가 늘고 있다.

  ※ 잎집무늬마름병

    ㉠ 곰팡이에 의해 발병되며 전세계적으로 저항성 유전자원이 극히 드문 실정이다.

    ㉡ 고온다습한 기상조건이 계속되거나 밀식·질소과용 및 잡초가 많이 생겼을 때 발생한다.

    ㉢ 이른 여름부터 주로 아래쪽 잎집부분에 구름무늬 모양의 병반이 생기고 점차 위쪽 잎으
       로 번지며 성숙 전에 잎이 말라 죽어 등숙을 나쁘게 한다.

---

9 다음 중 못자리에서 많이 발생하는 병은?

① 깨씨무늬병   ② 줄무늬잎마름병

③ 흰빛잎마름병   ④ 입고병

NOTE | 입고병(모잘록병)

    ㉠ 물못자리에서는 발생하지 않으나 밭못자리나 보온절충못자리에서 많이 발생한다.

    ㉡ 줄기의 지표면 가까이에 발생한다.

    ㉢ 어린 모의 줄기가 연화되고 잘록이 생기며 말라죽는다.

    ㉣ 식물이 발아 후 떡잎이 생긴 때부터 발생한다.

    ㉤ 병원균은 균사 및 균핵의 상태로 땅 속에서 월동하고, 다음 해에 새로운 식물체에 침입·
       감염한다.

    ㉥ 모판은 해마다 새로운 토양을 반드시 클로로피크린으로 소독하고, 병이 발생할 때는 유기
       수은제 400 ~ 500배 액을 뿌려 방제한다.

ANSWER | 8.② 9.④

10 20L의 물에 1,000배 액을 만들 때 농약의 양은?

① 5ml   ② 10ml

③ 20ml   ④ 40ml

> **NOTE |** 물량(L) = 희석배수 × 농약의 양(ml)에 대입하여 계산하면, 20,000(ml) / 1,000 = 20ml이다.

11 다음 중 중간 물떼기의 효과라고 할 수 없는 것은?

① 뿌리발달 촉진   ② 땅 속의 유해물질 배출

③ 벼알무게 증대   ④ 헛가지 억제

⑤ 질소과잉 흡수억제

> **NOTE |** 중간낙수의 효과
> ㉠ 무효분얼이 억제된다.
> ㉡ 뿌리가 깊어진다.
> ㉢ 토양 속으로 공기가 잘 스며든다.
> ㉣ 토양 중의 양분을 유효화하여 흡수가 용이해진다.
> ㉤ 황화수소, 유기산 등 유해물질을 배제하여 뿌리썩음현상을 방지한다.

12 어떤 농약을 1,000배로 희석하여 10a에 100L를 살포하려고 할 때 얼마만큼의 농약을 물에 희석하여 100L로 만들어야 하는가?

① 10ml   ② 50ml

③ 100ml   ④ 500ml

⑤ 1,000ml

> **NOTE |** 물량(L) = 희석배수 × 농약의 양(ml)에 대입하여 계산하면, 100,000(ml) / 1,000 = 100(ml)이다.

13 다음 중 중국 남동지방에서 날아오는 장거리 이동성 해충은?

① 벼물바구미   ② 애멸구

③ 벼멸구   ④ 끝동매미충

⑤ 이화명나방

ANSWER | 10.③   11.③   12.③   13.③

14 다음 중 논에서 많이 발생하는 잡초끼리 옳게 연결된 것은?

① 망초 – 명아주   ② 방동사니 – 생이가래

③ 생이가래 – 바랭이   ④ 바랭이 – 망초

> NOTE | 논의 주요 잡초
> ㉠ 가래과 : 가래 등
> ㉡ 생이가래과 : 생이가래 등
> ㉢ 물옥잠과 : 물옥잠, 물달개비 등
> ㉣ 곡정초과 : 곡정초, 개수염 등
> ㉤ 올챙이자리과 : 올챙이자리 등
> ㉥ 화본과 : 피, 물피, 돌피, 둑새풀 등
> ㉦ 택사과 : 보풀, 벗풀, 택사, 올미 등
> ㉧ 방동사니과 : 하늘지기, 너도방동사니, 알방동사니, 쇠털골, 올방개 등
> ㉨ 개구리밥과 : 개구리밥, 좀개구리밥 등
> ㉩ 골풀과 : 골풀, 비녀골풀, 참비녀골풀 등
> ㉪ 여뀌과 : 여뀌, 여뀌바늘, 바보여뀌 등

15 다음 중 살충제를 사용하여 방제할 수 있는 벼의 병은?

① 잎집무늬마름병   ② 줄무늬잎마름병

③ 흰빛잎마름병   ④ 도열병

> NOTE | 줄무늬잎마름병
> ㉠ 특징
> • 새 잎이 나올 때 돌돌 말리며, 벌어진 잎에는 줄무늬가 생기고 늘어져 처진다.
> • 따뜻한 지방에서 다비재배 또는 논뒷그루 재배를 한 경우 발생하기 쉽다.
> • 바이러스병의 일종으로 매개체는 애멸구이다.
> ㉡ 방제법
> • 병든 포기를 제거한다.
> • 살충제를 살포하여 애멸구를 구제한다.
> • 질소의 과용을 피하고 잡초를 제거한다.
> • 내병성 품종을 선택한다(통일형).

ANSWER | 14.②   15.②

16 우리나라에서 월동이 안 되는 것으로 알려져 있으며 때로는 벼농사에 피해가 큰 비래해충은?

① 애멸구   ② 이화명충

③ 벼멸구   ④ 벼물바구미

> **NOTE |** 벼멸구 … 벼멸구와 흰등멸구는 우리나라에서 월동하지 못하며, 벼재배기간 동안 저기압의 이동으로 중국 남부등지로부터 비래(飛來)해 오는 이동성 해충으로, 특히 피해가 극심하다.

17 다음 중 논에 발생하는 1년생 잡초는?

① 나도겨풀   ② 물옥잠

③ 좀개구리밥   ④ 올미

> **NOTE |** 논에서 발생하는 1년생 잡초 … 강피, 물피, 돌피, 둑새풀, 알방동사니, 참방동사니, 바람하늘지기, 바늘골, 물달개비, 물옥잠, 사마귀풀, 여뀌, 여뀌바늘, 마디꽃, 밭뚝의 풀, 등애풀, 생이가래, 곡정초, 자귀풀, 중대가리풀 등이 있다.

18 다음 중 논에 발생하는 다년생 잡초로 옳은 것은?

① 둑새풀, 방동사니, 물달개비, 생이가래, 올방개

② 나도겨풀, 물옥잠, 둑새풀, 강피, 좀개구리밥

③ 물달개비, 둑새풀, 좀개구리밥, 생이가래, 돌피

④ 올미, 벗풀, 개구리밥, 좀개구리밥, 너도방동사니

> **NOTE |** 논에 발생하는 다년생 잡초 … 나도겨풀, 너도방동사니, 매자기, 올방개, 올챙이고랭이, 쇠털골, 파대가리, 가래, 벗풀, 올미, 개구리밥, 좀개구리밥, 네가래, 수염가래꽃, 미나리 등이 있다.

19 다음 벼의 상자육묘 관리방법을 설명한 것 중 옳지 않은 것은?

① 입고병과 뜸묘를 방지하기 위하여 다찌가렌, 리도밀 액제를 살포한다.

② 제2 잎이 신장하면 수분의 증산이 많아지므로 매일 오전에 1회씩 물을 준다.

③ 출아 후 1엽기까지 녹화기에는 낮 20 ~ 25℃, 밤 15 ~ 20℃로 하여 준다.

④ 굵고 튼튼한 싹을 일제히 출아시키기 위하여 30 ~ 32℃ 되는 곳에 1일간 둔다.

ANSWER | 16.③ 17.② 18.④ 19.④

④ 육묘상자 출아에 알맞은 온도는 32 ~ 35℃가 적당하다.

※ 상자육묘관리

ㄱ 출아기
• 육묘상자 출아에 알맞은 온도는 32 ~ 35℃가 적당하다.
• 2일이 지나면 길이 1cm로 출아한다.
• 수분이 부족하면 출아가 고르지 못하고 늦다.

ㄴ 녹화기 : 출아한 어린 싹을 햇볕에 쬐어 엽록소를 형성시키는 시기이다.
• 어린 싹이 1cm 정도 자랐을 때 시작한다.
• 낮에는 20 ~ 25℃, 밤에는 15 ~ 20℃ 정도의 온도를 유지하고 20 ~ 31℃의 물을 오전에 준다.
• 밤과 낮의 온도차가 심하고 강한 빛을 쬐면 백화묘가 발생한다.

ㄷ 경화기 : 자연환경에 적응할 수 있도록 하기 위하여 천천히 길들이는 것으로, 녹화 후 이 앙기까지의 기간이다.
• 경화 초기온도 : 낮에는 20 ~ 25℃, 밤에는 15 ~ 20℃ 정도의 온도를 유지한다.
• 경화 후기온도 : 낮에는 15 ~ 20℃, 밤에는 10 ~ 15℃ 정도의 온도를 유지한다.
• 야간에 온도가 10℃ 이하로 내려가지 않도록 해야 한다.

20 다음 중 벼의 거름 시비방법으로 옳지 않은 것은?

① 밑거름 – 논갈이 때 시비
② 이삭거름 – 유수형성기 때 시비
③ 알거름 – 수전기 이후 시비
④ 가지거름 – 무효분얼기 때 시비

시비방법

ㄱ 밑거름 : 모내기 전 논갈이 할 때에 시비하는 비료로 전체의 40%를 시비한다.

ㄴ 덧거름
• 분얼거름 : 유효분얼을 촉진하여 이삭수를 확보하기 위한 비료로 이앙 후 15일 내에 전체의 30% 정도를 시비한다.
• 이삭거름 : 유수형성기 및 수잉기에 1이삭의 벼알 수를 많게 하고 임실을 좋게 하여 천립중을 증가시키기 위해 시비하는 비료로 출수 전 30일 경에 전체의 30% 정도를 시비한다.
• 알거름 : 출수 후 생존엽의 질소농도를 높이고, 광합성을 왕성하게 하여 씨알을 충실하게 하기 위한 비료로 약간의 질소비료를 시비한다.
• 가지거름 : 주로 모낸 후 12 ~ 14일에 시비하나 온도가 낮아 생육촉진이 필요한 때에는 모낸 후 10일경에 시비한다.

ANSWER | 20.④

21 다음 중 쌀의 식미를 향상시키는 재배요인으로 옳지 않은 것은?

① 쌀의 아밀로오스 함량이 18% 이하로 낮은 품종을 선택하여 재배한다.

② 출수 후 45일 전후에 수확한다.

③ 벼 생육 후기의 질소추비를 피한다.

④ 출수 후 30일간 등숙기온이 30℃ 이상이 되도록 재배시기를 조절한다.

> **NOTE** ④ 출수 후에는 출수 전에 비하여 10℃ 낮은 21~23℃에서 등숙이 좋고, 출수 전에는 30~32℃에서 등숙이 좋다.

22 벼재배시 중간 물떼기의 시기는?

① 유숙기 ② 수잉기
③ 유효분얼기 ④ 무효분얼기

> **NOTE** 무효분얼기 … 유수형성기의 10~15일 전으로 무효분얼기에는 중간 물떼기를 하여야 한다. 이 시기에 물을 빼어 뿌리의 건전화를 도모하는 것이 중요하다.
>
> ※ 중간낙수
> ㉠ 개념 : 물이 그다지 필요하지 않은 시기인 최고분얼기를 중심으로 무효분얼기로부터 분얼감퇴기에 걸쳐 낙수하여 뿌리의 건전화를 도모하는 물관리법을 말한다.
> ㉡ 중간낙수의 효과
> • 뿌리가 깊어진다.
> • 무효분얼이 억제된다.
> • 토양 속으로 공기가 잘 스며든다.
> • 토양 중의 양분을 유효화하여 흡수가 용이해진다.
> • 황화수소, 유기산 등 유해물질을 배제하여 뿌리썩음현상을 방지한다.

23 벼의 생육기간별 물관리에 대한 설명으로 옳은 것은?

① 유수형성 10~15일 전인 무효분얼기에는 깊게 대준다.

② 수잉기부터 출수 초기에는 깊게 대준다.

③ 못자리 초기 냉온기에는 물을 얕게 대준다.

④ 모 이앙 후 착근기에는 물을 얕게 대준다.

ANSWER | 21.④ 22.④ 23.②

NOTE 벼의 생육시기별 물관리

    ㉠ 착근기 : 모 키의 2/3 정도로 물을 깊게 대준다.

    ㉡ 분얼기 ~ 무효분얼기 : 3 ~ 4cm 정도로 얕게 물을 대주고 가끔 표층을 노출시켜 산소를 공급해준다.

    ㉢ 무효분얼기 : 유수형성기 10 ~ 15일 전으로 중간 물떼기를 해야 한다.

    ㉣ 신장기 ~ 수잉기 : 물을 얕게 대준다.

    ㉤ 수잉기 ~ 유숙기 : 물을 가장 많이 소모하는 시기이므로 물을 깊게 대준다.

    ㉥ 유숙기 이후 : 물을 얕게 대준다.

    ㉦ 낙수 : 출수 후 30 ~ 35일경에 물을 모두 뺀다.

    • 조기낙수시 : 이삭목도열병이 발생한다.

    • 만기낙수시 : 결실이 늦고 청치가 발생한다.

---

24 8 ~ 9월에 폭풍우를 겪거나 침수되었을 때 많이 발생하는 세균성 벼의 병은?

① 잎집무늬마름병   ② 줄무늬잎마름병

③ 흰빛잎마름병   ④ 오갈병

    NOTE 흰빛잎마름병의 발병 … 주로 무더운 8 ~ 9월에 폭풍우를 겪거나 침수되었을 때 발생하며 우리나라는 전국적으로 발생한다.

---

25 벼재배시 중간낙수를 하는 가장 알맞은 이유는?

① 잡초발생을 억제한다.

② 논 토양의 통기조장으로 뿌리기능을 높인다.

③ 지온상승으로 토양 중 질소흡수를 조장한다.

④ 관개수를 절약한다.

    NOTE 중간낙수의 효과

    ㉠ 뿌리가 깊어진다.

    ㉡ 무효분얼이 억제된다.

    ㉢ 토양 속으로 공기가 잘 스며든다.

    ㉣ 토양 중의 양분을 유효화하여 흡수가 용이해진다.

    ㉤ 황화수소, 유기산 등 유해물질을 배제하여 뿌리썩음현상을 방지한다.

ANSWER | 24.③ 25.②

26 벼재배시 이삭거름을 사용하는 가장 큰 의의는?

① 유효분얼 증가   ② 출수 균일화

③ 영화 수 확보   ④ 등숙비율 제고

> **NOTE|** 이삭거름 … 유수형성기 및 수잉기에 1이삭의 영화 수를 많게 하고 임실을 좋게 하여 천립중을 증가시키기 위해 주는 거름으로 유수형성기쯤에 전체의 15% 정도를 시비한다.

27 다음 기계이앙육묘에 대한 내용 중 옳지 않은 것은?

① 파종용토의 pH는 5 정도로 한다.

② 본논 100a당 파종상자는 200개 정도 준비한다.

③ 치모육묘는 육묘일수를 20 ~ 25일 정도로 한다.

④ 침종 후 싹틔우기는 5mm 정도로 하여 파종한다.

> **NOTE|** 싹틔우기(최아)
> ㉠ 파종 전에 충분한 씨담그기와 싹틔우기 작업이 필요한데, 침종 후 싹을 틔우는 것이다.
> ㉡ 침종이 끝난 볍씨는 30℃가 되는 따뜻한 방안이나 비닐하우스 속에 젖은 거적을 깔고 그 위에 6 ~ 9cm 두께로 볍씨를 펴 놓고, 그 위에 거적으로 두툼히 덮어 두면 싹이 1 ~ 2mm 정도 나온다.
> ㉢ 싹틔우기의 경우 보통 아귀가 트는 정도(1mm)로 하는 것이 안전하고 너무 길면 파종할 때 상처를 입게 된다.

28 벼재배시 물을 많이 필요로 하는 시기는?

① 수잉기, 고숙기   ② 활착기, 수잉기

③ 활착기, 무효분얼기   ④ 고숙기, 무효분얼기

> **NOTE|** 물을 많이 필요로 하는 시기
> ㉠ 활착기 : 모를 낸 후 뿌리가 활착할 때까지는 모 키의 2/3 정도로 깊이 물을 대어주어야 뿌리내림이 좋아진다.
> ㉡ 수잉기 전후
> • 벼가 일생을 통하여 가장 많은 물을 필요로 하는 시기이다.
> • 이 시기의 물이 부족하게 되면 유수의 발육 및 개화수정이 저하되어 감수를 초래하므로 항상 담수하여 물을 충분히 공급해야 한다.

ANSWER | 26.③ 27.④ 28.②

29 다음 중 벼재배시 유수형성기에 주는 거름은 무엇인가?

① 밑거름
② 분얼거름
③ 알거름
④ 이삭거름

✎NOTE | ① 이앙 전 논갈이할 때 시비하는 비료로 전체의 50 ~ 60%를 시비한다.
② 분얼기에 주는 거름으로 줄기 수를 늘리고 잎을 크게 하는 거름이다.
③ 수잉기 이후에 약간의 질소를 주어 씨알을 충실하게 하기 위해 주는 거름이다.
④ 유수형성기 및 수잉기에 1이삭의 영화 수를 많게 하고 임실을 좋게 하여 천립중을 증가시키기 위해 주는 거름이다.

30 다음 중 도열병의 발생조건으로 옳은 것은?

㉠ 일조부족	㉡ 규산질비료 사용
㉢ 칼륨비료 사용	㉣ 저온, 냉수유입

① ㉠㉡
② ㉠㉣
③ ㉠㉢
④ ㉡㉣

✎NOTE | 도열병의 발생과 전염 및 병해의 만연은 우기나 공기 습도가 많으면 일조가 부족하고 비교적 저온이 계속되는 기상조건에서 심하다. 특히 낮은 기온에 의하여 발생하는 것을 냉도열병이라 한다.

31 벼 줄무늬잎마름병의 병원인 바이러스는 무엇에 의해 매개되는가?

① 벼멸구
② 끝동매미충
③ 애멸구
④ 흰등멸구

✎NOTE | 줄무늬잎마름병
㉠ 바이러스병으로 애멸구에 의해 매개된다.
㉡ 따뜻한 지방의 논뒷그루 재배지에서 많이 발생하고, 모를 일찍 내거나 질소질거름을 과용했을 때에 많이 발생한다.

ANSWER | 29.④ 30.② 31.③

32 24×15cm 간격으로 모를 심을 때 3.3m²당 포기 수는?

① 72주   ② 80주

③ 92주   ④ 102주

📝**NOTE** | 0.24m×0.15m=0.036m²이다. 따라서 3.3(m²)÷0.036(m²)=약 92주가 된다.

33 다음 중 벼의 이삭 수를 많이 늘리는 방법이 아닌 것은?

① 조식재배   ② 알거름

③ 건묘육성   ④ 재식밀도 증대

📝**NOTE** | ② 출수 후 생존엽의 질소농도를 높여 광합성을 왕성하게 하여 천립중을 증대시키기 위한 비료이다.

※ 이삭 수를 많이 확보하기 위한 방법 … 다얼성 품종의 선택, 고밀도 이앙, 조식, 밑거름 및 분얼거름 다량 사용, 천식, 이앙 후 수온 상승책의 강구 등이 있다.

34 다음 중 벼의 물관리에서 중간낙수의 목적은?

① 생장촉진   ② 분얼촉진

③ 무효분얼 억제   ④ 유수형성 촉진

📝**NOTE** | 중간낙수의 대표적인 목적 … 무효분얼을 억제하고, 산소의 공급을 원활하게 해 주기 위한 것이다.

35 벼잎의 규질화 세포층 형성은 어떤 병을 예방하는가?

① 도열병   ② 오갈병

③ 잎집무늬마름병   ④ 흰빛잎마름병

📝**NOTE** | 벼잎의 규산이 축적된 규질화 세포층은 잎에서 도열병균과 깨씨무늬병균의 침입을 막아 이 병에 대한 저항성이 강해진다.

ANSWER | 32.③ 33.② 34.③ 35.①

36 다음 중 볍씨 소독약제로 옳지 않은 것은?

① Homai
② Benlate-T
③ 부산-30(TCM 유제)
④ DCPA

> **NOTE** ④ 화본과 속간 선택성 살초제로 피, 바랭이, 강아지풀 속 등에 심한 해를 주고 고사시키지만 벼에는 영향을 주지 않는 살초제이다.

37 기계이앙시 본답 10a당 중모일 때 필요한 적정 상자 수는?

① 15 ~ 20 상자
② 20 ~ 25 상자
③ 25 ~ 30 상자
④ 30 ~ 35 상자

> **NOTE** 육묘 상자
> ㉠ 보통 세로 60cm, 가로 30cm, 깊이 3cm의 플라스틱 상자를 사용한다.
> ㉡ 필요한 상자 수는 씨뿌림과 본논의 재식밀도 등에 따라 다르다.
> ㉢ 본논 10a당 어린 모일 때 20상자, 중모일 때 30 ~ 35상자가 필요하다.

38 기계이앙모의 녹화시 강한 빛을 받으면 일어나는 장해는?

① 백화묘
② 뜸묘
③ 입고병
④ 잘록병

> **NOTE** 녹화 … 출아가 끝난 유백색의 모를 햇빛에 두어 녹색이 되도록 하는 것인데 이 때 햇빛은 2 ~ 3만 럭스(lx)의 약한 광이 좋다. 갑자기 강한 햇빛에 두면 엽록소가 형성되지 않는 백화묘가 발생한다.

39 볍씨의 준비과정에서 비중가림을 할 때 우리나라에서 어떤 용액을 가장 많이 사용하는가?

① 물
② 소금
③ 요소
④ 황산암모늄

> **NOTE** 비중액을 만드는 데는 주로 소금을 사용하고, 때로는 요소, 황산암모늄과 같은 비료를 사용하기도 한다.

ANSWER | 36.④ 37.④ 38.① 39.②

40 이화명나방은 언제 발병하는가?

① 5월, 7월　　　　　　　　　　② 5월, 10월

③ 6월, 8월　　　　　　　　　　④ 7월, 10월

　　✎NOTE| 이화명나방은 우리나라 중남부 지방에서 1년 2회 발생한다. 제1회 발아 최성기는 6월이고, 제2회 발아 최성기는 8월이다.

41 벼 도열병의 전파경로는?

① 공기에 의한 전파　　　　　　　② 물에 의한 전파

③ 동물에 의한 전파　　　　　　　④ 곤충에 의한 전파

　　✎NOTE| 벼 도열병
　　　　　⊙ 도열병균은 분생포자를 형성하는데, 분생포자가 숙주 식물체에 붙어 발아하게 된다.
　　　　　ⓛ 최적 온도는 25 ~ 28℃이고 최적 습도는 과포화가 되어 빗방울이나 이슬방울이 잎에 묻어 있을 때이다.
　　　　　ⓒ 도열병의 발생과 전염 및 병해의 만연은 우기나 공기습도가 많으며, 일조가 부족하고 비교적 저온에서 계속되는 기상조건에서 심하다.

42 애멸구에 의한 매개, 전염되는 병은?

① 흰빛잎마름병　　　　　　　　② 깨씨무늬병

③ 잎집무늬마름병　　　　　　　④ 줄무늬잎마름병

　　✎NOTE| 줄무늬잎마름병
　　　　　⊙ 바이러스병으로 애멸구에 의해 매개된다.
　　　　　ⓛ 따뜻한 지방의 논뒷그루 재배지에서 많이 발생하고, 모를 일찍 내거나 질소질거름을 과용했을 때에 많이 발생한다.
　　　　　ⓒ 살충제를 살포하여 애멸구를 구제하면 방제할 수 있다.

43 다음 중 중간낙수의 효과가 아닌 것은?

① 뿌리가 깊어진다.　　　　　　② 유해물질이 적어진다.

③ 거름의 분해가 왕성해진다.　　④ 유효분얼이 억제된다.

ANSWER | 40.③　41.①　42.④　43.④

NOTE | 중간낙수의 효과
㉠ 뿌리의 호흡을 저해하는 유해물질을 배출시켜 뿌리의 발달을 촉진시킨다.
㉡ 뿌리의 신장을 촉진하여 양분흡수를 높이며 임실을 좋게 한다.
㉢ 질소의 과잉흡수를 억제하고 무효분얼을 억제시키며, 벼의 조직이 튼튼해져서 도복에 대한 저항성이 강해진다.

44 다음 벼의 병해 중 바이러스가 원인이며 그 병원이 애멸구에 의해 매개되는 것은?

① 도열병
② 잎집무늬마름병
③ 오갈병
④ 줄무늬잎마름병

NOTE | 줄무늬잎마름병은 바이러스병으로 애멸구에 의해 매개되고 살충제를 살포하여 애멸구를 구제하면 방제할 수 있다.
① 식물체의 모든 부분에 발생하고 가장 피해가 큰 병으로 습도가 높고 볕쬠이 적은 경우와 갑자기 물을 떼거나 질소비료를 많이 주면 발생한다.
② 초여름 고온이 되면서 발병하기 시작하고 고온다습한 해와 모내는 시기가 빨라지고 거름주는 양이 늘어남에 따라 많이 발생한다.
③ 바이러스병으로 매개체는 끝동매미충과 번개매미충이다.

45 볍씨를 15℃의 물에 담그면 며칠간 담가야 하는가?

① 3일
② 4일
③ 6일
④ 10일

NOTE | 벼의 침종기간

수온	10℃	15℃	20℃	25℃	30℃
기간	10일	6일	5일	4일	3일

※ 일반적으로 고온에서 짧게 담그는 것보다 저온에 여러 날 담그는 것이 좋다.

46 다음 중 벼논에 발생하는 벼의 해충이 아닌 것은?

① 애멸구
② 벼메뚜기
③ 바구미
④ 이화명나방

NOTE | 바구미는 미곡 저장시에 발생하여 피해를 주는 해충이다.

ANSWER | 44.④ 45.③ 46.③

47 우리나라에서 가장 많이 사용되는 못자리는?

① 밭못자리

② 물못자리

③ 절충못자리

④ 보온절충못자리

> **NOTE** 보온절충못자리는 절충못자리 방식에다 보온방법을 이용한 것으로, 우리나라에서 가장 많이 사용되는 못자리이다.
> ① 물이 없는 상태에서 기르는 방법이다.
> ② 물속에서 기르는 방법이다.
> ③ 물못자리와 밭못자리의 장점만 이용하여 절충해서 모를 기르는 방법이다.

48 기계이양시 못자리 상토의 적정 pH는?

① pH 4

② pH 5

③ pH 6

④ pH 7

> **NOTE** 못자리 상토
> ㉠ 부식을 알맞게 함유하고, 물빠짐도 양호하면서 적당한 보수력을 가지고 있으며, 병원균이 없고, pH 5 정도의 토양이 좋다.
> ㉡ 토양산도가 6 이상이 되면 입고병이나 뜸묘가 많이 발생하고 모의 생육도 저하된다.

49 다음 중 물못자리와 밭못자리의 결함을 없애기 위해서 이용되는 못자리는?

① 밭못자리

② 비닐밭못자리

③ 온상못자리

④ 보온절충못자리

> **NOTE** 보온절충못자리 … 비닐과 같은 피복재료를 이용하여 보온하고 못자리 전반기는 밭못자리 형식으로 후반기는 물못자리 형식으로 하는 못자리이다.

50 벼의 흰빛잎마름병의 발병요인과 가장 관련이 깊은 것은?

① 밀식재배시

② 침수의 해

③ 만식재배시

④ 영양부족시

ANSWER | 47.④ 48.② 49.④ 50.②

    ㉠ 침수답 또는 폭풍우가 내습한 후에 발생한다.
    ㉡ 발병을 방지하기 위해선 침수가 없도록 하고, 폭풍우가 내습한 후 또는 침수 후에는 약제를 살포하여 방제하도록 한다.

51 추락답에서 많이 발생하는 병해는?

① 문고병   ② 깨씨무늬병
③ 도열병   ④ 잎집무늬마름병

|NOTE| 깨씨무늬병
    ㉠ 발생요인으로 이병된 벼의 종자를 소독하지 않고 이용하거나 피해를 입은 볏짚을 논에 그대로 사용할 경우에 발생된다.
    ㉡ 누수답, 사질토양, 배수불량답, 노후화답, 규산질비료나 칼리질비료 등 미량 요소가 결핍된 논에서 발생한다.
    ㉢ 일반적으로 추락답에서 발생한다.

52 다음 중 기계 이앙재배시 어린 모와 중모를 비교한 것으로 옳지 않은 것은?

① 육묘 과정 : 어린 모 – 파종→출아→녹화→경화→육묘 관리, 중모 – 파종→출아→녹화
② 육묘 일수 : 어린 모 – 8 ~ 10일, 중모 – 30일
③ 파종량 : 어린 모 – 200 ~ 220g/10a, 중모 – 130g/10a
④ 상자수 : 어린 모 – 15개/10a, 중모 – 30개/10a

|NOTE| 기계 이앙재배시 어린 모와 중모의 차이점

모의 특징	어린 모	중모
육묘 과정	파종→출아→녹화	파종→출아→녹화→경화→육묘 관리
육묘 일수(일)	8 ~ 10	30
파종량(g/상자)	200 ~ 220	130
상자 수(개/10a)	15	30
모의 키(cm)	5 ~ 8	15 ~ 18
본잎 수(비늘잎 제외)	1.5 ~ 2.0	3.5 ~ 4.0

ANSWER | 51.② 52.①

53 다음 중 못자리 그누기를 하여 주어야 되는 못자리는?

① 밭못자리   ② 물못자리

③ 보온절충못자리   ④ 건답못자리

> **NOTE** 못자리 그누기
> ㉠ 심수 관개기의 끝 무렵, 즉 제1본엽이 나와 3cm 정도로 자라면 온화한 날씨를 가려 3~4일간 낮에만 모판의 상면이 포화상태가 될 정도의 물만 남기고 배수하며, 유근의 발육을 촉진시켜 착근을 용이하게 하는 것이다.
> ㉡ 그누기는 물못자리에서만 행하고 모의 부동을 방지하며 괴불의 해를 적게 하는 효과가 있다.

54 다음 중 벼 생산의 3요소로 옳은 것은?

① 재배방식, 품종, 재배기술   ② 재배환경, 품종, 재배방식

③ 재배환경, 품종, 재배기술   ④ 재배환경, 재배방식, 재배기술

> **NOTE** 벼 생산의 3요소 … 재배환경, 품종, 재배기술이다. 이들 요소는 균등해야 하며, 어느 한 가지라도 부족하면 충분한 수량을 올릴 수 없다.

55 다음 중 볍씨의 준비과정으로 옳은 것은?

① 씨담그기(침종) → 씨가리기(선종) → 볍씨 소독 → 싹틔우기(최아)

② 씨담그기(침종) → 볍씨 소독 → 씨가리기(선종) → 싹틔우기(최아)

③ 씨가리기(선종) → 씨담그기(침종) → 볍씨 소독 → 싹틔우기(최아)

④ 씨가리기(선종) → 볍씨 소독 → 씨담그기(침종) → 싹틔우기(최아)

> **NOTE** 볍씨의 준비과정 … 씨가리기(선종) → 볍씨 소독 → 씨담그기(침종) → 싹틔우기(최아) 순으로 이루어진다.

56 다음 중 직파재배의 장점으로 옳지 않은 것은?

① 육묘와 이앙에 소요되는 노력을 절감한다.   ② 분얼의 확보가 유리하다.

③ 재배방법이 기계화될 수 있다.   ④ 논의 여러번 짓기를 할 수 있다.

ANSWER | 53.② 54.③ 55.④ 56.④

직파재배

　　⊙ 본답에 직접 종자를 파종하여 재배하는 방식이다.

　　⊙ 장점

　　　• 이앙과 육묘에 소요되는 노력이 절감된다.

　　　• 재배방법이 기계화될 수 있어서 생산적인 방식이다.

　　　• 생육의 정체가 없이 생육이 진전되어 분얼의 확보가 유리하다.

　　　• 출수기가 다소 빨라진다.

　　⊙ 단점

　　　• 입모가 불량하고 고르지 못하다.

　　　• 잡초의 발생이 많고 도복하기 쉽다.

　　　• 무효분얼이 많아져 유효경 비율이 낮아진다.

57 파종 전 볍씨를 15℃의 물에 6～7일간 담그는 이유는?

① 균일한 생장 및 초기 생장의 촉진을 위해서이다.

② 볍씨 중에 배유가 크고 무거운 것을 고르기 위해서이다.

③ 싹이 고르고 일찍 트게 하기 위해서이다.

④ 종자로부터 발생하는 병해를 1차적으로 방지하기 위해서이다.

　　NOTE 침종(씨담그기) … 볍씨를 물에 담가 충분한 물을 흡수시켜서 뿌려야 싹이 고르고 일찍 트게 되는데 이런 목적으로 씨뿌리기 전에 볍씨를 물에 담그는 것을 말한다. 고온에서 짧게 담그는 것보다 저온에 여러 날 담그는 것이 좋다.

58 다음 중 가장 일찍 모를 낼 수 있는 못자리는?

① 보온밭못자리　　　　　　　　　② 물못자리

③ 밭못자리　　　　　　　　　　　④ 보온절충못자리

　　NOTE 보온밭못자리에서 기른 모는 발근 최저 한계온도가 통일형 품종에서도 12.5℃ 정도로 가장 낮기 때문에 조기이앙이 가능하다.

　　※ 물관리 방법에 따른 못자리의 분류

　　　⊙ 물못자리 : 못자리 전면에 물을 대어 볍씨가 물 밑에서 싹터 자라게 하는 방법이다.

　　　⊙ 밭못자리 : 밭에다 못자리를 만드는 방법이다.

　　　⊙ 건답못자리 : 물이 없는 상태에서 논에 모판을 만드는 방법이다.

　　　⊙ 보온절충못자리 : 물못자리와 밭못자리를 절충한 것으로, 초기에는 통로에만 물을 대어 뿌리를 튼튼하게 기른 뒤 후기에는 물못자리와 같이 모판 위까지 물을 대어 기르는 방법이다.

ANSWER | 57.③　58.①

59 다음 기계육묘 중 발생하기 쉬운 장해가 아닌 것은?

① 뜸묘
② 입고병
③ 백화 현상
④ 깨씨무늬병

✎NOTE| ④ 추락답에서 흔히 발생하는 장해이다.
※ 기계이앙육묘 중 발생하기 쉬운 장해 … 잎몸의 백화 현상과 입고병(잘록병) 및 뜸묘이다.

60 다음 중 뜸묘가 발생하는 원인이 아닌 것은?

① 모판흙의 pH
② 낮과 밤의 온도차가 심할 때
③ 모판흙의 과습과 건조 등이 심할 때
④ 녹화 초기에 강한 광선을 받았을 때

✎NOTE| ④ 녹화 초기에 강한 광선을 받았을 때 발생하는 것은 백화묘이다.
※ 뜸묘의 발생원인
㉠ 모판흙의 높은 pH, 낮과 밤의 온도 차로 발생한다.
㉡ 모판흙의 과습과 건조가 심할 때 발생한다.
㉢ 뿌리의 기능이 불량하고 지방부의 증산이 심할 때 발생한다.

61 논에 질소 920g을 주려면 요소비료 몇 g을 주면 되는가?

① 920g
② 1,000g
③ 2,000g
④ 9,200g

✎NOTE| 요소 중 질소 함량이 46%이므로, 920 ÷ 0.46 = 2,000(g)이다.

62 다음 중 비료 3요소로 옳은 것은?

① 질소, 인산, 칼륨
② 질소, 인산, 규산
③ 인산, 칼륨, 규산
④ 인산, 칼륨, 칼슘

✎NOTE| 비료 3요소와 천연 공급량
㉠ 질소 : 4 ~ 6kg/10a이다.
㉡ 인산 : 1 ~ 4kg/10a이다.
㉢ 칼륨 : 4 ~ 6kg/10a이다.

ANSWER | 59.④ 60.④ 61.③ 62.①

63 다음 중 질소의 과잉증상이 아닌 것은?

① 도복의 위험이 있다.　　　　　　② 각종 병충해가 발생한다.

③ 벼알의 등숙이 나빠진다.　　　　④ 잎의 황백화 현상이 나타난다.

> ✐NOTE| 질소 과잉증상 … 각종 병충해 발생, 도복의 위험, 줄기와 잎이 너무 무성하여 벼알의 등숙이
> 나빠지고 청치가 많아진다.
> ※ 질소 결핍증상 … 잎의 황백화 현상, 유효분얼기에 분얼을 억제하고, 유수형성기로부터 수잉
> 초기의 사이에서는 1이삭의 영화 수, 지경 수가 감소된다.

64 다음 중 중간낙수의 적기인 시기는?

① 출수기　　　　　　　　　　　② 수잉기

③ 최고분얼기　　　　　　　　　④ 착근기

> ✐NOTE| 벼의 일생 중에서 가장 물을 필요로 하지 않는 시기는 최고분얼기를 중심으로 한 무효분얼기
> 이다.
> ②④ 많은 물이 필요하다.

65 다음 중 벼에서 발생하는 바이러스병으로 옳은 것은?

① 흰빛잎마름병, 오갈병　　　　　② 줄무늬잎마름병, 도열병

③ 도열병, 흰빛잎마름병　　　　　④ 줄무늬잎마름병, 오갈병

> ✐NOTE| 벼에서 발생하는 바이러스병은 줄무늬잎마름병, 오갈병이 있다. 줄무늬잎마름병은 애멸구에 의
> 해 매개되고 오갈병은 끝동매미충과 번개매미충에 의해 매개된다.

66 다음 중 벼의 병해 발생비율의 순서로 옳은 것은?

① 잎집무늬마름병 > 도열병 > 잎마름병　　② 잎마름병 > 도열병 > 잎집무늬마름병

③ 잎마름병 > 잎집무늬마름병 > 도열병　　④ 도열병 > 잎집무늬마름병 > 잎마름병

> ✐NOTE| 벼의 병해 발생비율 … 잎집무늬마름병 > 도열병 > 잎마름병 > 기타 > 바이러스

ANSWER | 63.④　64.③　65.④　66.①

67 다음 중 벼도복의 유발조건이 아닌 것은?

① 키가 크고 대가 약한 품종　　　　② 태풍과 호우

③ 질소의 부족　　　　　　　　　　④ 칼륨, 규산의 부족

✎NOTE| 벼의 도복은 태풍과 호우와 같은 외부환경조건 외에 키가 크고 줄기가 약한 품종이나 칼륨,
규산 부족으로 세포가 약해져서 발생하기도 한다.

68 다음 중 심식내성, 저온활착성, 관수저항성 등이 가장 강한 묘는?

① 성묘　　　　　　　　　　　　　② 어린 모

③ 치모　　　　　　　　　　　　　④ 중모

✎NOTE| 어린 모
　㉠ 3엽이 퍼지고, 4엽은 1/5쯤 나온 모를 말한다.
　㉡ 비교적 저온에 강하고, 새뿌리가 나오기 직전이므로 이식 후 착근이 빠르다.
　㉢ 작물의 육묘 중 가장 밀파, 밀식인 육묘이다.

69 벼의 한해가 가장 심한 시기는?

① 분얼성기　　　　　　　　　　　② 유수형성기

③ 수잉기　　　　　　　　　　　　④ 등숙기

✎NOTE| 한해 … 물이 모자라서 벼의 생리작용이 저해를 받아 생육이 부진하게 되고 심하면 위조, 고사
하게 되는 장해이다. 한해에 대한 저항력이 가장 약하고 피해가 가장 큰 시기는 수잉기(감수분
열기)이다.

70 벼농사의 기상재해 중 벼가 산소부족으로 무기호흡을 하게 되고, 수잉기에서 출수기에 가장 큰
영향을 받는 것은?

① 냉해　　　　　　　　　　　　　② 한해

③ 풍해　　　　　　　　　　　　　④ 수해

✎NOTE| 벼가 물에 모두 잠겨(관수) 산소공급이 차단되면 산소가 부족하여 무기호흡을 하게 되며 결국
여러 피해증상을 나타낸다. 수잉기에서 출수기에 가장 큰 피해를 주는데, 이 때 영화분화 감소
및 불임발생 증상을 나타낸다.

ANSWER| 67.③　68.②　69.③　70.④

71 다음 중 벼베는 시기가 이른 경우의 피해로 옳지 않은 것은?

① 청치가 많아진다.　　　　　　② 동할미가 많아진다.

③ 죽은 쌀과 쌀알이 가늘어진다.　④ 품질 및 수량이 저하된다.

✎NOTE ② 벼베는 시기가 늦을 때의 피해이다.
※ 벼수확의 적기
　㉠ 저장양분의 이행이 끝난 시기라고 할 수 있고, 외관상 벼이삭이 황색을 띠고 등숙립 전
　　체의 90% 이상이 황색을 띠는 황숙기 말에서 완숙기가 적기이다.
　㉡ 벼베는 시기가 이른 경우의 피해
　　• 청치가 많아지고 죽은 쌀과 쌀알이 가는 싸라기가 많이 난다.
　　• 품질 및 수량이 저하되고 저장 중에 충해를 받기 쉽다.

72 벼재배에서 분얼촉진을 위한 비료 양분은?

① 질소와 인산　　　　　　　　　② 질소와 칼륨

③ 질소와 철　　　　　　　　　　④ 칼륨과 인산

✎NOTE 유효분얼기 때에 질소와 인산이 부족하면 분얼이 억제되므로 이삭 수가 감소하여 수량이 적어
지게 된다.

73 벼의 장해형 냉해의 가장 전형적인 피해증상은?

① 불임현상　　　　　　　　　　② 이삭 수의 감소

③ 출수의 지연　　　　　　　　　④ 입중의 감소

✎NOTE 장해형 냉해의 대표적인 특성은 감수분열기와 출수개화기에 있어서 저온에 의한 불임발생이다.
② 지연형 냉해의 특성이다.

74 벼잎에 황백화 현상이 일어나는 것과 관계가 깊은 성분은?

① K　　　　　　　　　　　　　② Fe

③ Ca　　　　　　　　　　　　④ Zn

✎NOTE 철은 엽록소의 형성에 중요한 역할을 하므로, 철 성분이 결핍되었을 때에는 엽록소가 잘 생성
되지 못하여 벼잎이 황백화된다.

ANSWER | 71.② 72.① 73.① 74.②

75 벼의 도복대책으로 옳지 않은 것은?

① 내도복 품종재배   ② 병충해 방제

③ 밀식   ④ 규산질비료 시비

> **NOTE|** 벼의 도복대책
> ㉠ 내도복 품종을 재배하고, 칼륨과 규산질비료를 충분히 준다.
> ㉡ 병충해를 입지 않도록 방제하고, 밀식과 밀파를 피하도록 한다.

76 다음 중 질소성분 함량이 가장 많이 들어있는 비료는?

① 염화칼륨   ② 요소

③ 석회질소   ④ 용성인비

> **NOTE|** 요소($(NH_2)_2CO$)는 질소질 화학비료의 대표적인 종류로서 질소성분이 46% 정도 들어있다. 석회질 또한 질소질 화학비료인데 질소 함량은 20~22% 정도이다. 염화칼륨은 칼륨비료이고, 용성인비는 인산비료이므로 질소성분이 없다.

77 벼재배시 이화명나방의 피해가 큰 지역에서 심어야 할 품종의 특성은?

① 내충성   ② 내병성

③ 조생종   ④ 내건성

> **NOTE|** 이화명나방은 충해이므로, 이화명나방의 피해가 큰 지역에서는 충해에 강한 내충성 품종을 심어야 한다.

78 벼의 단백질과 엽록소를 구성하며, 부족시에는 잎이 황록색을 띠고 전체의 생육이 나빠지게 하며 주로 잎이나 줄기의 성장에 관여하는 성분은?

① N   ② P

③ K   ④ Si

> **NOTE|** ② 세포분열과 생체조직의 발달에 필요한 성분이다.
> ③ 벼의 주요 생리작용과 벼를 튼튼하게 하는데 필요한 성분이다.
> ④ 잎, 줄기 표피에 축적되어 벼를 튼튼하게 하고 도복되지 않도록 한다.

ANSWER| 75.③ 76.② 77.① 78.①

79 다음 중 밑거름에 대한 설명으로 옳은 것은?

① 작물이 자라는 도중에 주는 거름이다.　② 질소는 전량 밑거름으로 준다.

③ 칼륨은 밑거름으로 주지 않는다.　④ 인산, 규소는 전량 밑거름으로 준다.

> **NOTE** │ 밑거름이란 미리 전면에 뿌려주는 것이다. 질소는 밑거름과 덧거름으로 나누어 주며, 인산, 칼륨, 규소, 석회는 유실이 적고 효과가 느리게 나타나므로 전량을 밑거름으로 준다.

80 다음 중 우리나라 논잡초 발생에 대한 설명으로 옳지 않은 것은?

① 직파재배보다 이앙재배에서 잡초가 많이 발생한다.

② 제초제 저항성 잡초가 출현하여 문제가 되고 있다.

③ 2모작에서는 다년생 잡초발생이 적은 경향이 있다.

④ 최근 들어 피의 발생이 많아지고 있다.

> **NOTE** │ 피의 특성
> 피는 벼과에 속하는 1년생 초본식물이며, 잎혀가 없다. 성질이 강건하여 저온은 물론 생육 초기를 제외하고는 한발에도 강하며 과습(過濕)에도 지장이 없다. 표고 1,500m까지 재배가 가능하다. 피는 단백질·지방질·비타민 B1 등이 많이 함유되어 영양가는 쌀이나 보리에 떨어지지 않지만 맛은 못하다. 장기간 저장해도 맛이 변하지 않고, 비타민 B1의 함량에 변화가 없는 장점이 있다.
> ① 이앙재배보다 직파재배시 잡초가 많이 발생한다.

81 벼에 대한 규소의 역할이 잘못 설명된 것은?

① 잎새의 표피조직에 침적해 단단한 셀룰로오즈층을 형성한다.

② 병·해충에 대한 저항성을 높인다.

③ 표피의 증산활동을 활발하게 해준다.

④ 벼잎을 직립시켜 수광태세를 좋게 한다.

> **NOTE** │ 벼는 작물 중에서 규소를 가장 많이 흡수하며, 잎새와 줄기 및 왕겨의 표피조직에 많다. 규소가 결핍되면 식물체가 연약해져 도복 피해가 커지고, 잎이 연약해지고 늘어져 수광태세가 나빠진다. 규산/질소율이 크고(질소질 비료의 사용량이 적을수록), 칼륨/규산 비율이 클수록 벼는 건강하게 자란다.
> ③ 표피의 증산을 줄여 수분 스트레스가 일어나는 것을 막는다.

ANSWER │ 79.④ 80.① 81.③

CHAPTER 06

미곡의 저장 및 특수재배

1 미곡의 도정 및 저장

① 미곡의 도정

(1) 도정도

① **도정의 종류**

　㉠ 정백미 : 현미에서 씨눈과 겨층을 완전히 제거하여 현미무게의 93% 이내의 백미를 도출한 것이다.

　㉡ 7분도미 : 쌀알 중에 배를 70% 남게 하는 정도의 것으로 현미 대 중량이 95% 정도가 되도록 벗긴 것이다.

　㉢ 5분도미 : 현미에서 배의 거의 전부를 남게 한 것으로 겨층의 일부만 제거된 중량이 97% 정도가 되도록 벗긴 것이다.

② **도정률** … 제현율×현백률÷100 (70~74%범위이다.)

③ **제현율**

　㉠ 제현 : 벼에서 현미를 만드는 것으로, 제현을 할 때 현미와 왕겨 및 싸라기가 나온다.

　㉡ 제현율 : 벼에서 현미가 나오는 비율이다.

　㉢ 용량 : 약 55%, 중량으로 75 ~ 85%이다.

④ **정백률**

　㉠ 정백 : 현미에서 백미를 만드는 것으로, 정백을 할 때에는 백미와 쌀겨가 나온다.

　㉡ 정백률 : 현미에서 백미가 나오는 비율이다.

　㉢ 용량 : 92 ~ 96%, 중량으로 93 ~ 95%이다.

⑤ **현백률** … 현미에서 백미가 되는 비율로, 90~93%이다.

(2) 도정감

① **도정감** ··· 현미를 정백하면 겨눈과 배가 떨어져 중량과 용량이 감소되는 것이다.

② **도정감의 주된 것** ··· 쌀겨와 소립의 싸라기 및 그 밖의 손실이다.

③ **감량** ··· 보통 중량으로 5 ~ 10%이다.

  ㉠ 쌀겨 : 5.0 ~ 7.0%이다.

  ㉡ 싸라기 : 0.5 ~ 1.0%이다.

  ㉢ 손실 : 0.5% 정도이다.

② 미곡의 저장

(1) 미곡의 저장형태

① **미곡의 저장형태** ··· 정조(벼), 백미, 현미 등의 형태로 저장된다.

② 우리나라에서는 주로 정조의 형태로 저장된다.

③ **정조저장의 장점**

  ㉠ 환원당과 지방산도가 낮아 쌀의 품질을 잘 보존할 수 있다.

  ㉡ 현미나 백미로 저장할 때보다 해충의 종류가 줄어든다.

(2) 미곡저장

① **미곡저장에 영향을 주는 요인**

  ㉠ 온도와 습도가 영향을 미친다.

  ㉡ 저장고 내의 상태 : 온도 15℃, 습도 70% 이하이어야 한다.

  ㉢ 온도와 습도가 높을 경우 : 해충의 발생이 많아지고, 또 자체의 호흡이 왕성해 쌀의 화학적 변화도 많이 일어나 품질이 떨어진다.

② **벼의 저장 중에 발생하는 해충**

  ㉠ 대표적인 해충

   • 벼 : 화랑곡나방, 쌀바구미, 보리나방 등이 있다.

   • 현미 : 쌀바구미, 화랑곡나방, 거짓말도둑 등이 있다.

  ㉡ 해충 방제 : 벼를 저장할 창고는 미리 훈증제를 살포하여 해충을 제거한다.

(3) 변질미의 발생과 방제

① **변질미** ⋯ 미곡, 특히 백미나 현미는 저장 중에 화학성분의 양과 질의 변화가 일어나는데, 미생물에 의하여 쌀알의 성질이 변한 것이다.

② **주요 미생물** ⋯ 황변미균, 흑변미균 등이 있다.

③ **방제법**
  ㉠ 곡물을 충분히 건조하여 저장한다.
  ㉡ 황변미균은 수분함량의 15% 이하, 흑변미균은 13% 이하가 되면 발생하지 못한다.

2 특수재배

① 밭벼의 재배

(1) 생산현황

① **재배면적** ⋯ 3천ha 정도로 전라남도 > 전라북도 > 제주도 > 충청남도 순이다.

② **총수확량** ⋯ 6.6천톤 정도이다.

③ **10a당 수량** ⋯ 200kg 정도이다.

④ **장려품종** ⋯ 찰벼인 농림나 1호이다.

(2) 작물적 특성

① **형태적인 특성**
  ㉠ 일반적인 잎과 줄기가 거칠고 길며 크다.
  ㉡ 잎은 늘어지며 뿌리는 논벼보다 깊게 뻗고 잔뿌리가 많아 내건성이 강하다.
  ㉢ 쌀알의 모양은 가늘고 길다.
  ㉣ 논벼에 비해 쌀의 끈기가 적다.

② **생태적인 특성**
  ㉠ 논벼에 비하여 토양의 산소 요구도가 크고, 흡수력도 강하다.
  ㉡ 내건성이 강하여 밭에서 잘 적응한다.

(3) 재배환경

① 기상환경

　㉠ 밭벼는 토양수분의 다소에 의해 수량이 좌우되므로 한해의 우려가 없어야 한다.

　㉡ 수잉기 내지 유숙기에는 넉넉한 수분이 필요하므로 가물면 물을 대주는 것이 좋다.

　㉢ 생육기간 중에 비가 자주 와야 하고, 온도가 높고 일조가 많아야 한다.

② 토양환경

　㉠ 토양은 유기질이 풍부한 질흙이나 참흙이 알맞다.

　㉡ 밭벼는 이어짓기(연작)를 꺼리므로, 심경으로 표토(겉흙)을 깊게 갈아 준다.

　㉢ 다소 산성인 토양에서 생육이 좋다.

(4) 재배

① 파종

　㉠ 파종기 : 중·북부 지방에서의 적기는 4월 하순 ~ 5월 하순이며, 가을에 일기가 순조로운 곳은 6월 하순에 파종해도 어느 정도 수량이 기대된다.

　㉡ 파종량 : 10a당 7.2 ~ 9.0L가 소요된다.

　㉢ 종자소독

　　• 비중 1.08 정도에서 소독한다.

　　• 파종할 때에는 건조한 종자에 다찌가렌분제를 처리한다.

　㉣ 파종방법

　　• 이랑 너비는 60cm 정도, 파폭은 9 ~ 12cm로 한다.

　　• 줄뿌림할 경우 : 30cm 사이에 10 ~ 12 포기가 적당하다.

　　• 점뿌림할 경우 : 포기사이 9 ~ 12cm, 1포기당 5 ~ 6립씩 파종한다.

　㉤ 복토 : 파종 후 2 ~ 3cm 두께로 흙을 덮는다.

② 시비

　㉠ 시비량

　　• 논벼보다 30% 정도 많이 준다.

　　• 10a당 표준시비량 : 두엄 750 ~ 1,000kg, 질소 10 ~ 12kg, 인산 6 ~ 9kg, 칼륨 8 ~ 10kg이 표준이다.

　㉡ 시비성분

　　• 칼리 : 논벼의 경우 보다 50% 이상 많이 준다.

　　• 질소 : 과용하면 가뭄을 더 타고 쓰러지기도 쉬우며, 병이 심해질 수가 있다.

　　• 칼륨 : 가뭄에 견디는 힘을 강하게 해준다.

　㉢ 시비방법 : 질소질비료는 전량의 50%를 밑거름으로 주고, 분얼비로서 25%를 모의 잎이 5 ~ 7개 전개되었을 때 주며, 나머지는 이삭거름으로 출수 전 20 ~ 25일경에 준다.

③ 관리

㉠ 속기 및 보식 : 발아 후 출아상태로 밀생한 것을 솎아내는 동시에 발아하지 않는 곳에 보식을 한다.

㉡ 북주기 : 무효분얼기와 수잉기에 북주기를 하면 무효분얼을 적게 하고 도복을 방지하며, 장마철에 물빠짐을 좋게 한다.

㉢ 관수 : 수잉기부터 출수기에 걸쳐 2 ~ 3회 관수하면 등숙을 향상시켜서 증수에 효과적이다.

㉣ 제초제에 의한 제초

• 파종 전 : 라운드업, 그라목손 등을 살포한다.

• 파종 후 : MO, 마세트, 리누론 등의 입제나 유제를 살포한다.

• 발아 후 : 스탬유제, 시마진, 라쏘 등을 살포한다.

㉤ 병충해 방제 : 논벼와 같은 방법으로 방제, 석회질소 및 토양 소독제를 살포하여 굼벵이 등의 방제를 한다.

㉥ 가뭄의 대책

• 깊이 갈고 골을 깊게 준다.

• 가뭄에 강한 품종을 선택한다.

• 씨를 성기게 뿌리고 눌러준다.

• 관개시설을 한다.

• 질소를 제한하고 칼륨과 두엄을 많이 준다.

• 땅의 표면을 쪼아 주고 짚이나 풀로 덮어준다.

② 직파재배

(1) 직파재배

① **직파재배** … 본논에 직접 씨를 뿌려서 재배하는 것이다.

② **직파재배의 효과** … 생산비 절감에 의한 벼농사의 소득증대와 벼농사를 쉽게 지을 수 있다.

(2) 직파재배의 방법

① **담수직파재배**

㉠ 담수직파재배 : 논에 물을 대고 써레질을 한 후 기계로 줄뿌림하거나 볍씨를 흩어뿌림하는 방법이다.

㉡ **품종** : 만생종, 중생종을 선택한다.

ⓒ 종자준비와 씨뿌리기

- 종자준비 : 씨뿌리기(파종) 전에 볍씨를 1 ~ 2mm 정도 싹을 틔워 파종해야 물 속에서 발아가 잘 된다.
- 파종시기 : 5월 1일 ~ 5월 15일이 적당하다.
- 파종량 : 10a당 3 ~ 4kg이 적당하고, 1m²당 80 ~ 120개의 벼가 자라게 한다.

ⓔ 재배관리

- 파종 후 7일 정도 후에 발아가 되므로 물을 얇게 대어 출아를 촉진시킨다.
- 파종 20일 정도 후에 3엽기에 이르므로 이 때부터 모내기재배와 같이 관리한다.
- 잡초방제 : 파종 후 3일 이내에 직파재배용 제초제를 살포한다.
- 시비
  – 3요소 시비량 : 10a당 질소 11kg, 인산 7kg, 칼륨 8kg을 시용한다.
  – 시비방법
    ⓐ 질소 : 밑거름으로 40%를 전층시비하고 3엽기에 30%, 유수형성기에 30%를 시비한다.
    ⓑ 인산 : 밑거름으로 모두 시비한다.
    ⓒ 칼륨 : 밑거름으로 70%, 유수형성기에 30%를 시비한다.
- 중간낙수 : 최고분얼기 무렵에 낙수를 철저히 하여 뿌리의 활력을 높이고, 줄기를 튼튼하게 하여 쓰러짐을 방지하도록 한다.

② 건답직파재배

ⓐ 건답직파재배

- 마른 논에 파종기를 결합한 트랙터로 줄뿌림하는 방법이다.
- 담수직파와는 달리 씨담그기나 싹틔우기를 하지 않는다.

ⓑ 품종 : 그 지역의 장려품종을 선택한다.

ⓒ 종자준비 : 볍씨는 까락과 가지를 제거한다.

ⓓ 파종

- 줄뿌림 파종기로 씨를 뿌릴 때 파종구멍이 막히지 않게 한다.
- 파종구멍이 막히면 볍씨가 파종되지 않아 결주가 많이 발생한다.
- 파종시기 : 중부지방의 경우 5월 1일 ~ 5월 10일이 적당하다.
- 파종시 유의점 : 파종깊이가 너무 깊으면 발아율이 낮고 출아가 늦어지므로 파종깊이는 3cm 정도로 조절한다.

ⓔ 재배관리

- 볍씨는 씨를 뿌린 후 15 ~ 20일이 지나면 지상으로 출아한다.
- 볍씨의 출아에 적합한 토양의 수분함량 : 60 ~ 70% 정도이다.
- 파종이 끝난 후 제초제를 살포한다.
- 물을 대고 모내기재배와 같이 관리한다.

- 시비
  - 시비량 : 성분량으로 질소는 담수직파재배보다 40% 정도 더 준다.
  - 3요소 시비량 : 10a당 질소 15kg, 인산 7kg, 칼륨 8kg을 시용한다.
  - 시비방법
    ⓐ 질소 : 밑거름으로 40%를 전층시비, 3엽기에 30%, 유수형성기에 30%를 시비한다.
    ⓑ 인산 : 밑거름으로 모두 시비한다.
    ⓒ 칼륨 : 밑거름으로 70%, 유수 형성기에 30% 시비한다.

③ 조기재배

(1) 정의

벼의 수확을 되도록 일찍해서 생산물을 빨리 출하하기 위해 조생종을 조기에 육묘하여 모내기를 하는 재배법이다.

(2) 효과

① 수확기가 빨라져 생산물의 조기출하가 가능하다.

② 벼농사의 후작으로 사료 또는 채소나 녹비 작물과 같은 작물의 연내재배가 가능하고, 논 이용의 고도화를 기할 수 있다.

(3) 특징

① 등숙기가 고온기에 경과하게 되서 등숙일수가 짧다.

② 현미의 쌀겨층이 두꺼워 도정률이 낮다.

③ 곡실이 자연건조 조건에서도 동할미가 생기기 쉽다.

④ 식미가 떨어지는 등 품질이 저하된다.

④ 조식재배

(1) 정의

어느 정도까지는 영양생장일수가 긴 것이 수량이 높아지므로 이를 이용하여 벼의 생육기간이 짧은 한랭지에서는 그 지대의 만생종을 조기육묘하여 일찍 모내기를 하는 재배법이다.

(2) 효과

① 출수기를 다소 앞당기게 되어 한랭지에서는 생육 후기의 냉해위험성을 받지 않게 된다.

② 영양생장기간이 길어져 이삭 수가 많이 확보되므로 수량이 증대된다.

③ 답리작인 밀과 보리의 적기파종을 가능하게 한다.

④ 풍수해의 피해를 조기출수로 피할 수 있다.

⑤ 만식재배

(1) 정의

이앙적기에 관개용수부족이나, 전작물의 수확기지연 등에 의해 파종은 보통기에 하고 이앙이 지연될 수밖에 없을 때 만식하는 재배법이다.

(2) 특징

① 감온성인 조생종은 불시출수현상을 일으키고 생육량의 확보가 어려워 감수되므로 재배하지 말아야 한다.

② 못자리기간의 연장으로 모 소질이 크게 저하될 우려가 있을 때에는 물있는 논에 가식을 하였다가 이앙한다.

③ 못자리기간이 연장되어도 모의 노화가 적고 건모의 소질을 저하시키지 않도록 파종량을 적게 하고, 못자리 면적을 늘리며 밭못자리로 육묘한다.

④ 본답에 밀식을 한다.

⑥ 만기재배

(1) 정의

주로 중·남부의 평야지대에서 과채류, 담배, 감자, 사료 작물 등의 후작으로 일정한 시기에 늦심기를 하는 재배방법이다.

(2) 특징

① 6월 하순 ~ 7월 상순까지가 한계이다.

② 가을이 일찍 오는 저온인 해에 등숙이 지연되고 등숙률이 저하되는 타입의 지연형 냉해의 위험이 있다.

⑦ 간척지재배

(1) 염분농도와 벼의 생육

① **벼재배가 가능한 염분함량** ··· 0.3% 이하이다.

② **토양 염분농도와 벼의 생육장해와의 관계**
  ㉠ 토양 중의 염분 0.08% 이하 : 벼에 해가 없다.
  ㉡ 토양 중의 염분 0.1~0.2% : 약간의 장해가 있다.
  ㉢ 토양 중의 염분 0.25% 이상 : 피해가 심하다.

(2) 벼의 내염재배법

① **염분농도가 0.3% 이상** ··· 직파재배가 유리하다.

② **염분농도가 0.3% 이하** ··· 이앙재배가 유리하다.

③ **간척지** ··· 이앙재배나 조기재배를 하면 염해를 덜 받는다.

3 미곡의 검사

① 개요

(1) 미곡검사의 목적

① 정당한 등급을 매김으로 상품으로서의 규격을 동일하게 한다.

② 가치를 정당하게 평가하여 매매사항을 원활히 한다.

③ 산미의 품질을 향상시킨다.

(2) 미곡검사의 실시

국립농산물검사소에서 미곡검사를 실시한다.

② 미곡의 검사규격

(1) 대상

메벼와 찰벼의 현미 · 정조 및 백미를 대상으로 한다.

(2) 벼

① **적용대상** … 메벼, 찰벼를 대상으로 한다.

② **규격**

　㉠ 포장단위무게 : 40kg, 54kg

　㉡ 포장 : 벼가마니 또는 곡용가마니를 사용한다.

(3) 현미

① **적용대상** … 메현미, 찰현미를 대상으로 한다.

② **규격**

　㉠ 포장단위무게 : 2kg, 4kg, 5kg, 10kg, 20kg, 40kg, 60kg

　㉡ 포장 : 곡용새가마니, 지대 및 합성수지대를 사용한다.

(4) 쌀

① **적용대상** … 멥쌀, 찹쌀을 대상으로 한다.

② **규격**

　㉠ 포장단위무게 : 2kg, 4kg, 5kg, 10kg, 20kg, 30kg

　㉡ 포장 : 곡용새가마니, 마대, 지대 및 합성수지대 등을 사용한다.

06 출제예상문제

1 다음 직파재배와 관련된 설명 중 옳은 것은?

① 직파재배시에는 수중형 품종을 선택하는 것이 좋다.

② 직파재배를 하면 미질이 크게 향상된다.

③ 우리나라 논 90% 이상이 직파재배 적지이다.

④ 직파재배 최적지는 배수가 잘 되는 토양이다.

> **NOTE** 직파재배 … 본논에 직접 씨를 뿌려서 재배하는 것을 말한다.
> ※ 직파재배시 품종의 선정조건
> ㉠ 저온발아성이 강한 품종
> ㉡ 내한성이 강한 수중형 품종
> ㉢ 초기 신장성이 좋으며 도복에 강한 품종
> ㉣ 출수한계기 내에 출수되고 미질이 양호한 품종
> ㉤ 잎수가 많고 뿌리의 발달이 좋은 밀파적응성이 큰 품종

2 다음 중 미곡저장에 가장 좋은 조건은?

① 수분함량 16%, 온도 10 ~ 15℃ 이하   ② 수분함량 13%, 온도 10 ~ 15℃ 이하

③ 수분함량 16%, 온도 15 ~ 20℃ 이하   ④ 수분함량 13%, 온도 15 ~ 20℃ 이하

> **NOTE** 미곡의 저장
> ㉠ 우리나라는 정조(벼)의 형태로 저장한다.
> ㉡ 수분함량이 13% 이하여야 저장 중에 충해 및 변질의 위험이 없다.
> ㉢ 저장고 내의 온도는 15℃, 습도는 70% 이하로 유지시키는 것이 좋다.
> ㉣ 저장 중에 수분함량이 높으면 바구미나 곡식나방의 피해를 볼 수 있다.
> ※ 정조저장의 장점
> ㉠ 장기저장이 가능하다.
> ㉡ 물리적 장해를 적게 받아 병충해 발생이 적다.
> ㉢ 저장이 간편해서 완전한 설비나 특별한 기술 및 경비가 필요하지 않다.
> ㉣ 일시 정조로 저장되었다가 한가할 때 도정할 수 있어 노동력이 분배된다.

ANSWER | 1.① 2.②

3 다음 중 조식재배를 함으로써 수량이 많아지는 이유는?

① 영양생장 및 생식생장기간이 길다.

② 영양생장 및 생식생장기간이 짧다.

③ 영양생장은 길고 생식생장기간이 짧다.

④ 영양생장은 짧고 생식생장기간이 길다.

> ✎NOTE | 조식재배의 효과
> ㉠ 영양생장기간을 길게 하므로 수량이 증가한다.
> ㉡ 풍수해의 피해를 조기출수로 피할 수 있다.
> ㉢ 답리작인 보리와 밀 등 맥류의 적기파종을 가능하게 한다.
> ㉣ 출수기가 다소 앞당겨져 생육 후기의 풍수해 및 냉해를 피할 수 있다.

4 다음 미곡검사와 관련된 사항 중 옳지 않은 것은?

① 일정량의 현미립 중에서 1.6mm 줄체로 쳐서 체 위에 남아 있는 입의 비율을 제현율이라 한다.

② 1등품의 최저 제현율은 70%이다.

③ 규격포장 단위무게는 40kg과 54kg이다.

④ 1등품과 2등품의 수분함량은 15% 이하여야 한다.

> ✎NOTE | 제현과 제현율
> ㉠ 제현 : 벼에서 현미를 만드는 것을 말한다.
> ㉡ 제현율 : 제현을 할 때 벼에서 현미가 나오는 비율을 말하며, 1등품의 최저 제현율은 75%이고, 2등품의 최저 제현율은 70%이다.

5 벼를 직파재배할 때 가장 어려운 점은?

① 수확　　　　　　　　　　② 잡초방제

③ 파종하기　　　　　　　　④ 병충해 방지

> ✎NOTE | 직파재배
> ㉠ 본논에 직접 씨를 뿌려서 재배하는 방법이다.
> ㉡ 생산비 절감에 의한 벼농사의 소득증대와 벼농사를 쉽게 지을 수 있다.
> ㉢ 이앙재배에 비해 잡초의 발생이 많다.

ANSWER | 3.③　4.②　5.②

6 다음 중 밭벼의 재배법으로서 가장 효과적인 것은?

① 온상재배   ② 직파재배
③ 촉성재배   ④ 이식재배

> **NOTE** 밭벼의 파종법
> ㉠ 건답직파재배를 따른다.
> ㉡ 밭벼의 파종기는 건조할 때이므로 건조가 심한 곳에서는 고랑에 깊게 파종하는 것이 좋다.

7 다음 중 정백미에 대한 설명으로 옳은 것은?

① 현미에서 겨층과 씨눈을 완전히 제거한 것이다.
② 현미에서 씨눈만 제거한 것이다.
③ 현미에서 배의 거의 전부를 남게 한 것이다.
④ 현미에서 쌀알 중의 배를 70% 남게 한 것이다.

> **NOTE** 정백미 … 현미에서 겨층과 씨눈을 완전히 제거하여 현미무게의 93% 이내의 백미를 도출한 것이다.

8 다음 중 도정률에 대한 설명으로 옳은 것은?

① 도정시 싸라기가 나오는 비율   ② 정조에서 백미가 나오는 비율
③ 정조에서 현미가 나오는 비율   ④ 현미에서 백미가 나오는 비율

> **NOTE** 도정률 … 정조(벼)에서 백미가 나오는 비율이다(제현율×현백률÷100).
> ※ 도정용어정의
> ㉠ 제현율 : 정조에서 현미가 나오는 비율이다.
> ㉡ 현백률 : 현미에서 백미가 나오는 비율로서, 90~93%이다.

9 저장 중인 벼, 현미, 백미 모두에 발생하는 해충으로 짝지어진 것은?

① 화랑곡나방, 보리나방   ② 화랑곡나방, 쌀바구미
③ 보리나방, 거짓말도둑   ④ 쌀바구미, 거짓말도둑

ANSWER 6.② 7.① 8.② 9.②

10 우리나라에서 미곡을 주로 저장하는 형태는?

① 정백미   ② 백미

③ 현미   ④ 정조

11 다음 중 보통 쌀벌레라고 불리는 벼의 해충은?

① 좀바구미   ② 쌀바구미

③ 한점무늬쌀나방   ④ 화랑곡나방

12 벼의 생육기간이 짧은 한랭지에서 만생종을 조기육묘하여 모내기를 일찍 해 영양생장기간을 연장시켜 다수확을 목적으로 하는 재배방법은?

① 조기재배   ② 조식재배

③ 만식재배   ④ 만기재배

ANSWER | 10.④ 11.④ 12.②

13 다음 중 밭벼에 대한 설명으로 옳지 않은 것은?

① 장려품종은 농림나 1호이다.

② 논벼에 비해 쌀의 끈기가 적다.

③ 파종은 이앙재배에 준한다.

④ 우리나라에서 재배면적은 전라남도가 가장 넓다.

　　✎NOTE │ ③ 밭벼의 파종은 건답직파재배에 준한다.

14 다음 중 거름 주는 분량의 크기의 비교로 옳은 것은?

① 조기재배 > 만식재배 > 보통재배　　② 조기재배 > 보통재배 > 만식재배

③ 만식재배 > 보통재배 > 조기재배　　④ 만식재배 > 조기재배 > 보통재배

　　✎NOTE │ 조기재배는 보통재배보다 30 ~ 50% 정도 증비하고, 만식재배는 보통재배보다 20 ~ 30% 정도 줄인다.

15 벼의 재배가 가능한 염분함량은?

① 0.3% 이하　　　　　　　　　② 0.4% 이하

③ 0.5% 이하　　　　　　　　　④ 0.6% 이하

　　✎NOTE │ 벼의 재배가 가능한 염분함량 ⋯ 0.3% 이하가 되어야 한다.
　　　　※ 토양의 염분함량에 따른 영향
　　　　　㉠ 토양 중 염분이 0.08% 이하 : 해가 없다.
　　　　　㉡ 염분함량 0.1 ~ 0.2% : 약간의 장해가 있다.
　　　　　㉢ 염분함량 0.25% 이상 : 피해가 현저하다.

16 다음 중 찹쌀을 구성하고 있는 주요성분은?

① 아밀로펙틴　　　　　　　　　② 아밀로오스

③ 단백질　　　　　　　　　　　④ 지방

　　✎NOTE │ 찹쌀은 보통 밥을 지으면 유백색으로 불투명하며, 대부분 아밀로펙틴으로 이루어져 있다. 멥쌀은 아밀로오스 20%와 아밀로펙틴 80%로 이루어져 있다.

ANSWER │ 13.③　14.②　15.①　16.①

17 쌀의 품질과 맛을 좋게 유지시키는 건조방법에 대한 설명이다. (　　)에 들어갈 수치가 옳은 것은?

> 저장 중의 쌀의 영양이나 식이가 떨어지는 것을 막고 저장성을 높이기 위해 벼의 수분함량은 (　　)%
> 이하, 저장고 내의 온도는 (　　)℃ 이하, 습도는 (　　)% 전후가 바람직하다.

① 16, 16, 70

② 15, 15, 80

③ 15, 15, 70

④ 14, 14, 80

> ✏NOTE| 쌀을 저장할 때 해충이나 미생물의 번식을 억제하고 상품가치를 저하시키지 않도록 저장하기
> 위해서는 창고의 온도는 15℃ 이하, 습도는 70~75%로 보관하는 것이 바람직하다. 현재까지
> 벼나 쌀의 저장은 포장저장을 실시해왔으나, 최근 노동력 절약과 관련하여 벼의 산물저장이
> 시도되고 있다.

18 건답직파재배에 비하여 담수직파재배의 가장 큰 장점은?

① 담수에 의한 보온효과

② 담수에 의한 잡초발생의 경감효과

③ 파종작업의 생력화

④ 비료의 유실방지와 도복경감효과

> ✏NOTE| 담수직파는 논에 물을 대고 약간씩 싹을 틔운 종자를 기계로 뿌리는 것으로, 생력효과가 크고
> 영농규모확대시 항공기직파가 가능하여 생산비를 절감시킬 수 있다.

19 다음 중 직파재배에 대한 설명으로 옳지 않은 것은?

① 볍씨를 직접 논에 파종하는 방법이다.

② 이앙재배에 비해 노동력과 농자재 비용을 줄일 수 있다.

③ 잡초가 많이 생기는 단점이 있다.

④ 벼가 잘 쓰러지지 않는다.

> ✏NOTE| ④ 직파재배는 논에 직접 싹틔운 종자를 뿌리다 보니 이앙벼에 비해 벼의 뿌리가 토양표층에
> 분포하므로 도복의 위험이 높다.

ANSWER | 17.③ 18.③ 19.④

PART

03

맥류

제3편 맥류

보리

1 보리의 종류 및 작물적 특성

① 보리의 원산지 및 종류

(1) 원산지

① **여섯줄보리** … 중국 양쯔강 상류의 티베트 지방이 원산지이다.

② **두줄보리** … 카스피해 남쪽의 소아시아 지역이 원산지이다.

(2) 우리나라에서의 보리역사

① 고대 중국으로부터 전파된 것으로 추측되고 있다.

② 보리는 삼국시대부터 오곡의 하나였다.

(3) 종류

① **여무는 줄 수로 구분** … 여섯줄보리, 두줄보리로 나눈다.

② **껍질의 씨알분리 여부로 구분** … 껍질보리, 쌀보리로 나눈다.

② 재배 및 분포

(1) 보리의 특성

① **재배적 특성**

　㉠ 1년 2모작이 가능하고 재배가 용이하다.

　㉡ 보리는 일부 산간지대를 제외하면 전국에서 재배가 가능하다.

　㉢ 주식량으로 가장 적당하고, 대량생산되어도 안전하게 소비할 수 있다.

② 내도복성 품종이면 기계화 재배가 쉽고 생산비를 절감할 수 있다.

⑩ 맥류 중 수확기가 가장 빨라 밭에서 두류 등과 2모작이나 논 답리작을 할 때 유리하다.

② **기능(성분)상 특성**

㉠ 보리쌀은 영양면이나 식성면에서 중요한 식량으로 많이 이용되었으나 기호나 품질면에서 쌀만 못하다.

㉡ 최근 보리가 혈당, 요당 및 콜레스테롤 형성을 억제하는 효과가 밝혀져 품질을 크게 개선한 찰보리 품종들이 육성되어 건강식으로 이용이 점차 늘고 있다.

> ♣TIP│ 보리의 천연 기능성 식이섬유 베타 글루캔(β -glucon)
> ㉠ 알곡 내의 세포벽을 이루는 주요 물질로 대사 생리에 중요한 역할을 하는 식이섬유소의 일종이다.
> ㉡ 대장균에 의해 부티르산과 같은 저분자 지방산으로 분해되어 간에서 콜레스테롤 합성을 억제해서 성인병 예방에 좋다.
> ㉢ 곡식 중 보리에 가장 많아 쌀의 50배, 밀의 7배 이상이 함유되어 있다.

(2) 보리재배의 장·단점

① **장점**

㉠ 겨울 작물이므로 여름 작물과 조합하여 2모작을 할 수 있다.

- 밭 : 두류, 서류, 잡곡 등과 1년 2모작을 이루고 있다.
- 논 : 벼와 1년 2모작을 이루고 있다.

㉡ 보리는 수량이 많고 재배가 쉬우며 기계화도 용이하다.

② **단점**

㉠ 맥류 중 산성이 강한 땅이나 기상재해에 대한 적응성이 떨어진다.

㉡ 월동 중의 한해, 습해, 이른 봄의 한발, 그리고 등숙기의 강수나 도복의 피해를 입을 확률이 크다.

(3) 세계의 분포 및 생산

① 보리는 밀, 벼, 옥수수 다음으로 많이 재배되는 작물이다.

② **생산량** ⋯ 74,549천ha에서 170,364천톤, ha당 수량은 2,285kg이다.

③ **보리생산량이 많은 나라** ⋯ 독일, 러시아, 캐나다, 카자흐스탄, 에스파냐, 우크라이나, 오스트레일리아, 미국 등이다. 러시아, 유럽 및 아시아가 생산의 79.8%를 차지한다.

(4) 우리나라의 보리재배 현황

① **겉보리 중 추파성이 높은 품종** … 중부지방의 평야지대에서 재배되고, 경상 남·북도와 전라북도 가 주산지이다.

② **쌀보리** … 남부지방에서 재배되고 전라 남·북도 및 경상남도가 주산지이다.

③ **맥주보리** … 경상남도, 전라남도 및 제주도가 주산지이다.

④ **최근 육성된 내한성이 강한 찰쌀보리, 새찰쌀보리** … 수원에서도 월동이 안전하다.

⑤ **논뒷그루로 재배할 경우** … 남부평야지대가 안전하고 유리하다.

🔑 맥류의 생산량 🔑

구분	재배면적			10a당 수량			생산량		
	2011	2012	증감률	2011	2012	증감률	2011	2012	증감률
맥류	42,098	30,667	-27.2	-	-	-	119,197	94,231	-20.9

③ 성분과 용도

(1) 성분

① **보리쌀의 성분** … 당질, 그 중에서 특히 전분이 주성분이고 비타민 B의 함량이 많고 단백질함량 도 적지 않으며 그 질도 우수하나 지방함량은 낮다.

② **보릿겨의 성분** … 탄수화물이 주성분이고 지방과 단백질은 적다.

(2) 용도

① **종실** … 양조용(고추장, 된장, 소주 등), 보리차, 감주, 맥주원료 등으로 사용된다.

② **보릿가루** … 밀가루에 5 ~ 10% 정도 혼합하여 과자, 국수, 빵 등을 만든다.

③ **보릿겨와 풋베기한 보리** … 사료로 사용된다.

④ **보릿짚** … 가공용(모자, 자리, 포장용 등), 제지원료, 퇴비, 연료 등에 사용된다.

2 보리의 특성

① 형태적 특성

(1) 뿌리

① **씨뿌리** ··· 3 ~ 5개이다.

② **근계**

ㄱ 어린 맥류가 자라면서 줄기의 마디에서 수염뿌리로 이루어지는 근계를 이루게 된다.

ㄴ 근계의 발달은 다른 맥류에 비해 천근성이다.

③ **중배축**

ㄱ 종자를 2cm 이상 깊게 파종하면 배축부 상부의 제2 또는 제3의 마디 사이가 신장해 종자와 관부 사이에 중배축이 발생한다.

ㄴ 중배축이 발생하면 발아는 늦지만 도복 및 한해에 대한 저항성이 커진다.

♟ 보리의 중배축 ♟

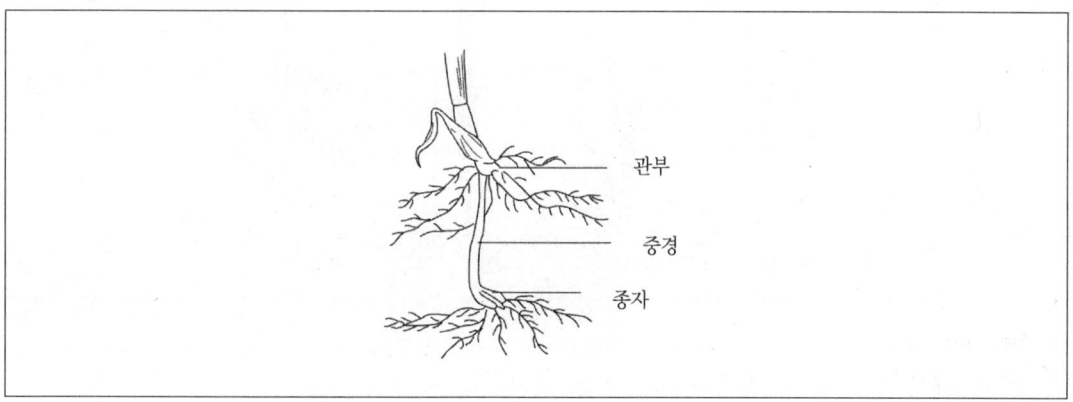

(2) 잎과 줄기

① **잎**

ㄱ 잎 : 떡잎집, 전엽, 본잎, 지엽이 있다.

ㄴ 본잎 : 잎집, 잎몸으로 이루어져 있고, 경계부분에 잎혀, 잎귀가 있다.

② 줄기

　　㉠ 줄기 : 마디와 마디 사이로 되어 있고, 속이 비었다.

　　㉡ 간장 : 대체로 60 ~ 90cm이다.

　　㉢ 땅 위 줄기의 마디 수 : 4 ~ 5개 정도이다.

　　㉣ 신장절 : 땅 위 4 ~ 5마디는 마디사이가 자라서 신장절을 이룬다.

　　㉤ 분얼절 : 신장절 아래는 땅속 얕은 부분에 마디가 밀집되어 있고, 이들 마디에서 분얼이 발생한다.

(3) 이삭

① 이삭의 모양

　　㉠ 보리, 밀, 호밀 등의 이삭은 벼, 귀리이삭과 다르게 종실이 직접 이삭줄기에 달려 있어 밀집된 상태로 매우 짧다.

　　㉡ 이삭의 모양에 따른 보리의 종류

　　　• 여섯줄보리 : 이삭이 짧고 낟알이 촘촘히 붙어 있으며 통통하다.

　　　• 두줄보리 : 납작하다.

❦ 맥류의 이삭 ❦

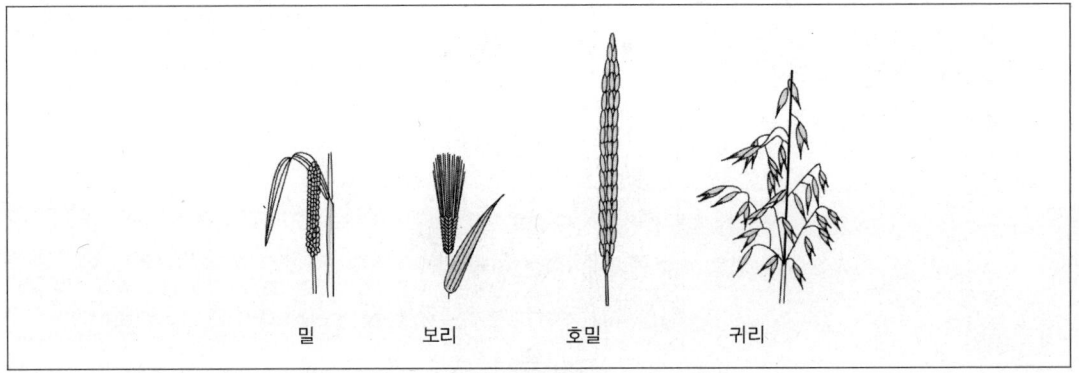

밀　　　보리　　　호밀　　　귀리

② 작은 이삭(소수)

　　㉠ 이삭에서 1쌍의 받침껍질에 싸여 있는 한 단위이다.

　　㉡ 1개의 꽃이다.

　　㉢ 이삭줄기의 마디마다 3개씩 작은 이삭이 마주 서는 형태로 달려 있다.

　　㉣ 작은 이삭에 따른 보리의 종류

　　　• 여섯줄보리 : 이삭줄기 양쪽의 3개씩의 꽃이 모두 여문 것이다.

　　　• 네모보리 : 3개의 작은 이삭 중 측열의 작은 이삭과 이삭줄기 사이가 조금 뜨고 마디 사이도 길어서 작은 이삭들이 성기게 붙어있어 횡단면이 4각형으로 보이는 것이다.

　　　• 두줄보리 : 가운데 작은 이삭만 여물고 양쪽 2개가 여물지 않는 것이다.

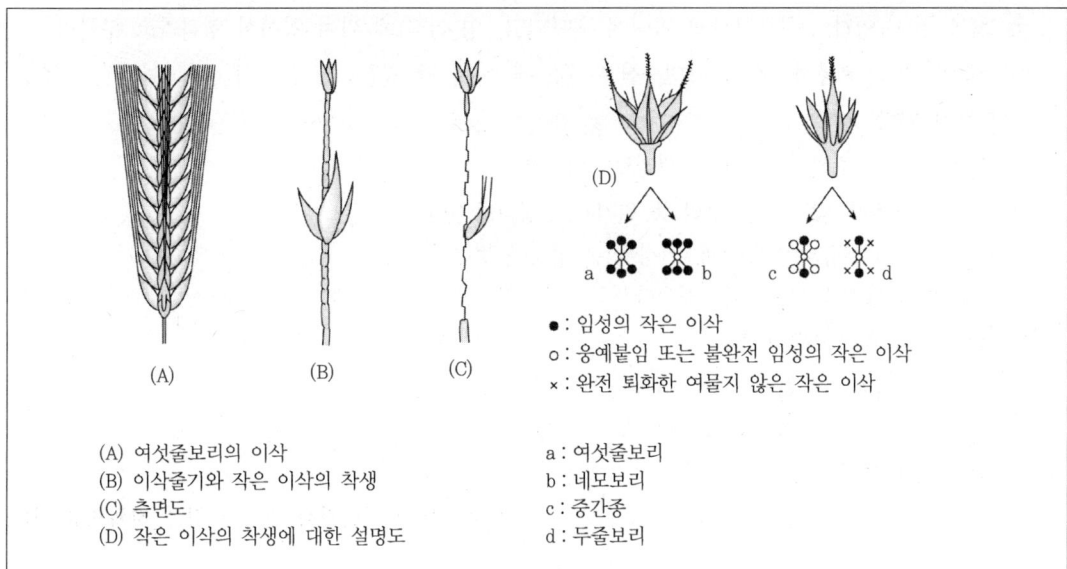

♟ 보리 이삭과 작은 이삭의 구조 ♟

(A)　　　　(B)　　　　(C)

(D)

a　　　　b　　　　c　　　　d

● : 임성의 작은 이삭
○ : 웅예붙임 또는 불완전 임성의 작은 이삭
× : 완전 퇴화한 여물지 않은 작은 이삭

(A) 여섯줄보리의 이삭
(B) 이삭줄기와 작은 이삭의 착생
(C) 측면도
(D) 작은 이삭의 착생에 대한 설명도

a : 여섯줄보리
b : 네모보리
c : 중간종
d : 두줄보리

(4) 꽃과 종자

① 꽃

　㉠ 맥류의 꽃 : 겉껍질과 안껍질에 싸여서 암술 1개·수술 3개 및 비늘껍질 1쌍으로 이루어진다.

　㉡ 까락

　　• 형태 : 보통 가늘고 긴 모양이지만 길고 뭉툭한 것, 굵고 뭉툭하게 세 갈래로 갈라진 것도 있다.
　　　까락이 길수록 엽록소함량, 기공수, 가스교환, 광합성이 높다.

　　• 보리의 까락 : 크고 굵으며, 엽록소도 많아 광합성작용을 활발하게 한다.

♟ 맥류의 꽃 ♟

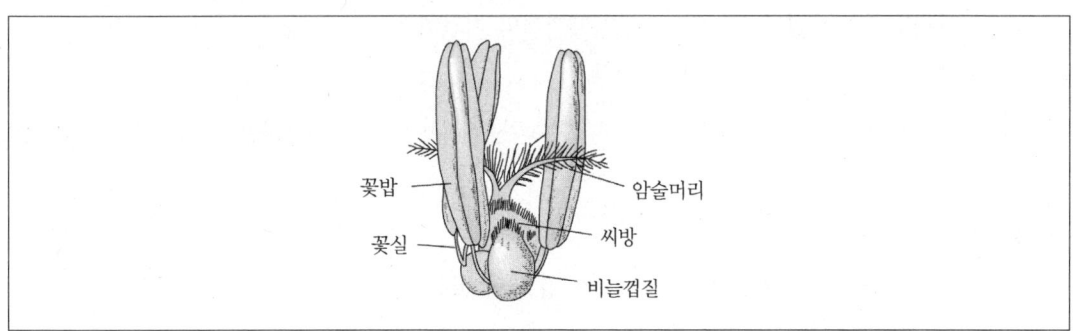

꽃밥　　　　　　　　　암술머리
꽃실　　　　　　　　　씨방
　　　　　　　　　　　비늘껍질

② **종자**

　　㉠ **맥류의 종자(영과)** : 식물학상의 과실에 해당되고, 영(껍질)에 싸여 있어서 영과라고 부른다.

　　㉡ **종자의 모양** : 통통하고 길쭉하며, 한쪽 중앙에 세로 난 깊은 골(종구)이 있어 보리쌀의 검은 부분이 된다.

　　㉢ **맥류의 종자의 구성** : 배, 배젖, 껍질로 구분된다.

　　　• 배 : 어린 식물의 잎, 줄기, 뿌리 등 원기가 형성되어 있다.

　　　• 배젖 : 양분이 저장되어 있는데, 가장 많은 양분은 전분이다.

　　　• 껍질 : 배와 배젖을 싸고 있는 것이다.

　　㉣ **껍질분리에 따른 보리의 종류**

　　　• 겉보리 : 성숙해도 껍질에서 낟알이 잘 분리되지 않는다.

　　　• 쌀보리 : 성숙하면 껍질에서 낟알이 잘 분리된다.

　　㉤ **배젖의 양분에 따른 보리의 종류**

　　　• 메보리 : 아밀로오스 함량이 21% 이상이고, 아이오딘-아이오딘화칼륨 반응시 짙은 청색으로 나타난다.

　　　• 찰보리 : 아밀로오스는 거의 없고 아밀로펙틴으로 구성되어 있고, 아이오딘-아이오딘화칼륨 반응시 붉은 갈색으로 나타난다.

② 생육적 특성

(1) 맥류의 일생

① **발아기** … 싹이 트는 시기이다.

② **아생기**

　　㉠ 싹이 나온 다음 본잎이 2매 정도 생길 때까지의 기간이다.

　　㉡ 주로 배젖의 양분으로 자라는 시기이다.

③ **이유기** … 배젖의 양분이 떨어지고 뿌리로 흡수되는 양분에 주로 의존하는 전환기로 아생기 말기이다.

④ **유묘기**

　　㉠ 분얼이 시작되는 시기로, 본잎이 2 ~ 4매 정도 생긴다.

　　㉡ 안전한 월동을 위해서는 월동 전에 이 시기를 거쳐야 한다.

⑤ **분얼기**

　㉠ 원줄기의 본잎이 4~8매 정도 되는 시기이다.

　㉡ 분얼최성기 : 본잎이 7~8매인 시기로 1차 분얼 및 2차 분얼이 같이 발생해서 분얼이 가장 활발한 시기이다.

　㉢ 최고분얼기 : 분얼최성기의 말기에 분얼 수가 최고로 되는 시기이다.

　㉣ 유효분얼기와 무효분얼기

　　• 유효분얼기 : 분얼 뒤에 이삭이 달리는 분얼의 전·중기이다.

　　• 무효분얼기 : 분얼최성기의 후반기에 분얼한 것은 대체로 무효분얼이 되는데, 이 시기를 말한다.

　　• 유효경 비율 : 분얼 총 수에 대한 유효분얼 수로, 대체로 30~70%이다.

⑥ **유수형성기**

　㉠ 이삭패기 35일 전에 주간의 잎 수는 6~7매이고, 어린 이삭의 길이는 0.7~2mm 정도가 되는 시기이다.

　㉡ 이상 저온에 의한 붙임이나 어린 이삭의 피해가 일어날 수 있다.

　㉢ 무효분얼을 억제하기 위하여 밟기와 흙넣기를 해 준다.

⑦ **신장기**

　㉠ 유수형성기부터 출수기까지를 말한다.

　㉡ 줄기와 이삭이 급속도로 신장한다.

⑧ **출수기**

　㉠ 이삭이 지엽의 잎집 속에서 나오는 시기이다.

　㉡ 보리의 출수기

　　• 남부지방 : 4월 중·하순이다.

　　• 중부지방 : 5월 중순이다.

　㉢ 밀의 출수기 : 5월 상·중순이다.

⑨ **등숙기간**(유숙기, 황숙기, 완숙기, 고숙기)

　㉠ 유숙기 : 정받이 후 24~25일의 기간이다.

　㉡ 황숙기 : 유숙기 후 4~6일의 기간이다.

　㉢ 호숙기 : 황숙기의 전반을 말한다.

　㉣ 완숙기, 고숙기

　　• 보리 : 수분 후 30~35일에 완숙된다.

　　• 밀 : 수분 후 35~40일에 완숙된다.

(2) 발아와 분얼

① 발아

⊙ 발아에 영향을 주는 요인 : 온도, 수분, 산소가 영향을 미친다.

- 온도
  - 최저 온도 : 0 ∼ 2℃
  - 최적 온도 : 24 ∼ 26℃
  - 최고 온도 : 38 ∼ 40℃
- 수분 : 종자 건물중의 40 ∼ 50%의 수분을 흡수해야 발아한다.
- 산소 : 토양의 수분이 많으면 산소가 부족하여 발아가 나쁘다.

ⓛ 발아과정

- 종근이 먼저 나오고 이어서 싹이 나온다.
- 껍질보리와 귀리 : 초엽이 과피 밑으로 신장하여 겉껍질의 끝에서 밖으로 자라 나와 뿌리와 싹이 종자의 양쪽에서 나오게 된다.
- 밀과 호밀 : 배에서 껍질을 직접 뚫고 나와 싹과 뿌리가 자란다.

♟ 맥류의 싹트는 모양 ♟

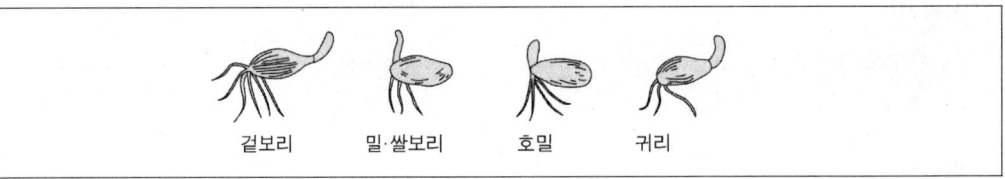

겉보리　　밀·쌀보리　　호밀　　귀리

② 분얼

⊙ 맥류는 줄기의 땅속 마디에서 분얼이 이루어지며, 보통 10개 내외로 분얼한다.

ⓛ 직파를 하기 때문에 원줄기의 떡잎집 및 제1본잎의 마디부터 분얼이 시작된다.

(3) 출수(이삭패기)

① 출수

⊙ 숙기가 빠르고 늦음을 나타내는 특성으로 생태적 · 재배적으로 매우 중요하다.

ⓛ 맥류의 출수기가 빠를수록 작부체계가 유리하고 강수에 의한 도복과 수발아 피해도 덜 받는다.

ⓒ 출수기에 영향을 주는 요인 : 일장, 파성, 온도 등의 영향을 받는다.

② 파성

⊙ 파성의 분류

- 춘파형 : 봄에 씨를 뿌려 정상적으로 자라서 출수, 성숙하는 맥류이다.
- 추파형 : 가을에 시를 뿌려 겨울철 저온단일조건을 거쳐 출수, 성숙하는 맥류이다.
- 양절형(중간형) : 봄 또는 가을에 뿌려도 출수, 성숙하는 맥류이다.

ⓛ 파성의 성질
- 추파성 : 영양생장을 과도하게 계속하려는 성질이다.
  - 좌지현상 : 생육 초기에 일정기간 낮은 온도나 단일조건을 거치지 않으면 줄기와 잎만 자라고 이삭이 형성되지 못하는 현상이다.
  - 가을에 씨를 뿌려야만 어린 식물이 겨울을 나는 동안 단일조건과 낮은 온도를 거치게 되어 추파성이 없어지게 되므로 제대로 출수, 성숙하게 된다.
  - 추파성이 높을수록 출수가 늦은 경향이 나타난다.
  - 추파성이 없어지면 장일식물로서 고온장일조건에서 이삭패기가 촉진되며, 저온단일조건에서는 늦어진다.
  - 춘화처리를 하면 봄에 파종할 수 있는데, 가을에 파종하는 것보다 수확량이 적다.
- 춘파성 : 춘파형을 봄에 파종했을 때 추파형을 가지고 있지 않아서 정상적으로 출수하는 성질이다.

ⓒ 추파성의 정도에 따른 재배
- 추파성이 높은 품종 : 보통 출수기는 늦으나 추위에 강한 경향이 있어서 중부지방에서 재배한다.
- 추파성이 낮은 품종(춘파성 품종) : 추위에는 다소 약하지만 숙기가 빠른 경향이 있어서 남부지방에서 재배한다.
- 추파성 맥류라고 하더라도 추파성이 없어지면 겨울을 안 나도 이삭패기가 촉진되기 때문에 추파성 맥류는 봄에 파종하면 재배기간을 단축할 수 있다.

ⓔ 춘화처리(저온처리)
- 춘화처리 : 추파성을 춘파성으로 전환시키기 위해 추파맥의 최아 종자를 저온에 일정기간 보관하는 방법이다.
- 춘화처리방법
  - 암기춘화 : 싹트기 시작한 씨를 공기가 잘 통하고 어두운 곳에서 마르지 않도록 간수하며 $1 \sim 5℃$에 $40 \sim 60$일 동안 보관한다.
  - 단일처리 : $1 \sim 4$엽기부터 $20℃$ 정도의 온도에서 8시간 단일처리를 $30 \sim 90$일쯤 실시한다.
  - 종자녹체춘화 : 씨를 뿌리고 씨가 약간 보이게 흙을 덮은 후 제1엽기부터 $8℃$에서 적외선이 비치는 비타룩스 A를 밤낮으로 계속 조명하면서 $30 \sim 50$일쯤 보관한다.
  - 화학적 춘화 : 지베렐린이나 우라실산과 같은 화학물질을 뿌려 준다.

(4) 개화 및 정받이

① 개화
ⓐ 꽃의 껍질이 벌어지고 수술의 꽃실이 신장하여 꽃밥이 껍질 밖으로 나오면서 터지는 현상이다.
ⓑ 보리와 밀은 이삭 중앙부분의 꽃부터 피기 시작한다.
ⓒ 보리의 개화 : 이삭이 패면서 바로 꽃이 피고, 오전에 많이 핀다.
ⓓ 밀의 개화 : 이삭이 팬 후 $3 \sim 6$일 후에 꽃이 피기 시작하고, 오후에 많이 핀다.

     ⓜ 개화온도

- 최저 온도 : 10 ~ 18℃
- 최적 온도 : 18 ~ 21℃
- 최고 온도 : 31 ~ 32℃

     ⓗ 습도 : 70 ~ 80%가 알맞다.

② **수정**(정받이)

     ㉠ 꽃이 피고 가루받이가 이루어지며 5 ~ 24시간 안에 수정이 이루어진다.

     ㉡ 건조, 저온, 비 등은 개화와 수정에 장해로 작용한다.

     ㉢ 호밀은 타가수정을 하지만, 기타 맥류는 자가수정을 한다.

     ㉣ **자연교잡률**(자가수정률)

- 보리 : 0.15% 이하
- 밀 : 0.3 ~ 0.5%
- 귀리 : 0.04 ~ 1.4%

(5) 등숙

① **등숙 소요일수**

     ㉠ 보리 : 30 ~ 35일 정도이다.

     ㉡ 밀 : 35 ~ 40일 정도이다.

② **배의 발달**

     ㉠ 수정완료 : 수분 후 1 ~ 2일이면 완료된다.

     ㉡ 종실의 길이 : 수분 후 1주일 정도면 길이가 거의 최대에 달한다.

     ㉢ 건물축적 : 수분 후 7 ~ 9일경에 이루어진다.

     ㉣ 종실의 폭 : 수분 후 2주일 정도면 거의 최대에 달한다.

     ⓜ 종실의 두께 : 수분 후 3주일 정도면 거의 최대에 달하며 정상적인 발아력을 갖게 된다.

     ⓗ 수분 : 등숙 전기에 급격히 감소하고 등숙 후기에는 서서히 감소한다.

     ㉾ 배의 완성

- 보리 : 25 ~ 28일 정도면 완성된다.
- 밀 : 30일 정도면 완성된다.

(6) 휴면과 수발아

① **휴면** … 수확한 종자에 한동안 싹트기에 알맞은 조건을 갖추어 주어도 싹이 트지 않는 경우를 말한다.

  ㉠ 휴면의 원인 : 종자 중의 효소나 저장물질이 생리적으로 미숙한 상태이거나 종자 중에 발아억제물질이 존재하기 때문이다.

  ㉡ 휴면기간 : 맥류의 휴면은 거의 없는 것부터 60 ~ 90일에 이르는 것이 있다.

  ㉢ 휴면타파

   • 흡수종자는 낮은 온도에, 건조종자는 높은 온도에 보관하면 휴면기간이 짧아진다.

   • 휴면타파방법

   – 1% 정도의 과산화수소수액에 종자를 24시간 정도 담았다가 물로 씻은 다음 8 ~ 12℃의 낮은 온도에서 싹을 틔우거나 종자를 고온에서 건조시켜서 싹을 틔우면 된다.

   – 귀리의 휴면타파 : 지베렐린 5 ~ 500ppm 처리가 효과적이다.

② **수발아**

  ㉠ 맥류의 성숙기에 비가 잦고 음랭한 날씨가 계속될 때에 이삭이 포장에 서 있는 채 씨의 휴면이 끝나고 싹이 터서 이용가치가 거의 없게 되는 경우를 말한다.

  ㉡ 수발아된 맥류는 품질과 수량이 나빠진다.

  ㉢ 수발아 방지

   • 최근 개발된 찰성인자가 도입된 품종들은 수발아도 잘되고 꽃가루받이의 흡수도 빠르다.

   • 숙기가 빠르거나 휴면기간이 긴 품종들은 장마를 피하거나 휴면으로 인해 수발아의 위험이 적다.

   • 수발아의 응급대책 : 발아억제제를 살포하면 효과적이다.

(7) 수량의 구성

① **수량 구성요소**

  ㉠ 수량 구성요소 : 이삭당 씨알 수(1수립 수), 단위면적당 이삭 수, 분얼 수, 낟알의 무게(입중)로 구성되어 있다.

  ㉡ 높은 수량을 얻는 방법

   • 단위면적당 이삭 수를 충분히 확보한다.

   • 이삭당 영화 수나 임실률을 높인다.

   • 한 알의 무게를 최대한으로 무겁게 한다.

② **수량구성요소의 성립**

　㉠ 단위면적당 이삭 수

　　• 단위면적당 이삭 수의 결정요소 : 파종량, 월동률, 발아율과 분얼 및 유효경 비율로 결정된다.

　　• 단위면적당 이삭 수를 늘리는 방법

　　　－ 파종량을 늘리면 단위면적당 이삭 수를 늘릴 수 있다.

　　　－ 일정한도 이상으로 늘리면 개체의 생육량이 떨어지고 이삭당 꽃 수와 임실률이 크게 떨어진다.

　　　－ 파종적기에 적당한 양의 종자를 뿌리고 흙을 3cm 정도 깊이로 덮어 주면 발아율을 높이고 겨울
　　　　의 동해도 예방할 수 있다.

　㉡ 분얼 수

　　• 분얼 수의 차이 : 품종에 따라 차이가 난다.

　　• 분얼 수를 늘리는 방법 : 파종적기에 씨를 뿌리고 밑거름을 넉넉히 주며, 흙넣기 등 재배관리를 적
　　　기에 실시해서 분얼 수를 늘리고 유효경 비율을 높일 수 있다.

　㉢ 이삭당 씨알 수(입수)

　　• 이삭당 입수 결정요소 : 이삭당 꽃 수, 임실률에 의해 결정된다.

　　• 이삭당 입수를 늘리는 방법

　　　－ 단위면적당 이삭 수가 많아지면 단위면적당 꽃 수도 증가된다.

　　　－ 과도하면 수분, 양분, 광이 부족해서 단위면적당 꽃 수나 임실률이 크게 떨어진다.

　　• 이삭당 입수를 감소시키는 요인

　　　－ 쓰러짐은 임실률을 크게 떨어뜨린다.

　　　－ 분화된 꽃이라 해도 생식세포의 감수분열기 전·후시기에 냉해 등 불량환경을 만나면 퇴화하게
　　　　된다.

　　　－ 개화기에 비가 계속 오면 정받이의 장해로 임실률이 떨어진다.

　㉣ 낟알의 무게(입중)

　　• 다른 수량구성요소에 비해 환경의 영향이 적으나 품종 간 차이가 크다.

　　• 입중결정요소 : 1차적으로 꽃의 크기, 2차적으로 동화산물의 이삭으로의 전류축적 정도로 결정된다.

　　• 낟알의 비대발달에 영향을 주는 요인 : 출수 후의 기온, 토양, 일조, 꽃가루받이 및 뿌리의 활력,
　　　양분의 공급 등이 영향을 미친다.

　　• 낟알의 무게를 증가시키는 방법

　　　－ 지력을 높이고 양분을 원활하게 공급한다.

　　　－ 물 관리 등으로 토양의 수분을 적절하게 유지한다.

　　　－ 덧거름을 알맞게 준다.

3 맥류의 환경조건과 분류

① 맥류의 환경조건

(1) 기상조건

① **온도**
　㉠ 맥류는 저온성 작물이다.
　㉡ 생육온도
　　• 최저 온도 : 3 ~ 5℃
　　• 최적 온도 : 20 ~ 25℃
　　• 최고 온도 : 28 ~ 32℃
　㉢ 봄에 기온이 빨리 올라가야 생육이 왕성하고 이삭패기가 빨라진다.
　㉣ 등숙기에 건조하거나 온도가 30℃ 이상 계속되면 낟알이 겉마르기 쉽다.

② **일조량** … 일조량과 생육은 비례한다. 즉, 일조량이 많을수록 생육이 왕성해진다.

③ **수분**(눈, 비)
　㉠ 토양에 수분이 넉넉해야 좋지만 과도한 수분은 오히려 좋지 않다.
　㉡ 봄철에 눈 또는 비가 많으면 습해를 입을 우려가 있다.

④ **바람** … 등숙기간 중의 강한 비바람은 쓰러짐이나 수발아의 원인이 될 수 있다.

(2) 토양조건

① **생육에 적당한 토양조건**
　㉠ 물빠짐이 좋으며 부식이 풍부한 모래참흙, 참흙, 질참흙에서 잘 자란다.
　㉡ 약산성 내지 중성토양이 알맞다.

② **우리나라의 토양** … 산성토양이 많아 석회와 유기질비료를 많이 주어 토양을 개량해야 한다.

③ **생육에 알맞은 토양의 pH**
　㉠ 보리 : 7.0 ~ 7.8 pH
　㉡ 밀 : 6.0 ~ 7.0 pH
　㉢ 호밀 : 5.0 ~ 6.0 pH
　㉣ 귀리 : 5.0 ~ 8.0 pH

④ 불량환경에 대한 맥류의 적응성

    ㉠ 호밀 : 맥류 중 거름을 흡수하는 힘이 가장 강하고 토양이나 기후에 대한 적응성도 가장 크다.

    ㉡ 보리 : 맥류 중에서 불량환경에 대한 적응성이 가장 약한 편이다.

② 맥류의 분류 및 품종

(1) 분류

① **추파성의 유무** ··· 추파형, 춘파형, 양절형으로 분류한다.

② **성숙기** ··· 조생종, 중생종, 만생종으로 분류한다.

③ **간장**(키) ··· 장간종, 중간종, 단간종으로 분류한다.

④ **껍질이 종실에 붙었는지 떨어졌는지의 여부**(피과성) ··· 껍질보리, 쌀보리로 분류한다.

⑤ **이삭에서 여무는 열매의 줄 수**(조성) ··· 여섯줄보리, 두줄보리로 분류한다.

⑥ **여섯줄보리에서 이삭 횡단면의 모양**(수형) ··· 육모보리(밀수형), 네모보리(소수형)로 분류한다.

⑦ **초형** ··· 직립형, 포복형, 중간형으로 분류한다.

⑧ **분얼 수** ··· 다얼성, 소얼성으로 분류한다.

⑨ **찰기의 유무** ··· 찰보리, 메보리로 분류한다.

(2) 품종

① **우량품종이 지녀야 할 특성**

    ㉠ 균등성, 우수성 및 영속성을 지녀야 한다.

    ㉡ 숙기가 빠르고 수량이 많으며 품질이 우수해야 한다.

    ㉢ 키가 작거나 대가 튼튼해서 쓰러지지 않아야 한다.

    ㉣ 건조하고 메마른 산성토양에도 적응성이 높아야 한다.

    ㉤ 병충해에 강해야 하고, 논뒷그루로 재배시에는 습해에 대한 적응성도 강해야 한다.

    ㉥ 보리쌀

      • 찰성인자가 도입된 품종들이 알맞다.

      • 씨알이 굵은 것이 도정률을 높이거나 할맥을 만들기에 알맞다.

    ㉦ 겉보리 : 추위에 견디는 성질이 약하므로 중부지방이나 산간지대에서는 추위에 강한 품종이 좋다.

◎ 쌀보리
- 쌀보리는 겉보리에서 분화된 것이다.
- 쌀보리 품종과 맥주보리는 약하므로 남부지방에서 재배해야 한다.

② **우량품종의 특성**
- ⊙ 다수성 : 많은 수확물을 배출하는 성질을 말한다.
- ⓒ 조숙성 : 일찍 여무는 성질을 말한다.
- ⓒ 내도복성 : 잘 쓰러지지 않는 성질을 말한다.
- ⓐ 내한성 : 추위에 잘 견디는 성질을 말한다.
- ⓜ 내습성 : 습기에 잘 견디는 성질을 말한다.
- ⓑ 내병성 : 병해에 잘 견디는 성질을 말한다.
- ⓢ 수발아 저항성 : 식물체에 붙어 있는 이삭이 연속되는 강우로 인하여 수확기 전에 발아를 하는 현상인 수발아에 저항성을 가지는 성질을 말한다.

③ **장려품종**
- ⊙ 겉보리의 장려품종
  - 전국 장려품종 : 새강보리, 찰보리, 강보리, 새올보리, 올보리 등이 장려된다.
  - 중부지방 장려품종 : 두루보리, 부농, 동보리 1호 및 동보리 2호 등이 장려된다.
  - 남부지방 장려품종 : 알찬보리, 영남보리, 큰알보리, 낙영보리, 대진보리, 밀양겉보리, 오월보리, 알보리 등이 장려된다.
- ⓒ 쌀보리의 장려품종 : 올쌀보리, 새찰쌀보리, 찰쌀보리, 흰찰쌀보리, 백동, 긴쌀보리, 영산보리, 송학보리, 무안보리, 늘쌀보리, 새쌀보리, 무등쌀보리, 내한쌀보리 등이 장려된다.

    🔔TIP | 보리의 식미를 향상시키려면, 종실의 단백질 함량이 낮고, 호화온도가 낮으며, 아밀로오스 함량이 낮고, 백도가 높은 것이 좋다.

4 ▶ **재배**

① **종자의 준비**

(1) 종자의 준비
① 종자
- ⊙ 토양이 좋은 곳에서 질소거름의 양을 줄이고 병이 없고 건실하게 가꾼 것을 준비한다.
- ⓒ 이형개체를 제거하고, 다른 품종의 종자가 섞이지 않도록 주의해서 탈곡, 저장한다.

② **종자의 소독**

　㉠ 종자 1kg 당 카보람분제(비타지람) 2.5 ～ 3.0kg을 씨에 고루 묻혀 파종한다.

　㉡ 깜부기병이나 보리줄무늬병의 방제에 효과적이다.

(2) 정지(밭다루기)

① **밭다루기** … 보통재배에서는 이랑너비 40cm 정도, 골너비 20cm 정도로 씨앗을 넣는다.

> 작업 순서 : 석회뿌리기 → 퇴비넣기 → 갈고 · 흙부수기 → 밑거름넣기 → 골타기 → 씨앗넣기 → 흙덮기

② **생력기계화 재배의 이점**

　㉠ 기계를 이용하여 작업을 쉽게 하고 노동력을 줄일 수 있다.

　㉡ 각 식물체의 초기 생육부터 건실하게 함으로써 빛의 이용효율을 높여 이삭 수를 확보할 수 있다.

　㉢ 잡초방제는 제초제를 사용해 관리노력을 줄일 수 있다.

　㉣ 수확시에 콤바인을 이용해서 예취, 수확, 탈곡작업을 함으로써 노동시간과 인력을 줄일 수 있다.

　🔔TIP | 생력기계화 재배의 효과 … 노력절감, 수량증대, 농지이용도 증대, 농업수지의 개선

②　씨뿌리기(파종)

(1) 파종시기와 파종량

① **파종시기**

　㉠ 종자는 적기에 뿌려야 하고, 본잎이 5 ～ 6매인 상태로 겨울을 나도록 하는 것이 좋다.

　　• 파종시기가 늦어질 경우 : 겨울나기에 불리하고, 분얼이 적고 숙기도 늦어진다.

　　• 파종시기가 이를 경우 : 겨울나기 전에 어린 이삭이 생겨 얼어죽기 쉬워진다.

　㉡ 파종시기가 매우 늦어졌을 때의 처치 : 흰 눈이 나타날 정도까지 싹을 틔워 뿌리되 싹이나 뿌리가 너무 길게 자라지 않도록 한다.

　㉢ **지역별 적정 파종시기**

　　• 중부지방 : 10월 상 · 하순이 적정하다.

　　• 남부지방 : 10월 하순이 적정하다.

② **파종량**(300평 = 10a)

　㉠ 골뿌림 : 12 ～ 14kg(겉보리 13 ～ 14kg, 쌀보리와 밀은 12 ～ 13kg)이다.

　㉡ 줄뿌림 : 13 ～ 16kg(겉보리 15 ～ 16kg, 쌀보리와 밀은 13 ～ 15kg)이다.

　㉢ 흩어뿌림 : 16 ～ 20kg(겉보리 17 ～ 20kg, 쌀보리와 밀은 16 ～ 18kg)이다.

　㉣ 추운 지방이나 파종기가 늦어질 때에는 파종량을 늘려야 한다.

(2) 파종방법

① 밭에서 갈고 고른 다음 골을 타고 거름을 뿌린 후, 흙과 잘 섞어 골바닥을 예정한 너비로 판판하게 고른다.

② 종자를 골뿌림하고, 그 위에 두엄을 뿌리고 흙을 덮는다.

③ 종자는 보통 3cm 정도로 덮어주는 것이 알맞다.

④ 근래에 줄뿌림 파종기가 보급되어 이를 이용하면 골타기, 거름주기, 씨뿌리기, 골덮기 등의 작업이 동시에 이루어져 능률적이고 편리하다.

(3) 파종방법의 종류

① 평면 줄뿌림

ㄱ 밭 또는 물빠짐이 좋은 논에서 퇴비를 전면에 고르게 뿌리고 트랙터나 경운기에 줄뿌림 파종기를 부착하여 한번에 6줄씩 파종하는 방법이다.

ㄴ 먼저 파종량을 조절하는 조절레버를 잘 맞추고 몇 번 돌려서 종자가 적정량 떨어지는지 확인한 후에 파종을 한다.

ㄷ 비료살포, 종자넣기, 씨앗덮기 및 씨앗을 덮은 후 누루기를 동시에 한다.

ㄹ 파종량 : $1m^2$당 200 ~ 300립을 뿌린다.

ㅁ 비료량 : 보통재배보다 30 ~ 50% 많이 준다.

② 두둑세워 줄뿌림(휴립 줄뿌림)

ㄱ 배수가 불량한 토양에 알맞은 파종방법이다.

ㄴ 경운기나 트랙터에 파종기를 부착하여 파종하는데, 폭넓이 1.5m의 두둑에 6줄이 파종되고 25cm의 이랑이 만들어진다.

ㄷ 이랑 위에 줄뿌림 방법은 평면 줄뿌림과 같다.

ㄹ 이랑은 비올 때는 배수, 한발시는 관수하기 편리하다.

③ 흩어뿌림

ㄱ 종자를 흩어서 전체 면적에 파종하는 방법으로, 작은 씨앗을 뿌리기에 적당한 방법이다.

ㄴ 파종하는 노력은 절감되나 발아 후 육묘상 관리에 많은 노력이 든다.

ㄷ 물빠짐이 좋은 논 또는 밭에서는 전면 흩어뿌림, 물빠짐이 보통이거나 불량한 논에서는 골세워 흩어뿌림으로 구분할 수 있다.

ㄹ 전면 흩어뿌림 : 퇴비를 뿌리고 비료 살포기로 밑거름을 뿌려 가볍게 로터리한 후 흙을 덮는 방법으로 깊이 묻힌 종자는 싹이 빨리 나오지 않는다.

ㅁ 골세워 흩어뿌림 : 종자와 흙을 덮으면서 트랙터의 발토판을 이용하여 배수구를 만든다.

ㅂ 파종량 : $1m^2$당 300 ~ 400립으로 많이 뿌린다.

③ 거름주기와 김매기

(1) 거름주기(시비)

① **3요소의 흡수비율** … 질소 : 인산 : 칼륨 = 3 : 1 : 2

② **밭에서의 3요소 흡수율**

    ㉠ 질소와 칼륨 : 70% 내외로 흡수된다.

    ㉡ 인산 : 20% 정도 흡수된다.

    ㉢ 나머지는 토양에 잔류하거나 유실된다.

③ **적절한 거름 사용량** … 10a당 두엄 1000kg 이상, 질소 12 ~ 14kg, 인산 9 ~ 12kg, 칼륨 7 ~ 9kg 이다.

> ♠TIP | 질소의 밑거름과 덧거름
>   ㉠ 중부지방 : 밑거름과 덧거름 50 대 50 비율로 준다.
>   ㉡ 남부지방 : 밑거름과 덧거름 40 대 60 비율로 준다.
>   ㉢ 덧거름 시기 : 유수형성기에 준다.

④ **각 지방별 시비방법**

    ㉠ 남부지방 : 밑거름의 비율을 줄이고 덧거름의 비율과 횟수를 늘리는 것이 좋다.

    ㉡ 북부지방 : 밑거름으로 질소비료를 넉넉히 주어야 한다.

    ㉢ 중부지방 : 덧거름의 비율을 50%로 한다.

(2) 김매기(잡초제거)

① **시기** … 보통 3월 상순에서부터 4월 상순이다.

② **기능** … 김을 매지 않으면 밭에서 20 ~ 30% 정도 수량이 떨어지므로 많은 양의 수확을 위해 필요하다.

③ **제초제에 의한 제초**

    ㉠ 씨를 뿌린 직후에 사용하는 제초제 : 부타 입제와 유제, 벤치오 입제 등이 있다.

    ㉡ 싹이 난 후에 사용하는 제초제 : 월동한 후 맥류의 어린 싹이 보이면 벤타존을 10a당 300ml를 살포한다.

④ 밟기와 흙넣기 · 북주기

(1) 밟기(담압)

① 밟기가 필요한 경우

ㄱ 서릿발이 설 경우에 필요하다.

ㄴ 봄철에 토양이 매우 건조할 경우에 필요하다.

ㄷ 맥류가 월동 전에 지나치게 자랄 경우에 필요하다.

② 효과

ㄱ 생육을 억제하고, 쓰러짐을 방지한다.

ㄴ 뿌리의 발달을 촉진하여 월동에 유리하다.

ㄷ 분얼을 조장하며 이삭패기를 고르게 한다.

③ 방법 … 발로 밟거나 15 ~ 20kg 무게의 회전롤러로 눌러주기도 한다.

(2) 흙넣기 및 북주기

① 흙넣기

ㄱ 방법 : 초겨울이나 이른 봄에 김매기를 하면서 이랑의 흙을 파서 1cm 이하로 얕게 보리골에 넣어 준다.

ㄴ 효과 : 겨울을 나기에 유리하고 잡초의 발생도 줄일 수 있다.

② 북주기

ㄱ 방법 : 무효분얼기에 2 ~ 3cm 깊이로 북을 주거나 대가 상당히 자란 뒤에 3 ~ 6cm로 흙을 깊게 넣어 주거나 북을 준다.

ㄴ 효과

• 무효분얼이 억제된다.

• 뿌리의 발달을 도와주며, 쓰러짐이 적어진다.

• 통풍과 일조도 좋아져 생육도 왕성해진다.

• 잡초를 제거할 수 있고 물빠짐이 원활해진다.

⑤ 기상재해와 대책

(1) 동해

① 원인

ⓐ 겨울 동안에 눈이 적게 오고 갑작스럽게 강한 추위가 올 경우 동해를 입을 수 있는데 보리의 피해가 가장 크다.

ⓑ 맥류의 품종, 종류 및 생육 정도에 따라 동해의 적응력에 큰 차이가 있다.

② 대책

ⓐ 추위에 강한 품종을 적기에 파종하여 겨울을 나게 한다.

ⓑ 월동 전에 생육이 과도하거나 월동 중에 서릿발이 서면 밟아 준다.

ⓒ 두엄과 칼륨, 인산을 넉넉히 주어 초기 생육을 좋게 하고, 파종량을 늘린다.

ⓓ 논에서는 물이 잘 빠지도록 포장을 말리고 씨를 뿌린 후 두엄, 왕겨, 짚 등으로 덮어준다.

(2) 습해

① 원인

ⓐ 겨울철 눈이 많이 내리거나 이른 봄에 비가 잦고, 지하수위가 높은 논뒷그루 재배시에는 토양 중 수분이 과다해서 습해를 입을 우려가 있다.

ⓑ 증상
  • 토양이 과습하면 산소가 부족하여 뿌리의 생리작용이 낮아지고 효소작용에 이상이 생긴다.
  • 온도가 올라가면 유해물질이 발생하고 뿌리가 상하여 잎이 누렇게 뜬다.

② 대책

ⓐ 습해에 강한 품종을 심고 물이 잘 빠지도록 포장을 관리한다.

ⓑ 습해를 입었을 때는 1 ~ 2% 요소용액을 뿌려 주는 것이 좋다.

(3) 도복해(쓰러짐)

① 원인

ⓐ 도복 : 등숙기에 거센 비바람이 불면 식물체가 쓰러지는 것을 말한다.

ⓑ 증상 : 이삭으로 동화산물의 전이가 나빠 등숙이 불량하고 품질과 수량이 떨어지며, 발아가 발생하고 수확작업이 곤란하여 손실을 입게 된다.

② **대책**

    ㉠ 키가 작거나 대가 튼튼해서 쓰러지지 않는 품종을 재배한다.

    ㉡ 파종량을 많이 하지 않도록 한다.

    ㉢ 두엄, 칼륨, 인산 등을 넉넉히 주고, 질소비료의 덧거름을 알맞은 시기에 적당하게 준다.

    ㉣ 흙넣기, 밟기 등 관리를 철저히 한다.

(4) 가뭄해

① **원인** … 건조한 밭에서 봄과 등숙기에 가뭄의 피해를 입기 쉽다.

② **대책**

    ㉠ 건조한 때에 물을 대어 주는 것이 가장 좋으며, 씨뿌리는 골을 깊게 하고, 두엄, 칼륨, 인산을 넉넉히 준다.

    ㉡ 흙이 몹시 마를 때에는 골을 밟아 주고, 골 사이를 얕게 매어 수분의 증발을 억제하도록 해 준다.

⑥ 병충해 방제

(1) 병해의 종류와 방제

① **깜부기병**

    ㉠ 증상 : 이삭의 씨알이 검은 가루로 변하고, 흰색의 얇은 막으로 덮여 있다.

    ㉡ 종류

      • 겉깜부기병 : 밭에 선 채로 검은 가루가 터져 나와 이삭줄기만이 남는 병이다.

      • 속깜부기병 : 탈곡할 때에 비로소 터지는 병이다.

      • 비린깜부기병 : 터지면 비린내가 나는 병이다.

    ㉢ 방제

      • 씨뿌리기 전에 카보람분제로 종자소독을 한다.

      • 병든 포기는 검은 가루가 터지기 전에 포장에서 일찍 뽑아 태운다.

② **녹병**

    ㉠ 증상 : 5 ~ 6월쯤 날씨가 따뜻하고 습기가 많을 시기에 연약하게 자란 맥류의 지상부에 검붉은 반점이나 노란 줄무늬가 생기고 가루가 생기는 병이다.

    ㉡ 방제 : 병에 강하고 숙기가 빠른 품종을 재배하고, 질소질거름을 알맞게 주며, 물빠짐을 좋게 한다.

③ 바이러스병

　㉠ 종류

♟ 맥류 바이러스의 병징 ♟

구분	맥류 오갈병	밑줄무늬 오갈병	보라누론 모자이크병	맥류 북지 모자이크병
발병시기	신장기 이전	신장기 이전	신장기 이전	5 ~ 6월
잎의 병징	농록색으로 되고, 담록색의 줄이 엽맥을 따라 생기고 비틀린다.	담황색의 얼룩이 엽맥을 따라 생기고, 비틀리지 않는다.	황백색 줄무늬 또는 반점이 생긴다.	황록색 반점이 엽맥을 따라 생긴다.
위축정도	심하다.	덜 심하다.	덜 심하다.	심하다.
초장	작다.	약간 작다.	약간 작다.	작다.
분얼	많아진다.	적어진다.	적어진다.	많아진다.
이삭	2단 출수·임실이 불량하다.	–	–	2단 출수·말라죽는 이삭이 발생한다.

　㉡ 방제 : 윤작을 실시하고, 파종기를 다소 늦추면서 파종량을 늘리고, 매개곤충을 구제하며, 파종 전에 석회질소를 사용한다.

④ 붉은곰팡이병

　㉠ 원인 : 맥류가 출수개화할 무렵에 비가 많고, 평균기온이 15℃ 이상으로 따뜻한 날씨가 계속되면 발생한다.

　㉡ 증상 : 처음에 이삭에 흰곰팡이가 생기고 붉게 변하면서 종자가 제대로 여물지 못하고 심하면 이삭이 말라 죽는다.

　㉢ 방제
　　• 종자선종과 소독을 철저하게 하고, 병에 걸린 것은 일찍 뽑아서 태운다.
　　• 이삭이 팬 뒤 2주일 사이에 황수화제 400배액을 뿌리면 효과적이다.

⑤ 보리줄무늬병

　㉠ 증상 : 5월쯤 보리에서 흔히 발생하는데 잎에 누런 줄무늬가 생겨 점차 갈색, 검은색으로 변하며 이삭이 패지 못하고 죽는다.

　㉡ 방제 : 씨뿌리기 전에 카보람분제로 종자를 소독하고, 건실하게 재배한다.

⑥ 흰가루병

　㉠ 증상 : 비가 자주 내려서 공기가 습하게 되면 4 ~ 5월부터 성숙기에 걸쳐 맥류의 이삭부터 전 식물체에 발병하고, 밀가루를 뿌린 것처럼 나타난다.

　㉡ 방제 : 질소비료를 적당히 주며, 병에 걸린 것은 뽑아서 태운다.

⑦ **맥각병**

　　㉠ 증상 : 주로 호밀에서 발생하고 이삭의 곳곳에 모가 난 검은 덩어리(맥각)가 생긴다. 맥각에는 인축에 해로운 유독성분이 들어 있다.

　　㉡ 방제

　　　• 잡초를 제거하고 윤작과 심경을 실시한다.

　　　• 종자는 염수선을 하며 진딧물을 구제한다.

> ♣TIP | 맥각독
> 　㉠ 맥각균이 생성하는 에르고타민(ergotamine), 에르고톡신(ergotoxin) 등의 성분이다.
> 　㉡ 곡류 중에 맥각이 0.5% 이상 혼입되면 만성중독을 일으킨다.
> 　㉢ 맥각에 들어 있는 에르고톡신은 약용으로 이용되기도 한다.

(2) 충해의 종류와 방제

① 시기별 피해충해

　　㉠ 싹이 트는 시기 : 굼벵이가 피해를 준다.

　　㉡ 생육 중인 시기 : 보리굴파리, 멸강나방, 진딧물 등이 피해를 준다.

　　㉢ 저장 중인 시기 : 보리나방이 피해를 준다.

② 굼벵이

　　㉠ 시기 : 생육 초기에 어린 식물의 밑동을 잘라서 큰 피해를 입힌다.

　　㉡ 방제 : 밑거름을 줄 때 토양 살충제를 섞어 뿌려 방제한다.

③ 보리굴파리

　　㉠ 시기 : 남부지방에서 많이 발생되는 해충으로 5월쯤 애벌레가 잎끝부터 먹어 들어가 겉껍질만 남긴다.

　　㉡ 방제 : 발생 초기에 침투성이 강한 유기인제 1,000 ~ 1,500배액을 10a당 90L 정도 뿌려서 방제하는 것이 효과적이다.

④ 멸강나방

　　㉠ 시기

　　　• 주로 중국에서 비래하는 해충으로, 5월 하순부터 나타나 6월 중순에 피해가 심하다.

　　　• 장마기에 전작물 재배지나 목초지에서 유충이 집단적으로 빗물에 떠내려와 피해를 주기도 한다.

　　㉡ 방제 : 애벌레에 대한 초기 방제가 중요하며, 300평당 파프유제 100 ~ 120L 정도를 뿌려 방제하는 것도 효과적이다.

⑤ **진딧물**

    ㉠ 시기 : 주로 등숙기에 보리수염 진딧물이 피해를 끼치며, 특히 가뭄이 심할 때 피해가 크다.

    ㉡ 방제 : 발생 초기에 침투성이 강한 유기인제 1,000 ~ 1,500배액을 10a당 90L 정도 뿌려서 방제하는 것이 효과적이다.

⑥ **보리나방**

    ㉠ 시기 : 탈곡하기 전 이삭에 알을 낳아, 알에서 깨어난 애벌레가 저장 중의 씨알을 갉아먹는다.

    ㉡ 방제

      • 잘 말려서 서늘하고 건조한 곳에 저장한다.

      • 저장 중에 보리나방이 발생하면 훈증하여 제거해야 한다.

5 ▶ 수확 · 이용과 맥주맥

① 수확

(1) 수확기

① **보리** … 출수 후 30 ~ 35일, 5월 말에서 6월 상순이 수확기이다.

② **밀** … 출수 후 35 ~ 40일, 6월 상 · 중순이 수확기이다.

      🔔TIP| 콤바인으로 수확할 경우 손으로 수확할 때보다 3 ~ 4일 후에 수확한다.

(2) 탈곡

① **1분당 콤바인 회전 수**

    ㉠ 종자용(채종용) : 500 ~ 550회 정도가 적당하다.

    ㉡ 도정용, 제분용 : 550 ~ 600회 정도가 적당하다.

② **저장에 적당한 수분함량**

    ㉠ 보리 : 14% 이하이다.

    ㉡ 밀 : 13% 이하이다.

(3) 건조

① **방법** … 콤바인으로 생탈곡을 한 후 수분함량이 높은 것은 따로 건조기를 이용해 건조 · 저장해야 한다.

② **건조온도**
　㉠ 종자용 … 35 ~ 40℃가 적당하다.
　㉡ 그 외 … 50 ~ 60℃가 적당하다.

(4) 수량의 조사

♀ 평뜨기(평예법)의 수량 산정 ♀

$$10a당 \ 수량(kg) = \frac{1}{30} \, a당 \ 생맥중(kg) \times 건조율 \times 100$$

① 몇 개의 이랑을 조사하여 평균 이랑너비를 정하고 $\frac{1}{30}$ a에 해당하는 이랑길이를 계산한다.

② 3개소를 임의로 골라 계산된 길이만큼씩 베어 합쳐서 탈곡해 $\frac{1}{30}$ a분의 생맥중(kg)을 조사한다.

③ 이 중 일정량을 말려 건조율을 계산한다.

(5) 도정

① **도정률** … 무게로 쌀보리 68%, 겉보리 59%, 귀리 53% 정도이다.

② **도정방법** … 보리쌀은 눌러서 납작보리쌀을 만들고, 쌀보리는 낟알을 세로로 쪼개 할맥을 만들기도 하는데, 할맥은 골(종구)의 껍질이 벗겨지고 수분흡수도 빨라 밥짓기에 편하고 밥맛도 좋으나 종자의 손실이 많다.

(6) 저장

① 조곡으로 말려서 건조하고 서늘한 곳에 저장해야 변질과 충해가 없다.

② 저장 중 벌레가 발생할 경우 훈증으로 방제한다.

② 이용

(1) 성분

① 맥류의 주요성분은 녹말이고 단백질도 상당히 포함되어 있으나, 지질은 적다.

② 보리에는 인, 칼슘, 철 등의 무기성분과 비타민 B가 풍부하다.

(2) 이용

① **보리** … 밥, 식혜, 맥주, 보리차, 엿기름, 보리음료, 장류(된장, 간장, 고추장), 술(위스키), 보리국수, 보리빵 등에 이용된다.

② **보릿겨나 호밀, 밀의 기울** … 사료로 이용된다.

③ **보리짚** … 공예품, 두엄, 땔감 등에 이용된다.

④ **풋베기한 맥류** … 사료로 알맞고 엔실리지를 만들기도 한다.

③ 맥주맥(맥주보리)의 재배

(1) 종류

① 맥주보리는 엿기름을 만들어 맥주를 만드는데, 겉보리는 두줄보리, 여섯줄보리 모두 이용할 수 있다.

② 우리나라에서는 주로 두줄보리를 이용한다.

(2) 품질 조건

① 종자가 고르고 굵으며 껍질이 얇아야 한다.

② 발아가 빠르고 균일해야 한다.

③ 녹말함량이 많고, 단백질(8~12%)과 지방함량(1.5~3.0%)이 낮아야 한다.

④ 당화효소인 아밀라아제의 작용력이 강하고 껍질색이 깨끗해야 한다.

> 🔔TIP | **맥주맥의 면적 및 생산량** … 우리나라는 1993년 41,565ha에서 177,159톤이 생산되었고, 10a당 수량은 372kg이다.

(3) 재배지역 및 품종

① **재배지역**

    ㉠ **특징**: 맥주보리는 추위에 약하므로 따뜻한 지방에서 재배해야 한다. 그래야 수량도 많고 단백질 함량도 낮아진다.

    ㉡ **우리나라의 재배지역**: 주로 경상남도 및 전라남도의 남부지방과 제주도에서 재배된다.

② **품종**(장려품종) … 진양보리, 진광보리, 삼도보리, 제주보리, 향맥, 사천 6호, 두산 8호, 두산 29호 등의 품종이 있다.

(4) 파종시기

① **경상남도와 전라남도** ··· 10월 하순 ~ 11월 상순경에 파종한다.

② **제주도** ··· 11월 상·중순경에 파종한다.

(5) 종자량과 시비

① **종자량** ··· 10a당 7 ~ 8kg으로 비교적 적게 뿌리는 것이 좋다.

② **시비**

　　㉠ 시비량 : 10a당 두엄 1,000kg 이상, 질소 8kg, 칼륨 8kg, 인산 12kg 정도를 주고, 질소거름의
　　　　40% 정도는 초봄에 새 뿌리가 내릴 때 덧거름으로 준다.

　　㉡ 시비방법 : 시용량을 적게 하고, 덧거름의 비율도 낮게 하여 일찍 주어야 생육이 건실하고 결
　　　　실도 좋으며 단백질 함량도 낮고 숙기도 빨라진다.

(6) 수확 및 건조

① 콤바인 등으로 생탈곡한 후 40℃ 정도의 온도로 건조기를 이용해 건조시킨다.

② 건조온도가 너무 높으면 발아가 잘 안 되므로 적정온도를 유지해야 한다.

1 맥주보리의 특징에 대한 설명으로 옳은 것은?

① 발아력이 느리고 효소력이 약하다.　② 지방함량이 높고 전분함량이 낮다.

③ 종자가 굵고 전분함량이 많다.　④ 종자가 작고 단백질함량이 많다.

> ✎NOTE| 맥주보리의 특징
> ㉠ 종자가 굵고 발아력이 강하다.
> ㉡ 전분함량이 많고 단백질, 지방의 함량이 적다.
> ㉢ 효소력이 강하다.

2 다음 중 보리의 종실에 대하여 올바르게 기술한 것은?

① 종자가 발아할 때 제일 먼저 관근이 출현한다.

② 배에는 잎과 줄기만이 분화된다.

③ 종실의 호분층은 전분조직으로 구성되어 있다.

④ 종자는 배와 껍질로만 구분한다.

> ✎NOTE| ① 종자가 발아할 경우 종근이 나오고 싹이 나오게 된다.
> ② 배에는 잎, 줄기, 뿌리가 분화되어 있다.
> ④ 종자는 배, 배젖, 껍질로 구분한다.

3 보리의 수발아에 대한 설명으로 옳지 않은 것은?

① 수발아된 맥류는 품질과 수량이 저하된다.

② 숙기가 빠르거나 휴면기간이 긴 품종은 휴면을 통해 수발아의 위험을 감소시킬 수 있다.

③ 장마가 계속될 경우 씨의 휴면이 끝나고 싹이 터 이용가치가 소실되는 경우를 말한다.

④ 찰성인자가 도입된 품종은 수발아의 위험이 적고 꽃가루받이의 흡수도 느리다.

> ✎NOTE| 찰성인자가 도입된 품종은 수발아가 잘 되고 꽃가루받이의 흡수도 빠르다.

ANSWER | 1.③ 2.③ 3.④

4 다음 중 보리의 이삭패기 35일 전 잎이 6~7매일 때 시기는?

① 이유기   ② 분얼기
③ 유수형성기   ④ 출수기

>NOTE| ① 야생기의 말기로서, 배젖의 양분이 거의 소실되고 뿌리로부터 흡수되는 양분에 주로 의존하는 전환기이다.
② 본엽이 4~8매의 시기이다.
③ 보리의 이삭패기 35일 전 주간으로 잎수는 6~7매이며 이삭의 길이는 0.7~2mm 정도가 되는 시기이다.
④ 이삭이 지엽 밖으로 나오는 시기이다.

5 맥류의 종자소독으로 방제가 가능한 병은?

① 녹병   ② 깜부기병
③ 붉은곰팡이병   ④ 맥각병

>NOTE| 깜부기병은 종자소독으로 방제가 가능하여 씨뿌리기 전에 카보람 분제로 종자소독을 한다. 깜부기병에는 겉깜부기병, 속깜부기병, 비린깜부기병, 줄기깜부기병 등이 있다.

6 맥류의 깜부기병 예방방법으로 옳은 것은?

① 카보람분제 처리   ② GA 처리
③ Auxin 처리   ④ 에틸렌 처리

>NOTE| 깜부기병은 주로 종자나 토양에서 전염되는데, 균사나 포자상태로 종자 내부(배)에 잠복하므로 종자소독을 통해 방제할 수 있으며 종자소독은 대체로 카보람 분제로 처리한다.

7 맥류의 추파성을 완전히 소거한 뒤 출수조건은?

① 저온단일   ② 고온장일
③ 저온장일   ④ 고온단일

>NOTE| 추파성은 저온단일 조건에 의해서 소거되며, 추파성이 없어지면 장일식물로서 고온장일 조건에서 출수가 가장 촉진된다.

ANSWER | 4.③ 5.② 6.① 7.②

8 다음 중 보리의 추파성 소거에 효과가 없는 것은?

① 저온처리   ② 단일처리

③ Uracil acid 처리   ④ 요소용액의 엽면처리

> **NOTE | 추파성과 춘화**
> ㉠ 추파성 : 영양생장을 과도하게 계속하려는 성질을 말한다.
> ㉡ 춘화 : 추파성을 춘파성으로 전환시키기 위하여 추파맥의 최아 종자를 저온에 일정 기간 보관하는 방법으로 저온처리라고도 한다. 이외에도 암기춘화, 단일처리, 종자 녹체춘화, 화학적 춘화(우라실산이나 지베렐린을 뿌려줌)가 있다.

9 다음 중 맥주보리의 단백질 함량은?

① 1 ~ 2%   ② 4 ~ 5%

③ 8 ~ 12%   ④ 15 ~ 16%

⑤ 20% 이상

> **NOTE |** 보리의 성분은 수분 11.8%, 단백질 8.4%, 지질 1.8%, 당질 73.8%이다. 그 외 칼슘, 인, 철 등의 무기 성분과 비타민 B가 풍부하다.

10 다음 중 보리 품종의 특성으로 옳은 것은?

① 만숙성 품종일수록 조기이앙 및 기계이앙에 유리하다.

② 맥주보리는 씨알이 굵고, 단백질 함량이 낮은 것이 좋다.

③ 조숙성 품종이 수발아 피해가 많다.

④ 일반적으로 봄보리가 가을보리보다 수량이 높다.

⑤ 쌀보리의 내한성이 일반적으로 겉보리보다 강하다.

> **NOTE |** ③ 수발아는 맥류의 성숙기에 비가 잦고 음랭한 날씨가 계속될 때에 이삭이 포장에 서 있는 채로 씨의 휴면이 끝나고 싹이 트는 것을 말하는데, 만숙성 품종일수록 수발아의 피해가 커진다.
> ④ 봄보리의 수량은 가을보리의 수량보다 낮다.
> ⑤ 쌀보리의 경우 최근 육성된 내한성이 강한 새찹쌀보리, 찹쌀보리를 제외하고는 내한성이 약하여 남부지방에서 재배해야 한다.
> ※ 맥주보리의 품종조건 … 씨알이 굵고 고를 것, 전분 함량이 많을 것, 단백질 및 지방 함량이 적을 것, 산소력이 강할 것, 발아가 빠르고 균일할 것 등이 있다.

ANSWER | 8.④ 9.③ 10.②

11 추파성이 강한 보리품종을 봄에 파종 한 경우 그 결과는?

① 잎만 무성하고 이삭이 생기지 않는다.

② 개화는 되지만 결실이 안 된다.

③ 이삭이 생기고 결실한다.

④ 보리 씨가 싹트지 않는다.

✎NOTE| 추파성이 강한 보리는 생육 초기에 일정 기간 낮은 온도나 단일조건을 거치지 않으면 줄기와 잎만 자라고 이삭이 형성되지 못하는 성질(좌지현상)이 있다. 따라서, 가을에 씨를 뿌려야만 어린 식물이 겨울을 나는 동안에 낮은 온도와 단일조건을 거치게 되어 추파성이 없어지게 된다.

12 다음 중 맥류의 춘화처리(저온처리)의 온도는?

① $-5 \sim 0℃$

② $1 \sim 5℃$

③ $5 \sim 10℃$

④ $10 \sim 15℃$

✎NOTE| 춘화처리 … 싹트기 시작한 씨를 어둡고 공기가 잘 통하는 곳에서 마르지 않도록 간수하면서 $1 \sim 5℃$에 $40 \sim 60$일 정도 보관하는 것을 말한다.

13 다음 그림에 해당되는 맥류는?

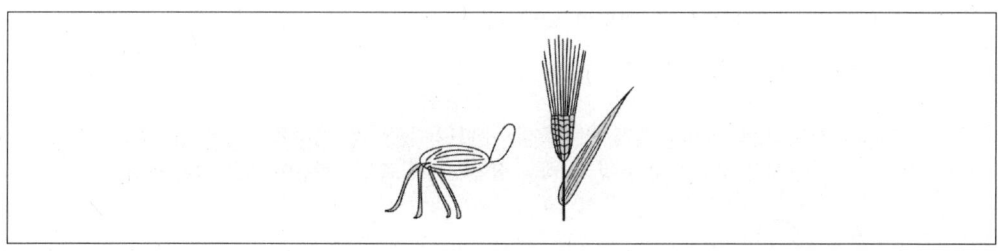

① 밀

② 보리

③ 호밀

④ 귀리

✎NOTE| 위의 그림에서 볼 수 있듯이 보리는 발아할 때 일반적으로 종근이 먼저 나오고 이어서 싹이 나오는데, 초엽이 과피 밑으로 신장하여 겉껍질의 끝부분에서 뿌리와 싹이 종자의 양쪽에서 나오게 된다.

ANSWER | 11.① 12.② 13.②

14 가을보리를 봄에 파종하면 어떤 현상이 나타나는가?

① 발아가 안 된다.　　　　　　　　② 키가 작아진다.

③ 수발아현상이 나타난다.　　　　　④ 이삭형성이 되지 않는다.

> NOTE| 가을보리는 가을에 씨를 뿌려야만 어린 식물이 겨울을 나는 동안에 낮은 온도와 단일조건을 거치게 되어 추파성이 없어져 정상적으로 출수·성숙하게 된다. 반면, 봄에 씨를 뿌리면 줄기와 잎만 자라고 이삭이 형성되지 못하는 현상이 나타난다.

15 보리의 생육에 가장 알맞은 토양의 pH는?

① 4.0～4.5　　　　　　　　　　　② 5.0～6.8

③ 7.0～7.8　　　　　　　　　　　④ 8.0～8.8

> NOTE| 맥류의 생육에 가장 알맞은 토양의 pH는 보리의 경우 7.0～7.8, 밀의 경우 6.0～7.0, 호밀의 경우 5.0～6.0, 귀리의 경우 5.0～8.0이다.

16 다음 중 보리쌀의 식미를 좋게 하는 특성으로 옳은 것은?

① 백도와 단백질의 함량이 높은 것

② 단백질 함량과 아밀로오스 함량이 낮은 것

③ 아밀로오스 함량은 높고 백도가 낮은 것

④ 백도와 호화온도가 낮은 것

> NOTE| 보리쌀의 식미를 좋게 하는 특성 … 백도가 높은 것, 흡수율이 높은 것, 풍만도가 좋은 것, 호화온도와 경도가 낮은 것, 단백질 함량과 아밀로오스 함량이 적은 것이 좋다.

17 다음 중 맥류의 내한성의 설명으로 옳은 것은?

① 맥주보리는 1월 최저 평균기온이 −3℃ 이상인 지역에서 재배해야 안전하다.

② 쌀보리는 1월 최저 평균기온이 −17℃인 지역에서도 안전재배가 가능하다.

③ 호밀은 맥류 중 내한성이 약한 편이어서 품종선택에 각별한 주의가 필요하다.

④ 귀리는 내한성이 약하여 우리나라에서는 가을귀리의 재배가 일반적이다.

ANSWER | 14.④　15.③　16.②　17.①

✎NOTE| 맥주보리는 대체로 1월 최저 평균기온이 −3℃ 이상이고, 등숙기의 기온변화가 적은 지대가 알맞다. 따라서 맥주보리는 추위에 약해 따뜻한 지방에서 재배해야 수량도 많고 단백질 함량이 낮으며, 수확기가 빨라 장마를 거치지 않게 된다.

18 추파성을 없애기 위한 방법과 가장 거리가 먼 것은?

① 어둡고 통풍이 잘 되며 마르지 않게 한다.

② 장일처리를 실시한다.

③ 비타룩스 A를 조명한다.

④ 우라실산이나 지베렐린과 같은 화학물질을 뿌려준다.

✎NOTE| 추파성을 없애기 위한 방법
　　㉠ 추파성을 춘파성으로 전환시키기 위하여 추파맥의 종자를 저온에 일정 기간 보관한다(춘화,
　　　저온처리).
　　㉡ 씨를 어둡고 공기가 잘 통하는 곳에서 마르지 않도록 간수하거나 단일처리한다.
　　㉢ 씨를 뿌리고 씨가 약간 보이도록 흙을 덮은 다음 비타룩스 A를 조명한다.
　　㉣ 우라실산이나 지베렐린과 같은 화학물질을 뿌려준다.

19 맥주용 보리의 특성으로 옳지 않은 것은?

① 씨알이 굵고 녹말이 많은 것

② 발아력이 균일하고 강한 것

③ 단백질과 지방이 많은 것

④ 당화 효소 작용력이 강한 것

✎NOTE| 맥주용 보리의 특성
　　㉠ 종자가 굵고 고르며 껍질이 얇아야 한다.
　　㉡ 녹말 함량이 많아야 한다.
　　㉢ 단백질과 지방 함량이 낮아야 한다.
　　㉣ 발아력이 강하고 균일해야 한다.
　　㉤ 아밀라아제의 작용력이 강해야 한다.

ANSWER | 18.② 19.③

20 맥류 재배시 공기전염을 하며 봄철 기온이 15℃, 습도가 80% 이상으로 토양이 과습할 때 많이 발생하는 병은?

① 흰가루병
② 녹병
③ 깜부기병
④ 줄무늬병

✎NOTE | 녹병 … 주로 5 ~ 6월쯤에 날씨가 따뜻하고 습기가 많을 때 연약하게 자란 맥류의 지상부에 검붉은 반점이나 노란 줄무늬가 생기고 가루가 생기는 병이다. 특히 녹병은 공기 전염을 하며 봄철의 기온이 15℃ 이상이고 습도가 80% 이상으로 높은 경우에 많이 발생한다. 또한 질소의 과용, 포장의 과습 등도 녹병의 발생을 조장하는데, 출수기를 전후하여 축축한 날씨가 지속되면 많이 발생한다.

21 다음 중 보리의 좌지현상이 발생하는 경우는?

① 봄보리를 봄에 파종하였을 때
② 봄보리를 가을에 파종하였을 때
③ 가을보리를 봄에 파종하였을 때
④ 가을보리를 가을에 파종하였을 때

✎NOTE | 좌지현상 … 가을보리를 봄에 파종하였을 때 나타나는 현상으로, 생육 초기에 일정기간 낮은 온도나 단일조건을 거치지 않으면 줄기와 잎만 자라고 이삭이 형성되지 못하는 것을 말한다.

22 우리나라에서 맥주보리가 많이 재배되는 곳은?

① 강원도
② 서부 평야
③ 경기도
④ 남부지방

✎NOTE | 맥주보리는 추위에 약해 주로 따뜻한 지방에서 재배되는데, 우리나라에서는 제주도와 경상남도 및 전라남도의 남부지방에서 재배된다.

23 맥류의 추파성 소거를 위한 방법으로 가장 알맞은 것은?

① 고온장일 처리
② 고온단일 처리
③ 저온단일 처리
④ 저온장일 처리

✎NOTE | 추파성 … 영양생장을 과도하게 계속하려는 성질로 추파성은 저온단일 조건에 의해서 소거된다.

ANSWER | 20.② 21.③ 22.④ 23.③

24 다음 맥류 중 소수에 꽃이 1개 있는 것은?

① 보리　　　　　　　　　　　② 밀

③ 호밀　　　　　　　　　　　④ 귀리

> ✎NOTE | 이삭에서 1쌍의 받침껍질에 싸여 있는 한 단위를 작은 이삭(소수)이라 하며 보리의 경우 작은
> 이삭은 1개의 꽃이다.

25 맥류 품종의 출수기에 가장 작은 영향을 미치는 생리적 요인은?

① 파성　　　　　　　　　　　② 일장반응

③ 협의의 조만성　　　　　　　④ 감온성

> ✎NOTE | 감온성 정도는 출수 촉진 일수에는 크게 영향을 미치나 품종간의 격차는 크지 않다.
> ※ 감온성 … 추파성을 완전히 소거한 다음 고온에 의해서 출수가 촉진되는 성질이다.

26 다음 중 추파 맥류를 봄에 파종하면 생육 초기에 일정기간 낮은 온도나 단일조건을 경과하지
않으면 영양생장만 하고 개화 · 결실을 못하는 현상은 무엇인가?

① 추락현상　　　　　　　　　② 기지현상

③ 좌지현상　　　　　　　　　④ 위조점현상

> ✎NOTE | 좌지현상 … 보리의 추파형이 생육 초기에 일정기간 낮은 온도나 단일조건을 거치지 않으면 줄
> 기와 잎만 자라고 이삭이 형성되지 못하는 현상이다.

27 추위에 약하여 남부평야지에서 안전하게 재배될 수 있는 맥류는?

① 밀　　　　　　　　　　　　② 쌀보리

③ 귀리　　　　　　　　　　　④ 겉보리

> ✎NOTE | 쌀보리
> ㉠ 남부지방에서 재배가 안전하나 최근 육성된 내한성이 강한 찰쌀보리, 새찰쌀보리는 수원에
> 　서도 월동이 안전하다.
> ㉡ 주 재배지는 전라 남 · 북도 및 경상남도이다.

ANSWER | 24.① 25.④ 26.③ 27.②

28 다음 중 재배방식별 우량 품종의 특성의 설명으로 옳은 것은?

① 맥간작 – 단간, 만숙성 및 다수성 품종

② 맥후작 – 단간, 만숙성 및 다수성 품종

③ 답리작 – 조숙성이고 내동성 및 내습성이 강한 품종

④ 다비재배 – 내비성, 내도복성이 강한 장간 조숙성 품종

> **NOTE** | 답리작에서는 습해를 입기 쉬우므로 내습성이 강한 품종을 선택 육성해야 한다. 또한 이러한 품종은 조숙일수록 논밭에서 작부체계상 유리하며, 추파성 정도가 알맞아 동상해를 입지 않을 정도로 유수형성이 빠르고, 보다 짧은 한계일장과 보다 낮은 한계의 고온에서 유수발육이 촉진된다.

29 맥류 일생 중 어느 시기를 지나서 월동해야 안전한가?

① 아생기   ② 분얼기

③ 유묘기   ④ 발아기

> **NOTE** | 유묘기 … 이유기 이후 주간 본엽이 2 ~ 4매가 되는 시기로, 이 기간에는 분얼이 시작되는데, 이 시기를 지나 월동해야 동해를 덜 받는다.

30 이삭이 팰 무렵에 비가 자주 와서 공기가 습하고 기온이 15℃ 이상일 때 발생되는 병은?

① 녹병   ② 붉은곰팡이병

③ 흰가루병   ④ 깜부기병

> **NOTE** | 이삭이 팰 무렵에 축축하고 평균 기온이 15℃ 이상으로 따뜻한 날씨가 계속되면 모든 맥류에서 발생한다. 처음에 이삭에 흰곰팡이가 생겨 이것이 붉은곰팡이로 변하면서 이삭이 죽고 씨알이 제대로 여물지 못한다. 때로는 크게 발생하여 심한 피해를 주는 경우가 있다.

31 다음 중 맥주용 보리에 대한 설명으로 옳지 않은 것은?

① 두줄보리를 이용한다.   ② 발아력이 강한 것이 좋다.

③ 씨알이 굵은 것이 좋다.   ④ 단백질이 많은 것이 좋다.

ANSWER | 28.③ 29.③ 30.② 31.④

NOTE 맥주용 보리

㉠ 씨알이 굵고 고르고, 전분함량이 많고, 곡피가 얇으며, 발아가 빠르고 균일하며, 산소력이 강하고 단백질 및 지방 함량이 적은 것이 좋다.

㉡ 장려품종 : 두줄보리, 제주보리, 진양보리, 향맥, 삼도보리 등이 있다.

32 다음 중 수발아가 일어나기 쉬운 조건은?

① 저온다습
② 고온다습
③ 조숙성
④ 고온장일

NOTE 수발아 … 맥류의 성숙기에 비가 잦고 음랭한 날씨가 계속될 때 이삭이 포장에 서 있는 채로 씨의 휴면이 끝나고 싹이 트는 것이다. 수발아된 맥류는 품질과 수량이 나빠진다.

33 다음 중 맥류의 종자소독 약제로 옳은 것은?

① 카보람분제
② 스포탁
③ 호마이수화제
④ 벤레이트-T

NOTE 맥류에서 발생되는 깜부기병을 방제하기 위해서 종자를 소독할 때에는 주로 카보람분제를 처리한다.

34 다음 중 맥류의 도복대책으로 옳지 않은 것은?

① 파종은 다소 깊게 하는 것이 도복이 억제된다.
② 흙넣기, 북주기는 도복을 경감시킨다.
③ 파종량이 적으면 수수가 많아지고 뿌리가 연약하여 도복이 조장된다.
④ 칼륨, 인산은 줄기를 튼튼하게 하고 뿌리의 발달을 조장하여 도복을 경감시킨다.

NOTE 도복에 대한 대책 … 내도복성 품종을 재배하고, 파종량을 많지 않게 하여 밀식되지 않도록 한다. 또한, 칼륨, 인산을 충분히 주고 밟기, 흙넣기를 철저히 하도록 한다.

ANSWER | 32.① 33.① 34.③

35 다음 중 맥류의 휴면타파제가 맞는 것은?

① 옥신   ② 지베렐린
③ MH-30   ④ H_2O_2(과산화수소)

NOTE | 맥류의 휴면타파 … 1% 정도의 과산화수소액에 종자를 24시간쯤 담갔다가 물로 씻은 다음 8 ~ 12℃의 낮은 온도에서 싹을 틔우거나 종자를 고온에서 건조하여 싹을 틔우면 된다.

36 맥류의 서릿발 방지책으로 적당한 것은?

① 김매기   ② 밟기
③ 흙넣기   ④ 북주기

NOTE | 서릿발의 방지 … 지표온도가 0℃ 이하로 떨어지고 지중의 온도가 0℃ 이상으로 유지될 때 생기는 것으로, 서릿발이 서서 맥류의 뿌리가 끊기고 식물체가 위로 솟구쳐 올라오면 발로 밟거나 롤러를 굴려서 눌러준다.

37 우리나라에서 봄보리로 주로 재배되고 있는 것은?

① 보리쌀   ② 쌀보리
③ 겉보리   ④ 두줄보리

NOTE | 봄보리는 봄에 씨를 뿌려 정상적으로 자라서 출수, 성숙하는 것으로, 쌀보리는 추위에 약하여 봄보리로 재배하여야 안전하다.

38 다음 중 답리작 종실재배가 가장 쉬운 작물은?

① 보리   ② 밀
③ 콩   ④ 옥수수

NOTE | 맥류
㉠ 겨울 작물이기 때문에 여름 작물과 조합하여 2모작을 할 수 있다.
㉡ 그 중에서 보리는 성숙기가 가장 빨라 2모작에 가장 적합하고 수확기가 빨라서 논에서 답리작을 할 때 가장 유리하다.

ANSWER | 35.④ 36.② 37.② 38.①

39 다음 중 좌지현상이 일어나는 작물은?

① 콩 ② 보리

③ 벼 ④ 옥수수

✎NOTE 좌지현상 … 보리의 추파형이 생육 초기에 일정기간 낮은 온도나 단일조건을 거치지 않으면 줄기와 잎만 자라고 이삭이 형성되지 못하는 성질이다.

40 다음 중 맥류의 춘화처리로 옳지 않은 것은?

① 종자녹체춘화 ② 명기춘화

③ 단일처리춘화 ④ 화학적 춘화

✎NOTE 맥류의 춘화처리

㉠ 맥류의 추파성 성질을 춘파성 성질로 전환시키는 것을 말한다.

㉡ 종류 : 암기춘화, 단일처리춘화, 종자녹체춘화, 화학적 춘화 등이 있다.

41 다음 중 보리밭 밟기의 효과로 옳지 않은 것은?

① 월동의 조장

② 한해의 경감

③ 분얼의 조장과 출수의 균일화

④ 양분과 수분의 흡수억제

✎NOTE 보리밭 밟기의 효과

㉠ 월동의 조장

㉡ 한해의 경감

㉢ 분얼의 조장과 출수의 균일화

㉣ 도복과 풍식의 경감

ANSWER 39.② 40.② 41.④

42 맥류에서 출수기부터 유숙기 사이에 비가 자주 와서 공기가 습하고 기온이 높으면 발생하는 병해는?

① 깜부기병　　　　　　　　　　② 녹병
③ 붉은곰팡이병　　　　　　　　④ 보리줄무늬병

　　NOTE | 붉은곰팡이병 … 처음에 이삭의 종실에 회갈색의 반점이 생겼다가 습도가 높을 때 흰곰팡이가
　　　　　나와 이삭을 희게 덮고 붉은곰팡이로 변하면서 이삭이 죽고 씨알이 썩는 병해로, 비가 자주
　　　　　와서 공기가 습하고 기온이 높으면 발생한다.

43 다음 중 맥류에서 발생하는 바이러스병이 아닌 것은?

① 밑줄무늬오갈병　　　　　　　② 오갈병
③ 북지모자이크병　　　　　　　④ 보리줄무늬병

　　NOTE | ④ 비옥한 토양이나 파종이 늦어졌을 때 또는 토양이 건조할 때 주로 발생하는 병으로 씨뿌리
　　　　　기 전에 카보람분제로 종자소독을 하거나 만파를 피하여 방제한다.
　　　　※ 맥류에서 발생하는 바이러스병 … 오갈병, 밑줄무늬오갈병, 보리줄무늬오갈병, 북지모자이크
　　　　　병 등이 있다.

44 다음 중 맥류의 출수와 관련있는 형질에 대한 설명으로 옳지 않은 것은?

① 추파성 – 저온에 처하지 않고도 출수하는 성질
② 좌지현상 – 추파성 품종을 봄에 파종하였을 때 영양생장을 계속하는 현상
③ 춘화 – 저온에 일정기간 처리하면 추파성이 소거되고 춘파성으로 전환되게 되는 현상
④ 감온성 – 추파성을 완전히 소거한 다음 고온에 의하여 출수가 촉진되는 성질

　　NOTE | ① 추파성이란 종자를 가을에 뿌려서 겨울의 저온기간을 경과하지 않으면 개화, 결실하지 않
　　　　　는 식물의 성질이다. 밀, 보리, 귀리 등과 가을에 파종하는 작물은 모두 추파성 작물이다.

ANSWER | 42.③ 43.④ 44.①

45 종자를 경지 전면에 흩어 뿌리는 방법으로, 노동력이 적게 들고 잡초의 발생이 적은 파종방법은?

① 산파   ② 조파

③ 점파   ④ 난파

> **NOTE** | 파종방법의 종류
> ㉠ **산파** : 종자를 흩어서 전체 면적에 파종시키는 방법으로 점뿌림이라고도 한다.
> ㉡ **조파** : 일정한 간격으로 골을 만들어 씨를 뿌리는 방법으로 줄뿌림이라고도 한다.
> ㉢ **점파** : 일정한 간격을 두고 종자를 1 ~ 2알씩 띄엄띄엄 파종하는 방법으로 점뿌림이라고도 한다.

46 다음 파종방법 중 배수가 불량한 논에 알맞은 것은?

① 점뿌림   ② 평면 줄뿌림

③ 두둑세워 줄뿌림   ④ 흩어뿌림

> **NOTE** | 이랑은 배수에 편리하므로 이랑을 만들어 이랑 위에 줄뿌림하는 두둑세워 줄뿌림은 배수가 불량한 논에 알맞다.

47 보리의 베타 – 글루캔에 대한 설명으로 옳지 않은 것은?

① 장에서 음식물의 통과시간을 지연시켜 공복감을 지연시킨다.

② 식후 혈당온도를 낮춰 준다.

③ 혈청 콜레스테롤 수준을 낮게 한다.

④ 생리작용에 관여하는 필수 무기원소 중의 하나이다.

> **NOTE** | 보리에는 베타 – 글루캔의 함량이 많아 콜레스테롤 수치를 낮추어 심장질환을 예방하며 비만을 방지할 수 있다. 생리작용에 관여하는 필수 무기원소는 C, H, O, N, S, P, K, Ca, Mg, Fe이다.

ANSWER | 45.① 46.③ 47.④

48 다음 중 종자휴면의 원인이 아닌 것은?

① 발아촉진 물질의 부족

② 종피가 단단한 종자

③ 종피가 산소흡수의 저해

④ 배의 미숙

> **NOTE** | 휴면이란 종자가 발아하는 데 필요한 조건이 적합한 데도 불구하고 종자의 내·외적 조건에 의하여 발아하지 못하는 것이다. 종피가 수분의 이동을 저해하기 때문에 발아하지 않는 종자를 경실이라고 한다. 종피는 산소의 이동을 막기 때문에 산소흡수가 저해되고, 배가 미숙한 상태로 발아하지 못할 수 있으며, 종피에 있는 발아억제 물질에 의하여 발아하지 못할 수도 있다.

49 다음 중 파종량을 늘려야 하는 경우는?

① 단작을 할 때

② 발아력이 좋을 때

③ 따뜻한 지방에서 파종할 때

④ 파종기가 늦어질 때

> **NOTE** | 추운 지방에서 파종할 때나 파종기가 늦어질 때에 파종량을 늘려야 한다.

ANSWER | 48.① 49.④

50 개화를 유도하기 위해서 생육의 일정한 시기에 저온처리를 하는 것은 무엇인가?

① 온도처리 　　　　　　　② 광주율

③ 일장효과 　　　　　　　④ 춘화 처리

> NOTE| 춘화처리 … 작물의 개화를 유도하기 위하여 생육기간 중의 일정시기에 저온처리를 하는 것이다. 즉, 추파성 품종의 종자를 봄에 뿌릴 수 있도록 처리하는 방법이다.
> ※ 광주율 … 하루 중 낮의 길이의 장단에 따라 작물의 꽃눈 형성이 달라지는 현상으로, 일장효과 또는 광주기성이라고도 한다.

51 다음 중 북주기를 하는 목적은?

① 쓰러짐을 방지하고 뿌리의 발달을 억제한다.

② 작물 포기 밑의 건조를 잘 되게 한다.

③ 비료분을 포기 주위로 모아 준다.

④ 물빠짐을 억제한다.

> NOTE| 북주기 … 이랑 사이의 흙을 그루 밑에 모아주는 작업이다. 북주기를 해주면 작물 포기 밑의 건조가 예방되고, 포기 주위로 비료분을 모아주게 되며, 쓰러짐을 방지하게 된다. 그 외 잡초 제거효과와 물빠짐이 원활해진다.

ANSWER | 50.④ 51.③

02 밀, 호밀, 귀리

1 밀

① 생산 및 용도

(1) 역사

밀은 식물학상 여러가지 종이 있는데, 보통밀의 원산지는 아르메니아로, 10,000~15,000년 전부터 재배되었을 것으로 추정된다.

(2) 재배현황

① 세계의 재배현황

  ㉠ 재배면적 : 밀은 세계적으로 재배면적이 가장 큰 작물로 227,710천ha에서 546,457천톤이 생산된다.

  ㉡ 10a당 수량 : 255kg이다.

  ㉢ 밀의 주생산국 : 중국, 미국, 인도, 프랑스, 러시아, 캐나다 등이다.

② 우리나라의 재배현황

  ㉠ 1992년 : 164ha에서 552톤이 생산되었다.

  ㉡ 1993년 : 우리 밀 살리기운동으로 547ha에서 1,483톤이 생산되었다.

  ㉢ 10a당 수량 : 365kg이다.

  ㉣ 주산지 : 경상 남·북도, 충청남도에서 주로 생산된다.

(3) 우리나라의 소비량 및 자급률

① 국민소득향상에 따라 식생활도 서구화되어 밀가루의 소비량이 많이 증가하였다.

② 외국으로부터 밀의 수입량이 급속도로 증가한 데 반해 국산 밀의 생산은 크게 감소해왔다.

③ 품종개량을 통해 수량성과 품질을 향상시켜 소득을 올리고, 논뒷그루재배를 통해 생력 기계화 재배로 생산량과 재배면적을 늘려 자급률을 높여야 할 것이다.

(4) 재배적 특성(보리와의 비교)

① 밀은 보리에 비해 산성에 강하고, 척박지나 건조 또는 습한 땅에도 잘 적응하며, 추위나 쓰러짐, 가뭄 등에 대한 저항성도 커 재배하기에 더욱 쉽다.

② 밀이 보리보다 7일 정도 수확기가 늦다.

(5) 성분 및 이용

① **성분** ··· 수분 11.8%, 단백질 12.2%, 지질 1.8%, 당질 71.1%가 함유되어 있다.

② **이용**

　㉠ 주로 제분해서 가루로 이용된다.

　㉡ 국수, 빵, 술, 만두나 된장, 간장, 고추장과 같은 장류를 만드는 데 이용된다.

② 형태 및 생태

(1) 형태

① **뿌리**

　㉠ 종근은 보통 3개이며, 보리에 비해 대체로 심근성이다.

　㉡ 양분, 수분의 흡수력이 강하고 가뭄이나 추위에 견디는 힘이 강하며 메마른 땅에서도 잘 적응한다.

② **줄기**

　㉠ 구조와 형태가 보리와 비슷하나 간장이 조금 길고 빳빳해서 도복에 잘 견딘다.

　㉡ 길이는 60 ~ 90cm 정도이다.

③ **잎**

　㉠ 보리의 초엽이 모두 백색인 데 반해, 밀은 적자색의 줄을 띠는 것도 있다.

　㉡ 정상엽의 색도 보리보다 진하고 끝이 뾰족하며 늘어진다.

④ **이삭**

　㉠ 이삭줄기에는 약 20개 내외의 마디가 있고, 각 마디에 1개씩 작은 이삭이 호생한다.

　㉡ 작은 이삭은 보리와 달리 크고 넓적한 한 쌍의 받침껍질에 싸여 3 ~ 5개의 꽃이 달리며 그 중 밑에서부터 2 ~ 3개 정도가 결실을 맺는 것이 보통이다.

⑤ **꽃과 종실** ··· 보리와 꽃의 기본구조는 비슷하나 수술의 꽃밥이 보리보다 약간 크다.

♟ 밀 이삭과 작은 이삭의 모양 ♟

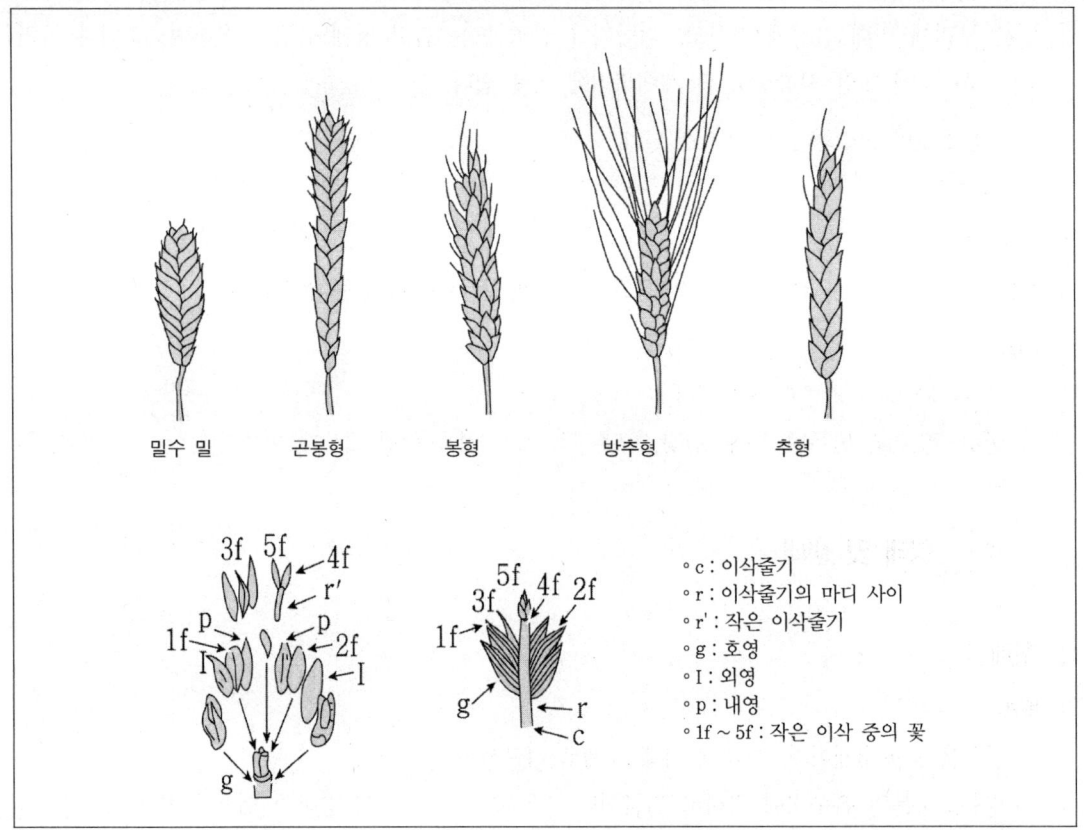

밀수 밀   곤봉형   봉형   방추형   추형

° c : 이삭줄기
° r : 이삭줄기의 마디 사이
° r' : 작은 이삭줄기
° g : 호영
° I : 외영
° p : 내영
° 1f ~ 5f : 작은 이삭 중의 꽃

(2) 생태

① **수정** … 밀은 자가수정을 원칙으로 하지만 보리의 경우와는 달리 출수시작 후 3 ~ 6일경에야 개화수정이 이루어져서 자연교잡률은 보리보다 높다.

② **개화**

  ㉠ 아침부터 개화하기 시작해서 오후에 가장 많이 개화하고 밤에는 개화가 적다.

  ㉡ 1이삭의 개화기간 : 3 ~ 4일 정도이다.

  ㉢ 개화에 알맞은 온도와 습도

    • 온도 : 18 ~ 31℃

    • 습도 : 70 ~ 80%

③ 분류와 품종

(1) 분류

밀은 각 특성에 따라 다음과 같이 분류된다.

구분	종류
이삭의 모양	봉형, 곤봉형, 추형, 방추형
밀알(종실)의 색	적소맥(붉은밀), 백소맥(흰밀)
밀알의 입질	분상질, 초자질, 중간질
분질	반경질, 경질, 연질
추파성 정도	봄밀, 가을밀

(2) 품종

① **밀의 장려품종**

    ㉠ 전국적 장려품종 : 올그루밀, 알찬밀, 탑동밀, 우리밀, 그루밀, 은파밀, 조광이 있다.

    ㉡ 남부지방 장려품종 : 다홍밀, 남해밀, 올밀, 청계밀이 있다.

② **용도**

    ㉠ 빵용 : 탑동밀이 빵을 만드는 데 적합한 품종이다.

    ㉡ 국수용 : 탑동밀을 제외한 품종은 모두 국수를 만드는 데 사용된다.

④ 품질

(1) 제분율

① **개념** ⋯ 밀을 제분하면 기울과 가루로 분리되는데 밀의 전중량에 대한 밀가루의 중량비율을 말한다.

② **제분율이 높은 경우**

    ㉠ 밀알이 굵고 통통할수록 제분율이 높다.

    ㉡ 밀알이 단단하고 껍질이 얇아서 배유율이 높을수록 제분율이 높다.

    ㉢ 밀알의 건조가 좋을수록 제분율이 높다.

③ **밀의 제분율** ⋯ 보통 70%(호밀의 경우에는 81%) 정도이다.

(2) 입질

① **개념** … 밀알의 물리적인 성질이다.

② **입질의 구분** … 초자질부와 분상질부로 구분된다.

　㉠ **초자질부** : 세포가 치밀하고 광선이 잘 투입되어 반투명하게 보인다.

　㉡ **분상질부** : 세포간극이 많아 공기가 많이 함유되어 있어 광선이 난반사되어 희게 보인다.

③ **초자율** … 품종의 특성으로서의 입질을 조사할 때 초자율을 계산해서 입질의 특성을 평가한다.

④ **입질(초자율)에 따른 밀의 분류**

　㉠ **경질밀(초자질밀)** : 밀알단면의 70% 이상이 초자질부인 것을 말한다.

　㉡ **연질밀(분상질밀)** : 밀알단면의 30%가 초자질부인 것을 말한다.

　㉢ **중간질밀** : 밀알단면의 30 ~ 70%가 초자질부인 것을 말한다.

(3) 분질

① 밀가루의 이화학적 특성으로, 입질과 관계가 깊다.

② **부질**

　㉠ 밀에는 7 ~ 15%의 단백질이 함유되어 있는데, 단백질의 약 80%는 부질로 되어 있다.

　㉡ 부질 함량은 단백질 함량과 밀접한 관계가 있고, 초자율이 높은 것이 부질과 단백질의 함량
　　도 높다.

③ **분질의 구분**

　㉠ **경질분(강력 밀가루)**

　　• 밀가루 중에 결정입자(단백질 내부에 전분립을 포함한 미립)가 있어 손끝으로 비빌 때의 느낌이
　　　거칠거칠하다.

　　• 부질과 단백질의 함량이 높고 신전성이 장시간에 걸쳐 있어서 빵(마카로니)을 제조할 때 잘 부풀
　　　어서 알맞다.

　㉡ **연질분(박력 밀가루)**

　　• 밀가루 중에 결정입자가 없어서 손끝으로 비빌 때의 느낌이 매우 매끄럽다.

　　• 부질과 단백질의 함량이 낮고 신전성이 단시간에 그친다.

　　• 신장력이 강한 것은 가락국수, 신장력이 약하고 단백질 함량이 적은 것은 비스킷, 카스테라, 튀김
　　　용에 사용한다.

　㉢ **중간질분(준강력 밀가루)**

　　• 부질과 단백질의 함량이 연질분보다 약간 높은 중간 정도이다.

　　• 신장력이 있는 것은 가락국수용에 알맞고, 신장력이 약한 것은 제과용에 알맞다.

2 호밀

① 생산 및 용도

(1) 원산지

호밀은 대체로 서남아시아에서 발견되므로 이곳이 원산지로 추정된다.

(2) 재배현황

① **세계의 재배현황** … 세계 호밀생산의 대부분은 러시아, 폴란드, 독일 등 유럽북부에서 생산되고 있다.

② **우리나라의 재배현황**
- ㉠ 풋베기 사료 : 1993년 14,600ha가 재배되었다.
- ㉡ 곡실용 : 1993년 20ha에서 36톤이 생산되었고, 10a당 수량은 180kg이다.
- ㉢ 주생산지 : 주로 충청남도에서 재배된다.

(3) 재배적 특성

① 호밀은 가뭄이나 추위 또는 산성토양이나 척박지에서 견디는 성질이 맥류 중 가장 우수하므로 재배하기가 쉽다.

② 키가 크고, 출수기는 빠른 반면, 밀보다 수확기가 늦어서 작부체계상 불리하다.

③ 호밀가루는 밀가루에 비해 품질이 떨어진다. 따라서 값이 싸고 수량도 밀보다 매우 적어 수익성 측면에서 불리하다.

(4) 성분 및 이용

① **성분** … 수분 12.7%, 단백질 7 ~ 14%, 지질 2.0%, 당질 66.1%로 이루어져 있다.

② **이용** … 호밀가루로 빵을 만들지만 글루텐이 들어 있지 않아 밀빵처럼 잘 부풀지 않는다.

② 형태 및 생태

(1) 형태

① **뿌리** … 보통 4개의 종근을 가지고 있고, 뿌리의 발달은 왕성하며 심근성이다.

② **줄기**
  ㉠ 보통 140 ~ 150cm 정도로 맥류 중 가장 길다.
  ㉡ 밀보다 분얼력은 떨어진다.

③ **잎**
  ㉠ 초엽은 보통 붉은 빛을 띤다.
  ㉡ 잎은 밀이나 보리보다 넓고 길며 표면에는 피랍이 현저하다.

④ **이삭**
  ㉠ 이삭모양은 밀과 비슷하나 밀이삭보다 가늘고 길다.
  ㉡ 단면은 납작한 사각형으로 두줄보리와 비슷하다.

⑤ **종실**
  ㉠ 밀보다 가늘고 길며 대체로 표면에 주름이 잡혀 있다.
  ㉡ 색깔은 청색이나 담갈색이 많다.

(2) 생태

① **발아** … 발아온도는 다른 맥류에 비해 낮은 편이고 동해를 별로 받지 않는다.

② **자가 불임성**
  ㉠ 다른 맥류와 달리 풍매에 의한 타가수정을 한다.
  ㉡ 자가수정을 시킨 경우 임성이 매우 떨어져 결실하지 못하는 경우가 많다.

③ **결곡성**
  ㉠ 개념 : 호밀에서 발생하는 불임현상이다.
  ㉡ 주원인 : 수분이 되지 않은 경우 또는 강우나 도복 등에 의해서도 발생한다.

(3) 환경적 특성

① 저온 발아성이 높다.

② 내동성과 내건성이 매우 강하다.

③ 척박지에 대한 적응력이 매우 높다.

④ 토양반응에 대한 적응력이 높다.

③ 분류와 품종

(1) 분류

① **종실의 색에 따른 분류** … 푸른 호밀, 붉은 호밀로 구분한다.

② **추파성 정도에 따른 분류** … 봄호밀, 가을호밀로 구분한다.

(2) 품종

장려품종에는 장강호밀, 두루호밀, 춘추호밀, 조춘호밀, 팔당호밀, 칠보호밀 등이 있다.

> ♣TIP | 라이밀
> ㉠ 개념 : 밀과 호밀의 교잡으로 만들어진 신작물이다.
> ㉡ 특징
> • 밀의 단간, 조숙, 양질성과 호밀의 내한성, 불량한 환경에 잘 견디는 강건성, 왕성한 생육력, 내병성 등을 조합시킬 목적으로 만들어진 것이다.
> • 일반적으로 호밀에 가까운 형질을 지니고 있어 내한성이 강하다.
> • 잡종 강세를 나타내어 이삭 길이가 길고 낟알이 많이 달려서 밀보다 더욱 증수될 가능성이 많다.
> • 수발아에 약하고 숙기가 늦어 우리나라에서는 거의 재배되지 않으나, 채종이 용이하고 풋베기용으로 우수하므로 재배면적이 확대될 전망이다.

3 ▶ 귀리

① 생산 및 용도

(1) 역사

① **원산지** … 귀리(연맥)는 아르메니아 지방을 중심으로 하는 중앙아시아가 원산지로 추정된다.

② **기원** … 고려시대에 원나라의 침입과 함께 말의 먹이로 가져온 것이 계기가 되어 재배되고 있다.

(2) 재배현황

① **세계의 재배현황** … 식량보다 가축의 사료용으로 많이 재배되고 있다.

② **우리나라의 재배현황**

  ㉠ 풋베기용 : 옥수수 + 귀리의 작부체계로 1992년 8,235ha가 재배되었다.
  ㉡ 곡실용 : 1993년 401ha에서 932톤이 생산되고 10a당 수량은 232kg이다.

(3) 재배적 특성

① 대부분 봄에 파종하여 재배한다.

② 냉습한 산간지에 잘 적응하므로 주로 강원도 지방에서 많이 재배된다.

③ 수확기가 매우 늦고, 수량도 적으며, 도정하기가 불편하므로 작부체계나 수익면에서 매우 불리하다. 따라서 식용 작물로 재배되는 경우는 드물다.

④ 귀리쌀은 지질과 단백질이 풍부해 식용 작물로서 품질이 매우 우수하다.

(4) 성분 및 이용

① **성분** … 수분 11.1%, 단백질 14.7%, 지질 4.8%, 당질 65.0%로 이루어져 있다.

② **이용** … 귀리쌀은 밥짓는 데 이용되었으나, 근래에 이유식이나 오트밀을 만드는 데 많이 이용된다.

(5) 품종

① **풋베기용** … 삼절귀리, 메귀리가 장려품종이다.

② **곡실용** … 말귀리, 올귀리가 장려품종이다.

② 형태 및 생태

(1) 형태

① **뿌리** … 종근은 3본이고 관근의 신장이 왕성하며 흡비력도 강하고 심근성이다.

② **줄기** … 보리와 비슷하나 특히 굵고 다즙하며, 길이는 140 ~ 150cm 정도이다.

③ **잎** … 넓고 엽초에는 피랍이 많다.

④ **이삭** … 긴 이삭줄기에 4~8마디가 있고 이로부터 1차 지경과 2차 지경이 분지해서 다른 맥류의 이삭모양과는 근본적으로 다르다.

⑤ **종실** … 작은 이삭은 1쌍의 받침껍질에 싸여 3개의 꽃이 있고 이 가운데서 밑부분의 2꽃만이 종실한다.

(2) 생태

① **개화** … 다른 맥류와는 달리 고온에서 저온으로 변할 때 개화가 많아서 오후 2~4시경에 개화가 많고 비가 올 때도 개화한다.

② **백수현상**

㉠ 백수현상 : 출수할 때 백색 내지 담록의 불완전한 작은 꽃이 생겨 성숙함에 따라 퇴색 위축하여 떨어지는 현상이다.

㉡ 발생원인 : 양분과 수분의 공급이 부족할 때 발생하고 대체로 주간의 작은 이삭 수가 많을수록, 이삭의 기부로 갈수록 많이 나타난다.

(3) 환경적 특성

① 토양 적응성이 강하다.

② 내동성과 내건성, 내도복성이 약하다.

🌱TIP| 밀, 호밀, 귀리, 라이밀의 비교

구분	밀	호밀	귀리	라이밀
이삭의 모양	통통하다.	납작하다.	이삭이 퍼지거나 늘어지고, 씨알이 듬성듬성 달린다.	밀과 호밀의 중간 형태이나 호밀에 더 가깝다.
	• 이삭마디마다 2개의 작은 이삭이 달린다. • 받침껍질이 크고 넓다.			
꽃의 수와 여무는 수 (작은 이삭마다)	3~5개 중 2~3개	3개 중 2개	3개 중 2개	3~5개 중 2~3개
꽃의 모양	보리를 포함한 맥류는 겉껍질과 안껍질에 싸여 1개의 암술과 3개의 수술, 1쌍의 비늘껍질로 구성된다. 단, 귀리는 까락이 겉껍질의 등에 달려 있다.			
낟알의 모양	둥글다.	길다.	길다.	둥글다.

밀, 호밀, 귀리

02 출제예상문제

1 다음 중 가뭄이나 추위, 산성토양에 견디는 성질이 강한 작물은?

① 귀리 ② 호밀
③ 수수 ④ 메밀

✎ **NOTE** | 호밀…가뭄, 추위 및 산성토양 등 불량한 환경에서 견디는 성질이 강하고 출수기가 빠르다. 재배는 용이하나 수량과 단가가 밀보다 낮아 수익성에서 좋지 않다.

2 다음 맥류 중 습해에 가장 강한 작물은?

① 보리 ② 귀리
③ 밀 ④ 호밀

✎ **NOTE** | 귀리…냉습한 산간지에 잘 적응하며, 비가 올 때도 개화하는 특징을 가진 습해에 가장 강한 작물이다. 따라서 생육기간 중에 강우량이 적고 건조한 지대에서는 생육이 좋지 않다.

3 다음 중 발아 최저 온도가 가장 낮은 작물은?

① 벼 ② 귀리
③ 옥수수 ④ 땅콩

✎ **NOTE** | ① 10~13℃ ② 0~2℃ ③ 6~11℃ ④ 12℃

4 다음 중 연질분(박력 밀가루)로 만드는 것은?

① 마카로니 ② 빵
③ 비스킷 ④ 글리세린

ANSWER | 1.② 2.② 3.② 4.③

✎NOTE| 연질분···부질과 단백질의 함량이 낮고 신전성이 단시간에 그친다. 손끝으로 비빌 때 매우 미끄럽고 신장력이 강한 것은 가락국수, 신장력이 약하고 단백질 함량이 적은 것은 비스킷, 카스테라, 튀김 등에 사용한다.

5 다음 중 밀알이 매우 단단하고 단백질 함량이 많으며 신전성이 높아 고급 빵 제조에 이용되는 것은?

① 경질밀   ② 중간질밀

③ 연질밀   ④ 오트밀

✎NOTE| 밀 단백질···밀가루의 주요 단백질은 글루텔린과 글리아딘이며, 둘의 혼합물인 글루텐이 전체 단백질의 80%를 차지한다. 글루텐의 양과 질이 밀가루의 품질과 가공성을 좌우한다.

6 다음 맥류 중 이삭의 형태가 다른 것은?

① 보리   ② 밀

③ 귀리   ④ 호밀

✎NOTE| 보리, 밀, 호밀 등의 이삭은 종실이 직접 이삭줄기에 달려 있으므로 이삭의 모양이 밀집된 상태로 매우 짧다. 반면, 귀리는 벼처럼 이삭줄기에서 긴 이삭가지가 갈려 퍼지거나 늘어지고 씨알이 드문 드문 달린다.

7 밀가루를 부풀게 하는 성질을 가장 많이 가진 밀은

① 중력분   ② 연질

③ 박력분   ④ 경질

✎NOTE| 경질분
㉠ 밀가루 중에 결정입자가 있어 손끝으로 비벼볼 때 거칠거칠한 느낌이 있다.
㉡ 단백질과 부질의 함량이 높다.
㉢ 장시간에 걸쳐 신전성이 있으므로 잘 부푼다.

8 맥류 재배시 과습할 때 측근과 근모의 발생능력이 좋은 순서는?

① 쌀보리 > 밀 > 보리
② 쌀보리 > 껍질보리 > 밀
③ 밀 > 껍질보리 > 쌀보리
④ 껍질보리 > 쌀보리 > 밀
⑤ 껍질보리 > 밀 > 쌀보리

　　NOTE | 불량환경에 대한 맥류의 적응성 … 호밀 > 밀 > 껍질보리 > 쌀보리
　　※ 밀과 보리의 비교
　　　㉠ 밀은 보리보다 토양 적응성이 강하여 척박지, 사질토양, 건조지, 산성 토양 등에 대한
　　　　적응성이 크다.
　　　㉡ 종근은 보통 3개이며 보리에 비하여 대체로 심근성이다.
　　　㉢ 보리의 경우 근계의 발달은 다른 맥류에 비하여 천근성이다.

9 밀이 발아할 때 씨뿌리 수는 몇 개인가?

① 1개
② 2개
③ 3개
④ 4개
⑤ 5개

　　NOTE | 발아시에 나오는 씨뿌리의 수는 보통 밀이 3개, 호밀이 4개, 귀리가 3개이다. 밀과 호밀의 뿌
　　리는 보리보다 깊게 뻗어서 가뭄에 강하다.

10 일반적으로 추위나 가뭄, 메마른 산성땅이나 모래땅 등 불량환경에 견디는 힘이 가장 강한 맥
류는?

① 밀
② 호밀
③ 귀리
④ 쌀보리

　　NOTE | 호밀 … 내한성이 매우 강하고 토양 적응성이 크기 때문에 추위나 가뭄 또는 사질토나 척박한
　　토양에 견디는 힘이 가장 강한 맥류이다.
　　※ 호밀의 환경적 특성
　　　㉠ 저온 발아성이 높다.
　　　㉡ 내동성과 내건성이 극히 강하다.
　　　㉢ 토양반응에 대한 적응성이 높다.

ANSWER | 8.③ 9.③ 10.②

11 호밀을 사료로서 이용할 때 엔실리지(사일리지)용의 수확시기는?

① 개화기　　　　　　　　　　② 유숙기
③ 호숙기　　　　　　　　　　④ 황숙기

✎NOTE | 호밀은 알맞은 시기에 수확하면 사료가치가 높아 풋베기용으로 재배하기도 하는데, 풋베기용으로 할 때는 수잉기에, 사일리지용으로 이용할 때에는 유숙기에 수확하는 것이 알맞다.

12 다음 밀꽃의 구조 중 옳은 것은?

① 암술 1개, 수술 3개, 인피 1쌍
② 암술 1개, 수술 6개, 인피 1쌍
③ 암술 1개, 수술 10개, 인피 1쌍
④ 암술 1개, 수술 8개, 인피 1쌍

✎NOTE | 밀을 포함한 맥류의 꽃은 겉껍질과 안껍질에 싸여서 1개의 암술과 3개의 수술 및 1쌍의 비늘껍질(인피)로 구성되어 있다.

13 다음 중 밀의 입질에 대한 설명으로 옳은 것은?

① 입질이란 배의 물리적 구조를 말한다.
② 초자질부는 종자단면의 바깥쪽에 발달한다.
③ 초자질부는 세포간극이 많다.
④ 분상질부는 반투명이다.

✎NOTE | ① 입질이란 배유부분의 물리적인 성질이다.
③ 분상질부는 세포간극이 많다.
④ 초자질부는 반투명하게 보인다.
※ 밀알의 입질
㉠ 횡단면이 말갛고 반투명한 초자질부와 백색의 불투명한 분상질부로 구분된다.
㉡ 초자질부는 세포가 치밀하고 광선이 잘 투입되어 반투명하게 보인다.
㉢ 분상질부는 세포간극이 많아 공기가 많이 함유되어 있어 광선이 난반사되므로 희게 보인다.

ANSWER | 11.② 12.① 13.②

14 맥류의 불량환경 적응성에서 추위나 가뭄에 강한 것부터 약한 것의 순서로 바르게 나열한 것은?

① 밀 > 호밀 > 보리
② 호밀 > 밀 > 보리
③ 보리 > 밀 > 호밀
④ 호밀 > 보리 > 밀

   NOTE| 불량환경에 대한 맥류의 적응성이 큰 순서 … 호밀 > 밀 > 겉보리(껍질보리) > 쌀보리

15 다음 중 경질밀과 연질밀의 품종특성으로 옳은 것은?

① 경질밀의 초자율과 단백질 함량이 연질밀보다 높다.
② 경질밀의 초자율은 연질밀보다 높으나 단백질 함량은 낮다.
③ 연질밀의 초자율이 경질밀보다 높으나 단백질 함량은 낮다.
④ 연질밀의 초자율과 단백질 함량이 경질밀보다 높다.

   NOTE| 경질밀과 연질밀
       ⊙ **경질밀**: 초자질부가 평균적으로 70% 이상인 초자질 밀로 밀알이 매우 단단하고, 단백질의 함량이 많다.
       ⓛ **연질밀**: 초자질부가 30% 이하로 밀알이 단단하지 못한 분상질밀로 단백질 함량이 낮다.

16 다음 중 고급빵, 마카로니에 적당한 밀가루는?

① 박력 밀가루
② 중력 밀가루
③ 준강력 밀가루
④ 강력 밀가루

   NOTE| 밀가루의 종류와 용도

구분 종류	품질조건		용도
	단백질 함량(%)	회분 함량(%)	
강력 밀가루	11~13.5 이상	0.55~1.4 이하	고급빵, 마카로니
준강력 밀가루	10~12 이상	0.55~1.4 이하	빵, 국수
중력 밀가루	규정 없음	0.5~1.3 이하	국수, 과자
박력 밀가루	8 이하	0.5~1.3 이하	튀김용, 카스테라, 비스킷

ANSWER| 14.② 15.① 16.④

17 다음 맥류 중 종실의 수용성 식이섬유 함량이 가장 높은 것은?

① 보리

② 밀

③ 귀리

④ 호밀

>✎NOTE| 100g당 섬유소 함유량 … 보리는 2.9g, 밀은 2.5g, 호밀은 1.9g, 귀리는 10.6g이다.

18 논에서의 풋베기 사료재배로 가장 알맞은 맥류는?

① 밀

② 호밀

③ 보리

④ 귀리

>✎NOTE| 귀리 … 종실이나 풋베기한 것은 우수한 사료가 되며, 풋베기한 것은 녹비로도 이용된다.

19 밀의 재배면적이 감소하는 원인이 아닌 것은?

① 외국밀보다 품질이 저하된다.

② 수확기가 보리보다 10일 정도 늦다.

③ 축산 식품과 짝이 되어 우수한 주식물이 된다.

④ 생육기간이 길어 2모작이 불리하다.

>✎NOTE| 밀의 재배면적이 감소하는 원인
>ㄱ 밀은 보리에 비해 7일 정도 수확시기가 늦어서 논, 밭의 윤작조직상 불리하다.
>ㄴ 수익성이 낮고 품질 좋은 밀을 외국에서 값싸게 수입할 수 있다.
>ㄷ 국민식성으로 볼 때 주식량으로는 보리보다 떨어지고, 정책적으로 밀은 수입에 의존하고 있다.

20 다음 맥류 중 타가수정을 원칙으로 하는 작물은?

① 밀

② 귀리

③ 호밀

④ 보리

>✎NOTE| 호밀 … 다른 맥류와는 달리 풍매에 의한 타가수정을 하며 자가수정을 시키면 임성이 몹시 떨어지고 때로는 거의 결실하지 못한다.

ANSWER | 17.③ 18.④ 19.③ 20.③

21 다음 중 불량환경에 가장 강한 맥류는?

① 밀

② 귀리

③ 보리

④ 호밀

✎NOTE| 불량환경에 대한 맥류의 적응성이 큰 순서 … 호밀 > 밀 > 겉보리(껍질보리) > 쌀보리

22 다음 중 초자질밀의 용도로 적당한 것은?

① 마카로니

② 국수

③ 비스킷

④ 카스텔라

✎NOTE| 초자질밀(경질밀)

㉠ 초자율이 70% 이상인 품종을 말한다.

㉡ 단백질과 부질의 함량이 높아 장시간에 걸쳐 신전성이 있으므로 잘 부푼다.

㉢ 마카로니나 빵을 만들 때 주로 이용된다.

23 라이밀은 어떻게 해서 생성되는가?

① 밀(모) × 호밀(부)

② 밀(부) × 호밀(모)

③ 밀(모) × 귀리(부)

④ 밀(부) × 귀리(부)

✎NOTE| 라이밀은 밀을 모본으로 하고 호밀을 부본으로 해서 인간에 의해 처음 만들어진 신작물이다.

24 다음 중 호밀의 환경적 특성으로 옳은 것은?

① 내동성이 약하다.

② 저온 발아성이 낮다.

③ 내건성이 약하다.

④ 토양반응에 대한 적응성이 높다.

✎NOTE| 호밀

㉠ 환경적 특성

• 저온 발아성이 높다.

• 내동성과 내건성이 강하다.

• 토양반응에 대한 적응성이 높다.

㉡ 이러한 특성으로 인해 맥류 중에서 불량환경에 대한 적응성이 가장 높은 작물이다.

ANSWER | 21.④ 22.① 23.① 24.④

25 맥류의 씨가 싹틀 때 씨뿌리의 수가 많은 순서부터 적은 순서로 바른 것은?

① 보리 > 밀 > 호밀
② 보리 > 호밀 > 밀
③ 밀 > 호밀 > 보리
④ 밀 > 보리 > 호밀

> ✎NOTE│ 싹틀 때 씨뿌리의 수는 보리의 경우 5개, 호밀의 경우 4개, 밀의 경우 3개이다.

26 다음 중 연질분의 설명으로 옳지 않은 것은?

① 손끝으로 비벼볼 때 매끄럽다.
② 단백질과 부질의 함량이 낮다.
③ 빵, 마카로니를 만들 때 이용된다.
④ 신전성이 단시간에 그친다.

> ✎NOTE│ 연질분(박력밀가루)
> ㉠ 밀가루 중에 결정입자가 없으므로 손끝으로 비벼볼 때 매끄럽다.
> ㉡ 단백질과 부질의 함량이 낮고 신전성이 단시간에 그친다.
> ㉢ 주로 과자, 튀김을 만들 때 이용된다.

27 발아할 때 보리와 같은 양상을 보이는 맥류는?

① 보리
② 밀
③ 귀리
④ 호밀

> ✎NOTE│ 맥류의 발아시 양상
> ㉠ 보리와 귀리는 초엽이 과피 밑으로 신장해서 겉껍질의 끝부분에서 밖으로 자라 나오므로 뿌리와 싹이 종자의 양쪽에서 나오게 된다.
> ㉡ 밀과 호밀은 배에서 직접 껍질을 뚫고 싹과 뿌리가 자라 나온다.

28 밀에 발생하여 큰 피해를 주는 병해는?

① 흰가루병
② 녹병
③ 깜부기병
④ 붉은곰팡이병

> ✎NOTE│ 녹병 … 날씨가 따뜻하고 습기가 많을 때 연약하게 자란 맥류의 지상부에 검붉은 반점이나 노란 줄무늬가 생기고 가루가 생기는 병으로 특히 밀에서 피해가 크다.

ANSWER│ 25.② 26.③ 27.③ 28.②

29 다음 중 귀리의 생육과 환경에 대한 특성으로 옳은 것은?

① 내동성이 강하다.　　　　　　　　② 내도복성이 강하다.

③ 내건성이 강하다.　　　　　　　　④ 토양 적응성이 강하다.

> ✎NOTE| 귀리는 내동성, 내도복성, 내건성이 모두 약하다. 즉, 추위와 건조에 약하고 쓰러질 위험성이 크다.

30 다음 중 라이밀에 대한 설명으로 옳지 않은 것은?

① 밀과 호밀의 교잡으로 만들어진 작물이다.　② 내한성과 내병성이 강하다.

③ 분질이 밀가루보다 우수하다.　　　　　④ 주로 풋베기용으로 재배된다.

> ✎NOTE| 라이밀은 호밀과 밀의 장점을 도입하기 위해 인위적으로 만든 작물이다. 일반적으로 호밀에 가까운 형질을 지니고 있어 내한성과 내병성이 강하지만, 분질은 밀가루보다 떨어져 일반적으로 사료용으로 재배되고 있다.

31 귀리의 백수성이란?

① 출수할 때 불완전 작은 꽃이 성숙함에 따라 퇴색, 위축되는 현상

② 출수할 때 완전 작은 꽃이 성숙함에 따라 퇴색, 위축되는 현상

③ 출수할 때 어린 꽃이 형성되지 못하여 출수가 이루어지지 않는 현상

④ 정상적으로 출수개화되었으나 이삭의 껍질 색깔이 흰 품종

> ✎NOTE| 귀리의 백수현상 … 출수할 때 백색의 불완전한 작은 꽃(소화)이 생겨 성숙함에 따라 퇴색, 위축하여 떨어지는 현상이다. 양분과 수분이 부족할 때 발생한다.

32 다음 중 밀가루의 가공 적성을 가장 크게 지배하는 것은?

① 지질의 양과 질　　　　　　　　② 부질의 양과 질

③ 회분의 양과 질　　　　　　　　④ 전분의 양과 질

> ✎NOTE| 부질은 밀 속에 들어 있는 단백질로, 부질의 양과 질에 의해 경질분, 연질분, 중간질분으로 분류된다.

ANSWER | 29.④ 30.③ 31.① 32.②

33 다음 중 입질이란 무엇인가?

① 밀 배유부의 물리적 구조

② 밀 배유부의 화학적 구조

③ 밀 과피의 물리적 구조

④ 밀 과피의 화학적 구조

✎NOTE | 입질 … 밀알의 물리적인 성질을 뜻한다. 밀에서 과피를 벗겨낸 배유부에서 세포의 배치구조에 따라 초자질부와 분상질부로 나누어진다. 초자질부는 세포가 빽빽하게 모여 있는 것이고, 분상질부는 세포가 느슨하게 배열되어 있는 것이다.

34 다음 중 내한성이 강한 작물의 순서로 옳은 것은?

① 밀 > 보리 > 호밀 > 귀리

② 밀 > 보리 > 귀리 > 호밀

③ 호밀 > 밀 > 보리 > 귀리

④ 호밀 > 밀 > 귀리 > 보리

✎NOTE | 맥류 중에서 호밀이 추위에 가장 강하다. 그 다음으로 밀, 보리 순이고 귀리는 내한성이 가장 약하다.

35 밀 품종의 분류기준으로 옳지 않은 것은?

① 이삭의 모양

② 밀알의 빛깔

③ 밀알의 길이

④ 밀가루의 성질

✎NOTE | 밀의 분류
ⓐ 이삭의 모양 : 곤봉형, 봉형, 방추형, 추형
ⓑ 밀알의 빛깔 : 흰밀, 붉은밀
ⓒ 밀알의 입질 : 분상질, 중간질, 초자질
ⓓ 밀가루의 성질 : 연질, 반경질, 경질

ANSWER | 33.① 34.③ 35.③

PART **04**

잡곡류

CHAPTER ----------▶

01

제4편 잡곡류

옥수수

1 역사와 생산 및 용도

① 역사

(1) 재배역사

① **원산지** … 남아메리카 북부 안데스산지의 저지대로 추정된다.

② **우리나라에서의 재배역사** … 고려시대에 원나라로부터 들어온 것으로 추정하고 있다.

(2) 재배지역의 특징

① **재배지역** … 북위 58°로부터 남위 40°, 해안지대부터 해발 3,000m의 고지대, 연 강수량이 250mm의 건조지대부터 5,000mm의 다습한 지역에 이르기까지 광범위하다.

② **주요 재배지역의 기상특징**
　　㉠ 6～8월의 평균기온 : 20～23℃이다.
　　㉡ 서리가 내리지 않는 무상기일 : 140～150일 정도 된다.

(3) 재배적 특성

① 전 생육기간에 비교적 높은 온도를 필요로 하나 품종과 종류가 다양하게 분화되어 환경 적응성이 높은 편이다.

② 단위면적당 수량이 매우 많고, 가뭄에도 강한 편이다.

③ 내비성이 강하다.
　　　　　🔔TIP│ 내비성 … 작물에 비료를 많이 줌으로써 발생하는 장애에 대한 저항성이다.

④ 재배하기 쉽고 용도가 넓을 뿐 아니라, 종자는 물론 줄기와 잎도 가축의 사료로 우수하다.

(4) 생산현황

① **세계적 생산현황**
　　㉠ 재배면적이나 생산량에서 세계 3대 식용 작물의 하나이다.

ⓛ 약 1억3천8백만ha에서 약 4억8천만톤을 생산하고 있다.

ⓒ 주생산국 : 미국, 브라질, 중국, 멕시코, 프랑스, 아르헨티나 등지에서 생산된다.

② **우리나라의 생산현황**

　　㉠ 이용 : 축산업의 발달과 함께 최근에 약 75% 정도가 사료용으로 이용되고 있다.

　　ⓛ 생산 : 곡실용 옥수수는 1994년 21,667ha에서 88,578톤을 생산하고, 10a당 409kg의 수량이 생산된다.

　　ⓒ 자급률

　　　• 국내생산보다는 주로 외국에서 수입되는 옥수수가 수요의 대부분을 차지하고 있다.

　　　• 1994년에는 532만톤을 도입하여 자급률은 1.4%에 불과하다.

　　㉣ 주생산지역 : 강원도가 재배면적의 63%를 차지하고 있고, 그 밖에 충청북도와 경상북도에서 재배한다.

② 　성분과 용도

(1) 성분

① 주성분은 당질이고, 비타민 A와 지질이 쌀과 보리에 비해 풍부하게 함유되어 있다.

② 단백질 함량은 낮은 편이다.

(2) 용도

① **종류별 용도**

　　㉠ 완전히 익은 종자 : 통으로 또는 갈아서 쌀과 섞어 밥을 짓는다.

　　ⓛ 풋옥수수 : 이삭 채로 찌거나 구어서 간식으로 이용된다.

　　ⓒ 폭립종 : 튀겨 먹는다.

　　㉣ 단옥수수 : 쪄서 먹거나 통조림으로 가공한다.

② **구조별 용도**

　　㉠ 종자, 잎, 줄기 : 가축의 사료이고, 풋베기를 하여 건초를 만들거나 엔실리지로 이용한다.

　　ⓛ 수염 : 신장병 약의 원료로 이용된다.

　　ⓒ 옥수수대 : 제지원료나 연료로 이용된다.

③ **가공용 옥수수의 용도** … 과자, 엿, 술 등을 만들고, 녹말은 포도당, 소주, 풀 및 기타 공업용으로 이용된다.

2 ▶ 형태·생태적 특성

① 형태적 특성

(1) 뿌리

① **씨뿌리와 제뿌리** … 1개의 씨뿌리가 있으며, 많은 제뿌리가 깊고 넓게 발달한다.

② **겉뿌리** … 지표 가까이 있는 2 ~ 3개의 마디에서 나오는데, 수분과 양분을 흡수하고 쓰러짐을 방지하는 역할을 한다.

(2) 줄기

① 줄기는 굵고 둥글며, 둘레가 단단한 껍질로 싸여 있다.

② 내부는 연한 속으로 차 있고 세로로 넓은 골이 있다.

③ 길이는 2 ~ 3m이다.

(3) 잎

① **잎의 크기** … 잎몸의 너비는 5 ~ 8cm, 길이는 50 ~ 60cm로 매우 크다.

② **잎의 수** … 12 ~ 22장 정도이다.

③ 잎 앞면은 털이 있으며 윗부분이 뒤로 젖혀져서 처지고, 밑부분은 잎집으로 되어 원줄기를 감싸고 있다.

④ 옥수수의 품종별로 가장 큰 잎은 조생종의 경우 암이삭이 달린 마디의 바로 윗마디에 붙은 잎이고, 만생종의 경우 앞이삭이 달린 마디의 아랫마디에 붙은 잎이다.

(4) 이삭과 꽃

① **자웅동주** … 수이삭은 줄기 끝에, 암이삭은 줄기의 중간마디에 달린다.

② **수이삭** … 500 ~ 4,000개의 작은 이삭이 달리고 약 2,000만 개의 꽃가루가 있다.

③ **암이삭**
　㉠ 줄기의 중간마디에 1 ~ 3개가 달리는데 교잡종들은 보통 1개의 이삭만 달린다.
　㉡ 암이삭에 작은 이삭이 짝수 줄로 달리고, 7 ~ 12매의 껍질잎에 싸여 있다.

© 암이삭의 씨방에 수염이 달리고, 자라서 껍질잎의 밖으로 나와 암술머리와 암술대의 역할을 한다.

♀ 옥수수의 형태 ♀

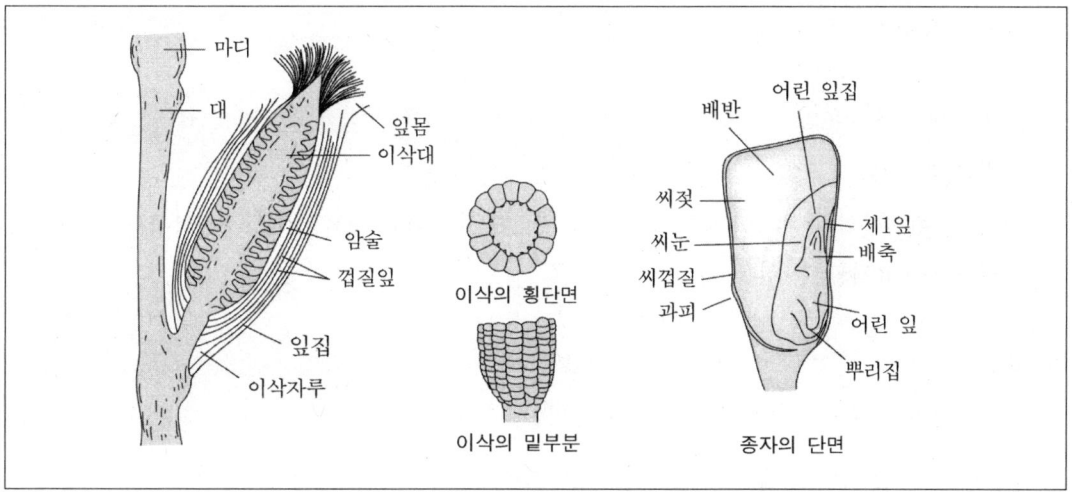

이삭의 횡단면

이삭의 밑부분

종자의 단면

(5) 종자

① 종자의 크기와 모양은 종류에 따라 큰 차이가 있다.

② **100알의 무게** … $10 \sim 40g$

③ **1L의 무게** … $700 \sim 750g$

② 생태적 특성

(1) 옥수수의 생육

① **생육에 영향을 주는 요인** … 온도, 일장, 수분 및 양분 등의 환경요인이 생육에 영향을 미친다.

② **생육과 수량을 결정하는 요인** … 여러가지 환경요인과 품종의 유전적 특성 및 이들 간의 상호작용에 의해 결정된다.

(2) 발아

① **발아 온도**

  ㉠ 최적 온도 : $34 \sim 38℃$

  ㉡ 최저 온도 : $6 \sim 11℃$

  ㉢ 최고 온도 : $41 \sim 50℃$

② **발아시의 흡수**

㉠ 종실의 첨모의 기부를 통해 흡수가 이루어진다.

㉡ 발아에 소요되는 최대 흡수량 : 마치종은 74%, 감미종은 113% 정도이다.

③ **발아 소요일수** ··· 온도에 따라 다르다.

㉠ 13℃ 내외 : 18 ~ 20일

㉡ 15 ~ 18℃ : 8 ~ 10일

㉢ 21℃ : 5 ~ 6일

④ **종자의 수명**(발아력이 유지되는 기간) ··· 3년 정도가 보통이고 저온·건조 조건하에서는 10년 이상 발아력을 유지할 수 있다.

(3) 분얼

① 분얼한 줄기의 이삭은 크지 않으므로 따준다.

② 분얼간의 수이삭에는 암술이 있는 자성소수가 같이 달리는 경우가 많다.

(4) 출수, 개화 및 등숙

① **개화**

㉠ 웅성선숙 : 대체로 수이삭의 개화가 암이삭의 개화보다 4 ~ 5일 앞서는 것을 말한다.

㉡ 한 이삭의 꽃이 피는 기간 : 9 ~ 10일이다.

② **수분**

㉠ 풍매수분이 이루어지고 바람이 있을 때 300 ~ 1,500m까지 날 수 있다.

㉡ 수분 이후 24시간 정도 후면 수정이 완료된다.

㉢ 화분의 수분능력은 24시간 정도 유지되지만 암이삭 수염의 수분능력은 10일 정도 보유된다.

③ **수정**

㉠ 수꽃과 암꽃은 꽃피는 시기가 다르며 자연상태에서는 타가수정(딴꽃가루받이)이 원칙이다.

㉡ 자가수정률은 2%에 지나지 않는다.

㉢ 크세니아 : 옥수수 종실의 배유에 백색종에 황색종, 또는 초당종 및 감립종, 오페이크-2 등 열성인자를 가진 옥수수에 보통 옥수수의 꽃가루가 수분수정되는 현상이다.

㉣ 불임자수의 발현

• 옥수수를 지나치게 밀식하거나 장마 때 일사량이 적어 수광량이 부족하게 되면 암이삭의 비대가 나쁘거나 수염추출이 안 되어 불임자수가 발생하게 된다.

• 수염추출이 되기 전 약 20일 간의 조건이 가장 영향이 크다.

(5) 종자의 발달

① 씨눈에서 제1본잎, 떡잎집, 제뿌리가 먼저 만들어진다.

② 배젖의 조직이 만들어져 녹말이 축적되고, 이 때의 종자 안은 젖모양의 흰 액체상태이다.

③ 생리적 성숙기

    ㉠ 씨눈과 배젖이 다 발달하면 씨눈에는 5~6개의 잎이 만들어지고 종자의 크기와 무게도 더 이상 증가하지 않는다.

    ㉡ 엔실리지용은 이 시기가 수확하기에 알맞은 때이다.

♀ 옥수수의 생육과정 ♀

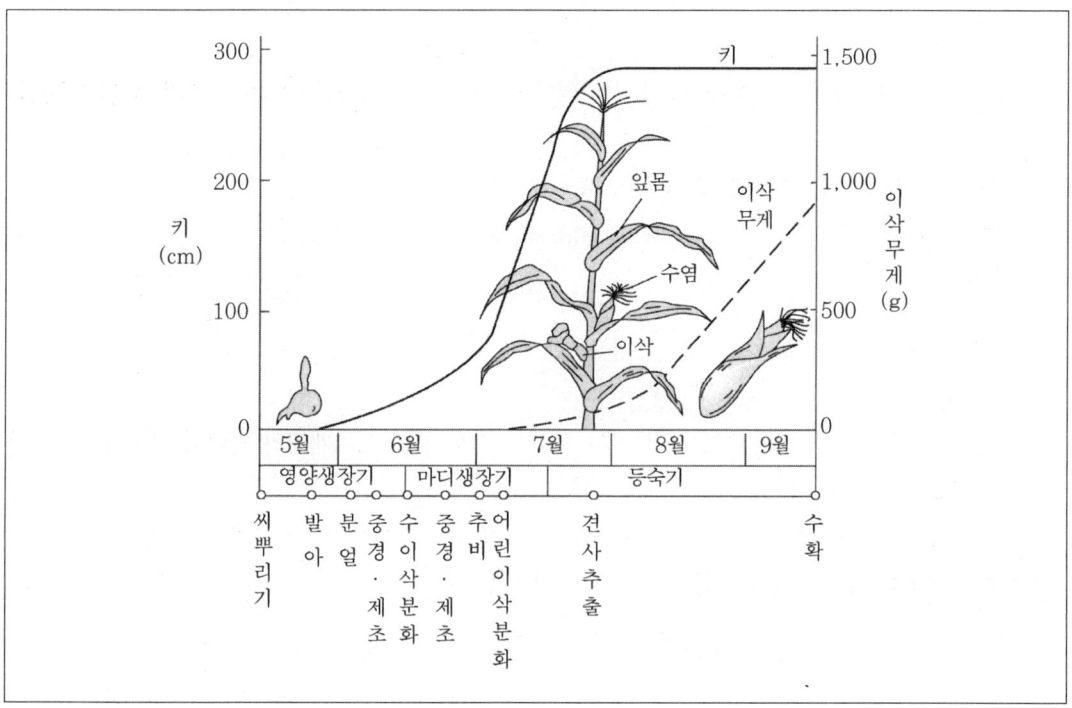

(6) 광합성 능력

① 옥수수는 다른 곡실 작물에 비해 단위면적당 수량이 매우 높다.

② 옥수수의 잎은 호생으로 착생되어 있어서 식물체의 각 잎이 햇볕을 받아들이기 쉬운 상태로 배치되어 있다.

③ C_4식물

    ㉠ 광합성이 이루어지는 초기단계에 탄소(C)가 4개인 유기물을 만들어, 탄소의 축적효율이 높다.

ⓒ 광합성이 이루어지는 엽신의 유관속초의 세포가 크고 대형 엽록체를 가지고 있어 제1차 동화 물질의 전류가 촉진되어 광합성 능력이 높아서 C_3식물보다 동화량이 많다.

ⓒ 온도나 광의 이용한계가 매우 높고 광호흡이 없기 때문에 C_3식물(벼, 보리 등)이 생존하기 어려운 정도로 낮은 이산화탄소 농도 중에서도 외견상 광합성이 높게 유지된다.

(7) 잡종강세

① **자식약세** … 옥수수는 인위적으로 자가수정을 계속하면 점차 수량과 초세가 떨어지는 현상이다.

② **잡종강세**

ⓐ 자식약세가 나타나 자식계통끼리 교잡해서 1대 잡종을 만들면 다시 수량과 생육이 증대되는 현상이다.

ⓑ 옥수수는 잡종강세를 이용해서 1대 잡종의 씨를 만들어 재배하면 수량이 증가되어 널리 보급, 재배되고 있다.

ⓒ 자식계통의 교잡방법에 따른 교잡종의 종류
- 단교잡종 : A×B
- 변형 단교잡종 : (A×A')×B
- 복교잡종 : (A×B) × (C×D)
- 3계교잡종 : (A×B)×C
- 합품성종 : A×B×…N처럼 다수 계통의 합성

ⓓ 단교잡종의 특징 : 잡종강세 현상이 커서 세력이 강하지만, 어미개체의 세력이 약해서 씨의 생산량이 적다.

ⓔ 복교잡종이나 3계교잡종 : 단교잡종보다 잡종강세가 떨어지지만 씨 받는 양이 많다.

ⓕ 변형 단교잡종 : 잡종강세 현상이 크면서도 씨 받는 양이 많다.

3 재배환경과 분류

① 재배환경

(1) 기상조건

① **개요** … 원산지가 열대지방이어서 일조량이 많고 온도가 높은 곳이 좋지만, 강우량도 상당히 많아야 한다.

② **온도**

　ⓐ 생육온도 : 8 ~ 44℃의 범위이다.

　ⓑ 생육적온 : 25 ~ 30℃가 적당하다.

　ⓒ 꽃가루가 떨어질 때 기온이 35℃ 이상으로 올라가거나 비가 많이 오면 정받이와 꽃가루받이가 불량하여 종자의 결실이 좋지 않다.

　ⓓ 밤의 온도는 낮보다 보통 낮으나 15℃ 이하로 떨어지면 생육에 오히려 해롭다.

③ **강우량**

　ⓐ 잎이 커지고 생육이 왕성한 시기에는 수분이 충분해야 한다.

　ⓑ 적정 강우량 : 월 평균 90 ~ 120mm가 알맞다.

④ **일조량**

　ⓐ 햇빛이 강할수록 생육에 좋다.

　ⓑ 일조시간이 길수록 생육에 좋으나, 너무 길면 건조해의 우려가 있다.

(2) 토양조건

① **재배에 알맞은 토양**

　ⓐ 물빠짐이 좋고 부식이 풍부한 기름진 참흙이 알맞다.

　ⓑ 공기가 잘 통해야 하기 때문에 물빠짐이 나쁜 질흙이나 메마른 모래땅은 좋지 않다.

② **알맞은 토양산도** … pH 6.0 ~ 7.0

❢ **토양수분과 온도의 영향** ❢

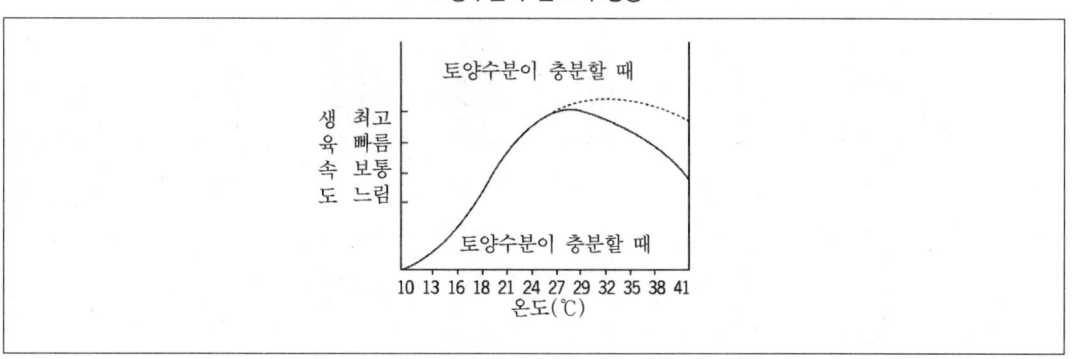

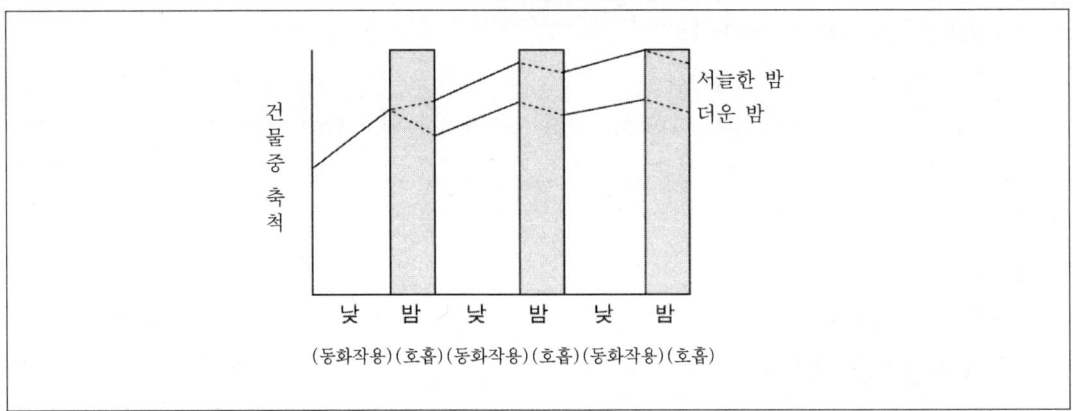

♟ 낮과 밤의 온도와 생육 ♟

② 분류 및 품종

(1) 분류

① **이용면** … 엔실리지용, 곡실용, 건초용, 간식용 등으로 분류된다.

② **종자의 모양과 성질**

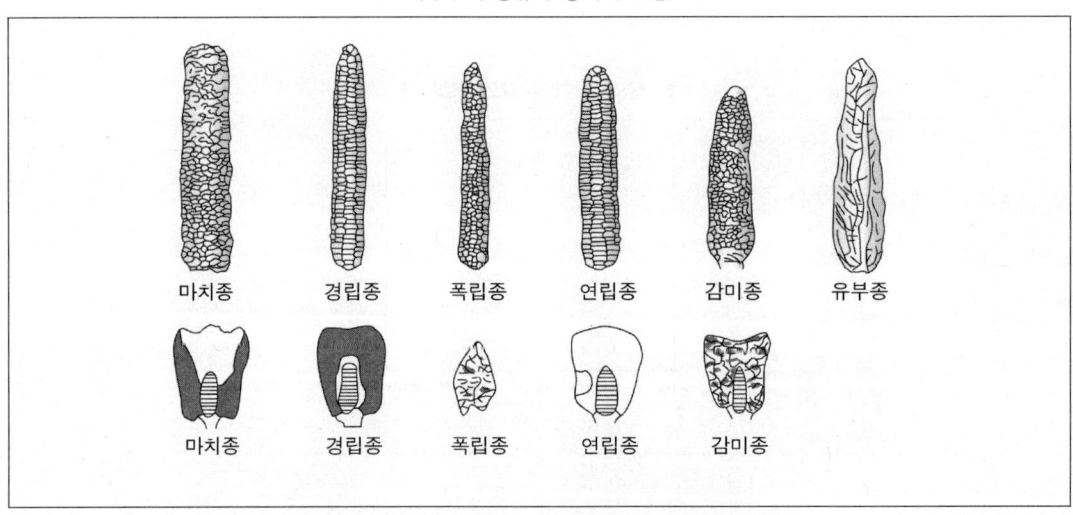

♟ 옥수수의 종류와 종자의 모양 ♟

㉠ 마치종(말이빨씨, 오목씨)

- 성숙하면 종자의 표면이 말 이빨모양으로 움푹 들어가고, 대체로 숙기가 늦으며, 수량이 많고 이삭이 굵다.
- 사료나 공업용, 사일리지(풋베기)용으로 알맞다.

ⓛ 감미종(단옥수수, 단씨)
- 당분함량이 일반 옥수수는 3%인데 반해 단옥수수는 14%, 초당옥수수는 35%로 단맛이 강하다.
- 초당옥수수 : 당분함량이 단옥수수보다 2~3배 가량 높아서 풋옥수수로 삶아 쪄먹는데는 단옥수수보다 우수하다.
- 종자전체가 각질로 되어 있어서 반투명하고, 여문 뒤에는 쭈글쭈글해진다.
- 섬유질이 적고 과피가 얇다.
- 대체로 숙기가 빠르고, 단맛이 강하고 연해서 식용 또는 요리용 또는 통조림용으로 이용된다.

ⓒ 경립종(돌씨, 굳음씨)
- 종자는 대부분 단단한 각질로 이루어져 있고 윗부분이 둥글다.
- 식물체, 종자, 이삭 등이 마치종에 비해 작고 수량도 떨어지나, 맛이 좋아 예전부터 식용으로 재배되어 왔다.

ⓔ 폭립종(튀김옥수수, 튀김씨)
- 종실크기가 작다.
- 경립종의 특별한 종으로 종자에 각질부분이 많아서 잘 튀겨진다.
- 종자의 수분함량이 13.5~14.5%일 때 가장 잘 튀겨진다.

ⓜ 연립종(가루씨) : 종실은 둥근 편으로, 연질녹말로 되어 있고, 각질부가 없으며 식물체는 경립종과 비슷하다.

ⓗ 나종(찰옥수수, 찰씨)
- 이삭은 대개 흰백색으로 불투명하고 국내에서는 경립종과 비슷한 것이 대부분이다.
- 찰옥수수의 종자구성은 크게 찰성녹말과 씨눈으로 구분된다.
- 종자의 전분이 대부분 아밀로펙틴으로 되어 있기 때문에 차진 특성이 있어서 식용이나 떡을 만드는 데 알맞다.

ⓢ 유부종(껍질씨) : 종실 하나하나가 껍질에 싸여 있고 우리나라에서는 별로 재배되지 않는다.

ⓞ 오페이크옥수수 : 필수 아미노산 라이신(lysine)의 함량이 높다.

(2) 품종

① **장려품종** … 현재 재배되는 장려품종은 대부분 마치종이다.
   ㉠ 곡실용 : 단교잡종인 남평옥, 수원 19호, 3계교잡종인 진주옥, 횡성옥, 변형 단교잡종인 광안옥, 제천옥, 양주옥 등이 있다.
   ㉡ 식용 : 찰옥 1호, 단옥 2호, 튀김옥 1호 등이 있다.
   ㉢ 유의할 점 : 장려품종이 생산성이 높지만 1대 잡종이므로, 특별히 종자생산포에서 생산하여 종자공급소에서 보급하는 종자를 재배해야 한다.

② **재래종옥수수** … 대부분이 경립종이다.

(3) 채종(씨받이)

① 계획적 종자생산

ㄱ 옥수수는 딴꽃가루받이를 주로 하고, 잡종옥수수는 자식계통을 계속 유지하며 해마다 1대 잡종의 씨를 생산해야 한다.

ㄴ 우리나라는 현재 국가기관에서 씨를 받아서 농가에 보급하고 있다.

② 종자생산순서

ㄱ 먼저 1대 잡종의 교잡용 생산을 위해 어미계통과 아비계통을 재배한다.

ㄴ 다른 옥수수를 재배하는 밭에서 400 ~ 500m 떨어진 격리포장에 어미계통을 심고 어미계통 두 줄에 아비계통을 한 줄씩 심는다.

ㄷ 어미계통의 수이삭이 나오면 뽑아내 아비계통의 꽃가루만으로 교잡한 뒤, 여물면 어미계통에서만 씨를 받는다.

ㄹ 꽃가루가 떨어진 다음 아비계통은 떼어버린다.

③ 웅성불임 육종법 … 1대 잡종 채종 어미품종의 수이삭을 제거하는 일을 덜기 위해 수꽃이 퇴화한 계통을 어미품종으로 사용하는 방법이다.

4 재배

① 파종과 시비

(1) 작부체계

① 혼작 … 강원도지방에서는 옥수수와 콩을 섞어 짓는 경우가 많다.

ㄱ 교호작 : 콩 2줄에 옥수수 1줄로 짓는 방법이다.

ㄴ 섞어짓기 : 콩 3포기마다 옥수수 1포기 정도로 짓는 방법이다.

② 1년2작 체계

ㄱ 엔실리지를 제조하기 위한 사료용으로 재배하는 옥수수는 호밀과 같이 1년2작 체계로 짓는다.

ㄴ 남부지방에서는 귀리와의 작부체계도 이용할 수 있다.

③ 단옥수수 작부체계

ㄱ 극조기이식재배 : 봄에 일찍 비닐하우스를 이용한 재배이다.

ㄴ 이식재배 : 비닐터널을 이용한 재배이다.

ⓒ 보통재배 : 밭에 바로 심는 재배이다.

ⓔ 가을재배 : 가을에 수확하기 위한 재배이다.

ⓜ 비닐멀칭재배 : 경지 토양의 표면을 폴리에틸렌 등으로 덮어서 재배하는 것이다.

(2) 종자준비

① 품종선택

ⓐ 옥수수 씨앗은 교잡종과 기타 품종으로 구분할 수 있고, 현재 우리나라는 100% 교잡종을 사용한다.

ⓑ 교잡종 옥수수는 첫해에는 수량이 높아지나, 그 수확물에서 씨앗을 받아 다음해에 심으면 첫해에 비해 약 40% 정도 수량이 감소되므로, 매년 새로운 교잡종 종자를 구입하는 것이 바람직하다.

② 종자소독 … 농가에서 생산한 재래종 옥수수종자는 캡탄 수화제(오소사이드)나 베노람 수화제(벤레이트티) 같은 소독약으로 처리한다.

③ 종자의 양 … 보통 10a당 2~2.5kg이 적당하다.

(3) 파종(씨 뿌리기)

① 파종시기

ⓐ 일반적인 경우 : 늦서리의 피해가 없는 한 빠를수록 좋다.
- 산간지대 : 4월 하순~5월 중순경이 알맞다.
- 평야지대 : 4월 중순경이 알맞다.

ⓑ 감미종의 경우 : 일찍 수확하기 위해 모를 키워서 이식재배를 하는 경우 2월에 비닐 하우스를 설치하고 씨를 뿌리는 것이 좋다.

② 파종방법

ⓐ 비료와 두엄을 골고루 뿌리고 밭을 깊이 갈아 고른다.

ⓑ 이랑너비를 60~75cm로 한다.

ⓒ 마치종은 포기사이를 30~35cm, 감미종같이 크게 자라지 않는 것은 25~30cm 간격으로 1~2알씩 점뿌림한다.

ⓔ 씨앗을 덮는 흙 깊이는 3cm 내외로 한다.

ⓜ 파종이 끝난 다음 가볍게 밟아 주어 발아를 촉진시킨다.

ⓗ 싹이 튼 뒤에 솎아서 1포기에 1대씩 기른다.

(4) 시비(거름주기)

① 시비량

　㉠ 일반적인 경우 : 옥수수는 거름을 흡입하는 힘이 강하고 지력의 소모가 크기 때문에 거름을 충분히 시비해야 한다.

　㉡ 잡종옥수수의 경우 : 10a당 두엄 1,500kg, 질소 18 ~ 20kg, 인산 및 칼륨을 각각 15kg을 주며 밭이 산성인 경우 갈기 전에 100 ~ 200kg의 석회를 시비한다.

② 시비방법

　㉠ 대부분의 거름은 모두 밑거름으로 준다.

　㉡ 질소질거름의 반은 잎 수가 7 ~ 8매 되고, 옥수수키가 무릎 높이만큼 자라서, 이삭이 생기기 시작할 때 덧거름으로 준다.

② 관리와 병충해 방제

(1) 관리

① 보식 및 보파

　㉠ 보식

　　• 옥수수는 옮겨 심는 것에 약한 작물이기 때문에, 솎음한 묘를 사용하면 생육이 극히 나쁘다.

　　• 결주에 대한 보식은 종이포트에 보식용 묘를 여유로 준비해 사용하는 것이 좋다.

　㉡ 보파

　　• 최초의 싹이 나온 후 6 ~ 10일 사이에 발아하지 않는 포기는 보파를 한다.

　　• 보파는 될 수 있는 한 빠른 시기에 하는 것이 좋다.

② 솎아주기

　㉠ 시기 : 옥수수가 발아한 다음 잎이 2 ~ 3개일 때 솎아서 한 포기에 1개씩만 남겨야 한다.

　㉡ 유의점 : 남겨 놓을 묘를 상하지 않게 묘의 생장점 바로 밑에서 뜯어 준다.

③ 김매기와 북주기 … 솎은 다음에 북주기와 같이 첫 번 김매기를 하고 마지막 웃거름을 주고나서 최종 김매기와 북주기를 한다.

④ 제초제에 의한 약제방제 … 노동력이 많이 절약되고, 수량도 손 제초와 차이가 없다.

　㉠ 제초제 : 라소 유제와 시마진 수화제를 혼용한다.

　㉡ 제초시기 : 씨 뿌린 후 3 ~ 4일 이내에 뿌려 준다.

(2) 병충해 방제

① 병해

  ㉠ 그을음무늬병(매문병)
  - 병징
    - 잎에 푸르죽죽한 점무늬가 생겨 커지고 안쪽은 어두운 색, 둘레는 갈색의 큰 병반이 생긴다.
    - 고온다습할 때 발생하지만 깨씨무늬병보다는 서늘한 산간지대에서의 발생이 많다.
  - 방제
    - 병에 강한 품종재배가 효과적으로 장려품종은 대부분 이 병에 저항성이 있다.
    - 병이 발생하면 만코지 수화제(다이젠엠 45)를 1주일 간격으로 2~3회 뿌려 준다.

  ㉡ 깨씨무늬병(호마엽고병)
  - 병징
    - 7~8월의 고온다습한 조건에서 많이 발생하는데 잎에 작은 갈색반점이 생기고, 산간 지대보다 평야지대에서 높은 발생률이 나타난다.
    - 병원균은 포자형태로 병이 걸린 잎에서 월동한다.
  - 방제 : 병에 강한 품종을 재배하고, 병 발생이 심한 포장은 돌려짓기를 한다.

  ㉢ 깜부기병(흑수병)
  - 병징 : 옥수수 지상부의 모든 부분에서 발생하는 병으로 걸리면 비정상적으로 커져서 큰 혹이 되고, 검게 변하며 나중에는 검은 가루가 난다.
  - 방제 : 씨를 소독하고 병에 걸린 이삭은 가루가 날기 이전에 제거한다.

  ㉣ 검은줄오갈병(흑조위조병)
  - 병징
    - 애멸구에 의해 전염되는 바이러스병으로 식물체의 마디사이가 짧아져서 키가 작고, 잎이 농녹색으로 변한다.
    - 이 병에 일찍 걸리면 이삭이 전혀 달리지 않는다.
  - 방제 : 병에 강한 품종을 재배하고, 애멸구를 방제한다.

② 충해

  ㉠ 조명나방
  - 6월 상·하순부터 2~3회 발생한다.
  - 첫 번째 발생한 어린 애벌레는 잎 뒷면의 연한 부분을 갉아먹고, 그 후에 발생하는 애벌레는 이삭이나 줄기의 속을 파 먹으며 들어간다.

  ㉡ 멸강나방 : 이 나방은 폭식성으로 해마다 해를 끼치지는 않지만 많이 발생하는 해에는 애벌레가 떼를 지어 다니며 조, 옥수수, 보리, 벼 등의 작물뿐만 아니라 잡초까지 갉아먹어 발생 초기에 방제하지 않으면 피해가 크다.

  ㉢ 방제 : 조명나방과 멸강나방이 발생하면 나크 수화제(세빈) 및 칼탑 수용제(파단)와 같은 침투성 살충제를 뿌린다.

5 ▶ 수확과 특수재배

① 수확과 조제

(1) 알곡용 옥수수

① **성숙기**

    ㉠ 출수 후 보통 45~60일 정도된 옥수수는 알이 단단해지고, 이삭껍질이 누렇게 변한다.

    ㉡ 옥수수알의 수분함량은 약 30%가 된다.

② **수확기** … 충분히 여문 뒤부터 1~2주 지나면 수확하고, 저장시 수분함량은 16% 이하가 되도록 한다.

(2) 담근먹이용(사료용, 엔실리지용) 옥수수

① **이삭이 차지하는 비율과 건물수량이 높은 시기** … 암이삭 수염이 나오는 때로부터 40~45일 정도된 시기이다.

② **수확기** … 수분함량이 65~75% 정도인 8월 하순~9월 상순의 황숙기~완숙기 초에 담근다.

(3) 간식용, 풋옥수수용(초당옥수수, 단옥수수)

① **수확기** … 초당옥수수는 25일 쯤, 단옥수수는 수염이 나온 후 20~25일 쯤에 수확한다.

② **수확시기가 빠를 경우** … 단맛은 높으나 덜 여물어 먹거나 가공할 물질이 너무 적다.

③ **수확시기가 늦을 경우** … 종자는 커지나 맛과 당분이 떨어진다.

② 특수재배

(1) 사일리지용 옥수수 재배

① **품종** … 종실용보다 빨리 수확하므로 숙기가 늦어도 상관없다.

② **파종기** … 종실용에 준하여 빨리 파종한다.

③ **재식밀도**

　ⓐ 종실용보다 20 ~ 30% 정도 밀식하는 것이 좋다.

　ⓑ 과도한 밀식은 병해와 도복을 조장하므로 적당하게 한다.

④ **시비량** … 종실용과 같은 수준으로 시비하거나 10 ~ 20% 정도 증비한다.

⑤ **수확기** … 건물수량이나 가소화 양분수량 및 수분 함량이 높은 황숙기가 가장 적합하다.

(2) 단옥수수 재배

① **구분** … 일반 단옥수수와 초당옥수수로 대별되고, 초당 함량을 보면 일반 옥수수의 3%에 비해 단옥수수는 14%, 초당옥수수는 35%에 이르고 있어 감미가 강하다.

② **파종기 및 육묘**

　ⓐ **재배방식에 따른 파종시기**

　　• 하우스재배시 : 2월 상·중순

　　• 직파재배시 : 4월 상·중순

　　• 가을재배시 : 7월 상순

　ⓑ **육묘** : 이식재배시에는 포트에서 육묘하여 본엽 4 ~ 5매경에 정식하도록 한다.

　ⓒ **재식밀도**

　　• 10a당 6,000 ~ 8,000본 정도가 알맞다.

　　• 너무 밀식되면 품질이 저하될 우려가 있다.

③ **시비**

　ⓐ 유기질비료를 충분히 사용하고 10a당 질소 10 ~ 15kg, 인산 및 칼리 각각 10 ~ 12kg을 기준으로 사용한다.

　ⓑ 생육기간이 짧으므로 모두 밑거름으로 사용한다.

　ⓒ 질소비료 중 조금을 중거름으로 사용하기도 한다.

④ **곁가지 치기** … 단옥수수는 곁가지 발생이 많지만 이를 따줄 필요는 없다. 다만, 곁가지를 따줄 경우에는 조기에 제거하는 것이 좋다.

⑤ **수확**

　ⓐ **수확시기** : 수염이 나온 후 20 ~ 25일에 수확한다.

　ⓑ **수확시기가 빠를 경우** : 종실의 비대가 불충분하다.

　ⓒ **수확시기가 늦을 경우** : 초당함량과 신선미가 떨어져 상품가치가 떨어진다.

　🔔TIP | 초당옥수수는 단옥수수보다 2 ~ 3일 늦게 수확해도 된다.

옥수수

01 출제예상문제

1 옥수수의 재배에 대한 설명으로 옳은 것은?

① 수이삭의 개화가 암이삭의 개화보다 4 ~ 5일 정도 늦다.

② 단위면적당 재배수량이 타 작물에 비해 낮다.

③ 옥수수의 격리거리는 400 ~ 500m이다.

④ 일조시간은 길면 길수록 생육에 유리하다.

> **NOTE|** ① 숫이삭의 개화는 암이삭의 개화보다 4 ~ 5일 앞선다.
> ② 단위면적당 재배수량은 타 작물에 비해 많다.
> ④ 일조시간이 길수록 생육에 유리하나 너무 길면 건조해가 발생한다.

2 옥수수 교잡시 변형 단교잡종을 쓰는 이유는?

① 씨 받는 양을 늘리기 위해 ② 순종을 만들기 위해

③ 병충해에 강한 품종을 얻기 위해 ④ 재배하기가 쉬워서

> **NOTE|** 변형 단교잡종은 잡종강세현상이 크면서도 씨 받는 양을 늘릴 수 있어서 많이 이용된다.

3 다음 중 옥수수에 대한 설명으로 옳은 것은?

① 자연상태에서 자가수정으로 채종하여 후대에 수량이 높다.

② 미치종은 주로 사료용으로 사용한다.

③ 발아에 적합한 온도는 6 ~ 11℃이다.

④ 대체로 암이삭의 개화가 숫이삭의 개화보다 4 ~ 5일 앞선다.

> **NOTE|** ① 옥수수의 자가수정률은 2%이며 타가수정을 원칙으로 한다.
> ③ 발아에 적합한 온도는 34 ~ 38℃이다.
> ④ 대체로 숫이삭의 개화가 암이삭보다 4 ~ 5일 앞선다.

ANSWER | 1.③ 2.① 3.②

4 옥수수의 재배시 사용되는 육종방법으로 옳은 것은?

① 분리육종법   ② 잡종강세육종법

③ 배수성육종법   ④ 돌연변이육종법

> ✎NOTE| 잡종강세육종법 … 자식약세가 나타나 자식계통끼리 교잡해서 1대 잡종을 만들면 다시 수량과 생육이 증대되는 방법으로 옥수수는 잡종강세를 이용하여 1대 잡종의 씨를 만들어 수량을 증가시켜 널리 보급 · 재배되고 있다.

5 작물의 특징에 대한 연결이 잘못 짝지어진 것은?

① 땅콩 – 지방과 단백질의 함량이 높다.

② 옥수수 – 루틴을 제조하는 원료가 들어 있어 혈압강하제로 사용한다.

③ 수수 – 청산이 함유되어 있어 중독의 위험이 있다.

④ 녹두 – 전분, 단백질 함량이 높다.

> ✎NOTE| ② 메밀에 대한 설명이다.
> ※ 옥수수의 주성분은 당질이고 비타민 A가 쌀에 풍부하며, 단백질의 함량은 낮다.

6 다음 옥수수의 형태적 특징 중 옳지 않은 것은?

① 옥수수는 1개의 뿌리가 있다.

② 줄기는 굵고 둥글며 둘레가 단단한 껍질로 싸여 있다.

③ 옥수수에서는 암꽃이 수꽃보다 4 ~ 5일 일찍 핀다.

④ 하나의 수이삭에는 500 ~ 4,000개의 작은 이삭이 달리고 2,000만개의 꽃가루가 있다.

⑤ 잎맥은 평행맥이다.

> ✎NOTE| 옥수수의 형태적 특징
> ㉠ 옥수수의 뿌리는 1개의 씨뿌리가 있다.
> ㉡ 줄기는 굵고 둥글며 단단한 껍질로 싸여 있고 세로로 넓은 골이 있다.
> ㉢ 옥수수는 외떡잎식물로 잎맥은 평행맥(나란히맥)이다.
> ㉣ 옥수수는 자웅동주이며 하나의 수이삭에는 500 ~ 4,000개의 작은 이삭이 달리고 약 2,000만 개의 꽃가루가 있다.
> ㉤ 수꽃이 암꽃보다 4 ~ 5일 먼저 핀다.

ANSWER | 4.② 5.② 6.③

7 다음 중 웅성불임육종의 장점은?

① 개화기 조절의 필요가 없다.　　② 노동력을 덜기 위함이다.

③ 인공수분의 필요가 없다.　　④ 채종의 필요가 없다.

> ✎NOTE| 일반적으로 어미계통의 수이삭이 나오면 이들을 뽑아 내어 아비계통의 꽃가루만으로 교잡하도록 한 뒤, 여물면 어미계통에서만 씨를 받는다. 그 후 꽃가루가 떨어지면 아비계통은 떼어버리는데, 이러한 어미계통의 수이삭을 제거하는 노력을 덜기 위하여 수꽃이 퇴화하는 웅성불임계통을 어미계통으로 이용한다.

8 다음 중 크세니아 현상이 일어나는 것은?

① 옥수수　　　　　　　　　② 콩

③ 보리　　　　　　　　　　④ 감

> ✎NOTE| 크세니아 … 중복수정을 하는 속씨식물에서 부계의 우성형질이 모계의 배젖에 당대에 나타나는 현상으로 주로 벼와 옥수수에서 나타난다. 특히 옥수수에서는 열성인자를 가진 옥수수에 보통 옥수수의 꽃가루가 수분수정될 경우 주로 나타난다.

9 다음 중 옥수수의 꽃과 성별이 옳은 것은?

① 자웅동주이며 단성화 수꽃이 먼저 핀다.　　② 자웅이주이며 양성화 암꽃이 먼저 핀다.

③ 자웅동주이며 양성화 암꽃이 먼저 핀다.　　④ 자웅이주이며 단성화 수꽃이 먼저 핀다.

> ✎NOTE| 옥수수 … 자웅동주로 수이삭은 줄기 끝에, 암이삭은 줄기의 중간마다에 달리며 대체로 수이삭의 개화가 암이삭의 개화보다 4 ~ 5일 앞서는 웅성선숙이다.

10 다음 옥수수의 작물적 특성에 대한 설명 중 옳지 않은 것은?

① 환경 적응성이 높으며, 여름철의 고온기를 이용하면 북부지방까지 재배가 가능하다.

② 암술대와 암술머리는 길게 자라서 수염이 된다.

③ 수꽃이 암꽃보다 4 ~ 5일 먼저 개화한다.

④ 인위적으로 제꽃가루받이를 계속하면 생장이 점차 좋아져 수량이 많아진다.

ANSWER | 7.② 8.① 9.① 10.④

11 다음 중 옥수수 씨알의 굵기에 대한 설명으로 옳은 것은?

① 마치종은 대립종이다.　　　　　　② 마치종은 소립종이다.

③ 폭립종은 대립종이다.　　　　　　④ 경립종은 소립종이다.

12 다음 중 옥수수에 대한 설명으로 옳지 않은 것은?

① 1대 잡종의 교잡용으로 쓰일 품종은 4 ~ 6세대에 걸쳐 자가수정을 계속한다.

② 현재의 장려품종은 대부분 마치종으로 재배의 주체를 이루고 있다.

③ 옥수수는 산성토양에 약한 작물로서 알맞은 토양산도는 pH 8.0이다.

④ 채종포는 보통 다른 품종과 400 ~ 500m 격리시켜 설치하는 것이 좋다.

13 다음 옥수수 품종에 대한 설명 중 옳은 것은?

① 합성품종은 다수의 방임수분 품종을 교잡하여 만든다.

② 복합품종은 다수의 자식계통을 방임수분하여 만든다.

③ 단옥수수 품종은 대부분 단교잡에 의해 만든다.

④ 복교잡종의 생산력은 단교잡종보다 높다.

ANSWER | 11.① 12.③ 13.④

14 다음 교잡종 옥수수의 자식 후대에 나타나는 현상에 대한 설명 중 옳지 않은 것은?

① 자식 후대의 암이삭이 작아진다.

② 자식 후대의 병해 저항성이 높아진다.

③ 자식을 5~10세대 반복하면 열세현상이 정지한다.

④ 자식계통의 유전적 순도는 높아진다.

✎NOTE | 교잡종 품종을 5~10세대에 걸쳐 자식을 만들어 유전적 순도를 높인다. 잡종강세의 영향으로 자식 후대의 암이삭은 커진다.

15 다음이 설명하는 옥수수의 종류는?

> ㉠ 이삭이 굵고 수량이 많아서 사료용 및 공업용에 알맞다.
> ㉡ 현재의 장려품종은 모두 이 계통이다.

① 경립종　　　　　　　　　　　　② 폭립종

③ 감미종　　　　　　　　　　　　④ 마치종

✎NOTE | 마치종
㉠ 현재 재배되고 있는 장려품종이다.
㉡ 마치종은 성숙하면 종실의 표면이 말 이빨 모양으로 움푹 들어간다.
㉢ 대체로 숙기가 늦으며, 이삭이 굵고 수량이 많다.
㉣ 사료나 공업용, 사일리지용으로 알맞다.

16 타가수정을 원칙으로 하고 암이삭과 수이삭이 따로 있는 작물은?

① 수수　　　　　　　　　　　　　② 기장

③ 옥수수　　　　　　　　　　　　④ 조

✎NOTE | 옥수수
㉠ 타가수정(딴꽃가루받이)을 원칙으로 풍매수분이 이루어진다.
㉡ 수이삭은 줄기 끝에, 암이삭은 줄기의 중간마디에 달린다.
㉢ 암이삭과 수이삭이 따로 있지만 한 그루에 같이 있기 때문에 자웅동주라고 한다.

ANSWER | 14.① 15.④ 16.③

17 입형이나 입질로 보아 초당옥수수는 어떤 종류에 해당하는가?

① 폭립종   ② 마치종

③ 경립종   ④ 감미종

> **NOTE** | 초당옥수수는 당분이 많아 단맛이 강하며 종자 전체가 각질로 되어 반투명하고 여문 뒤에는 몹시 쭈글쭈글해지는데 이러한 종실의 모양을 가진 것을 감미종이라고 한다.

18 다음 중 크세니아 현상이 흔히 일어나는 작물은?

① 보리, 밀   ② 콩, 팥

③ 옥수수   ④ 감자, 고구마

> **NOTE** | 열성인자를 가진 옥수수에 보통 옥수수의 꽃가루가 수분수정되면 크세니아 현상이 나타난다.

19 우리나라에서 콩과 섞어짓기에 알맞은 작물은?

① 메밀   ② 감자

③ 고구마   ④ 옥수수

> **NOTE** | 옥수수 … 일반적으로 강원도를 중심으로 경기도, 충청북도 및 경상북도의 산간지대에서 홑짓기로 재배하고 콩이나 감자와 섞어짓기를 하기도 한다.

20 옥수수 품종들의 수량을 많은 것에서 적은 순으로 표시한 것은?

㉠ 단교잡종	㉡ 복교잡종	㉢ 합성품종

① ㉠ - ㉡ - ㉢   ② ㉠ - ㉢ - ㉡

③ ㉡ - ㉠ - ㉢   ④ ㉢ - ㉡ - ㉠

> **NOTE** | 합성품종은 많은 계통을 혼합하여 몇 해 동안 자유로운 교잡을 시키거나 격리포장에서 자유방임 교배하에 다계교잡을 시킨 후 집단선발법에 의하여 몇 해 동안 선발 및 채종을 계속하여 품종으로 성립시킨 것으로 개체당 종자생산량이 가장 많다. 그 다음으로 복교잡종, 단교잡종 순으로 생산량이 많으며, 복교잡종은 단교잡종에 비해 잡종강세가 떨어진다.

ANSWER | 17.④ 18.③ 19.④ 20.④

21 옥수수와 수수의 광합성 능력에 대한 설명으로 옳은 것은?

① 광합성 초기 단계에 탄소원자가 4개인 물질을 만든다.

② 엽신의 유관속초 세포의 발달 정도가 빈약하다.

③ 빛의 이용한계가 매우 낮다.

④ 저농도의 이산화탄소 농도하에서도 외견상 광합성이 낮다.

> **NOTE** ① 광합성이 이루어지는 초기 단계에 탄소가 4개인 유기물을 만들어 탄소의 축적효율이 높은 C_4 식물이다.
> ② C_4식물은 유관속초 세포가 발달했다.
> ③ 빛이나 온도의 이용한계가 매우 높다.
> ④ C_3 식물이 생존하기 어려운 정도의 낮은 농도의 이산화탄소 중에서도 외견상 광합성이 높게 나타난다.

22 다음 옥수수의 종류에서 경립종은 어느 것인가?

> **NOTE** ① 마치종 ③ 폭립종 ④ 감미종

23 옥수수의 생육적 특성에 대한 설명으로 옳지 않은 것은?

② 1대 잡종 이용   ② 단일성 식물

③ 자가수정   ④ 사료용으로 이용

> **NOTE** ③ 옥수수는 풍매수분이 이루어지는, 자연상태에서 타가수정(딴꽃가루받이)이 일어난다.

ANSWER | 21.① 22.② 23.③

24 옥수수 교잡방식에서 변형 단교잡은?

① (A × B)　　　　　　　　　　　② (A × B) × (C × D)
③ (A × B) × C　　　　　　　　　　④ (A × A') × B

>NOTE| 변형 단교잡
>　　　㉠ 2개 근계 자식계통 간 교잡에 의한 1대 잡종에 다른 자식계통을 교잡한 것이다.
>　　　㉡ 변형 단교잡을 통해 잡종 강세 현상이 크면서도 씨받는 양을 늘릴 수 있다.
>　　　① 단교잡　② 복교잡　③ 3계교잡

25 수량이 많고 씨가 굵어 사료 및 공업용으로 알맞은 우리나라 옥수수재배의 주체가 되는 것은?

① 감미종　　　　　　　　　　　　② 마치종
③ 경립종　　　　　　　　　　　　④ 폭립종

>NOTE| 마치종 … 대립종으로, 이삭이 굵고 수량이 많아서 사료나 공업용, 사일리지용으로 널리 쓰인다.

26 다음 중 옥수수 교잡방식에서 많이 이용되고 있는 것은?

① 단교잡　　　　　　　　　　　　② 복교잡
③ 3계교잡　　　　　　　　　　　　④ 변형 단교잡

>NOTE| ① 잡종강세현상이 다른 교잡종보다 커서 세력이 강하지만, 어미개체의 세력이 약해 씨의 생
>　　　　산량이 매우 적다.
>　　　②③ 잡종강세가 단교잡종에 비해 떨어지지만 씨의 생산량이 많다.
>　　　④ 근래에는 잡종강세현상이 크면서도 씨 받는 양을 증가시키기 위해 변형 단교잡이 많이 이
>　　　　용된다.

27 옥수수는 일반적으로 수꽃이 암꽃보다 며칠쯤 일찍 피는가?

① 2 ~ 3일　　　　　　　　　　　　② 4 ~ 5일
③ 6 ~ 7일　　　　　　　　　　　　④ 8 ~ 10일

>NOTE| 옥수수는 대체로 수이삭의 개화가 암이삭의 개화보다 4 ~ 5일 앞서는 웅성선숙을 나타낸다.

ANSWER | 24.④　25.②　26.④　27.②

28 다음 중 1대 잡종종자가 일반재배에 널리 이용되고 있는 것은?

① 옥수수   ② 벼

③ 콩   ④ 고구마

    NOTE | 옥수수는 잡종강세가 왕성하게 나타나는 1대 잡종 그 자체를 품종으로 이용한다.
        ※ 1대 잡종이 이용되고 있는 작물…옥수수, 수수, 토마토, 해바라기, 사탕무, 고추, 가지, 수박, 호박, 양파, 오이, 양배추, 배추, 꽃, 담배, 유채 등이 있다.

29 다음 중 옥수수에 대한 설명으로 옳지 않은 것은?

① 종근은 1개이다.   ② 자웅동주이다.

③ 잎의 모양은 그물모양이다.   ④ 풍매수분이 이루어진다.

    NOTE | ③ 옥수수는 외떡잎식물로 잎의 모양은 나란한 모양(평행맥)이다.

30 마치종에 비해 작고 수량도 떨어지지만, 맛이 좋아 식용으로 주로 재배되는 것은?

① 연립종   ② 경립종

③ 감미종   ④ 폭립종

    NOTE | 경립종
        ㉠ 종실은 대부분 단단한 각질이고 윗부분이 둥글다.
        ㉡ 식물체, 종실, 이삭 등이 마치종에 비해 작고 수량도 떨어지지만 맛이 좋아 오래 전부터 주로 식용으로 재배되어 왔다.

31 잡종강세 현상의 강도 여부로 옳은 것은?

① 단교잡종 > 복교잡송   ② 딘교잡종 < 3계교잡종

③ 복교잡종 > 3계교잡종   ④ 복교잡종 < 합성품종

    NOTE | 잡종강세 현상의 강도
        ㉠ 일반적으로 단교잡종이 잡종강세 현상이 다른 교잡종보다 커서 세력이 강하다.
        ㉡ 복교잡종이나 3계교잡종이나 합성품종의 잡종강세 현상은 비슷하다.

ANSWER | 28.①   29.③   30.②   31.①

32 옥수수의 이삭이나 줄기를 파 먹으며 심한 피해를 입히는 해충은?

① 조명나방　　　　　　　　　　　② 진딧물
③ 굼벵이　　　　　　　　　　　　　④ 멸강나방

> **NOTE** | 조명나방 … 6월 상·하순부터 2~3회 발생한다. 어린 애벌레는 잎 뒷면의 연한 부분을 갉아먹거나 줄기나 이삭의 속을 파 먹으며 들어가 옥수수에 심한 피해를 입힌다.

33 다음 중 옥수수에서 3계교잡을 나타내는 것은?

① (A × B)　　　　　　　　　　　② (A × B) × (C × D)
③ (A × B) × C　　　　　　　　　④ (A × A') × B

> **NOTE** | 3계교잡 … 1대 잡종과 1개 자식계통과의 교잡이다.
> ① 단교잡　② 복교잡　④ 변형 단교잡

34 다음 중 광합성 능력이 높은 작물로 옳은 것은?

① 벼, 보리　　　　　　　　　　　② 보리, 수수
③ 옥수수, 벼　　　　　　　　　　④ 옥수수, 수수

> **NOTE** | 옥수수와 수수는 다른 곡실 작물에 비해 광합성 능력이 매우 뛰어난 C_4 식물이다.

35 옥수수의 1대 잡종 채종시 어미품종의 수이삭을 제거하는 노동력을 덜기 위해 수꽃이 퇴화한 계통을 어미품종으로 사용하는 방법은?

① 자성불임　　　　　　　　　　　② 자성선숙
③ 웅성불임　　　　　　　　　　　④ 웅성선숙

> **NOTE** | 웅성불임 … 1대 잡종의 채종시 모본에서 수이삭이 나올 무렵에 이들을 완전히 제거하며, 이 때에 모본의 수이삭을 제거하는 노력을 덜기 위해 수꽃이 퇴화한 웅성불임계통을 모본으로 이용한다.

ANSWER | 32.① 33.③ 34.④ 35.③

36 식용 작물 분류시 잡곡에 속하는 것은?

① 벼   ② 감자

③ 보리   ④ 옥수수

> **NOTE |** 식용작물의 분류
> ㉠ 미곡 : 벼
> ㉡ 맥류 : 보리, 밀, 호밀, 귀리
> ㉢ 잡곡 : 옥수수, 조, 수수, 메밀
> ㉣ 두류 : 콩, 팥, 녹두, 완두, 강낭콩
> ㉤ 서류 : 고구마, 감자

37 다음 식용작물 중 대표적인 C_4식물은?

① 옥수수, 사탕수수   ② 보리, 밀

③ 메밀, 콩   ④ 호밀, 귀리

> **NOTE |** C_4식물 … 광합성에서 이산화탄소의 초기 고정산물로서 옥살아세트산을 생성하는 식물이다. 광합성의 최대 속도는 C_3식물의 2배 정도이고 광합성이 일어날 때만 나타나는 호흡인 광호흡은 측정할 수 없을 정도로 낮으며, 이산화탄소에 의한 보상점도 0 ~ 5ppm이다. C_4식물에는 옥수수, 사탕수수 등이 있다.

38 다음 중 옥수수의 종류별 특징을 설명한 것으로 옳지 않은 것은?

① 마치종은 껍질이 두꺼워 식용으로는 품질이 떨어지나 미국에서는 콘플레이크나 콘멜을 만드는 데 이용된다.

② 경립종은 종자가 매우 단단하며 껍질이 매끄럽고 윤기가 난다.

③ 단옥수수는 섬유질이 적으며 껍질이 얇다.

④ 찰옥수수는 종자의 크기가 매우 작으며 특성은 경립종과 유사하다.

> **NOTE |** ④ 찰옥수수의 종자는 찰성녹말과 씨눈으로 구분되는데, 종자의 크기는 튀김옥수수보다 더 크다. 종자의 크기가 매우 작은 것은 튀김옥수수이다. 국내에서는 경립종과 비슷한 것이 대부분이다. 찰옥수수의 녹말은 아밀로펙틴을 원료로 하여 아교와 함께 다양한 공업원료로 사용될 수 있다.

ANSWER | 36.④ 37.① 38.④

39 곡실용 옥수수로서 요구되는 품질조건은?

① 표피 두께가 얇고 당도가 높은 것
② 단백질과 1ysine 함량이 높은 것
③ 후기 녹체성의 성질이 강한 것
④ 전분과 당분 함량이 높은 것

　　📝NOTE| ①④ 식용 옥수수의 품질조건이다.
　　　　　　③ 사일리지용 옥수수의 품질조건이다.

40 다음 중 내비성이 가장 큰 작물은?

① 벼
② 옥수수
③ 콩
④ 감자

　　📝NOTE| 내비성 … 다량의 비료를 주면 줄기, 잎이 너무 무성해지거나 쓰러지기 쉽고 또 병해가 생기는
　　　　　　등의 경우가 있는데 이와 같은 장애에 대한 저항성을 뜻한다.

41 다음 중 식용 옥수수의 종류가 아닌 것은?

① 단옥수수
② 찰옥수수
③ 튀김옥수수
④ 일반옥수수

　　📝NOTE| 옥수수의 용도별 분류
　　　　　　㉠ 식용 옥수수 : 단옥수수, 초당옥수수, 찰옥수수, 튀김옥수수
　　　　　　㉡ 곡실용 옥수수 : 찰옥수수, 튀김옥수수, 일반옥수수(마치종, 경립종)
　　　　　　㉢ 사일리지용 옥수수 : 일반옥수수(마치종, 경립종)

42 옥수수에서 애멸구에 의해 영속적으로 전반되며, 식물체 전체가 위축되고 생장이 매우 부진한 병해는?

① 깨씨무늬병
② 깜부기병
③ 검은줄오갈병
④ 붉은곰팡이병

　　📝NOTE| 검은줄오갈병 … 잎 표면과 잎집은 옆맥을 따라서 돌출되고, 흰색 내지 담갈색의 불규칙한 줄무
　　　　　　늬가 생긴다. 병든 식물에서는 이삭이 생기지 않거나 생기더라도 매우 작다. 이 병은 애멸구에
　　　　　　의해 전염된다. 옥수수의 생육 초기에 애멸구를 방제한다.

ANSWER | 39.② 40.② 41.④ 42.③

수수, 조, 기장, 메밀

1 수수

① 역사와 재배현황 및 용도

(1) 역사

① **원산지** … 아프리카의 동북부 지대로 추정된다.

② **재배지역** … 인도나 아프리카 등의 건조하고 온도가 높은 지대에서 중요한 작물로 오래 전부터 재배되어 왔다.

(2) 재배현황

① **세계적 재배현황**

　㉠ 의의 : 수수는 다섯번째로 중요한 식량 작물이다.

　㉡ 생산량 : 세계적으로 4천6백만ha에서 약 6천만톤이 생산된다.

　㉢ 주생산국 : 미국, 인도, 수단, 나이지리아, 중국 등에서 많이 재배된다.

② **우리나라의 재배현황**

　㉠ 중부지방에서는 콩과 섞어짓기로 발달했다.

　㉡ 주로 경기도, 충청북도, 경상북도 등 중·북부 산간지대에서 재배되고 있다.

(3) 용도

① **주요 용도** … 보조식량이나 양조용, 사료용, 가공식품 등에 사용된다.

② **사료용**

　㉠ 종실의 종피에 탄닌함량이 적은 것이 유리하다.

　㉡ 풋베기 사료용

　　• 청산이 들어 있어서 생초를 동시에 많이 급여하면 중독될 수 있다.

　　• 예방책 : 풋베기 사료를 조금씩 주거나, 건조시키거나 또는 엔실리지를 만들면 독성이 없어진다.

② 형태 및 생태적 특징

(1) 형태적 특징

① **뿌리**

    ㉠ 종근 : 1개이다.

    ㉡ 제뿌리 : 깊게 발달한다.

    ㉢ 곁뿌리 : 지표에 가까운 마디에서 많이 나온다.

② **줄기**

    ㉠ 길이 : 보통 1.5 ~ 3.0m이다.

    ㉡ 마디의 수 : 8 ~ 23개 정도이다.

    ㉢ 굵기 : 옥수수보다는 둥글고 가늘며, 표면은 단단하고 속이 차 있다.

③ **잎**

    ㉠ 길이 : 50 ~ 100cm 정도이다.

    ㉡ 너비 : 5cm 정도이다.

    ㉢ 그 외 특징 : 잎혀에 검은 갈색의 털이 있고, 잎귀는 없다.

④ **이삭**

    ㉠ 특징 : 굵은 이삭줄기에 10개 정도의 마디가 있고, 각 마디에서 5 ~ 6개의 이삭가지가 나와 2 ~ 3차의 이삭가지가 갈라지고 여기에 새끼이삭이 달린다.

    ㉡ 이삭모양에 따른 종류

      • 산수형 : 이삭가지가 길고 사방으로 늘어진 형이다.

      • 밀수형 : 이삭가지가 짧고 종실이 조밀하게 몰려 붙어 있는 형이다.

      • 중간형 : 밀수형과 산수형의 중간형이다.

      • 편수형 : 이삭가지가 길고 한쪽으로 몰려 있는 형이다.

      • 압경형 : 밀수형이지만 이삭목이 꼬부라져서 이삭이 아래로 굽어 처진 형이다.

⑤ **소수**(이삭가지)

    ㉠ 이삭가지에 자루가 있는 작은 이삭과 자루가 없는 작은 이삭이 쌍으로 달린다.

    ㉡ 자루가 없는 작은 이삭

      • 이 이삭에만 여무는 꽃이 있어 종실이 달린다.

      • 3개의 수술과 암술을 갖춘 완전한 꽃과 껍질만 남아 있는 꽃이 1개씩 들어 있다.

⑥ 종실

　　㉠ 종자는 끝부분이 약간 보일 정도로 받침껍질에 싸여 있다.

　　㉡ 받침껍질 : 광택이 있고 검은색이 많다.

　　㉢ 1,000알의 무게 : 25 ~ 30g

　　㉣ 1L의 무게 : 700 ~ 740g

(2) 생태적 특성

① 발아

　　㉠ 최적 온도 : 32~35℃

　　㉡ 6 ~ 7℃ 이상에서 싹이 틀 수 있지만, 16℃ 이상이어야 발아가 빠르다.

② 분얼

　　㉠ 2 ~ 4개의 분얼을 한다.

　　㉡ 분얼된 줄기에서 이삭이 제대로 달리지 않는다.

③ 개화

　　㉠ 이삭이 나온 지 3 ~ 4일경부터 꽃이 피기 시작하는데, 이삭 전체가 꽃피는 데 6 ~ 9일(평균 7
　　　일)이 걸린다.

　　㉡ 끝에서부터 밑으로 피어 내려가 15일 내외면 개화가 끝난다.

④ 수정

　　㉠ 자가수정을 원칙(타가수정률은 3 ~ 5%이다)으로 한다.

　　㉡ 수정완료 : 꽃가루를 받은 후 6 ~ 13시간이면 수정이 끝난다.

⑤ 내건성

　　㉠ 수수는 건조에 매우 강한 작물이다.

　　㉡ 내건성의 원인

　　　• 잔뿌리의 발달이 좋고 심근성이다.

　　　• 요수량이 적다.

　　　• 줄기와 잎의 표피에 각질이 잘 발달되어 있고 피납이 많아서 수분증산이 적다.

　　　• 기동세포가 발달해서 가뭄때 엽신이 말려서 수분증산을 억제한다.

③ 환경조건

(1) 기상조건

① **기온과 일조량** … 기온이 높고 일조량이 많은 기후가 적당하다.

② **생육 최적 온도** … 38℃ 정도가 적당하다.

③ **무상기일** … 90 ~ 140일이 적당하다.

(2) 토양조건

① **적당한 토양**

　㉠ 물빠짐이 잘 되고 비옥한 질참흙이나 모래참흙이 적당하다.

　㉡ 과습, 건조 또는 침수와 같은 불량환경에 대한 적응성이 매우 크다.

② **최적 토양산도** … pH 5.0 ~ 6.2가 적당하다.

④ 분류와 품종

(1) 분류

① **용도** … 단수수, 종실용 수수(보통수수), 소경수수(비수수)로 나눈다.

② **종실의 성질** … 찰수수, 메수수로 나눈다.

③ **종실의 색깔** … 흰색, 갈색, 누런색, 검은색으로 나눈다.

④ **이삭의 모양** … 편수형(몰린 이삭형), 밀수형(뭉근 이삭형), 직립형(곧은 이삭형), 산수형(퍼진 이삭형), 압경형(굽은 이삭형) 등으로 나눈다.

⑤ **줄기의 길이** … 장간형, 단간형으로 나눈다.

(2) 품종

① **기자 54호** … 이집트에서 도입된 품종으로, 수량이 많은 우수한 메수수로 종자가 굵고 키가 크다.

② **기타** … 최근에는 키가 작은 수수품종들이 도입되어 재배되고 있다.

⑤ 재배과정

(1) 씨앗(종자)준비

① 비중 1.10의 소금물 가림으로 충실한 것으로 고른다.

② 지오람 수화제, 베노람 수화제 등으로 소독해서 뿌린다.

③ 종자의 소요량

　　㉠ 점뿌림 : 10a당 1 ~ 1.5kg

　　㉡ 줄뿌림 : 1.5 ~ 2kg

(2) 재배방법 및 파종(씨 뿌리기)

① 홑짓기의 경우

　　㉠ 직접 파종하고 콩과 섞어짓기를 할 때에는 모종을 길러 옮겨 심기도 한다.

　　㉡ 4월 하순 ~ 5월 중순에 이랑너비 30 ~ 60cm 간격으로 5 ~ 6개씩 점뿌림을 하거나, 50 ~ 60cm의 이랑을 만들어 줄뿌림을 한다.

　　㉢ 발아 후에는 30cm 간격으로 4 ~ 5개씩 남겨서 재배한다.

② 모로 심어 이식할 경우

　　㉠ 5월 상순쯤에 씨를 뿌려서 모를 기른다.

　　㉡ 모판 3.3m^{2}당 0.3kg의 씨를 뿌리고 필요한 모판의 면적은 본밭 10a당 13 ~ 15m^{2}이다.

　　㉢ 6월 하순 ~ 7월 상순에 콩밭 1.2m 너비의 콩이랑 복판에 1.5 ~ 1.8m 간격으로 포기당 5 ~ 6대씩 옮겨 심는다.

(3) 시비 및 관리

① 시비(거름주기)

　　㉠ 거름을 빨아들이는 힘이 강해서 별로 기름을 주지 않고 재배하는 것이 보통이다.

　　㉡ 시비방법

　　　• 10a당 두엄 1,000kg, 질소 13 ~ 15kg, 인산 및 칼륨 각각 8 ~ 10kg 정도 준다.

　　　• 질소질거름의 50 ~ 60%는 이삭패기 25일 전쯤 덧거름으로 준다.

② 관리 … 옥수수와 같은 방법으로 한다.

　　㉠ 솎아주기

　　　• 발아한 다음 잎이 2 ~ 3개일 때 솎아서 한 포기에 1개씩만 남겨야 한다.

　　　• 솎음할 때 주의할 점 : 남겨 놓을 묘를 상하지 않게 묘의 생장점 바로 밑에서 뜯어 준다.

ⓛ 김매기와 북주기
- 솎은 다음 북주기와 같이 첫 번 김매기를 하고 마지막 웃거름을 주고 나서 최종 김매기와 북주기를 한다.
- 제초제에 의한 약제방제
 - 노동력이 많이 절약되고, 수량도 손 제초와 차이가 없다.
 - 제초제 : 라소 유제와 시마진 수화제를 혼용한다.
 - 씨 뿌린 후 3 ~ 4일 이내에 뿌려 준다.

(4) 병충해 방제

① 줄무늬세균병
ⓖ 병징 : 주로 이삭이 나올 무렵 잎에 갈색 내지 붉은색의 줄무늬가 생기는 병이다.
ⓛ 방제 : 병이 없는 씨를 받아 소독하고, 병에 걸린 것은 빨리 제거하며, 돌려짓기한다.

② 탄저병
ⓖ 병징 : 줄기, 잎, 이삭 등에 발생해서 다갈색의 반점이 생겨 번진다.
ⓛ 방제 : 질소질거름의 시용량과 돌려짓기를 알맞게 한다.

③ 자줏빛구름무늬병
ⓖ 병징 : 잎에 작고 둥근 반점이 생기는데 둘레는 진한 진홍색이고 내부는 회백색이며 반점이 융합해서 구름무늬를 이루기도 한다.
ⓛ 방제 : 종자소독이나 질소질거름의 시용량과 돌려짓기를 알맞게 한다.

④ 깜부기병
ⓖ 병징 : 작은 이삭 및 이삭에 발병한다.
ⓛ 방제 : 씨를 소독하고 병에 걸린 이삭은 가루가 날기 이전에 제거한다.

⑤ 병충해 방제의 특징 : 종자소독이 기본이고, 농약을 사용하는 일은 드물다.

(5) 수확

① 수확시기 … 대체로 9월 상순 ~ 10월 중순에 수확한다.

② 수확방법
ⓖ 이삭만 자르거나 줄기째 베어 묶어 세워 2 ~ 3일 동안 말린 뒤 이삭을 자르기도 한다.
ⓛ 자른 이삭은 널어 말려서 탈곡하고 다시 말려 저장한다.

2 조

① 역사와 재배현황 및 용도

(1) 역사

① **원산지** … 동부아시아로 알려져 있으며, 원형은 강아지풀이다.

② **우리나라에서의 역사** … 예부터 5곡의 하나로 중요한 곡물로 재배되었다.

(2) 재배현황

① **세계적 재배** … 인도, 중국 등에서 많이 재배된다.

② **우리나라의 재배** … 전라남도와 제주도에서 많이 재배되고, 재배량은 낮은 편이다.

③ 재배에 노력이 많이 들고, 수익성과 수량이 매우 낮다.

④ 생육기간이 짧아 산간지대에서는 중요한 식량 작물이다.

⑤ 환경적응성이 강해 메마른 땅에서도 잘 자라고, 가뭄에도 잘 견딘다.

(3) 용도

① 차조는 특히 쌀을 섞어 밥을 지어 먹거나 떡, 죽, 엿 등도 만들며 풀이나 소주를 만드는 데 이용된다.

② 근래에는 새의 모이로 많이 이용되고 있다.

③ 조의 짚은 농우의 동기사료뿐만 아니라 충전용이나 연료로 쓰인다.

② 형태 및 생태적 특성

(1) 형태적 특성

① 뿌리

ㄱ 종근 : 1개이다.

ㄴ 제뿌리 : 많이 발달한다.

ㄷ 곁뿌리 : 지표 가까이의 마디에서 나온다.

② **줄기**

　　㉠ 길이 : 1 ~ 1.7m 정도이다.

　　㉡ 마디의 수 : 14 ~ 15개이다.

　　㉢ 특징 : 속이 차 있고 강인하다.

③ **잎**

　　㉠ 잎 표면은 거칠다.

　　㉡ 잎집의 색깔에 따라 백경종과 적경종이 있다.

　　㉢ 잎집에 상엽폭이 좁을수록, 붉은 색소가 많을수록 조줄기굴파리의 피해가 적은 경향이 있다.

④ **이삭**

　　㉠ 이삭가지 : 이삭줄기에서 제1, 2, 3차의 짧은 이삭가지가 갈라지고, 제3차 가지에 새끼이삭이 붙는다.

　　㉡ 이삭의 모양 : 일반적으로 몰리고 뭉툭한 모양이다.

⑤ **소수**

　　㉠ 특징 : 작은 이삭은 한 쌍의 받침껍질에 싸여 2개의 꽃이 있다.

　　㉡ 상위 꽃 : 임실화이다.

　　㉢ 하위 꽃 : 퇴화하여 작은 막편인 안껍질과 큰 겉껍질만이 남아 있다.

⑥ **종실** … 종자는 껍질에 싸여 있고 둥근 모양이며 매우 잘다.

　　㉠ 1,000립중의 무게 : 2.5 ~ 3.0g

　　㉡ 1L 무게 : 650 ~ 700g

　　㉢ 비중 : 1.2~1.3

(2) 생태적 특성

① **발아**

　　㉠ 최적 온도 : 30 ~ 31℃

　　㉡ 최저 온도 : 4 ~ 6℃

　　㉢ 최고 온도 : 44 ~ 45℃

② **개화** … 출수 후 1주일경부터 시작해서 5 ~ 7일 후에 가장 왕성하고 약 10일 정도가 되면 개화가 완료된다.

③ **수정** … 자가수정을 원칙으로 하지만, 타가수정률도 비교적 높다.

③ 환경조건

(1) 기상조건

① 기온과 강수량
  ㉠ 고온다조의 조건에서 생육이 왕성하다.
  ㉡ 요수량이 적고 수분조절 기능이 좋아서 한발에 잘 견딘다.

② 폭풍우 … 등숙기에 폭풍우를 만나면 임실장해와 도복을 입을 수 있다.

(2) 토양조건

① 적당한 토양
  ㉠ 배수가 잘되고 유기질이 풍부하며 비옥한 모래참흙이나 참흙이 알맞다.
  ㉡ 저습지를 제외하면 거의 모든 토양에 적응하며 척박하고 경사진 건조토양이나 산성토양에서
     도 잘 자란다.

② 최적 토양산도 : pH 4.92 ~ 6.23 정도이다.

④ 분류와 품종

(1) 분류

① 이삭의 모양 … 곤봉형, 원통형, 방추형, 원추형, 선단분기형, 분기형으로 구분한다.

② 잎집의 색깔 … 백경종, 적경종으로 구분한다.

③ 종실의 성질 … 차조, 메조로 구분한다.

④ 생태형 … 여름조(그루조), 봄조로 구분한다.

(2) 품종

① 메조
  ㉠ 봄조 : 호조, 모래조 등이 있다.
  ㉡ 여름조 : 국분, 강돌립 등이 있다.

② 차조
  ㉠ 봄조 : 천안조가 있다.
  ㉡ 여름조 : 사위속임이 있다.

⑤ 재배과정

(1) 씨앗(종자)준비

① 씨는 비중가림을 한 후 캡탄이나 티오겐과 같은 살균제로 소독한다.

② 씨가 너무 잘아서 배게 뿌려지거나 몰리기 쉽다.

(2) 파종(씨 뿌리기)

① **특징**…조는 종자가 매우 잘기 때문에 흙을 얕게 덮고 그 위를 적당하게 밟아 주어야 싹이 잘 튼다.

② **파종시기**
　㉠ 봄조 : 5월 상순~중순에 파종한다.
　㉡ 여름조 : 6월 중순~7월 상순에 파종한다.

③ **파종량**…10a당 1.5~2kg이다.

④ **파종방법**
　㉠ 봄조 : 이랑너비를 90cm로 만들고 골너비 9~12cm 정도로 줄뿌림한다.
　㉡ 여름조 : 물빠짐이 좋게 하기 위해 1.2m 너비의 다소 높은 이랑을 만들고, 이랑 위에 40cm 간격으로 가로 골을 타고 줄뿌림한다.

(3) 시비와 관리

① **시비(거름주기)**
　㉠ 10a당 두엄 750~1,000kg, 질소 12~15kg, 인산 및 칼륨을 각각 8~10kg씩 준다.
　㉡ 질소비료의 반은 이삭패기 20~25일 전 잎이 7~9개일 때 덧거름으로 주고, 그 밖에는 밑 거름으로 준다.

② **관리**
　㉠ 줄뿌림시 : 30cm 사이에 10~12대를 솎아준다.
　㉡ 점뿌림시 : 포기당 5~6대를 솎아준다.
　㉢ 흩어뿌림시 : 개체사이의 거리가 9~12cm가 되도록 솎아준다.

(4) 병충해 방제

① 조군데병

　ㄱ 병징

　　• 잎에 다갈색의 점무늬가 생기고, 후에는 잎이 갈라지고 말라 백발처럼 된다.

　　• 열매껍질이 자라 부풀고 이삭은 여물지 못하며 이삭 전체가 뭉쳐져서 기형의 이삭이 되는 피해가 가장 큰 병이다.

　ㄴ 방제 : 병이 발생하지 않은 곳에서 씨를 받고, 씨를 잘 소독해서 뿌리며 돌려짓기를 한다.

② 조줄기굴파리

　ㄱ 피해

　　• 길이가 6 ~ 10mm 정도인 유충이 줄기 중심으로 한 마리씩 잠식해서 피해줄기의 심엽이 전개하지 못하고 출수를 못하게 한다.

　　• 잎집에 상엽폭이 좁을수록, 붉은 색소가 많을수록 조줄기굴파리의 피해가 적다.

　ㄴ 방제 : 침투성 살충제를 뿌려서 방제한다.

(5) 수확 및 조제

① 수확시기

　ㄱ 잎, 줄기 및 이삭이 누렇게 되면 수확한다.

　ㄴ 봄조 : 9월 상 · 중순에 수확한다.

　ㄷ 여름조 : 10월 상 · 중순에 수확한다.

② 조제

　ㄱ 서리좁쌀 : 털어 낸 종자를 그대로 도정한 것이다.

　ㄴ 찐좁쌀 : 쪄서 말린 다음 도정한 것이다.

3 기장

① 역사와 재배현황 및 용도

(1) 역사

동부아시아 및 중앙아시아에 가까운 지역에서 시작된 것으로 추정된다.

(2) 재배현황

① 열대부터 온대에 걸쳐서 주로 재배된다.

② 생육일수가 짧아서 북위 54~57°의 고위도까지 분포 · 재배되고 있다.

③ **우리나라에서의 재배** … 경상북도와 강원도, 각 지방의 산간지에서 재배된다.

(3) 작물적 특징

조와 비슷하나 조에 비해 생육기간이 짧고, 건조한 기후에 강하다.

(4) 용도

① 기장쌀은 보통 팥과 같이 밥을 짓거나 떡을 만들고 술을 만들기도 한다.

② 돼지나 새의 사료로도 이용된다.

③ 이삭은 빗자루를 만드는 데 이용된다.

② 형태 및 생태적 특성

(1) 형태적 특성

① **뿌리**
  ㉠ 종근 : 1개이다.
  ㉡ 특징 : 비교적 심근성이고 내건성이 강하고 흡비력이 크다.

② **줄기**
  ㉠ 길이 : 1.0~1.7m 정도이다.
  ㉡ 마디 수 : 10~20개 정도이다.
  ㉢ 특징 : 둥글고 속이 비어 있으며 도복되기 쉽다.

③ **잎** … 잎집에 흰 털이 밀생한다.

④ **이삭** … 이삭가지가 길고 늘어진다.

(2) 생태적 특성

① **발아**

　　㉠ 최적 온도 : 30 ~ 31℃

　　㉡ 최저 온도 : 6 ~ 7℃

　　㉢ 최고 온도 : 44 ~ 45℃

② **분얼** … 분얼 수는 적고, 기부로부터 2 ~ 3개의 분얼이 생겨 모두 이삭을 맺는다.

③ **개화** … 출수 후 7일쯤부터 개화하기 시작해 10일 후에는 거의 개화가 끝난다.

④ **버널리제이션(춘화처리)** … 고온 버널리제이션에 의해 출수가 촉진된다.

③　환경조건과 분류

(1) 환경조건

① **기상조건** … 고온다조에서 생육이 왕성하다.

② **토양조건**

　　㉠ 배수가 잘되는 매우 건조한 곳에서 잘 생육한다.

　　㉡ 토양적응성이 강하여 개간지, 척박지 등에서도 잘 생육한다.

　　㉢ 토양산성에도 강하나 저습지는 알맞지 않다.

(2) 분류

① **생태형** … 봄기장, 여름기장으로 나뉜다.

② **종자의 성질** … 찰기장, 메기장으로 나뉜다.

③ **이삭가지의 모양** … 이삭가지가 한쪽으로 몰리는 이삭형, 이삭가지가 뭉쳐있고 짧은 이삭형, 이삭가지가 사방으로 퍼지는 이삭형으로 나뉜다.

④　재배과정 및 수확

(1) 재배과정

① 파종방법, 파종시기, 거름주기 등이 조의 재배방법과 같다.

② **파종량** : 10a당 0.6 ~ 1.0kg이다.

③ **파종방법**

   ㉠ 점뿌림시 : 포기당 3 ~ 4대를 재배한다.

   ㉡ 줄뿌림시 : 30cm당 6 ~ 7대를 재배한다.

(2) 수확

① **수확시기**

   ㉠ 봄기장 : 8월 하순 ~ 9월 상순에 수확한다.

   ㉡ 그루기장 : 9월 하순 ~ 10월 상순에 수확한다.

② **유의점** … 종실이 떨어지기 쉽기 때문에 이삭의 70 ~ 80%가 여물면 수확한다.

4   메밀

①   역사와 재배현황 및 용도

(1) 역사

① **원산지** … 동북아시아 지역으로 추정된다.

② **우리나라에서의 역사** … 중국으로부터 전해져 재배되고 있다.

(2) 재배현황

① **세계적 재배현황** … 러시아에서 가장 많이 재배된다.

② **우리나라에서의 재배현황**

   ㉠ 전국에 걸쳐 고르게 재배되는 편이나, 경상북도 산간지대에서 많이 재배된다.

   ㉡ 10a당 수량은 매우 낮은 수준이다.

(3) 작물적 특성

① 메밀은 서리에 약하나, 서늘한 기후에서 잘 생육한다.

② 메마른 땅에 적응력이 강해서 가뭄에 잘 견딘다.

③ 생육기간이 60~90일로 여름 밭작물 중 가장 짧으며, 병이 많지 않다.

④ 봄 작물의 뒷그루나 가물어서 다른 작물을 재배할 수 없을 때의 대파 작물로 알맞다.

(4) 용도

① **혈압 강하제** … 식물체에 루틴(rutin)을 만드는 원료가 들어 있어서 혈압 강하제로 이용된다.

② **메밀쌀** … 쌀과 함께 밥을 지어 주식으로 이용한다.

③ **메밀꽃** … 꿀벌의 밀원이 된다.

④ **메밀깍지** … 베갯속으로 이용된다.

⑤ **풋베기한 메밀** … 전분가가 높고 단백질이 많아서 사료로 우수하다.

⑥ **메밀가루** … 냉면재료로 많이 이용되고 만두, 묵, 국수, 과자 등의 재료로도 이용된다.

② 형태 및 생태적 특성

(1) 형태적 특성

① **뿌리**

　　㉠ 종근 : 1개이다.

　　㉡ 특징 : 곧은 뿌리로부터 많은 가지뿌리가 발생한다.

② **줄기**

　　㉠ 길이 : 60 ~ 90cm 정도이다.

　　㉡ 특징 : 원통형이고 1~ 4개의 가지가 발생하며, 속이 비어 있다.

③ **잎**

　　㉠ 떡잎 : 1쌍이다.

　　㉡ 본엽 : 잎몸이 심장 또는 삼각형 모양이며, 잎자루는 길고, 그 밑동을 턱잎집이 싸고 있다.

④ **꽃**

　　㉠ 꽃대 : 줄기 끝이나 잎겨드랑이에서 나온다.

　　㉡ 꽃자루 : 꽃대 끝에 2 ~ 7개의 작은 꽃자루가 갈라지면, 여기에 많은 꽃이 달려 꽃송이를 이룬다.

　　㉢ 꽃 : 꽃잎은 없지만 5 ~ 6장의 꽃덮개가 있고, 1개의 암술과 8개의 수술로 되어 있으며, 암술
　　　　머리는 세 갈래로 갈라져 있다.

　　㉣ 암술 : 밑부분에 작은 혹모양의 꿀샘이 있다.

　　㉤ 이형예현상 : 장주화와 단주화가 반반씩 생기는 현상을 뜻한다.

　　　• 장주화 : 암술대가 수술보다 긴 것을 말한다.

　　　• 단주화 : 암술대가 수술보다 짧은 것을 말한다.

　　　• 기타 : 드물게 암술대와 수술이 비슷한 꽃인 자웅예동장화도 있다.

❀ 메밀의 꽃 ❀

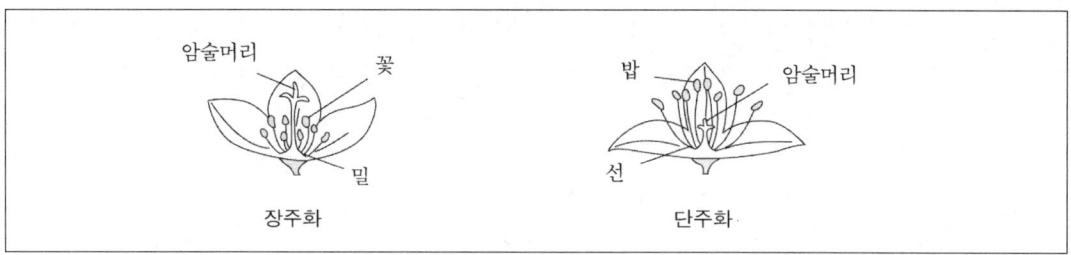

⑤ **종실**

　ㄱ 열매 : 검은 갈색 또는 갈색으로 세모가 져 있다.

　ㄴ 1,000립중 : 25 ~ 30g 정도이다.

　ㄷ 1L중 : 630 ~ 640g 정도이다.

(2) 생태적 특성

① **발아** … 7월 하순 ~ 8월 상순에 씨를 뿌린 후 5일 정도면 싹이 나온다.

② **개화**

　ㄱ 원줄기의 4번째 마디에서 꽃망울이 달리기 시작한다.

　ㄴ 꽃은 줄기 밑부분부터 피어 올라가면서 20 ~ 30일 동안 핀다.

③ **수분 및 수정**

　ㄱ 타가수정 : 곤충에 의해 이루어진다.

　ㄴ 적법수분 : 이형화, 즉 단주화와 장주화 사이에서 수정이 잘 이루어지는 것이다.

　ㄷ 부적법수분 : 동형화, 즉 단주화들 사이나 장주화들 사이에서는 수정이 잘 이루어지지 않는 것이다.

③ 환경조건

(1) 기상조건

① **기온**

　ㄱ 생육 최적 온도 : 20 ~ 31℃이다.

　ㄴ 결실 최적 온도 : 20℃ 이하의 낮은 온도가 알맞다.

　ㄷ 일교차가 크면 결실이 좋다.

　ㄹ 서리에는 약하므로 생육에 좋지 않다.

② **수분**

　　㉠ 건조에 잘 견디지만 싹이 틀 시기에는 수분이 알맞게 있어야 한다.

　　㉡ 종자가 여무는 시기에 비가 많이 오면 곤충의 활동에 장해가 되므로 수정률이 떨어진다.

(2) 토양조건

① **적당한 토양**

　　㉠ 물빠짐이 좋은 참흙이나 모래참흙이 적당하다. 그러나 메밀은 토양적응력이 강해 습한 땅이나
　　　진흙땅을 제외하고 어디에서나 재배가 가능하다.

　　㉡ 습한 것보다 조금 건조한 것이 좋으므로 물빠짐이 좋아야 한다.

　　㉢ 땅이 비옥하면 너무 잘 자라서 쓰러지기 쉽다.

② **재배에 알맞은 토양산도** … pH 6~7이 적당하다.

④　분류 및 품종

(1) 분류

① **생태형** … 여름메밀, 가을메밀, 중간형으로 구분한다.

② **보통종** … 세계적으로 가장 많이 재배되는 종류로 우리나라에서도 가장 많이 재배된다.

③ **달단종**

　　㉠ 자가수분이 된다.

　　㉡ 보통종보다 내냉성이 강하고 척박지에서도 잘 견딘다.

　　㉢ 메밀가루는 쓴 맛이 강해 삶아서 쓴 맛을 제거한 후 식용으로 이용한다.

④ **유시종** … 종실의 모가 발달해서 엷은 날개모양으로 되어 있다.

(2) 품종

① **재래종** … 우리나라에서 주로 재배되고 있는 품종이다.

② **감온형의 조생종** … 북부 산간부의 단작지대에서 재배된다.

③ **감광형의 만생종** … 남부 평야지의 후작지대에서 재배된다.

⑤ 재배과정 및 수확

(1) 재배과정

① **파종**(씨 뿌리기)

　㉠ 파종시기(가을메밀의 경우)

　　• 중부지방 : 7월 중·하순이다.

　　• 남부지방 : 7월 하순~8월 상순이다.

　㉡ 파종방법 : 줄뿌림, 점뿌림 및 흩어뿌림의 방법으로 뿌린다.

♀ 파종방법과 종자소요량 ♀

파종방법	종자소요량(kg/10a)	솎는 방법
점뿌림	4~5	포기당 10~15알 정도
줄뿌림	8~9	30cm 간격에 15개 정도
흩어뿌림	8~9	6~9cm 간격이 적당

② **시비 및 관리**

　㉠ 시비량 : 거름은 10a당 두엄 750kg과 질소·인산·칼륨 각각 2~5kg을 모두 밑거름으로 준다.

　㉡ 관리 : 싹이 튼 후 한두 차례 솎아 주고 김을 맨다.

　㉢ 메밀의 병충해 : 갈색무늬병, 흰가루병, 멸강나방 등이 있다.

　　• 흰가루병

　　－병징 : 크고 작은 흰색 또는 회백색의 병반이 생기거나, 잎이나 다른 기관이 완전히 흰가루에 뒤
　　　덮인 듯한 병징이 특징이다.

　　－방제 : 저항성 품종을 재배하고, 디노캡이라는 방제약을 사용한다.

　　• 갈색무늬병

　　－병징 : 잎, 줄기, 열매에 발병하는데, 열매의 표면에 약간 움푹한 갈색무늬가 생기며 병든 열매는
　　　일찍 낙과한다.

　　－방제 : 파종시 종자소독을 하며, 생육기에 살균제를 살포한다.

　　• 멸강나방

　　－특징 : 폭식성으로 많이 발생하는 해에는 애벌레가 떼를 지어 다니며, 작물뿐 아니라 잡초까지 갉
　　　아먹는다.

　　－방제 : 침투성 살충제를 뿌려준다.

(2) 수확과 조제

① **수확시기**(가을메밀의 경우)

  ㉠ 꽃이 빨리 핀 밑에서부터 여물어 올라가고, 여문 종실은 떨어지기 쉬우므로 70~80%가 성숙하면 수확한다.

  ㉡ **중부지방** : 10월 상·중순에 수확한다.

  ㉢ **남부지방** : 10월 중·하순에 수확한다.

② **조제**

  ㉠ 메밀을 도정해서 메밀쌀을 만들기도 한다.

  ㉡ 도정률은 49% 정도이고, 가루로 만들 때는 무게로 70% 정도가 된다.

수수, 조, 기장, 메밀

출제예상문제

1 다음 중 수수가 내건성 작물임을 가장 잘 나타내는 것은?

① 요수량이 적다.
② 줄기와 잎의 표면에 각질이 발달되어 있지 않다.
③ 기동세포가 발달되지 않아 수분증산이 활발하다.
④ 천근성을 나타내고 있다.

> **NOTE |** 수수의 내건성
> ㉠ 잔뿌리의 발달이 좋고 심근성이다.
> ㉡ 요수량이 적다.
> ㉢ 줄기와 잎의 표피에 각질이 잘 발달되어 있어 피납이 많고 수분증산이 적다.
> ㉣ 기동세포가 발달하여 가뭄시 엽신이 말려 수분증산을 억제한다.

2 생육기간이 극히 짧으며 건조 및 서늘한 기후에 잘 견디는 작물은?

① 옥수수   ② 메밀
③ 땅콩   ④ 조

> **NOTE |** 메밀…서리에 약하고 서늘한 기후, 가뭄에 잘 견디며 생육기간이 극히 짧다. 봄 작물의 뒷그루나 가뭄 때문에 다른 작물을 재배할 수 없을 경우 대파 작물로 알맞다.

3 다음 중 요수량이 가장 작은 작물은?

① 보리   ② 호박
③ 밀   ④ 수수

> **NOTE |** ① 523g   ② 830g   ③ 513g   ④ 330g

ANSWER | 1.① 2.② 3.④

4 다음 메밀의 재배적 특성에 대한 설명 중 옳지 않은 것은?

① 따뜻한 기후에 잘 적응하고 생육기간이 극히 짧다.

② 메마른 땅에서도 잘 자라며, 내병성이 크다.

③ 봄 작물의 만기후작에 적당하다.

④ 천수답에서 한발의 피해가 심할 때 대파 작물로 재배한다.

> **✎NOTE**| 메밀
> ㉠ 기후가 서늘한 산간고랭지에서 주로 재배하며 생육기간이 극히 짧다.
> ㉡ 메마른 땅에 적응력이 강해 가뭄에 잘 견디고, 병이 많지 않다.
> ㉢ 봄 작물의 뒷그루나 가물어서 다른 작물을 재배할 수 없을 때 대파 작물로 알맞다.

5 다음 작물 중 타가수정을 원칙으로 하는 작물끼리 짝지어진 것은?

① 호밀, 메밀　　　　　　　　② 호밀, 보리

③ 옥수수, 기장　　　　　　　④ 고구마, 감자

⑤ 밀, 메밀

> **✎NOTE**| 호밀은 풍매에 의한 타가수정을 하며, 메밀은 곤충에 의한 타가수정을 한다. 즉, 호밀은 풍매수분, 메밀은 충매수분이 이루어진다.

6 잡곡 중 수수에 발생하여 큰 피해를 주는 병은?

① 흰가루병　　　　　　　　　② 탄저병

③ 오갈병　　　　　　　　　　④ 역병

> **✎NOTE**| 탄저병 … 수수의 잎, 줄기, 이삭 등에 발생하여 다갈색의 반점이 생겨 번지는 병으로 돌려짓기와 질소질거름의 시용량을 알맞게 하여 방제한다.

7 사람의 혈압을 내리게 하는 루틴(rutin)이란 성분을 함유하고 있는 작물은?

① 메밀　　　　　　　　　　　② 기장

③ 감자　　　　　　　　　　　④ 조

> **✎NOTE**| 메밀의 식물체에는 루틴을 만드는 원료가 들어 있어 혈압 강하제로 쓰이고 있다.

ANSWER| 4.① 5.① 6.② 7.①

8 다음 메밀의 수분 중 적법수분방법은?

① 장주화 × 단주화
② 장주화 × 장주화
③ 단주화 × 단주화
④ ①②③ 모두

> **NOTE** | 메밀 … 곤충에 의한 타가수정을 하며 장주화와 단주화 사이에서 수정이 순조롭게 이루어진다 (적법수분).
> ※ **부적법수분** … 장주화들 사이나 단주화들 사이에서 수정이 순조롭게 이루어지지 않는 것을 말한다.

9 다음 잡곡 중 생육기간이 가장 짧은 것은?

① 조
② 수수
③ 옥수수
④ 메밀

> **NOTE** | 메밀의 생육기간은 60 ~ 90일 정도로 여름 밭 작물 중에서 가장 짧다.

10 조를 가꿀 때 조군데병 방제조치가 아닌 것은?

① 파종을 깊게 한다.
② 내병성 품종을 재배한다.
③ 윤작과 추경을 실시한다.
④ 파종기를 늦춘다.

> **NOTE** | 조군데병
> ㉠ 특징
> • 잎에 다갈색의 점 무늬가 생기고 나중에는 잎이 마르고 갈라져 백발처럼 된다.
> • 이삭은 여물지 못하며 열매껍질이 자라 부푼다.
> • 이삭 전체가 뭉쳐서 기형의 이삭이 된다.
> ㉡ 방제법
> • 내병성 품종을 재배한다.
> • 무병지에서 채종하고 종자소독을 한다.
> • 윤작과 추경을 실시하며 파종기를 늦추고 얕게 파종한다.
> • 질소비료를 과용하지 않는다.

ANSWER | 8.① 9.④ 10.①

11 잡곡의 이삭의 모양 중 사방으로 퍼지는 것은?

① 편수형　　　　　　　　② 밀수형

③ 중간형　　　　　　　　④ 산수형

> **NOTE**｜① 이삭가지가 길고 한쪽으로 몰려 있는 것을 말한다.
> ② 이삭가지가 짧고 종실이 조밀하게 몰려 붙어 있는 것을 말한다.
> ③ 밀수형과 산수형의 중간의 것이다.
> ④ 이삭가지가 길고 사방으로 늘어지는 것을 말한다.

12 다음 잡곡 중 곤충에 의하여 수분이 이루어지는 것은?

① 옥수수　　　　　　　　② 수수

③ 기장　　　　　　　　　④ 메밀

> **NOTE**｜메밀은 곤충에 의한 타가수정을 하는 충매화이다.

13 메밀 생산물의 이용과 관계가 가장 먼 것은?

① 식물　　　　　　　　　② 화장품

③ 밀원　　　　　　　　　④ 의약용

> **NOTE**｜메밀의 이용 … 메밀꽃은 꿀벌의 밀원이 되며, 메밀의 식물체에는 루틴을 만드는 원료가 들어있어 혈압 강하제로 쓰인다.

14 다음 메밀재배에 대한 설명 중 옳지 않은 것은?

① 토양반응은 pH 6.0 ~ 7.0 정도가 알맞다.　② 발아의 적온은 25 ~ 31℃이다.

③ 생육기간은 70 ~ 90일 정도이다.　　　　④ 50 ~ 60% 정도 성숙할 때 수확한다.

> **NOTE**｜메밀 … 성숙하면 검어지고 굳어진다. 꽃이 빨리 핀 밑에서부터 여물어 올라가며, 여문 종실은 떨어지기 쉬우므로 70 ~ 80%가 성숙하면 수확하는 것이 좋다. 또한 메밀의 생육기간은 극히 짧아서 최대 90일 정도이며, 산성 토양에서도 강한 편이다.

ANSWER｜11.④　12.④　13.②　14.④

15 조와 기장을 재배할 때의 환경조건을 설명한 것 중 옳지 않은 것은?

① 온도가 높고 햇볕이 풍부하며 비교적 건조한 기후를 좋아한다.

② 등숙기의 심한 비바람은 도복을 일으키고 임실률을 떨어뜨린다.

③ 산비탈의 새로 개간한 밭에서는 잘 자라지 않고 저습지에서는 잘 자란다.

④ 그루조와 그루기장은 비교적 습한 기후에 적응하는 성질이 있다.

> **NOTE** | 조와 기장
> ㉠ 요수량이 가장 적은 작물로 건조에 매우 강하다.
> ㉡ 그루조와 그루기장은 봄조와 봄기장에 비해 고온과 상당한 습기가 있어야 생육이 빠르다.
> ㉢ 메마른 땅이나 산성 땅에서도 잘 적응하므로 산비탈의 새로 개간한 밭에서도 잘 자라지만 저습지에서는 잘 자라지 않는다.

16 여름메밀과 가을메밀의 차이를 바르게 설명한 것은?

	여름메밀	가을메밀
①	여름철에 파종한다.	가을철에 파종한다.
②	북부 산간지대에서 일찍 파종한다.	남부 평야지대에서 늦게 파종한다.
③	남부지방에 잘 적응한다.	북부 산간지방에 잘 적응한다.
④	재래종은 모두 여기에 속한다.	개량종은 모두 여기에 속한다.

> **NOTE** | 계절별 메밀의 구분
> ㉠ 여름메밀 : 봄에 씨를 뿌려 여름에 수확하는 것으로 생육기간이 짧은 북부나 산간지대에서 주로 재배한다.
> ㉡ 가을메밀 : 여름에 뿌려서 가을에 수확하며 낮의 길이가 짧은 조건에서 꽃 피는 것이 빨라지는 단일성이므로, 일찍 심으면 줄기가 너무 자라서 잘 넘어지고 수량도 떨어진다.

17 다음 잡곡 중 내건성이 강하고 흡비력이 크며 특히 서늘한 기후를 좋아하는 것은?

① 옥수수   ② 수수

③ 조   ④ 메밀

> **NOTE** | 메밀 … 서리에는 약하지만 기후가 서늘한 산간고랭지에서 잘 자라며, 메마른 땅에 적응력이 강해 가뭄에 잘 견디는 작물이다.

ANSWER | 15.③ 16.② 17.④

18 다음 중 수수가 내건성이 강한 이유로 옳지 않은 것은?

① 기동세포가 잘 발달하여 수분증산을 조절, 억제할 수 있기 때문이다.

② 요수량이 높은 작물이기 때문이다.

③ 뿌리의 발달이 왕성하고 심근성이 있기 때문이다.

④ 잎과 줄기의 표면에 각질이 잘 발달되어 있기 때문이다.

> ✎NOTE│ 수수
> ㉠ 내건성이 극히 강한 작물로 잔뿌리의 발달이 좋고 심근성이다.
> ㉡ 요수량이 적으며 잎과 줄기의 표피에 각질이 잘 발달되어 있고, 피납이 많기 때문에 수분
>   증산이 적다.
> ㉢ 기동세포가 발달하여 가뭄을 당하면 엽신이 말려서 수분증산을 억제한다.

19 다음은 어떤 작물의 특성을 나타낸 것인가?

㉠ 생육기간이 극히 짧다.	㉡ 타가수정을 원칙으로 한다.
㉢ 서늘한 기후를 좋아한다.	㉣ 한해지역에서 대파 작물로 재배된다.

① 조   ② 메밀

③ 보리   ④ 옥수수

> ✎NOTE│ 메밀
> ㉠ 메밀은 서리에 약하나 서늘한 기후에서 잘 생육한다.
> ㉡ 메마른 땅에 적응력이 강해서 가뭄에 잘 견딘다.
> ㉢ 생육기간이 극히 짧으며, 병이 많지 않다.
> ㉣ 봄 작물의 뒷그루나 가물어서 다른 작물을 재배할 수 없을 때의 대파 작물로 알맞다.

20 조를 재배하는 데 가장 좋은 기후조건은?

① 한랭한 곳   ② 기온이 높고 저습지

③ 모래가 많고 건조한 땅   ④ 건조하고 따뜻한 곳

> ✎NOTE│ 조는 따뜻하고 다소 건조한 곳의 기상에서 생육이 좋으며, 요수량이 적고 수분조절기능이 좋다.

ANSWER│ 18.② 19.② 20.④

21 다음 중 풋베기 사료 중 청산가리(HCN) 때문에 주의해야 하는 작물은?

① 감자   ② 호밀
③ 옥수수   ④ 수수

📝**NOTE**ㅣ 수수 … 재배가 쉽고 생초 수량이 많아서 풋베기사료로 이용되는데, 청산이 들어 있어서 생초를 일시에 많이 급여하면 중독될 우려가 있으므로 조금씩 주거나, 건조하거나 또는 엔실리지를 만들면 무독하게 된다. 근래에는 청산 함량이 낮은 품종이 육성되고 있다.

22 다음 잡곡 중 자가수정을 원칙으로 하지만 자연교잡률이 매우 높은 것은?

① 기장   ② 메밀
③ 옥수수   ④ 수수

📝**NOTE**ㅣ ① 자가수정을 원칙으로 한다.
② 곤충에 의한 타가수정을 원칙으로 한다.
③ 풍매에 의한 타가수정을 원칙으로 한다.
④ 자가수정을 원칙으로 하지만 타가수정률도 높은 편이다.

23 묵, 과자, 냉면, 의약용으로 사용되는 작물은?

① 감자   ② 메밀
③ 수수   ④ 녹두

📝**NOTE**ㅣ 메밀
㉠ 가루로 만들어 과자, 냉면, 국수, 묵 등을 만들어 먹는 데 이용된다.
㉡ 메밀 식물체에 들어 있는 루틴은 혈압 강하제의 원료가 될 수 있으므로 의약용으로도 이용된다.

24 다음 중 루틴(rutin)이란 성분을 함유하고 있는 작물은?

① 수수   ② 메밀
③ 감자   ④ 옥수수

📝**NOTE**ㅣ 루틴은 메밀에 들어 있는 성분으로, 혈압을 떨어뜨리는 작용을 한다.

ANSWER ㅣ 21.④ 22.④ 23.② 24.②

25 조를 가꿀 때 가장 피해를 주는 병은?

① 조군데병
② 오갈병
③ 탄저병
④ 자주빛무늬병

✎NOTE| 조군데병
㉠ 조에서 잎에 다갈색의 점무늬가 생기고 나중에는 잎이 갈라지고 말라 백발처럼 된다.
㉡ 열매껍질이 자라 부풀고, 이삭은 여물지 못하며, 이삭 전체가 뭉쳐져서 기형의 이삭이 되는 피해가 가장 큰 병이다.

26 메밀에서 적법수분이란?

① 단주화 × 단주화 사이의 수정
② 장주화 × 장주화 사이의 수정
③ 장주화 × 단주화 사이의 수정
④ 동주화 × 동주화 사이의 수정

✎NOTE| 메밀은 타가수정을 원칙으로 하므로, 암술이 길고 수술이 짧은 장주화와 암술이 짧고 수술이 긴 단주화 사이에서 수정이 이루어져야 한다.

27 다음 잡곡류 중에서 이형예 현상을 볼 수 있는 작물은?

① 조
② 기장
③ 수수
④ 메밀

✎NOTE| 이형예 현상 … 메밀에서 볼 수 있는 것으로, 동일품종에서도 암술이 길고 수술이 짧은 장주화와 암술이 짧고 수술이 긴 단주화가 반반씩 생기는 것이다. 수정은 이렇게 이형화 사이에서만 이루어진다.

28 다음 잡곡류 중 단백질 함량이 가장 많은 작물은?

① 조
② 기장
③ 수수
④ 메밀

✎NOTE| 메밀의 성분
㉠ 주성분은 탄수화물이지만 단백질이 많고 아미노산의 구성이 좋고, 비타민 함량도 많다.
㉡ 단백질은 품질이 좋아서 식품으로 우수하고 영양가도 높다.

ANSWER | 25.① 26.③ 27.④ 28.④

29 다음 중 수수의 이삭형태에 대한 설명으로 옳지 않은 것은?

① 산수형 – 이삭가지가 길고 사방으로 늘어진 것이다.

② 밀수형 – 이삭가지가 짧고 종실이 조밀하게 몰려 붙어 있는 것이다.

③ 편수형 – 이삭가지가 짧고 한쪽으로 몰려 있는 것이다.

④ 중간형 – 밀수형과 산수형의 중간의 것이다.

NOTE ③ 이삭가지가 길고 한쪽으로 몰려 있는 것이다.

30 주로 조에서 줄기의 심엽이 전개하지 못하고 출수를 못하게 하는 충해는?

① 조명나방   ② 조멸강나방

③ 조군데병   ④ 조줄기굴파리

NOTE 조줄기굴파리
ㄱ 길이가 6~10mm 정도인 유충이 줄기의 중심으로 한 마리씩 잠식하여 피해줄기의 심엽이 전개하지 못하고 출수를 못하게 한다.
ㄴ 잎집에 상엽폭이 좁을수록, 붉은 색소가 많을수록 조줄기굴파리의 피해가 적은 경향이 있다.

31 다음 중 메밀의 용도가 아닌 것은?

① 밀원   ② 과자

③ 만두   ④ 당면

NOTE ④ 고구마를 원료로 한 것이다.
※ 메밀의 용도
ㄱ 메밀가루 : 만두, 냉면, 국수, 과자 등의 재료가 된다.
ㄴ 메밀꽃 : 꿀벌의 밀원이 된다.
ㄷ 메밀깍지 : 베갯속으로 쓰인다.
ㄹ 루틴 : 의약용으로 이용된다.

ANSWER | 29.③ 30.④ 31.④

32 다음 중 내건성이 가장 강한 것은?

① 수수   ② 옥수수

③ 메밀   ④ 보리

> **✎NOTE|** 수수 … 척박한 땅이나 건조한 땅에서도 잘 자란다. 수수는 고온다조를 좋아하고 내건성이 강하므로 열대 및 건조지대에서 많이 재배된다.

33 다음 중 조에 대한 설명으로 옳지 않은 것은?

① 원산지는 동부아시아이며, 원형은 강아지풀이다.

② 오곡밥의 재료로 쓰인다.

③ 온난하고 습한 기후에 잘 자란다.

④ 씨앗의 성질에 따라 차조와 메조가 있다.

> **✎NOTE|** 조의 재배환경은 온난건조를 좋아하며 다소 가뭄이나 저온에도 잘 견딘다. 우리나라에서는 가뭄을 타기 쉬운 산간지대에서 밭벼 대신 재배된다.

34 다음 중 기장의 용도로 옳지 않은 것은?

① 밥이나 떡을 만든다.   ② 국수와 과자로 이용된다.

③ 이삭은 빗자루를 만든다.   ④ 돼지사료로 이용된다.

> **✎NOTE|** 기장의 용도
> ㉠ 밥이나 떡을 만들고 사료로도 이용된다.
> ㉡ 중국 동북부에서는 황주를 만든다.
> ㉢ 돼지사료로 이용된다(hog millet).
> ㉣ 이삭은 빗자루를 만드는 데 이용된다.

ANSWER | 32.① 33.③ 34.②

35 조의 형태적 특성에 대한 설명으로 옳지 않은 것은?

① 종자는 껍질에 싸여 있고 둥근 모양으로 매우 잘다.

② 자가수정을 원칙으로 하나 타가수정률도 높다.

③ 곁뿌리는 지표 가까이의 마디에서 나온다.

④ 잎 표면은 거칠며 잎집의 색에 따라 백경종과 적경종으로 구분한다.

　　　NOTE ② 생태적 특징에 대한 설명이다.
　　　　※ 조의 형태적 특징
　　　　　㉠ 뿌리 : 종근은 1개이고 곁뿌리는 지표 근처의 마디에서 발달한다.
　　　　　㉡ 줄기 : 길이 1~1.7m로 마디수는 14~15개이다.
　　　　　㉢ 잎 : 표면은 거칠고 잎집의 색에 따라 백경종과 적경종이 있다.
　　　　　㉣ 이삭 : 뭉툭한 모양으로 이삭줄기에서 제1, 2, 3차의 짧은 이삭가지가 갈라지고 제3차 가
　　　　　　지에 새끼 이삭이 붙는다.
　　　　　㉤ 소수 : 작은 이삭은 한 쌍의 받침껍질에 싸여 2개의 꽃이 있다.
　　　　　㉥ 종실 : 종자는 껍질에 싸여 있고 둥근 모양이다.

36 수수의 이삭모양 종류에 해당하지 않는 것은?

① 산수형　　　　　　　　　② 압경형
③ 편수형　　　　　　　　　④ 곤봉형

　　　NOTE ④ 조의 이삭모양의 종류에 해당한다.
　　　　※ 수수의 이삭모양에 따른 종류
　　　　　㉠ 산수형
　　　　　㉡ 밀수형
　　　　　㉢ 중간형
　　　　　㉣ 편수형
　　　　　㉤ 압경형

ANSWER | 35.② 36.④

PART **05**

두류

01 콩

1 역사와 생산 및 용도

① 역사와 생산

(1) 재배역사

① **콩의 원산지** … 만주를 중심으로 한반도를 포함한 동북아시아가 원산지이다.

② 동양에서 가장 오래 된 작물 중의 하나이다.

③ **우리나라에서의 재배역사** … 삼한시대부터 콩이 재배되었을 것으로 추정하고 있다.

(2) 재배현황

① **세계적 재배현황**
  ㉠ 4대 주생산국 : 브라질, 미국, 중국, 아르헨티나에서 약 86.1%가 생산(미국은 44.3%)되고 있다.
  ㉡ 콩의 주산지 : 북위 30 ~ 44°지대이다.
  ㉢ 일본에서 가장 많이 수입하고 있다.

② **우리나라의 재배현황**
  ㉠ 전라남도에서 재배가 가장 많다.
  ㉡ 그 외 충청북도와 경상남·북도 등에서 재배된다.
  ㉢ 1994년 두류재배
    • 콩의 재배면적 : 두류재배면적 147,187ha 중 121,729ha이다.
    • 생산량 : 154,380톤이 생산됐다.
    • 10a당 수량 : 127kg이다.

(3) 재배의 특성

① **대량의 콩소비** … 콩은 국민 영양상 단백질과 지방의 중요한 공급원으로 널리 쓰인다.

② **작부체계의 유용성** … 생육기간이 비교적 짧고 섞어짓기, 돌려짓기 등 유리하게 토지를 이용할 수 있다.

③ **지력유지 증진효과** … 뿌리혹박테리아에 의한 공중질소의 고정으로 지력 증진 효과가 있다.

④ 환경적응성이 크고 재배관리가 쉽다.

⑤ 질소비료를 거의 주지 않아도 잘 자란다.

② 성분과 용도

(1) 성분

두류 중에서 콩이 단백질 함량은 가장 많고, 지질 함량은 땅콩 다음이다.

① **콩** … 단백질 40%, 지방 18%, 섬유 3.5%, 회분 4.6%, 당분 7%로 되어 있다.

② **팥** … 탄수화물 약 50%, 단백질 20% 내외로 되어 있다.

③ **녹두** … 탄수화물 53 ~ 54%, 단백질 25 ~ 26%로 되어 있다.

④ **땅콩** … 지방 45 ~ 50%, 단백질 20 ~ 30%로 되어 있다.

⑤ **강낭콩** … 탄수화물 60%, 단백질 20%로 되어 있다.

⑥ **동부** … 탄수화물 50%, 단백질 20 ~ 30%로 되어 있다.

⑦ **완두** … 탄수화물 12%, 단백질 약 8%, 섬유질 약 3%로 되어 있다.

(2) 용도

① **식용**
  ㉠ 쌀과 섞어 밥을 짓거나 콩죽을 쑤어 먹는다.
  ㉡ 부식으로 이용 : 간장, 된장, 콩장, 고추장, 콩나물 등을 만들어 먹는다.
  ㉢ 가공식품 : 비지, 두부, 두유 등을 만든다.
  ㉣ 그 밖에 콩가루 또는 콩국 등으로 이용된다.

② **공업용**
  ㉠ 콩깻묵, 콩기름이 이용된다.
  ㉡ 접착제, 카제인, 셀룰로이드 대용품, 수용성 페인트, 플라스틱, 글리세린, 리놀륨, 비누 등의 제조에 이용된다.

③ 연료 또는 인조섬유의 원료로 이용된다.

2 형태 및 생태적 특성

① 형태적 특성

(1) 뿌리와 뿌리혹

① **뿌리**

 ㉠ 곧은 뿌리 : 싹이 틀 때에 1개의 어린 뿌리가 나온 것이 자란 것이다.

 ㉡ 가지뿌리 : 곧은 뿌리로부터 많은 가지뿌리가 자라고, 여기에 많은 뿌리혹이 달린다.

② **뿌리혹** … 무수한 뿌리혹박테리아가 들어 있는데, 이것이 공기 중의 질소를 고정한다.

③ **뿌리혹박테리아**

 ㉠ 호기성(산소가 필요한 박테리아)이며 뿌리혹에 착생해서 식물체로부터 당분을 취하여 생활한다.

 ㉡ 착생영향

 • 착생 초기 : 콩으로부터 영양분을 얻어 자라고 번식한다.

 • 꽃이 피는 시기 : 왕성하게 질소를 고정하여 콩에 공급한다.

(2) 줄기

① **길이** … 30 ~ 120cm로 변이가 크다.

② 줄기 겉은 단단하고 속이 차 있다.

③ **마디의 수** … 14 ~ 15개의 마디가 있다.

④ **곁가지** … 마디로부터 많은 곁가지가 발생한다.

⑤ **종류**

 ㉠ 모양 : 대화형, 정상형, 덩굴형 등이 있다.

 ㉡ 자라는 습성 : 무한 신육형, 유한 신육형, 중간형 또는 반무한형 등이 있다.

(3) 잎

① **떡잎**(자엽) … 싹튼 후 지상부에서 두 쪽으로 벌어지는 콩 씨앗이고, 떡잎이 펼쳐진 후 직각의 방향으로 2개의 초생엽이 발생한다.

② **초생엽** … 떡잎 바로 위의 마디에 달리는데, 모양이 둥글고 한 장의 잎이다.

③ **복엽** … 초생엽 발생 후 3편의 작은 잎으로 된 제1복엽이 발생하고, 줄기, 마디 순으로 제2, 제3 복엽이 발생한다.

(4) 꽃

① **꽃이 생성되는 곳** … 줄기 끝이나 줄기의 잎겨드랑에서 꽃자루가 나와 여기에 8~15개의 꽃이 달린다.

② **꽃의 모양** … 나비모양이다.

③ **꽃의 색** … 자주색과 흰색이 있다.

④ **꽃잎의 수** … 5장(한 쌍씩의 익판 및 용골판, 1개의 큰 기판)이다.

⑤ **암술과 수술**

　㉠ 1개의 암술과 10개의 수술이 있다.

　㉡ 2생 수술 : 10개의 수술 중 9개는 암술을 중간에서 한데 붙어 싸고 있고, 1개만 떨어져 있다.

♣ 콩의 꽃 ♣

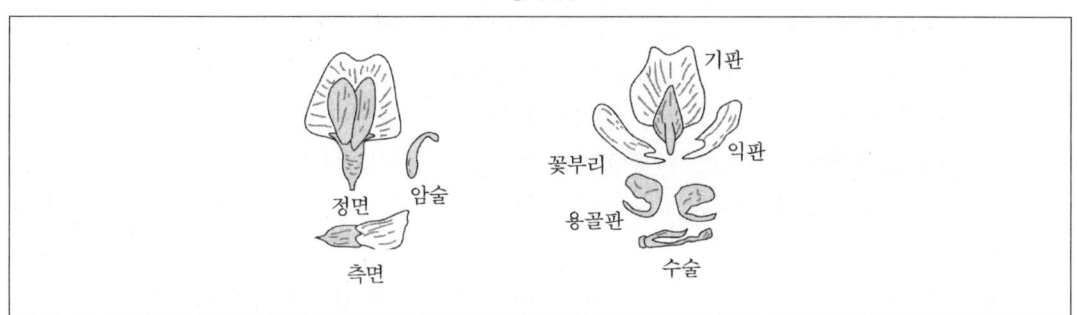

(5) 꼬투리와 씨앗

① **꼬투리**

　㉠ 꽃이 핀 후 20일 경에 가장 많이 달리고, 신장이 끝나면 빠르게 두꺼워진다.

　㉡ 한 꼬투리 안에는 1~3개의 씨앗이 들어 있다.

② **씨앗**

　㉠ 배 : 어린 눈, 어린 뿌리, 어린 줄기가 되는 유아, 유근, 배축으로 이루어져 있다.

　㉡ 씨껍질 : 검정색, 노란색, 밤색, 녹색 등 다양한 색깔이 있다.

♠ 콩의 꼬투리와 종자 ♠

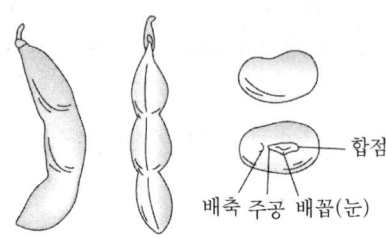

° 주공 : 꽃가루가 들어가기 위한 작은 틈새
° 배꼽 : 콩이 콩깍지 벽에 부착되는 곳
° 유아 : 어린 눈
° 배축 : 어린 줄기
° 유근 : 어린 뿌리

합점

배축 주공 배꼽(눈)

② 생태적 특성

(1) 콩의 일생

① **생육일수** ··· 90 ~ 160일이다.

② **생육과정**

　㉠ **발아기** : 씨를 뿌린 후 전체 중 40 ~ 50%가 싹트는 시기이다.

　㉡ **유묘기** : 발아 후 제3겹잎이 나올 때까지(이 때까지 보식, 솎기, 북주기)의 시작이다.

　㉢ **신장기** : 줄기, 뿌리, 가지, 잎 등이 자라는 시기이다.

　㉣ **꽃눈분화기** : 개화하기 약 20일 전에 꽃눈이 분화형성되는 시기이다.

　㉤ **개화기** : 전 포기 수의 40 ~ 50%가 개화하기 시작하는 시기(이전에 북주기, 김매기를 끝내야 한다)이다.

　㉥ **유협기** : 개화하고 정받이가 끝나면 꼬투리가 자라면서 종실이 급격히 비대하게 되는 시기이다.

　㉦ **녹협기**

　　• 종실이 발달하고 꼬투리가 충분히 자라 부풀어 올랐으나 아직 녹색을 띠는 시기(꽃이 핀 후 대체로 20 ~ 30일)이다.

　　• 풋콩(지두)으로 이용하기에 알맞은 시기이다.

　㉧ **황변기** : 꼬투리가 누른색으로 변하는 시기이다.

　㉨ **낙엽기** : 전체의 반수 정도가 낙엽이 되었을 때(개화한 후 50 ~ 70일이 되면 성숙에 이른다)의 시기이다.

(2) 발아

① **발아온도**

　㉠ **발아 최적 온도** : 30 ~ 36℃

　㉡ 밭에서는 기온이 15 ~ 17℃ 이상이어야 한다.

② **발아에 필요한 흡수량** ⋯ 종자 무게의 100%, 또는 그 이상의 물이 필요하다.

③ **발아 소요일수** ⋯ 온도에 따라 다르다.

  ㉠ 15℃ : 4일 정도 걸린다.

  ㉡ 25℃ : 1일 정도 걸린다.

(3) 수정과 개화

① **수정** ⋯ 자가수정을 원칙으로 하므로, 자연교잡률은 0.1∼2.4% 정도이다.

② **개화**

  ㉠ 꽃은 이른 아침에 많이 핀다.

  ㉡ 줄기마디 아래에서 위로 피어 올라가며, 한 꽃송이에서는 밑부분의 꽃부터 차례로 피어 올라간다.

  ㉢ 개화기간 : 꽃이 피기 시작해서 10 ∼ 15일이 되면 대부분이 개화한다.

  ㉣ 개화 후 50 ∼ 70일이 되면 성숙에 이른다.

(4) 결실

① **콩의 결실성숙이 적은 이유**

  ㉠ **매우 낮은 결협률**(20 ∼ 45%) : 콩은 착화수가 매우 많지만 그 중에서 정상적으로 꼬투리가 맺히는 것이 적다.

  ㉡ 종실의 발육정지로 손실된다.

  ㉢ 화기탈락

   • 낙뢰, 낙협, 낙화 등이 이루어진다.

   • 원인 : 결실과정에서 발육단계가 다른 많은 꽃과 어린 꼬투리가 심한 경쟁을 하게 됨으로써 약세립이나 약세화가 발육과정에서 영양공급이 불충분하기 때문이다.

   • 대책

    − 2단 개화 조절 : 이식, 적심재배를 한다.

    − 충분한 토양수분을 유지한다.

    − 개화기에 요소를 엽면살포한다.

    − 배토를 실시한다.

    − 질소질비료를 적당히 시용해서 과도한 영양생장을 억제한다.

③ 수량의 구성요소

(1) 수량 구성요소(4요소)와 성립

① **단위면적당 개체 수**

   ⊙ 결정요인 : 파종량에 의해 결정된다.

   ⓛ 특징 : 파종량이 적당한 수준 이상이면 오히려 단위면적당 꼬투리 수를 떨어뜨리고 쓰러짐(도복)을 일으켜 수량을 떨어뜨린다.

② **개체당 꼬투리 수**

   ⊙ 결정요인 : 개체당 꼬투리가 달리는 마디 수와 마디당 꼬투리 수에 의해 결정된다.

   ⓛ 규제요인 : 어린 꼬투리나 꽃의 탈락, 쓰러짐, 냉해 및 병충해 발생 등이 규제요인이다.

③ **꼬투리당 평균 종실 수**

   ⊙ 결정요인 : 불임립에 의해 결정된다.

   ⓛ 규제요인 : 생육 후기의 양분의 공급조건이 안 좋거나, 수광태세가 좋지 않은 것이 규제요인이다.

④ **종실의 무게**

   ⊙ 결정요인 : 지력의 증진과 특히 생육 후기까지 원활하고 지속적인 양분공급으로 결정된다.

   ⓛ 규제요인 : 개체 생육량의 심한 감소나 도복 및 병충해 등이 규제요인이다.

> 🔔TIP | 10a당 수량계산 … 10a당 개체 수 × 개체당 종실 수 × 100립중

(2) 수량을 증가시키기 위한 방법

① **균형발달** … 한 요인이 증가하면 다른 요인은 감소하는 경우도 있으므로 수량 구성요소들을 균형 있게 발달시켜야 한다.

② **개체 수 확보** … 과도한 밀식은 도복이 되고 꼬투리수가 감소되게 하므로, 적절하게 재식밀도를 확보한다.

③ **꼬투리 수 확보** … 과잉 생육을 억제하고 병해충 방제, 생육 후기에 지속적인 양분을 공급한다.

④ **100알 무게의 증대** … 종실이 잘 여물도록 하고 임실률을 높여서 생육 후기에 양분공급을 원활하게 해서 동화작용이 왕성하게 이루어지도록 한다.

3 환경, 분류 및 품종

① 환경

(1) 기상조건

① 온도

  ㉠ 생육 최적 온도 : 25 ~ 30℃ 정도이다.

  ㉡ 온도에 따른 꽃눈분화 : 꽃눈분화에는 15℃ 이상의 온도가 필요하고 25℃까지는 온도가 높을수록 꽃눈분화와 개화가 촉진된다.

  ㉢ 결실기에 온도가 높을 경우 : 결실기간이 단축되고 낙뢰, 낙화 등 화기탈락을 조장하고 결협률을 떨어뜨린다.

> ♣TIP | 결협률 … 꽃 중에서 꼬투리가 달리는 비율을 말한다.

② 수분

  ㉠ 토양수분이 충분할 때 씨를 뿌려야 초기 생육이 좋고 싹이 잘 트며, 생육 중에도 알맞게 비가 와야 생육이 왕성하고 수량도 많다.

  ㉡ 꽃이 필 때에 비바람이 심하면 정받이가 안 되고 꽃이 떨어질 우려가 있다.

③ 일조

  ㉠ 특징 : 햇볕은 토양수분이 넉넉할 때는 많을수록 결실과 생육에 좋으며, 특히 꽃이 필 무렵부터 더욱 중요하다.

  ㉡ 단일식물

  • 단일처리(암처리)에 의하여 개화결실과 꽃눈분화가 촉진된다.

  • 생육에 알맞은 온도조건 하에서 꽃 피기 30일 전쯤부터 8 ~ 12시간의 단일처리를 계속하면 개화가 빨라진다.

(2) 토양조건

① 콩은 어느 땅에나 비교적 잘 적응하는 성질이 있다.

② 유기질과 칼륨, 인산, 석회 등이 풍부하고 물빠짐이 좋은 모래참흙이나 참흙에서 잘 자란다.

> ♣TIP | 습해와 염해
> ㉠ 습해 : 비교적 강하지만, 과습하면 피해를 입는다.
> ㉡ 염해 : 매우 약하므로 주의해야 한다.

② 분류 및 품종

(1) 분류

① **생태형**

ㄱ 여름콩(올콩, 유월두) : 봄에 단작형식으로 파종해서 여름에 수확하는 품종으로 우리나라 재래품종 중에서 찾아볼 수 있다.

ㄴ 가을콩(그루콩) : 남부평야지에서 맥후작형식으로 재배되고, 산간지대나 북부지방에서는 성숙이 늦어서 안전하게 재배되지 못한다.

ㄷ 중간형 : 중간적 성질을 가진 것으로 산간지대나 북부지대에서 늦봄에 파종해서 가을에 수확한다. 남부평야지에서는 성숙이 빨라서 수량이 적다.

② **신육형** … 무한 신육형, 유한 신육형, 반무한형으로 나뉜다.

ㄱ 유한 신육형 : 개화기에 도달하면 분지의 신장과 잎의 전개가 중단되며, 개화기간이 짧다.

ㄴ 무한 신육형 : 개화 후에도 주경, 분지의 신장과 엽의 전개가 계속되며, 개화기가 길며, 대체로 키가 크다.

③ **종피의 빛깔** … 누렁콩, 흰콩, 붉은콩(밤콩), 푸른콩, 검정콩으로 나눈다.

④ **배꼽 빛깔** … 적목(다목), 백목, 흑목으로 나눈다.

⑤ **얼룩색 모양** … 메알콩, 우렁콩, 아주까리콩, 선비잡이콩으로 나눈다.

⑥ **종실의 크기** … 굵은콩, 왕콩, 좀콩, 중콩, 콩나물콩으로 나눈다.

⑦ **줄기의 생육습성** … 대화형, 정상형, 만화형으로 나눈다.

⑧ **용도**

ㄱ 일반콩(장콩) : 두부가공 및 장류 등에 주로 이용한다.

ㄴ 밥밑콩 : 밥에 섞어 먹는다.

ㄷ 기름콩 : 기름짜기에 알맞다.

ㄹ 나물콩(쥐눈이콩) : 콩나물용으로 알맞다.

ㅁ 풋베기콩 및 풋콩 : 풋베기용으로 알맞다.

(2) 품종

① 우량품종이 지녀야 할 특성

    ㉠ 재배면

- 숙기가 알맞아야 하는데 그 이유는 단작지대에서는 서리가 내리기 전에, 맥후작지대에서는 맥류 파종에 지장이 없이 안전하게 재배할 수 있어야 하기 때문이다.
- 품질이 우수하고 수량이 많아야 한다.
- 내병충성이 강해야 한다.
- 토양적응성 및 밀식적응성이 커야 한다.
- 도복에 잘 견뎌야 한다.
- 간작을 할 때는 간작적응성이 높아야 한다.
- 내습성이 강하고 건조에도 잘 견디어야 한다.
- 성숙기에 꼬투리가 튀어 탈립되지 않아야 한다.

    ㉡ 이용면

- 일반용 : 단백질 함량이 많고 종실이 굵은 황백색이어야 한다.
- 밥밑콩 : 맛이 좋은 유색이고 잘 무르며 굵은 품종이어야 한다.
- 콩나물용 : 나물생산량이 많고 종실이 잘며, 콩나물재배시 온도가 다소 높아도 부패가 적어야 한다.
- 기름콩 : 기름 함량이 많아야 한다.
- 풋베기용 : 잎줄기의 생장이 무성해서 풋베기 수량이 많고 종실이 잘아서 종자량이 적게 들어야 한다.

② 장려품종

    ㉠ 우리나라 장려품종 : 유한 신육형이다.

    ㉡ 유한 신육형의 특징

- 키 : 24 ~ 129cm
- 100립중 : 10.4 ~ 38g
- 단백질 함량 : 38 ~ 48.5%
- 지방 함량 : 18 ~ 24%

    ㉢ 콩의 용도별 주요 장려품종

- 일반용(장콩) : 신팔달콩, 소양콩, 삼남콩, 태광콩, 만리콩, 큰올콩, 단원콩, 장수콩, 무한콩, 장경콩, 보광콩, 새알콩, 밀알콩, 황금콩, 장엽콩, 백운콩 등이 장려된다.
- 콩나물콩 : 은하콩, 단엽콩, 푸른콩, 남해콩, 한남콩, 광안콩 등이 장려된다.
- 풋콩 : 화엄풋콩, 석양풋콩, 화성풋콩 등이 장려된다.
- 밥밑콩 : 검정콩 1호가 장려된다.
- 기타 : 두유콩, 단백콩(단백질 함량이 많음), 진율콩(비린내가 없음) 등이 장려된다.

4 ▶ 재배

① 작부체계와 종자준비

(1) 지역별 작부체계

① **중·북부 산간지대** … 이어짓기를 하게 되면 병충해를 많이 입게 되므로 한 해에 콩을 한 번만 재배하고, 감자나 옥수수 등과 돌려짓기를 한다.

② **중·남부 평야지대** … 대부분 맥류의 뒷그루로 재배되고 있다.

③ **중부 산간지대나 일부 평야지**
  ㉠ 옥수수, 수수, 깨, 감자, 고구마 등과 섞어 짓는다.
  ㉡ 가을채소와 돌려짓는다.
  ㉢ 원두밭, 고구마밭 둘레나 논두렁에 심는다.

(2) 종자준비

① 서늘한 곳에서 재배·생산된 것이 대체로 종실이 굵고 병이 적다.

② 논흙과 같이 거름성분과 수분이 풍부하고 약간 차진 땅에서 재배·채종한 것과 돌려짓기로 채종한 것이 수량도 많고 건실하다.

③ 미숙한 것이나 병충해를 입은 것 또는 섞여 있는 다른 씨 등을 골라내 충실하게 잘 발달한 건전한 씨만을 가려 소독하여 파종한다.

② 파종

(1) 단작(홑짓기)

① **파종기** … 5월 중·하순에 한다.

② **재식밀도** … 이랑너비 60cm에 포기 사이를 15~20cm로 하고 포기당 2본을 가꾼다.

③ **파종량**
  ㉠ 대립종 : 9L 내외가 소요된다.
  ㉡ 중립종 : 7L 내외가 소요된다.

(2) **맥간작**

① **파종기**

　ㄱ 중부지방 : 5월 중·하순이 알맞다.

　ㄴ 남부지방 : 5월 상·중순이 알맞다.

② **재식밀도** … 90cm의 이랑너비에 골너비 30cm로 하고 60cm의 이랑 사이에 20cm 간격 2줄로 콩을 심되 포기당 2~3본을 가꾼다.

(3) **맥후작**

① **파종기** … 6월 중·하순이 알맞다.

② **재식밀도**

　ㄱ 60cm 너비의 높은 이랑을 만들어 물빠짐을 좋게 한다.

　ㄴ 이랑 위에 10cm 간격에 포기당 2~3알씩 점뿌림한 후 나중에 솎아 낸다.

③ **파종량**

　ㄱ 중립종 : 9L 내외가 소요된다.

　ㄴ 소립종 : 7L 내외가 소요된다.

③ 　시비

(1) **시비와 시비량**

① **시비** … 뿌리혹박테리아가 공중질소를 고정해서 공급하기 때문에 거름을 주지 않는 것이 일반적이다. 땅콩, 동부 등 콩과작물은 공중질소 고정능력을 갖고있다.

② **시비량** … 10a당 질소 4kg, 인산 7kg, 칼륨 6kg이 적당하다.

(2) **뿌리혹박테리아의 접종**

① **접종의의** … 콩의 단백질 함량과 수량을 모두 증가시킨다.

② **접종효과**

　ㄱ 토양 중에 토양이 강한 산성이거나 무기태질소가 과다하면 접종효과가 적다.

　ㄴ 토양 통기가 좋고 칼리, 인산, 석회 및 부식이 풍부하면 접종효과가 크다.

　ㄷ 특히 개간지에서 효과가 현저하다.

④ **관리**

(1) **김매기와 북주기**

① **김매기와 북주기 과정**

   ⊙ 싹튼 후 초생엽이 나오면 밴 곳을 솎아 가며 김을 매고, 2～3cm의 북을 준다.

   ⓒ 2～3주 후 두벌 김을 매고 높게 북을 준다.

   ⓒ 장마가 끝나면 손으로 큰 풀을 뽑아 골걷이를 한다.

② **북주기의 효과** ⋯ 새 뿌리가 잘 내리고 물빠짐이 좋아서 생육이 좋아지고 도복도 적어진다.

(2) **순지르기**

① **순지르기** ⋯ 지력이 좋은 곳에 밀식을 하였을 때나 콩을 일찍 파종할 때 웃자라 쓰러지기 쉬우므로 순지르기를 통해 생장을 억제한다.

② **순지르기를 하는 시기**

   ⊙ 일반재배 : 제5엽기 내지 제7엽기 사이에 하는 것이 효과적이다.

   ⓒ 이식적심재배 : 조기에 하는 것이 유리하다.

③ **약제처리** ⋯ 다비밀식 등으로 순지르기에 많은 노력이 필요할 때는 화학약품처리해서 정부의 생장을 억제함으로써 순지르기와 같은 효과를 얻을 수 있다.

④ **순지르기 효과가 기대되는 경우**

   ⊙ 생육이 왕성할 때에 기대된다.

   ⓒ 다비밀식하여 도장경향이 있을 때에 기대된다.

⑤ **순지르기 효과를 기대할 수 없는 경우**

   ⊙ 파종이 늦어지거나 생육이 불량할 때이다.

   ⓒ 생육기간이 짧을 때이다.

⑤ **병충해 방제**

(1) **병해**

① **탄저병**

   ⊙ 병징 : 꼬투리에 많이 발생하고 검은 겹둘레 병반이 생기며 종실이 불충실하게 된다.

   ⓒ 방제 : 씨앗이나 토양전염을 하므로, 병이 없는 씨를 받고 소독을 철저하게 한다.

② **오갈병**

    ㉠ 병징 : 바이러스병으로 잎이 우글쭈글하게 주름이 잡히고, 누렇게 변색되며 생육이 저하되고 수량이 적어진다.

    ㉡ 방제 : 병에 강한 품종을 재배하고 건전한 씨를 받으며, 특히 병을 매개하는 진딧물을 방제한다.

③ **세균성점무늬병**

    ㉠ 병징 : 잎에 검푸른 다각형의 병반이 생기고 그 둘레에 누른색의 겹둘레가 생기는 병으로, 비가 많을 때 발생하기 쉽다.

    ㉡ 방제 : 돌려짓기, 씨 소독 등으로 방제한다.

④ **불마름병**

    ㉠ 병징 : 지방부의 모든 부분에 발생하고 잎에서 갈색의 수침상 병반이 생기며, 그 둘레에 노란 둥근 무늬가 생겨 나중에 병반이 터진다.

    ㉡ 방제 : 종자 또는 피해식물을 통해 전염되며 돌려짓기, 씨 소독 등으로 방제한다.

⑤ **기타** ⋯ 노균병, 자주빛무늬병, 붉은곰팡이병, 더뎅이병 등이 있다.

(2) 충해

① **시스트 선충**

    ㉠ 피해 : 뿌리에 기생해 검은 혹 모양의 덩어리를 형성해서 일찍 썩으며, 잎은 일찍 누렇게 변하고 시들어 수량을 떨어뜨리고 생육을 크게 저하시킨다.

    ㉡ 방제 : 선충에 강한 품종을 재배하고 돌려짓기를 하며 살선충제를 뿌린다.

② **콩나방**

    ㉠ 피해 : 애벌레가 어린 꼬투리 속을 먹어 들어가 피해가 크다.

    ㉡ 방제 : MEP제나 다이아지논 유제 1,000 ~ 1,500배 액을 10a당 90L 정도 뿌린다.

③ **콩잎말이나방**

    ㉠ 피해 : 잎을 말고 그 속에서 갉아 먹는다.

    ㉡ 방제 : 발생 초기에 DEP제, NAK제 등의 800 ~ 1,000배 액을 10a당 90L를 살충제를 뿌려 방제한다.

④ **기타** ⋯ 굼벵이, 진딧물, 멸강나방 등이 있다.

(3) 기생식물

① **실새삼의 피해** ⋯ 콩에 감겨 오르면서 줄기에 뿌리를 박아 양분을 흡수해 피해를 준다. 번식력이 매우 강해서 피해가 크다.

② **실새삼의 방제** ⋯ 발견되는 대로 뽑아 버리고 심하면 돌려짓기를 한다.

⑥ 수확과 조제

(1) 수확

① **수확시기** … 10월 중·하순 경에 수확한다.

② **수확방법**

　㉠ 낫으로 베거나 손을 이용해서 뿌리째 뽑는다.

　㉡ 바인더로 수확하여 말린 다음 단으로 묶어 들인다.

(2) 탈곡 및 조제

① **탈곡** … 수확 후 일반적으로 꼬투리 수분 함량이 20% 이하가 되도록 건조한다.

② **조제** … 협잡물은 선풍기로 날리어 제거하고 탈곡한 것은 굵은 깍지를 갈퀴로 제거한 다음 다시 체나 어레미 등으로 불충실한 것을 선별한다.

5 　특수재배

① 밀식재배

(1) 개념

포기 사이를 5～10cm, 이랑너비를 50～60cm로 하여 10a당 40,000～60,000대를 가꾸어 수량을 올리는 재배법이다.

(2) 밀식재배기 유리한 경우

맥후작의 경우에는 생육기간이 충분하지 못해 일정면적당 생육량을 증대시키는 밀식재배가 유리하다.

② 이식 적심재배

(1) 개념

직파의 파종적기보다 20일 정도 일찍 파종육묘하여 이식을 하고 일찍 순을 지르는 재배법이다.

(2) 효과

① **일반적인 경우** … 생육이 왕성해지고 도장도 억제되므로 증수가 가능하다.

② **맥후작의 경우** … 미리 모판에 육묘해서 맥류를 수확한 후 바로 이식을 하면 생육기간이 연장되기 때문에 증수할 수 있다.

(3) 단점

① 많은 노력이 소요되고, 기계화가 어렵다.

② 이식시기에 가물면 물을 준 다음 이식해야 한다.

③ 지력이 좋은 곳이어야 하고 품종이 알맞아야 한다.

④ 육묘, 이식, 순지르기 등의 재배기술이 알맞아야 한다.

③ 기계화 재배

(1) 기계화 재배의 효과

과거 재배법에 비해 50 ~ 80% 노동력이 절감되므로 생산비가 크게 감소한다.

(2) 기계화 재배의 과정

① 경운기 또는 트랙터로 두엄과 석회를 뿌리고, 밭을 간다.

② 시비, 파종기로 씨뿌리기와 거름주기를 같이 실시한다.

③ 싹트기 전에 제초제를 뿌린다.

④ 컬티베이터로 북주기와 김매기를 한다.

⑤ 콤바인이나 바인더를 이용해 수확한 후 탈곡한다.

01 출제예상문제

콩

1 다음 중 콩의 수량구성요소가 아닌 것은?

① 콩잎의 면적
② 개체랑 꼬투리 수
③ 꼬투리랑 평균 종실 수
④ 종실의 무게

> **NOTE**ㅣ 콩의 수량구성요소
> ㉠ 단위면적단 개체 수
> ㉡ 꼬투리당 평균 종실 수
> ㉢ 개체당 꼬투리 수
> ㉣ 종실의 무게

2 배유에 양분을 저장하는 작물이 아닌 것은?

① 벼
② 옥수수
③ 콩
④ 밀

> **NOTE**ㅣ 배유종자와 무배유종자
> ㉠ 배유종자
> • 배와 배유의 두 부분으로 형성되며, 배와 배유 사이에 흡수층이 있다.
> • 배유에는 양분이 저장되어 있고, 배는 잎, 생장점, 줄기, 뿌리의 어린 조직이 모두 구비되어 있다.
> ㉡ 무배유종자
> • 콩, 아주까리는 무배유종자로 저장양분이 자엽(떡잎)에 저장되어 있다.
> • 배는 유아, 배축, 유근의 세부분으로 형성되어 있어서 밀의 배처럼 잎, 생장점, 줄기, 뿌리의 어린 조직으로 이루어져 있다.

ANSWERㅣ 1.① 2.③

3 다음 중 콩의 근류균(뿌리혹박테리아)에 대한 설명으로 옳은 것은?

① 토양이 건조할수록 활동이 왕성하다.
② 생육초기 질소고정량이 많고 개화기에는 적다.
③ 산성토양에서는 번식과 활동이 불량해진다.
④ 혐기성이며 뿌리혹에 착생하여 생활한다.

> **NOTE** ① 토양의 수분이 충분할수록 활동이 왕성하다.
> ② 생육초기에는 콩으로부터 영양분을 받아 번식하며 개화기에 왕성하게 질소를 고정시킨다.
> ④ 호기성이며 뿌리혹에 착생하여 생활한다.

4 다음 콩병 중 검푸른 다각형 병반이 생기고 그 둘레에 누른 색의 겹둘레가 생기며 비가 많을 때 발생하는 것은?

① 탄저병   ② 세균성점무늬병
③ 오갈병   ④ 불마름병
⑤ 자주빛무늬병

> **NOTE** 콩병해의 종류
> ㉠ **세균성점무늬병** : 잎에 검푸른 다각형의 병반이 생기고 그 둘레에 누른 색의 겹둘레가 생기는 병으로, 주로 비가 많을 때 발생한다.
> ㉡ **탄저병** : 꼬투리에 많이 발생하는 병으로 검은 겹둘레 병반이 생기고 종실이 불충실하게 된다.
> ㉢ **오갈병** : 잎이 우글쭈글하고 주름이 잡히며 누렇게 변색되고 생육이 저하되는 바이러스병의 일종이다.
> ㉣ **불마름병** : 잎에 갈색의 수침상 병반이 생기고 그 둘레에 노란 둥근무늬가 생기며 후에 병반이 터지는 병이다.
> ㉤ **자주빛무늬병** : 종자로 전염되고 콩종자에 자줏빛 무늬가 나타나며 콩의 상품성을 떨어뜨린다.

5 콩을 가해하는 해충이 아닌 것은?

① 톱다리허리노린재   ② 화랑곡나방
③ 콩나방   ④ 콩잎말이나방

> **NOTE** ② 화랑곡나방은 미곡 저장 중에 발생하는 해충으로 쌀벌레라고 부른다.
> ※ **콩을 가해하는 해충** … 시스트 선충, 콩나방, 콩잎말이나방, 풍뎅이, 진딧물, 뿌리굴파리, 시네리아밤나방, 서세미, 톱다리허리노린재, 풀노린재, 알락수염노린재 등이 있다.

ANSWER | 3.③ 4.② 5.②

6 다음 중 콩의 순지르기에 대한 설명으로 옳은 것은?

① 콩을 척박한 곳에서 가꾸었을 때
② 복엽이 5 ~ 7장일 때
③ 소식하였을 때
④ 콩을 늦게 심었을 때
⑤ 웃자람이 적을 때

✎NOTE| 순지르기를 하는 시기 … 일반재배에서 과도생장을 억제하고 도복을 경감하고자 할 경우 제5엽기 ~ 제7엽기 사이에 가볍게 순지르기를 한다. 단, 파종이 늦어지거나 생육이 불량할 때, 생육기간이 짧아서 순지르기에 의한 생육억제작용이 충분히 없을 때 순지르기를 하면 오히려 수량이 떨어진다.

7 콩의 꼬투리에 많이 발생하며, 검은 겹둘레의 병반이 생기는 병은?

① 바이러스
② 세균성점무늬병
③ 탄저병
④ 검은점병

✎NOTE| 탄저병
㉠ 종자, 토양을 통해 전염된다.
㉡ 주로 꼬투리에서 발생하며 검은 겹둘레의 병반이 생긴다.
㉢ 돌려짓기, 종자소독을 하여 방제한다.

8 다음 중 콩나물콩의 품종명으로 옳은 것은?

① 단엽콩
② 서광콩
③ 보광콩
④ 무한콩

✎NOTE| 콩나물콩의 장려품종 … 단엽콩, 은하콩, 남해콩, 푸른콩, 광안콩, 한남콩 등이 있으며 콩나물용으로 알맞다.

9 두류 중 단백질 함량이 가장 많은 것은?

① 콩
② 녹두
③ 땅콩
④ 강낭콩

✎NOTE| 콩은 두류 중 단백질 함량이 가장 많고, 땅콩은 지질 함량이 가장 많다.

ANSWER | 6.② 7.③ 8.① 9.①

10 다음 콩의 뿌리혹박테리아에 대한 설명 중 옳지 않은 것은?

① 콩의 뿌리에 착생하여 공중 질소를 고정한다.

② 토양이 습하지 않고 토양 통기가 좋아야 뿌리혹균의 착생이 좋다.

③ 질소질비료의 요구도가 크다.

④ 콩꽃이 필 무렵부터 공중 질소의 고정량이 많다.

> ✎NOTE │ ③ 콩의 뿌리혹박테리아는 공기 중의 질소를 고정하여 이를 콩이 이용하도록 하므로 콩의 질
> 소질비료의 요구도는 작다. 콩의 알란토인 질소 형성에 뿌리혹박테리아가 관여한다.
> ※ 뿌리혹박테리아 … 착생 초기에는 콩으로부터 영양분을 얻어 자라고 번식하며 꽃이 피기 시
> 작할 무렵부터 왕성하게 질소를 고정하여 콩에 공급한다.

11 콩과 작물의 뿌리혹 형성에 적합하지 않은 토양조건은?

① 토양 수분이 충분해야 좋다.

② 토양 중 질소 함량이 높은 것이 좋다.

③ 토양 통기가 양호한 것이 좋다.

④ 석회가 풍부해야 한다.

> ✎NOTE │ 뿌리혹의 착생이 좋은 조건
> ㉠ 온도가 25 ~ 30℃이고 토양의 pH는 6.5 ~ 7.2이어야 좋다.
> ㉡ 토양 수분이 넉넉하면서도 습하지 않고 통기가 좋아야 한다.
> ㉢ 부식, 인산, 칼륨, 석회, 붕소 등이 풍부하고, 질소성분이 많지 않아야 좋다.

12 대두에서 실용적으로 잡종강세를 이용하지 못하는 주된 이유는?

① 잡종강세가 약하기 때문에

② 채종이 어렵기 때문에

③ 잡종은 병에 약하기 때문에

④ 잡종은 낙과율이 높기 때문에

> ✎NOTE │ 낙과율의 경우 대립 품종, 즉 잡종에서 높게 나타난다. 콩은 착화수가 매우 많지만 그 중에서
> 정상적으로 꼬투리가 맺혀 결실이 성숙하는 것은 매우 적어 모두 낙뢰, 낙화, 낙엽 등 화기탈
> 락이 이루어지거나 종실의 발육정지로 손실된다.

ANSWER │ 10.③ 11.② 12.④

13 콩재배시 적게 주어도 되는 비료는?

① 칼륨   ② 인산
③ 질소   ④ 칼슘

> **NOTE** 콩의 경우 뿌리혹에 서식하는 뿌리혹박테리아로부터 질소를 공급받기 때문에 질소는 적게 공급하여도 된다.

14 콩 탈곡이 용이한 꼬투리의 수분 함량은?

① 10%   ② 20%
③ 30%   ④ 40%

> **NOTE** 콩의 꼬투리가 단단해지고 품종 고유의 빛깔을 나타내며 종실이 말라 꼬투리에서 떨어져 흔들었을 때 딸까닥 소리를 내게 되면 성숙한 것으로 수확하는데, 대체로 수확 후 꼬투리의 수분 함량이 20% 이하가 되도록 건조해야 탈곡이 쉽다.

15 다음 중 풋콩 재배의 특징으로 옳은 것은?

① 조기재배하여 조기출하하는 것이 경영상 유리하다.
② 보통재배하여 늦게 수확할수록 경영상 유리하다.
③ 만기재배하여 늦게 재배하면 품질이 좋아진다.
④ 가을콩 무한 신육형을 조기재배하는 것이 유리하다.

> **NOTE** 무한 신육형 … 개화가 시작된 후에도 영양생장이 계속되어 줄기의 신장과 잎의 전개가 계속되므로 개화기간이 길며 원줄기와 가지가 길고 꼬투리가 드문드문 달린다. 상업적으로 재배되는 품종들 중 상당수가 여기에 속한다. 도시 근교에서 풋콩재배가 많이 증가하고 있으며, 가능한 한 빨리 시장에 출하하기 위한 조기재배가 주로 이루어지고 있다.

16 콩의 식물학적 특징으로 옳은 것은?

① 자화수정을 주로 한다.   ② 타화수정을 주로 한다.
③ 풍매화를 주로 한다.   ④ 수매화를 주로 한다.

> **NOTE** 콩의 꽃은 이른 아침에 많이 피고 자가수정을 주로 한다.

ANSWER | 13.③ 14.② 15.④ 16.①

17 콩꽃의 수술은 모두 몇 개인가?

① 6개　　　　　　　　　　　　　② 8개

③ 10개　　　　　　　　　　　　　④ 12개

　　✎NOTE | 콩꽃의 수술은 10개이며, 1개의 긴 암술은 끝이 갈라져 있지 않다.

18 콩의 이식 적심재배시 옮겨 심은 후 본잎이 몇 매 정도되면 순지르기와 북주기를 해주는가?

① 본잎 2매　　　　　　　　　　　② 본잎 5매

③ 본잎 8매　　　　　　　　　　　④ 본잎 10매

　　✎NOTE | 콩을 일찍 파종하거나 지력이 좋은 곳에 밀식을 하였을 때에 웃자라 쓰러지기 쉬우므로 이 경
　　우 순지르기를 하면 매우 효과적이며, 복엽 5~7장 때에 가볍게 순을 지른다.

19 잎, 줄기에도 발생하지만 주로 꼬투리에 검은 병반이 나타나는 것은?

① 오갈병　　　　　　　　　　　　② 검은점병

③ 탄저병　　　　　　　　　　　　④ 자줏빛무늬병

　　✎NOTE | 탄저병
　　㉠ 주로 꼬투리에 많이 발생하는 병으로, 검은 겹둘레의 병반이 생기고, 종실이 불충실하게 된다.
　　㉡ 토양 및 종자전염을 하므로, 병이 없는 씨를 받고 소독하여 방제한다.

20 다음 중 단백질 함량이 가장 많은 것은?

① 콩　　　　　　　　　　　　　　② 팥

③ 완두　　　　　　　　　　　　　④ 녹두

　　✎NOTE | 콩은 예부터 단백질의 중요한 공급원이 되어 왔고, 두류 중에서 가장 단백질 함량이 많은 것
　　이 특징이다.

ANSWER | 17.③　18.②　19.③　20.①

21 다음 중 콩에 기생하는 기생식물로 옳은 것은?

① 이끼류

② 지의류

③ 실새삼

④ 뿌리혹박테리아

> ✎**NOTE**| 실새삼
> ㉠ 피해 : 콩에 감겨 오르면서 줄기에 뿌리를 박아 양분을 흡수해 피해를 준다. 번식력이 강해 피해가 크다.
> ㉡ 방제 : 심하면 돌려짓기하고 발견되는 대로 뽑아버린다.

22 뿌리혹의 착생과 질소고정에 알맞은 조건은?

① 토양이 산성일 때

② 비교적 온도가 낮을 때

③ 부식 함량이 많을 때

④ 토양 중에서 질산염이 많을 때

> ✎**NOTE**| 뿌리혹 착생과 뿌리혹박테리아의 질소고정의 조건
> ㉠ 토양 수분이 넉넉하면서도 습하지 않고 통기가 좋아야 한다.
> ㉡ 인산, 부식, 석회, 칼륨, 붕소 등이 풍부하고 질소성분이 많지 않아야 한다.

23 다음 중 콩의 종실 발육에 대한 설명으로 옳은 것은?

① 결협률은 소립종보다 대립종이 높다.

② 결협률이 낮은 이유는 배의 발육정지율이 높기 때문이다.

③ 꼬투리 안의 종실 중 기부종실의 발육정지율이 낮다.

④ 질소비료를 많이 주면 결협과 결실률이 높아진다.

> ✎**NOTE**| 콩의 결협률(꼬투리가 달리는 비율)이 20 ~ 45%에 불과하며 나머지는 화기탈락이 이루어지거나 종실의 발육정지로 손실된다. 화기탈락의 70% 이상, 그리고 종실 발육정지의 15% 이상은 배의 발육정지가 원인이 되어 꼬투리와 종실의 발달을 정지시키기 때문이다.
> ※ 화기탈락현상 … 일시적인 양분·수분 부족으로 꽃이나 꼬투리가 떨어지는 현상을 말한다.

ANSWER | 21.③ 22.③ 23.②

24 콩씨가 싹트는 데 가장 적당한 온도는?

① 15 ~ 20℃

② 21 ~ 26℃

③ 25 ~ 30℃

④ 30 ~ 36℃

    ✎NOTE| 콩은 대체로 2 ~ 7℃ 이상에서 싹이 틀 수 있으나 발아에 가장 알맞은 온도는 30 ~ 36℃이다.

25 콩의 화기탈락의 주요 원인은?

① 배의 발육정지

② 수정장애

③ 종실의 발육불량

④ 이형예 불화합성

    ✎NOTE| 콩의 화기탈락
        ㉠ 원인 : 양분의 불충분으로 배의 발육정지 때문이다.
        ㉡ 대책 : 토양 수분이 알맞으며 거름이 넉넉하고, 북을 주어 신근발생을 조장하는 등 영양조건
            을 개선한다.

26 다음 중 콩의 순지르기 효과를 기대할 수 없는 경우로 옳은 것은?

① 생육이 왕성할 때

② 생육기간이 짧을 때

③ 비옥지에서 재배할 때

③ 다비밀식하여 도장경향이 있을 때

    ✎NOTE| 콩의 순지르기 효과를 기대할 수 없는 경우
        ㉠ 파종이 늦어지거나 생육이 불량할 때이다.
        ㉡ 생육기간이 짧아서 순지르기에 의한 생육억제 작용이 충분히 없을 때이다.

ANSWER | 24.④ 25.① 26.②

27 다음 중 콩나물용으로 이용할 수 없는 품종은?

① 단엽콩   ② 은하콩
③ 남해콩   ④ 소양콩

>✎NOTE | ④ 장콩(일반용)이다.
> ※ **콩나물콩** … 콩나물용으로 이용할 수 있는 것으로 여기에는 은하콩, 단엽콩, 푸른콩, 남해콩,
> 한남콩, 관안콩 등이 있다.

28 콩의 이용면에 따라 알맞은 우량품종이 아닌 것은?

① 장콩용은 종실이 굵고 단백질 함량이 많은 황백색이어야 한다.
② 밥밑용은 잘 무르고 맛이 좋은 유색이어야 한다.
③ 콩나물용은 종실이 크고 나물 생산량이 많아야 한다.
④ 풋베기용으로는 잎줄기의 생장이 무성하여 풋베기 수량이 많아야 한다.

>✎NOTE | ③ 콩나물용은 나물 생산량이 많고, 종실이 잘며 콩나물재배시 온도가 다소 높아도 부패가 적
> 은 것이 알맞다.

29 콩의 일생 중에서 수정 후 10일경부터 꼬투리 내의 종실이 급격히 비대하기 시작하는 시기는?

① 개화기   ② 녹협기
③ 유협기   ④ 신장기

>✎NOTE | 유협기 … 꽃이 피고 수정이 끝나면 꼬투리가 자라고 이어서 종실이 급격히 비대하게 되는 시
> 기이다.

30 다음 중 진딧물이 매개하는 바이러스병은?

① 오갈병   ② 녹병
③ 불마름병   ④ 갈색무늬병

>✎NOTE | 오갈병 … 병원체의 침입을 받는 작물이 잎·줄기가 불규칙하게 오그라들어 기형이 되는 병이
> 다. 살충제를 살포하여 매개체인 진딧물을 방제해야 한다.

ANSWER | 27.④ 28.③ 29.③ 30.①

31 다음 중 돌려짓기의 효과로 옳지 않은 것은?

① 토양보호
② 잡초의 증가
③ 지력의 유지증진
④ 병해충의 경감

✎NOTE| 돌려짓기 … 작물을 일정한 순서에 따라서 주기적으로 교대하는 방법으로 윤작이라고도 한다. 돌려짓기의 효과는 지력을 유지, 증대시켜 작물생산량을 높게 유지하며, 이어짓기에 의한 병해충의 증가를 예방, 방제한다. 또한 작물의 종류에 따라 잡초의 종류가 달라지므로 잡초발생을 억제시킨다.

32 다음 중 뿌리혹박테리아에 대한 설명으로 옳지 않은 것은?

① 콩과식물에 기생한다.
② 질소를 고정시키는 세균이다.
③ 콩과식물에 질소화합물을 공급한다.
④ 콩과식물로부터 영양분을 얻는다.

✎NOTE| 뿌리혹박테리아는 콩과식물과 공생하여 유리질소를 고정하는 세균이다. 뿌리혹박테리아는 콩과식물에 질소화합물을 공급하고, 콩과식물은 탄소와 그 밖의 세균의 증식물질을 공급한다.

33 다음 중 콩의 수량을 증가시키기 위한 방법으로 옳지 않은 것은?

① 밀식으로 하여 수를 증가시킨다.
② 과잉 생육을 억제하여 개체당 꼬투리 수를 증가시킨다.
③ 생육 후기에 지속적인 양분을 공급하여 꼬투리당 종실 수를 증가시킨다.
④ 퇴비를 적절히 공급하여 종실의 무게를 증가시킨다.

✎NOTE| 개체 수를 증가시키기 위해 밀식하게 되면 도복이 되고 개체당 꼬투리 수가 감소하게 된다. 콩의 수량을 증가시키기 위해서는 적절한 개체 수를 확보하고 꼬투리 수를 증가시켜야 한다. 또한, 한 꼬투리당 종실 수를 증가시켜 임실률을 향상시켜야 한다.

ANSWER | 31.② 32.① 33.①

34 다음 중 콩의 우량품종이 지녀야 할 특성으로 옳지 않은 것은?

① 숙기가 알맞다.　　　　　　② 밀식 및 토양적응성이 크다.

③ 성숙기에 꼬투리가 잘 튄다.　　④ 도복에 잘 견딘다.

> **NOTE** 콩의 우량품종의 특성
> ㉠ 숙기가 알맞다.
> ㉡ 내병충성이 강하다.
> ㉢ 내습성, 내도복성이 강하다.
> ㉣ 품질이 우수하고 수량이 많다.
> ㉤ 밀식 및 토양적응성이 강하다.
> ㉥ 성숙기에 꼬투리가 튀지 않아야 한다.

35 개화기 이후에 줄기의 생육이 중지되며, 개화기간이 짧은 특성을 가진 것으로, 우리나라에서 장려품종의 대부분인 콩의 품종은?

① 무한 신육형　　　　　　② 유한 신육형

③ 반무한형　　　　　　　④ 만화형

> **NOTE** 유한 신육형 … 개화기에 도달하면 분지의 신장과 잎의 전개가 중단되며, 개화기간이 짧다. 우리나라의 재래종과 장려품종의 대부분은 유한 신육형이다.
> ※ 무한 신육형 … 개화 후에도 주경, 분지의 신장과 옆의 전개가 계속되며, 개화기가 길며 대체로 키가 크다.

36 뿌리혹박테리아가 콩에 질소를 왕성하게 공급하기 시작하는 시기는?

① 발아 직후부터　　　　　　　　② 착생 초기부터

③ 착근 이후부터　　　　　　　　④ 개화기부터

> ✎NOTE │ 뿌리혹박테리아는 착생 초기에는 콩으로부터 영양분을 얻어 자라 번식하지만, 꽃이 피기 시작할 무렵부터는 왕성하게 질소를 고정하여 콩에 공급한다.

37 콩의 발아에 대한 설명으로 옳지 않은 것은?

① 2년 이상 묵으면 발아율이 크게 감소한다.

② 발아 최적 온도는 30 ~ 36℃이다.

③ 종실무게의 50%의 수분을 흡수해야 한다.

④ 실제 밭에서는 15 ~ 17℃ 정도의 기온이 발아와 초기생육에 유리하다.

> ✎NOTE │ 콩의 발아조건
> ㉠ 2년 이상 묵으면 발아율이 크게 감소한다.
> ㉡ 최저 발아온도는 2 ~ 7℃ 이상, 발아 최적 온도는 30 ~ 36℃이다.
> ㉢ 실제 밭에서는 15 ~ 17℃ 정도의 기온이 발아와 초기생육에 유리하다.
> ㉣ 종실무게의 100 ~ 130%의 수분을 흡수해야 한다.

팥, 녹두, 땅콩, 강낭콩, 동부, 완두

1 팥

① 역사와 재배현황 및 용도

(1) 역사

원산지는 만주를 중심으로 한 동북아시아이다.

(2) 재배현황

① **세계의 재배현황** … 동양의 온대지방에서 주로 재배가 된다.

② **우리나라의 재배현황** … 강원도, 충청북도 및 경상북도 등의 산간지대에서 재배된다.

(3) 재배적 특성

① 콩보다 생육기간이 짧아 서늘한 지방에서 재배하기에 알맞다.

② 맥류의 뒷그루로 늦심기를 할 때 유리하다.

③ 오랫동안 재배면적에 큰 변화 없이 전국적으로 고르게 재배되어 왔다.

(4) 성분과 용도

① **성분** … 팥의 주성분은 단백질과 전분이며 당질 중에서 특히 전분이 많다.

② **용도** … 팥은 보리, 쌀, 잡곡 등과 섞어서 밥을 짓거나 팥죽을 쑤어 먹으며 과자, 떡, 빵 등의 고물이나 속으로 많이 이용된다.

② 형태 및 생태적 특성

(1) 형태적 특성

① 뿌리

 ㉠ 형태 : 콩과 비슷하나 다른 두류보다 선단이 많이 갈라지는 경향이 있다.

 ㉡ 특징 : 공중질소의 고정과 뿌리혹박테리아의 착생은 콩보다 떨어진다.

② 줄기

 ㉠ 형태 : 콩과 비슷하나 다소 길고 가늘며 취약하고 만화하는 경향이 있다.

 ㉡ 특징 : 콩에 비해 도복에 약한 편이다.

③ 꽃

 ㉠ 잎겨드랑이에서 긴 꽃자루가 나와서 꽃송이가 달리고 4~6개의 꽃이 달린다.

 ㉡ 기본구조는 콩과 같지만 콩꽃보다 크다.

④ 꼬투리

 ㉠ 꼬투리에 들어 있는 종실은 4~8알 정도이다.

 ㉡ 성숙한 꼬투리는 터져서 탈립이 되나 녹두보다 심하지는 않다.

⑤ 종실

 ㉠ 형태 : 콩보다 원통형이고 잔 것이 많으며, 배꼽은 가운데에 흰 줄이 있고 크다.

 ㉡ 색깔 : 붉은 것이 많지만 매우 다양하다.

 ㉢ 100알의 무게 : 12~16g 정도이다.

 ㉣ 1L의 무게 : 800~840g 정도이다.

(2) 생태적 특성

① 발아

 ㉠ 발아온도

  • 최적 온도 : 32~34℃

  • 최저 온도 : 6~10℃

  • 최고 온도 : 40~44℃

 ㉡ 특징 : 발아할 때 녹두나 콩과 달리 자엽(떡잎)이 지상으로 출현하지 않는다.

② **수정과 개화 및 결실**

　　㉠ 수정 : 자가수정을 하며 자연교잡은 적다.

　　㉡ 꽃눈이 분화되는 시기 : 개화 전 21~25일 쯤이다.

　　㉢ 개화에 알맞은 온도 : 26℃ 이상이다.

　　㉣ 낙협 및 낙화 : 개화 성기부터 개화 후기에 많다.

　　㉤ 결실일수 : 50~60일 정도이다.

③　**환경**

(1) **기상조건**

① **생육에 알맞은 환경** ⋯ 콩보다 더욱 따뜻하고, 습한 기후를 좋아한다.

② **특징**

　　㉠ 서리나 냉해의 해를 받기 쉽다.

　　㉡ 건조시에는 생육이 떨어지고 오갈병과 진딧물이 발생하기 쉽다.

(2) **토양조건**

① **적당한 토양**

　　㉠ 부식이 풍부해서 물기를 간직하는 힘이 크고, 물빠짐이 좋아야 한다.

　　㉡ 칼륨, 인산 및 석회가 충분한 참흙 또는 질참흙이 알맞다.

② **최적 토양산도** ⋯ pH 6.0~6.5이고 강산성 토양에서는 잘 생장하지 못한다.

④　**분류와 품종**

(1) **분류**

① **생태형** ⋯ 여름형, 가을형, 중간형으로 나눈다.

② **종실의 색깔** ⋯ 검정팥, 붉은팥, 얼룩팥, 푸른팥 등으로 나눈다.

③ **줄기의 만화 정도** ⋯ 덩굴팥, 보통팥으로 나눈다.

(2) 품종

① **중원팥**··· 숙기가 빠르고 껍질색이 검정에 가까운 쥐색을 띤다.

② **중부팥**··· 숙기가 중간정도로 붉은색의 중립종이다.

③ **충주팥**··· 숙기가 늦고 종실이 굵으며 껍질색이 붉다.

④ **재래품종**··· 진척적두, 홍천적두, 문의적두 등이 있다.

⑤ 재배과정

(1) 파종

① **종자준비**··· 건실하고 굵은 종자를 골라 종자 중의 0.3% 정도가 되는 베노람이나 캡탄과 같은 종자소독약과 잘 혼합해서 소독한 후에 파종한다.

② **파종시기**

　㉠ 홑짓기할 때 : 6월 상·중순이다.

　㉡ 뒷그루로 늦심기할 때 : 7월 상·중순까지 한다.

③ **파종량**

　㉠ 홑짓기할 때 : 10a당 4～5kg 정도이다.

　㉡ 뒷그루로 늦심기할 때 : 10a당 5～6kg 정도이다.

(2) 시비 및 관리

① **시비**

　㉠ 뿌리혹박테리아의 착생이 콩보다 10일 정도 늦기 때문에 건조한 메마른 토양에서는 특히 질소거름을 주어야 한다.

　㉡ 시비량 : 10a당 질소 2～4kg, 인산 6～7kg, 칼륨 5～6kg 정도를 시비한다.

② **관리**··· 콩과 동일한 방법으로 실시한다.

　㉠ 북주기 : 본엽 2～7매시에 두세 차례하고, 생육 초기에 실시한다.

　㉡ 김매기 : 개화하기 전에 끝내야 한다.

(3) 병충해방제

① 병해

㉠ 오갈병

- 병징 : 바이러스병으로 잎이 우글쭈글하게 주름이 잡히고 누렇게 변색되며 생육이 저하되고 수량이 떨어진다.
- 방제 : 병에 강한 품종을 재배하고 병이 없는 씨를 받고, 특히 병을 매개하는 진딧물을 방제한다.

㉡ 갈색무늬병

- 병징 : 잎, 줄기, 열매에 발병하는데, 특히 열매의 표면에 약간 움푹한 갈색무늬가 생기며 병든 열매는 일찍 낙과한다.
- 방제 : 파종시 종자소독을 하며, 생육기에 살균제를 살포한다.

㉢ 탄저병

- 병징 : 꼬투리에 많이 발생하고 검은 겹둘레 병반이 생기며 종실이 불충실하게 된다.
- 방제 : 씨앗이나 토양전염을 하므로, 병이 없는 씨를 받고 소독을 철저히 한다.

㉣ 흰가루병

- 병징 : 크고 작은 흰색 또는 회백색의 병반이 생기거나, 잎이나 다른 기관이 완전히 흰가루에 뒤덮인 듯한 병징이 특징이다.
- 방제 : 저항성 품종을 재배하고, 디노캡을 뿌려 방제한다.

㉤ 녹병

- 병징 : 녹병균이 식물에 기생하여 발생되는 병해로서, 잎에 생기면 철의 녹과 같은 포자덩어리가 생긴다.
- 방제 : 녹병에 강한 품종을 재배하며, 석회황합제, 보르도액 등을 뿌려준다.

㉥ 불마름병

- 병징 : 지방부의 모든 부분에 발생하고 잎에서 갈색의 수침상 병반이 생기고, 그 둘레에 노란 둥근 무늬가 생기며, 나중에 병반이 터진다.
- 방제 : 종자 또는 피해식물을 통해 전염되며, 씨 소독, 돌려짓기 등으로 방제한다.

② 충해 … 팥명나방, 팥나방 등이 발생한다.

(4) 수확 및 조제

① 수확

㉠ 수확시기

- 꼬투리가 갈색으로 변하고 마르면 잎이 떨어지지 않아도 수확한다.
- 보통 10월 상·중순이 적당하다.

㉡ 수확방법 : 낫으로 베거나 뿌리째 뽑는다.

② 조제 … 수확한 것을 말린 후 탈곡조제해서 잘 말려 저장한다.

2 녹두

① 역사와 재배현황 및 용도

(1) 역사

원산지는 인도를 중심으로 하는 남부아시아 지방으로 추정되고 있다.

(2) 재배현황

① **세계의 재배현황** … 중국, 한국, 인도, 일본, 이란, 타이, 필리핀 등지에서 많이 재배된다.

② **우리나라의 재배현황** … 제주도와 전라남도에서 전체의 64% 정도 재배된다.

(3) 재배적 특징

① 두류 중 단위생산량이 가장 낮다.

② 튀는 성질이 심하여 수확에 많은 노력을 요한다.

③ 녹두는 팥보다 늦심기에 잘 견디고 메마른 땅에 적응을 잘하며 지력의 소모가 적은 등의 재배적으로 유리한 특성을 지닌다.

(4) 성분과 용도

① **성분**

 ㉠ 주성분은 당질이고 그 주체는 전분이다.

 ㉡ 단백질 함량도 많은 편으로 영양가가 높다.

② **용도**

 ㉠ 청포(녹두묵), 녹두죽, 떡고물, 빈대떡, 부침개 등을 만들어 먹는다.

 ㉡ 숙주나물을 길러 나물로 이용한다.

 ㉢ 당면의 원료가 된다.

② 형태 및 생태적 특성

(1) 형태적 특성

① **뿌리** … 다른 두류보다 선단이 많이 갈라지는 경향이 있다.

② **줄기**

    ㉠ 형태 : 팥보다 가늘고 표면에는 거친 털이 있다.

    ㉡ 길이 : 60 ~ 80cm 정도이고, 덩굴성이어서 1m 이상인 것도 있다.

③ **잎**

    ㉠ 떡잎 : 누른색의 두껍고 작은 잎이다.

    ㉡ 초생엽, 겹잎 : 팥의 잎보다 갸름하다.

④ **꽃**

    ㉠ 특징 : 팥처럼 잎겨드랑이에서 꽃자루가 나와 끝에 몇 개의 마디가 있고 각 마디에 꽃이 대생하여 꽃송아리를 이룬다.

    ㉡ 한 꽃송아리에 달리는 꽃의 수 : 8 ~ 15개의 꽃이 달린다.

⑤ **꼬투리**

    ㉠ 길이 : 5 ~ 6cm 정도이다.

    ㉡ 형태 : 원통형으로 단단하고 가늘며 표면에는 거친 털이 있다.

    ㉢ 꼬투리 1개 속에 들어있는 종실의 수는 10 ~ 15개 정도이다.

    ㉣ 튀기 쉽고 성숙하면 검은 갈색을 나타낸다.

⑥ **종실**

    ㉠ 형태 : 팥보다 잘고 녹색인 것이 많다.

    ㉡ 100알의 무게 : 4.0 ~ 5.5g이다.

    ㉢ 1L무게 : 750g이다.

(2) 생태적 특성

① **발아온도**

    ㉠ 최적 온도 : 36 ~ 38℃

    ㉡ 최저 온도 : 0 ~ 2℃

    ㉢ 최고 온도 : 50 ~ 52℃

    ㉣ 팥과 비교하면 최저 온도는 약간 낮고 최고 온도는 약간 높다.

② **이 밖의 생태적 특성** … 팥과 비슷하다.

③ 　환경

(1) 기상조건

① **특징** … 따뜻한 기후에서 잘 자라는 편이다.

② 건조한 기후에 강한 편이다.

③ **습기** … 성숙기에 비가 많으면 밭에서 썩는 수도 있다.

(2) 토양조건

① 척박한 땅에서도 잘 적응하는 편이다.

② 우리나라에서는 안 좋은 땅에 주로 녹두를 재배한다.

④ 　분류와 품종

(1) 분류

① **생태형** … 여름형, 가을형, 중간형으로 분류한다.

② **종실의 색깔** … 푸른녹두, 흰녹두, 검정녹두, 붉은녹두로 분류한다.

(2) 품종

① **선화녹두** … 녹색광택이 있고 숙기가 빠르고 종실이 굵다.

② **남평녹두** … 종실이 작고 숙기가 빠르며 광택이 없다.

③ **방아사** … 녹색광택이 있고 숙기가 다소 늦다.

④ **금성녹두** … 광택이 있고 숙기가 빠르며 종실이 굵고 수량이 많다.

⑤ **재래품종** … 명녹두, 청주녹두, 경기재래 5호, 충북재래가 있다.

⑤ **재배과정**

(1) 파종

① **파종시기**

　　㉠ 홑짓기할 때 : 6월 상·중순이 알맞다.

　　㉡ 뒷그루로 늦심기할 때 : 녹두는 늦심기에 적합하고 7월 상·중순이 알맞다.

② **파종량** ··· 10a당 1~2kg 정도이다.

(2) 시비와 관리

① **시비** ··· 비료를 잘 시용하지 않고 재배하지만 팥과 동일한 방법으로 시비한다.

② **관리**

　　㉠ 1회 김매기와 북주기 : 파종 후 20일 경인 본엽 3~4매가 되는 시기에 한다.

　　㉡ 2회 김매기와 북주기 : 1회 하고 2주일쯤 후에 실시한다.

(3) 수확 및 조제

① **수확**

　　㉠ 밑에서부터 차례로 성숙해 올라가고, 성숙하면 꼬투리가 검은색으로 변한다.

　　㉡ 꼬투리가 튀어 씨알이 손실되므로 성숙하는 대로 몇 차례 꼬투리를 딴다.

　　㉢ 수확시기

　　　• 봄녹두 : 9월 중·하순 경에 수확한다.

　　　• 그루녹두 : 10월 상·중순 경에 수확한다.

② **조제** ··· 줄기째 뽑거나 베어 말려서 탈곡조제한다.

3 ▶ **땅콩**

① **역사와 재배현황 및 용도**

(1) 역사

원산지는 남아메리카의 브라질로 추정되고 있다.

(2) 재배현황

① **세계적 재배현황** … 중국, 인도, 세네갈 및 미국 등지에서 많이 재배된다.

② **우리나라의 재배현황** … 4대강 유역을 중심으로 경기도, 충청남·북도, 전라북도 및 경상남도 등에서 많이 재배된다.

(3) 재배적 특성

① 모래땅에서 잘 자라고 단위생산량이 많다.

② 가공이용이 늘어나면서 수익성이 비교적 높아져 상품 작물로 유리하다.

③ 우리나라에서는 콩, 팥 다음으로 재배량이 많다.

(4) 성분과 용도

① **성분**

　㉠ 땅콩은 40~50%의 지방과 30% 정도의 단백질이 함유되어 있다.

　㉡ 비타민 B_1이 풍부해 영양가가 높고 특유한 풍미를 지닌다.

② **용도**

　㉠ 대립종 : 볶아서 먹거나 엿, 과자를 비롯한 여러가지 기호식품으로 가공한다.

　㉡ 소립종 : 기름을 짜거나 땅콩버터를 만드는 데 이용한다.

　㉢ 땅콩기름

　　• 식용 또는 조리용으로 쓰인다.

　　• 오레오마가린(인조버터)의 원료로 쓰인다.

　　• 비누의 제조, 윤활유나 기계유 등 공업용으로 이용된다.

② 형태 및 생태적 특성

(1) 형태적 특성

① **뿌리**

　㉠ 곧은 뿌리 : 싹이 틀 때 1개가 나와 깊이 발달한다.

　㉡ 가지뿌리 : 곧은 뿌리에서 나와서 발달한다.

　㉢ 제뿌리 : 가지뿌리의 밑부분에서 발생한다.

　㉣ 뿌리혹 : 가지뿌리가 갈라지는 부분에 많이 달린다.

② 줄기

    ㉠ 길이 : 40 ~ 100cm 정도이다.

    ㉡ 가지 : 20 ~ 35개가 생긴다.

      • 영양지 : 왕성히 자라는 가지를 말한다.

      • 생식지 : 빈약하고 꽃이 달리는 가지를 말한다.

    ㉢ 형태 : 다각형으로 속이 차 있다.

③ 잎

    ㉠ 떡잎 : 1쌍이고 짧다.

    ㉡ 겹잎 : 2쌍의 둥글고 작은 잎이 달리고 작은 잎의 크기와 모양이 다양하다.

    ㉢ 잎자루 : 길다.

④ 꽃

    ㉠ 꽃의 수와 결실 : 꽃은 생식지에 달리고 1마디에 피는 몇 개의 꽃 중에서 1 ~ 2개 정도만 여문다.

    ㉡ 형태 : 노란 나비꼴로 꽃자루는 없고, 긴 꽃받침통이 있다.

⑤ 꼬투리

    ㉠ 특징 : 땅속에서 발달하고 씨방자루가 땅쪽으로 들어가 꼬투리를 맺는다.

    ㉡ 형태 : 누에고치 모양이고 거죽에 그물 모양의 무늬가 있다.

    ㉢ 종실의 수 : 한 꼬투리에 1~4개 정도가 들어있다.

⑥ 종실

    ㉠ 특징 : 자갈색의 씨껍질에 싸여 있다.

    ㉡ 100알의 무게 : 40 ~ 100g 정도이다.

(2) 생태적 특성

① 발아

    ㉠ 최적 온도

      • 소립종 : 23℃가 적당하다.

      • 대립종 : 26 ~ 30℃가 적당하다.

    ㉡ 최저 온도 : 12℃ 이상이면 발아한다.

② 종자의 휴면

    ㉠ 휴면성 : 땅콩의 종자는 휴면성을 지니고 있다.

    ㉡ 휴면기간 : 소립종은 9 ~ 50일이고, 대립종은 110 ~ 210일 정도이다.

ⓒ 휴면타파방법
- 40 ~ 45℃에서 15일간 처리한다.
- 3ppm 정도의 에틸렌 처리를 한다.

③ 수정 및 개화

㉠ 수정 : 자가수정이 원칙이고, 자연교잡률은 0.2 ~ 0.5% 정도이다.

㉡ 개화
- 개화시기 : 꽃은 7월 상순부터 피기 시작해서 가을까지 계속된다.
- 유효개화 한계기 : 수확하기 60일 전쯤인 8월 중순까지 핀 것이어야 제대로 성숙할 수 있다.

④ 결협 및 꼬투리

㉠ 결협
- 결실 : 꽃 중에 씨방자루가 땅속에 도달하지 못해 결실하지 못하는 경우가 있다.
- 결협률 : 평균적으로 총 꽃수의 10% 정도이다.

㉡ 꼬투리와 종실의 발달
- 꼬투리의 발달 : 꼬투리는 씨방자루가 땅속에 들어간 후 3주일 정도가 되면 최고에 이른다.
- 종실의 성숙기간 : 소립종은 70 ~ 80일이고, 대립종은 100일 정도이다.

③ 환경

(1) 기상조건

땅콩은 고온작물로서, 25 ~ 27℃ 정도가 생육에 적당하다.

(2) 토양조건

① **적당한 토양** … 흙이 부드럽고 물빠짐이 좋으며, 부식과 석회가 풍부한 참흙 또는 모래참흙이 알맞다.

② **수분**

㉠ 최대 용수량의 50 ~ 70%가 알맞다.

㉡ 수분이 부족하면 꽃수가 떨어지고 생육이 불량하며, 종실의 발육이 나빠져 빈 꼬투리가 많아진다.

③ **토양산도** … pH 6 정도로 산성땅에서는 종실의 발육이 좋지 않고 발아가 고르지 않다.

④ **분류와 품종**

(1) 분류

① **초형** … 반립종(중간형), 직립종, 포복종으로 나눈다.

② **종실의 크기** … 대립종, 소립종, 중립종으로 나눈다.

> ♣TIP│ 대립종과 소립종의 비교
> ㉠ 소립종은 대립종에 비해 생육기간도 짧고 발아적온이 낮다.
> ㉡ 남부지방에서는 대립종이, 중부와 북부지방에서는 숙기가 빠른 소립종이 재배에 유리하다.

③ **여러가지 특성의 종합적 기준**

  ㉠ **스패니쉬(Spanish)형**

  • 직립이고 원줄기가 길며, 가지 수가 적고 짧다.

  • 종실이 작고 휴면기간이 짧으며 지방 함량이 많다.

  ㉡ **발렌시아(Valencia)형**

  • 직립형으로 가지는 적으나, 원줄기는 보다 길고 소립종이며, 지방 함량이 많고 휴면기간이 짧다.

  • 성숙기간 및 개화도 약간 짧다.

  • 한 꼬투리에 3 ~ 4개의 종실이 들어 있는 것이 특징이다.

  ㉢ **버지니아(Virginia)형**

  • 포복형과 직립형이 있으며, 가지가 많이 발생하고 길다.

  • 성숙기간이 길고 개화기가 늦다.

  • 대립종으로서 휴면성이 강하고 지방 함량이 낮은 편이다.

  ㉣ **사우스이스트 러너(Southeast runner)형**

  • 포복형으로 가지가 길고 많다.

  • 성숙기간이 길고 개화기가 늦으며, 지방 함량이 높다.

(2) 품종

① **식립형**

  ㉠ **소립종** : 올땅콩이 있다.

  ㉡ **중대립종** : 대광땅콩, 새들땅콩, 대풍땅콩이 있다.

  ㉢ **대립종** : 대원땅콩, 남광땅콩, 수원 95호가 있다.

② **반직립형**

  ㉠ **소립종** : 진풍땅콩이 있다.

  ㉡ **중대립종** : 남대땅콩이 있다.

  ㉢ **극대립종** : 왕땅콩, 신남광땅콩이 있다.

⑤ 재배

(1) 작부체계

① **특징** … 일반적으로 홑짓기를 하고 남부지방에서는 맥류와 이어짓기를 한다.

② **그루타기현상**

　㉠ 필요성 : 이어짓기를 하면 2년째에 첫해 수량의 20 ~ 30%, 3년째에 30 ~ 70% 정도로 수량이 떨어져 돌려짓기를 하는 것이 좋다.

　㉡ 원인

　　• 뿌리혹선충의 피해가 증가하기 때문이다.

　　• 갈색무늬병과 점무늬병의 발생을 조장해서이다.

　　• 토양 중의 석회가 부족하기 때문이다.

(2) 씨앗(종자) 준비

① 종자는 성숙하고 충실한 꼬투리만을 골라 잘 말려서 상처가 없는 굵은 것을 골라 소독한다.

② **싹틔워 심기**

　㉠ 싹이 빨리 크고 싹이 트는 동안 생기는 여러가지 피해도 줄일 수 있다.

　㉡ 싹틔울 때 뿌리가 길게 자란 것을 심으면 손상입기가 쉽다.

(3) 파종

① **파종시기** … 일평균 기온이 16 ~ 17℃가 되었을 때가 알맞다.

　㉠ 남부지방 : 4월 하순 ~ 5월 상순이다.

　㉡ 중부지방 : 5월 상·중순이다.

② **파종량**

　㉠ 소립종 : 10a당 9kg 정도이다.

　㉡ 중립종 : 10a당 12kg 정도이다.

　㉢ 대립종 : 10a당 15kg 정도이다.

③ **파종방법**

　㉠ 밭을 깊이 갈고 고른 다음 뿌림골을 만든다.

　㉡ 거름을 뿌린 후 흙과 잘 섞는다.

　㉢ 2 ~ 3알씩 뿌리며 3 ~ 4cm 정도로 흙을 덮는다.

(4) 시비

① 특징

　㉠ 석회와 칼륨의 흡수량이 많다.

　㉡ 뿌리혹박테리아에 의한 질소의 고정공급으로 질소질비료는 많이 주지 않는다.

② 시비량

　㉠ 밑거름 : 10a당 두엄 1,000kg, 질소 3kg, 인산 7kg, 칼륨 10kg, 석회 100kg 정도를 준다.

　㉡ 덧거름 : 석회의 반량 정도를 개화할 때 준다.

(5) 관리

① 제초

　㉠ 싹트기 전에 알라유제나 부타입제 등의 제초제를 뿌려 관리한다.

　㉡ 6월 중·하순쯤에 북주기와 같이 잡초를 제거한다.

② 북주기

　㉠ 북주기는 씨방자루가 땅속으로 자라 들어가는 것을 도와준다.

　㉡ 북주는 시기 : 개화할 때와 그 후 15일 간격으로 한두 차례 북을 준다.

(6) 병충해

① 병해

　㉠ 검은무늬병

　　• 특징 : 한여름의 습기가 많고 온도가 높을 때 줄기, 잎에 많이 발생한다.

　　• 방제 : 종자소독을 하고 돌려짓기를 하며 병에 걸린 것은 일찍 뽑아 없애 버린다.

　㉡ 갈색무늬병

　　• 특징

　　– 줄기, 잎에 암갈색의 병반이 생기고, 그 뒤편에 회색곰팡이가 생기며, 잎이 떨어지고 썩는다.

　　– 검은무늬병과 다른 점은 병반둘레에 누런 겹무늬가 생긴다는 것이다.

　　• 방제 : 돌려짓기를 하고 병에 걸린 것을 뽑아 없앤다.

　㉢ 균핵병

　　• 특징 : 성숙기에 습기가 많을 때 발생하는데, 줄기의 겉껍질이 갈색에서 회색으로 변하면서 가늘게 쪼개지고 껍질이 벗겨지면서 썩는다.

　　• 방제 : 돌려짓기를 하고 병에 걸린 것은 일찍 뽑아 없애며 가을갈이 등을 실시한다.

　㉣ 기타 : 흰비단병, 줄기썩음병 등이 발생한다.

② 충해 … 점박이응애, 선충, 우단풍뎅이, 줄표주박바구미, 화랑곡나방 등의 피해가 생긴다.

(7) 수확 및 저장

① **수확시기** … 잎과 줄기가 누렇게 변하면서 아랫잎이 떨어지고 꼬투리에 그물무늬가 뚜렷이 형성되면 수확하기 시작한다.

② **저장**

　㉠ 저장방법 : 수확한 땅콩을 7~10일 동안 말린 후 저장한다.

　㉡ 꼬투리에서 종실이 나오는 비율 : 중량으로 50%, 용량으로 30% 정도가 나온다.

⑥ 　특수재배 (멀칭재배)

(1) 멀칭재배의 특징

① 일찍 씨를 심을 수 있는데 일반재배에 비해 10일 정도 빠르다.

② 싹 트는 동안의 피해도 줄일 수 있다.

③ 보온에 의해 발아와 초기 생육이 빨라 개화가 촉진된다.

④ 토양수분 유지에도 유리하고 수량을 크게 올릴 수 있다.

(2) 멀칭재배의 과정

① **파종시기**

　㉠ 평균기온이 14~15℃ 정도일 때 파종한다.

　㉡ 중부지방 : 4월 20일쯤이 알맞다.

　㉢ 남부지방 : 4월 15일쯤이 알맞다.

② **파종방법** … 90cm 너비의 편평한 이랑을 만들고, 이랑 위에 30cm 간격에 3줄씩, 포기 사이를 14cm로 해서 한 알씩 점뿌림한다.

③ **관리**

　㉠ 파종 후 제초제를 뿌리고 폴리에틸렌 필름으로 이랑 위에 멀칭한다.

　㉡ 싹이 나와 생육을 왕성하게 시작하면 폴리에틸렌 필름에 구멍을 내어, 어린 땅콩 싹이 밖으로 나올수 있도록 한다.

　㉢ 온도가 높아지고 땅콩이 왕성하게 자라면 폴리에틸렌 필름을 제거한다.

4 강낭콩

① **역사와 재배현황 및 용도**

(1) 역사

원산지는 열대 아메리카로 추정되고 있다.

(2) 재배현황

① **세계의 재배현황** … 옥수수와 비슷한 지대에 분포하고 재배된다.

② **우리나라의 재배현황** … 경기도 및 전라남도에서 가장 많이 재배되고 있다.

(3) 재배적 특징

① 고위도 지방이나 고랭지에서도 재배할 수 있다.

② 팥이나 콩에 비해 생육저온이 낮아 저온에 잘 견디고 생육기간이 비교적 짧다.

③ 만파에 잘 적응하고 재배가 용이하다.

④ 용도면에서 다양하지 못하고 수량성이 낮다.

(4) 성분과 용도

① **성분** … 주성분은 당질이고 당질의 대부분은 전분이며, 단백질도 많은 편이다.

② **용도**
    ㉠ 종실 : 팥처럼 밥에 넣어 먹거나, 과자, 떡의 속으로 이용한다.
    ㉡ 녹협 : 채소로 이용한다.
    ㉢ 잎, 줄기 : 사료로 이용한다.

② 형태 및 생태적 특성

(1) 형태적 특성

① **뿌리**

  ㉠ 곧은 뿌리 : 싹틀 때 1개가 나와서 자란다.

  ㉡ 가지뿌리 : 곧은 뿌리로부터 많은 가지뿌리가 자란다.

  ㉢ 특징 : 뿌리의 발달이 왕성하지 못해 뿌리혹의 착생과 질소의 고정도 콩이나 팥보다 떨어진다.

② **줄기**

  ㉠ 키 : 50cm 정도이다.

  ㉡ 특징 : 일반적으로 직립성(덩굴성인 것도 있다)이다.

③ **잎**

  ㉠ 구성 : 떡잎, 초생엽, 본엽으로 구성된다.

  ㉡ 본엽 : 3장의 작은 잎을 가지는 겹잎이다.

④ **꽃**

  ㉠ 꽃이 달리는 장소 : 잎겨드랑이에서 긴 꽃대가 나와 여기에 몇 개의 꽃이 달린다.

  ㉡ 특징 : 크고 색깔은 자주색, 흰색, 분홍색 등 다양하다.

⑤ **종실**

  ㉠ 종실의 수 : 한 꼬투리에 3 ~ 5개 정도 들어있다.

  ㉡ 특징 : 일반적으로 콩보다 굵고, 색깔은 다양하다.

  ㉢ 100알의 무게 : 34 ~ 70g 정도이다.

(2) 생태적 특성

① **발아온도**

  ㉠ 최적 온도 : 26 ~ 27℃ 정도이다.

  ㉡ 최저 온도 : 10℃ 내외이다.

  ㉢ 최고 온도 : 38 ~ 42℃ 정도이다.

② **수정과 개화 및 결실**

  ㉠ 수정

   • 자가수정이 원칙이나 간혹 자연교잡이 이루어지기도 한다.

   • 꽃피는 시기에 고온이 계속되면 수정이 불량해진다.

  ㉡ 개화 및 결실 : 분화한 꽃수의 20 ~ 30%가 꽃이 피고, 이 가운데서 10 ~ 40%가 꼬투리를 맺는다.

③ 환경

(1) 기상조건

① 콩이나 팥보다 약간 낮은 온도가 적당하다.

② 기온이 높아야 생육과 성숙이 촉진되고, 밤에는 다소 낮은 것이 결실을 조장한다.

(2) 토양조건

① **적당한 토양** … 물빠짐이 좋고 부식과 석회분이 풍부한 기름진 참흙이나 질참흙이 적당하다.

② **과습 및 건조** … 모두 약하여 생육에 불리하다.

③ **염분** … 저항성이 약하여 피해가 심하다.

④ **토양의 산도** … pH 6.2 ~ 6.3 정도로 산성토양에 대해서는 두류 중에서 가장 약하다.

④ 분류 및 품종

(1) 분류

① **숙기** … 중생종, 조생종, 만생종 등이 있다.

② **줄기의 신장을 중심으로 한 초형** … 만성종, 왜성종, 반만성종 등이 있다.

③ **꼬투리의 경연** … 경협종, 연협종, 중간종 등이 있다.

④ **종실의 빛깔** … 유색종, 백색종, 얼룩종 등이 있다.

(2) 품종

① **종류** … 핀토, 긴알락콩, 진다홍 능이 있다.

② **최근의 우량품종** … 프로바이더, 강낭콩 1호 등이 있다.

⑤ **재배과정**

(1) 작부체계

① **특징** ⋯ 다양한 작부체계가 가능하므로 재배상 유리한 특징을 지니고 있다.

② **이어짓기의 피해** ⋯ 병해가 많아지고, 수량이 떨어지는 등 그루타기현상이 심하므로 알맞게 돌려짓기를 해야 유리하다.

(2) 파종

① **종자준비** ⋯ 건실하게 자란 순정한 포기에서 채종하여 소독한 후 파종한다.

② **파종시기**

　㉠ 10℃ 이상이 되고, 싹이 튼 후 늦서리의 피해를 입지 않는 한 빨리 실시한다.

　㉡ 4월 중·하순부터 5월 중순이 적당하다.

(3) 시비 및 관리

① **시비**

　㉠ 특징 : 다른 두류에 비하여 뿌리혹의 착생과 질소고정이 떨어지기 때문에 거름을 넉넉히 준다.

　㉡ 시비량 : 10a당 두엄 1,000kg과 질소 3 ～ 5kg, 인산 및 칼륨을 각각 5 ～ 10kg 정도 시비한다.

② **관리**

　㉠ 싹이 튼 후 제1 겹잎이 나올 때까지 솎기와 보식을 하고 애벌김을 맨다.

　㉡ 잎이 4장 나왔을 때에 두벌김을 매면서 북을 준다.

(4) 병충해방제

① **병해**

　㉠ 흰가루병

　　• 병징 : 크고 작은 흰색 또는 회백색의 병반이 생기거나, 잎이나 기관이 완전히 흰가루에 뒤덮인 듯한 병징이 특징이다.

　　• 방제 : 저항성 품종을 재배하고, 디노캡이라는 방제약을 사용한다.

　㉡ 오갈병

　　• 병징 : 바이러스병으로 잎이 쭈글쭈글하게 주름이 잡히고 누렇게 변색되며 수량과 생육이 떨어진다.

　　• 방제 : 병에 강한 품종을 재배하고 건전한 씨를 받으며, 특히 병을 매개하는 진딧물을 방제한다.

ⓒ 녹병

- 병징 : 녹병균이 식물에 기생하여 발생되는 병해로서, 잎에 생기면 철의 녹과 같은 포자덩어리가 생긴다.
- 방제 : 녹병에 강한 품종을 재배하며, 석회황합제, 보르도액 등을 뿌려준다.

ⓓ 겹무늬병

- 병징 : 처음에는 적자색의 반점을 형성하고 빠르게 확대되어 중심부가 퇴색되며 말기에는 병반은 더욱 커진다.
- 방제 : 다코닐 수화제, 만코지 수화제를 살포한다.

ⓔ 갈색무늬병

- 병징 : 잎, 줄기, 열매에 발생하는데, 특히 열매의 표면에 약간 움푹한 갈색 무늬가 생기며 병든 열매는 일찍 낙과한다.
- 방제 : 파종시 종자소독을 하며, 생육기에 살균제를 살포한다.

ⓕ 탄저병

- 병징 : 꼬투리에 많이 발생하고 검은 겹둘레 병반이 생기고 종실이 불충실하게 된다.
- 방제 : 씨앗이나 토양전염을 하므로, 병이 없는 씨를 받고 소독을 철저히 한다.

② **충해** … 선충, 팥나방, 팥명나방 등이 있다.

(5) 수확 및 조제

① **수확시기** … 6월 하순~7월 중순경에 수확한다.

② **조제** … 꼬투리의 70~80%가 변색하고, 마르기 시작하면 뽑거나 베어 말려서 탈곡한다.

5 동부

① 역사와 재배현황 및 용도

(1) 역사

원산지는 아프리카의 중서부지대로 추정된다.

(2) 재배현황

① **세계의 재배현황** … 아프리카에 주로 분포하고 재배된다.

② **우리나라의 재배현황** … 경기도와 전라남도에서 많이 재배된다.

(3) 재배적 특징

① 저온에 약하고 분포지역이 좁은 편이다.

② 가을채소의 전작 또는 간혼작 등으로 재배된다.

③ **조생종** … 생육기간이 짧으며 음지에서도 잘 자라고 건조에도 강한 편이며 토양적응성이 비교적 크고 산성토양에도 잘 견디는 성질이 있다.

(4) 성분과 용도

① **성분** … 주성분은 당질이고 단백질 함량도 많은 편이다.

② **용도**

　㉠ 종실 : 밥에 섞어 먹거나 그 밖에 조미료의 원료, 떡고물, 죽, 커피 대용원료로 이용된다.
　㉡ 녹협 : 채소로 이용된다.

② 형태 및 생태적 특성

(1) 형태적 특성

① **뿌리**

　㉠ 곧은 뿌리 : 발아할 때 1개가 나와 자란다.
　㉡ 가지뿌리 : 곧은 뿌리로부터 많이 자란다.
　㉢ 특징 : 뿌리의 발달이 왕성하지 못하고, 뿌리혹의 착생과 질소의 고정도 콩이나 팥보다 떨어진다.

② **줄기**

　㉠ 길이 : 30cm(왜성), 1m 이상(덩굴성)이다.
　㉡ 특징 : 왜성과 덩굴성인 것이 있다.

③ **잎**

　㉠ 잎의 구성 : 떡잎, 초생엽, 본엽으로 이루어져 있다.
　㉡ 본엽 : 3장의 홑잎으로 이루어진 겹잎이다.

④ **꽃**

　㉠ 잎겨드랑이에서 12 ~ 16cm 정도나 되는 긴 꽃대가 나와 그 부분에 몇 개의 꽃이 달린다.
　㉡ 특징 : 꽃이 크고, 색깔은 자주색, 백색, 분홍색 등 다양하다.

⑤ 꼬투리

ㄱ 길이 : 10 ~ 20cm 정도이다.

ㄴ 꼬투리에 들어 있는 종실의 수 : 6 ~ 21개가 있다.

ㄷ 특징

• 원통형으로 미숙할 때는 녹색을 띤다.

• 성숙하면서 자색, 흰색, 적자색, 갈색, 검은색 및 얼룩색 등으로 변한다.

⑥ 종실

ㄱ 특징 : 팥모양인 것, 굵고 납작한 것, 타원형에 가까운 것 등 다양하다.

ㄴ 100알의 무게 : 15g 정도이다.

(2) 생태적 특성

① 발아

ㄱ 특징 : 동부는 콩에 비하여 고온에서 발아율이 높은 편이다.

ㄴ 최적 온도 : 30 ~ 35℃가 적당하다.

② 수정과 개화 및 결실

ㄱ 수정 : 자가수정을 하지만 자연교잡률도 높은 편이다.

ㄴ 개화 및 결실

• 왜성종은 꽃이 동시에 피나 덩굴성은 꽃이 밑에서부터 피어 올라간다.

• 개화한 꽃 중에서 꼬투리로 발달하는 결협률은 16 ~ 48%로 매우 낮다.

③ 환경

(1) 기상조건

① 동부는 높은 온도에는 잘 견딘다.

② 알맞은 생육온도는 27℃ 정도이다.

(2) 토양조건

① 배수가 잘 되는 양토가 알맞다.

② 토양적응성도 비교적 큰 편으로 토양을 별로 가리지 않고 재배된다.

④ **분류 및 품종**

(1) 분류

① **줄기의 생육습성** … 유한직립형, 덩굴형, 덤불형, 만화형으로 나눈다.

② **숙기의 조만** … 중생종, 조생종, 만생종으로 나눈다.

(2) 품종

최근의 우량품종은 서원동부가 있다.

⑤ **재배과정**

(1) 작부체계

① **재래종** … 채소밭, 원두밭에 혼작 또는 주위작으로 재배한다.

② **조생종 또는 극조생종** … 한두 차례 수확하는 가을채소의 전작 또는 맥류나 담배 등의 후작으로도 재배한다.

(2) 파종

① **파종시기**

   ㉠ 저온발아성이 약하므로 기온이 10℃ 이상이 되어야 한다.

   ㉡ 4월 중·하순부터 5월 중순까지가 적당하다.

(3) 시비 및 관리

① **시비량** … 10a당 질소를 3 ~ 5kg 사용하고, 인산 및 칼륨도 콩에 준하여 사용한다.

② **관리**

   ㉠ 출아 후 초생엽 전개기에 솎기와 보식 및 북주기를 한다.

   ㉡ 본엽 4 ~ 6매일 때에 2회 북주기를 한다.

   ㉢ 만화형 품종의 경우 지주를 세운다.

(4) 병충해방제

① **병해**

  ㉠ 오갈병
- 병징 : 잎 전체가 짙은 녹색으로 변하고 잎맥을 따라 백색의 반점이 수없이 나타난다.
- 방제 : 질소질비료를 많이 주지 않고, 살충제를 뿌려준다.

  ㉡ 잘록병
- 병징 : 생육 초기부터는 줄기 및 뿌리가 갈색 내지 암갈색으로 변하여 썩는 증상이 나타나고 병든 식물체의 지상부는 시들고, 후에 말라 죽는다.
- 방제 : 병든 것은 곧 제거하고 소독처리를 한다. 티로닐 수화제, 안타유제를 뿌려준다.

  ㉢ 탄저병
- 병징 : 갈색 또는 흑갈색의 반점이 잎, 줄기, 열매 등에 생기며, 낙엽·낙과의 원인이 된다.
- 방제 : 디치 수화제, 타로닐 수화제, 프로피 수화제를 발생 초기에 살포해야 방제효과가 높다.

② **충해** … 진딧물, 팥명나방, 톱다리허리노린재, 바구미 등의 충해가 있다.

(5) 수확 및 조제

① **수확** … 꼬투리가 황색 또는 갈색으로 변하면 성숙되는 대로 몇 차례에 걸쳐 수확한다.

② **조제** … 대를 베거나 뽑아서 말린 다음에 탈곡을 한다.

6 완두

① 역사와 재배현황 및 용도

(1) 역사와 재배현황

① **역사**(원산지) … 지중해 연안을 중심으로 하는 남부 유럽으로 추정된다.

② **재배현황**(세계) … 중국, 인도, 러시아, 아메리카 등에 널리 분포하고 재배된다.

(2) 재배적 특징

① 서늘한 기후를 좋아하여 추위에도 강하고 재배방식도 다양하다.

② 수량이 그다지 많지 않다.

(3) 성분과 용도

① **성분** ⋯ 주성분은 당질이며 그 주체는 전분이고 단백질도 풍부하지만 지질은 적다.

② **용도**

  ㉠ 종실

  - 팥이나 강낭콩처럼 밥에 넣어 먹거나 과자, 떡 등의 속으로 많이 이용된다.
  - 성숙하기 전의 푸른 종실은 통조림을 만들어 식용으로 이용한다.

  ㉡ 연협종의 어린 꼬투리 : 채소용으로 많이 이용되고, 통조림으로 가공하여 이용한다.

② 형태 및 생태적 특성

(1) 형태적 특성

① **뿌리**

  ㉠ 곧은 뿌리 : 발아할 때 1개가 나와 자란다.

  ㉡ 가지뿌리 : 곧은 뿌리로부터 많이 자란다.

  ㉢ 특징 : 완두는 뿌리가 깊게 자란다.

② **줄기**

  ㉠ 길이 : 초장이 왜성인 것은 30cm 내외, 만성인 것은 1m 이상이다.

  ㉡ 특징 : 색은 녹색 또는 황록색이 많으며, 털이 없고 속은 비어 있으며 단면은 4각형을 이룬다.

③ **잎**

  ㉠ 겹잎 : 잎자루의 양쪽에 1~3쌍의 작은 잎이 난다.

  ㉡ 덩굴손 : 잎자루의 끝은 덩굴손으로 되어 있다.

  ㉢ 턱잎 : 잎자루의 밑부분에 1쌍의 큰 턱잎이 있다.

④ **꽃**

  ㉠ 꽃수 : 잎겨드랑이에서 긴 꽃대가 나와 그 끝에 1~2개의 꽃이 달린다.

  ㉡ 특징 : 크기나 모양은 콩과 비슷하며, 색은 백색 또는 홍색이다.

⑤ **꼬투리**

  ㉠ 특징 : 콩보다 크고 표면이 매끄러우며, 성숙한 꼬투리는 봉선에 따라 열개된다.

  ㉡ 종실의 수 : 한 꼬투리에 5~6개 정도가 들어있다.

⑥ **종실**

   ㉠ 특징

     • 대개 둥근 모양으로 되어 있으며, 녹색, 백색, 갈색, 회색 등 여러가지 색깔을 띤다.

     • 종실의 표면은 팽팽한 것과 주름이 잡힌 것이 있다.

   ㉡ 100알의 무게 : 20 ~ 50g 정도이다.

(2) 생태적 특성

① **발아온도**

   ㉠ 최적 온도 : 25 ~ 26℃ 정도이다.

   ㉡ 최저 온도 : 1 ~ 2℃ 정도이다.

   ㉢ 최고 온도 : 35 ~ 37℃ 정도이다.

② **수정과 개화 및 결실** … 자가수정을 하며, 자연교잡률이 매우 낮기 때문에 채종상 유리하다.

③   환경

(1) 기상조건

① 서늘한 기후를 좋아한다.

② 건조한 기후와 과습에서는 생장이 나쁘다.

(2) 토양조건

① 부식이 풍부한 기름진 참흙 또는 질참흙이 알맞다.

② 건조지나 척박한 토양에 대한 적응성은 낮은 편이다.

③ **알맞은 토양산도** … pH 6.5 ~ 8.0 정도이고 강산성 토양에는 극히 약하다.

④   분류 및 품종

(1) 분류

① **초형** … 만성종, 왜성종으로 나눈다.

② **꼬투리의 경연** … 연협종, 경협종으로 나눈다.

③ **종실의 색깔** … 유색종, 백색종으로 나눈다.

(2) 품종

최근의 우량품종으로 사철완두가 있다.

⑤ 재배과정

(1) 작부체계

① **봄재배** ··· 봄 채소밭의 주위작이나 혼작 등의 작은 면적으로 재배한다.

② **근래의 작부체계의 다양화**

  ㉠ 억제재배 : 7 ~ 8월에 파종한다.

  ㉡ 조숙재배 : 겨울이 온난한 남부지방에서 9월에 파종한다.

  ㉢ 가을재배 : 월동이 가능한 지대에서 10 ~ 11월에 파종한다.

  ㉣ 답전작재배 : 중남부지방에서 비닐멀칭을 한다.

(2) 파종과 시비 · 관리

① **파종**(씨 뿌리기) ··· 파종시기는 3월 하순 ~ 4월 상순이 적당하다.

② **시비** ··· 시비량은 10a당 두엄 1,000kg, 질소 3 ~ 5kg, 인산 및 칼륨 5 ~ 10kg 정도이다.

③ **관리**

  ㉠ 발아 후에는 알맞게 솎아 주고 김매기를 한다.

  ㉡ 만성종인 경우 : 초장이 30cm 정도 자랐을 때 2 ~ 3m 간격으로 1~1.5m 되는 지주를 이랑의 양쪽 옆에 마주 세우고 새끼줄을 매어 완두를 유인한다.

(3) 병충해방제

① **병해** ··· 흰가루병, 갈색무늬병, 탄저병, 녹병, 뿌리썩음병 등의 병해가 있다.

  ㉠ 흰가루병

  • 병징 : 크고 작은 흰색 또는 회백색의 병반이 생기거나, 잎이나 다른 기관이 완전히 흰가루에 뒤덮인 듯한 병징이 특징이다.

  • 방제 : 저항성 품종을 재배하고, 다노캡이라는 방제약을 사용한다.

  ㉡ 갈색무늬병

  • 병징 : 잎, 줄기, 열매에 발병하는데 특히 열매의 표면에 약간 움푹한 갈색 무늬가 생기며 병든 열매는 일찍 낙과한다.

  • 방제 : 파종시 종자소독을 하며, 생육기에 살균제를 살포한다.

ⓒ 탄저병
- 병징 : 갈색 또는 흑갈색의 반점이 잎, 줄기, 열매 등에 생기며, 낙엽·낙과의 원인이 된다.
- 방제 : 디치 수화제, 타로닐 수화제, 프로피 수화제를 발생 초기에 살포해야 방제효과가 높다.

ⓔ 뿌리썩음병
- 병징 : 뿌리썩이선충에 감염되어 발생하는데 이 선충에 감염되면 뿌리는 내부조직이 파괴되어 갈색으로 변하고 이후 검게 썩는다.
- 방제 : 토양소독과 배수를 철저히 하고 이어짓기를 피한다.

ⓜ 녹병
- 병징 : 녹병균이 식물에 기생하여 발생되는 병해로서, 잎에 생기면 철의 녹과 같은 포자덩어리가 생긴다.
- 방제 : 녹병에 강한 품종을 재배하며, 석회황합제, 보르도액 등을 뿌려준다.

② **충해** … 완두굴파리, 완두콩바구미 등의 충해가 있다.

ⓐ 완두콩바구미
- 특징 : 성충과 유충 모두 완두의 꼬투리에 들어가 갉아먹으므로 품질이 떨어지고 발아력을 잃게 된다.
- 방제 : 수확한 뒤에 직사일광에 충분히 건조시켜 방제한다.

ⓑ 완두굴파리
- 특징 : 엽육 내에는 불규칙한 선 상의 굴을 뚫어 유충이 먹어 들어가고, 가해흔적은 갈색으로 변하게 된다. 특히 잎의 기부에 잠입하여 피해가 크기 때문에 말라 죽는 경우가 많다.
- 방제 : 살충제를 뿌려준다.

(4) 수확 및 조제

① **수확시기** … 6월 상·중순경이 알맞다.

② **조제** … 줄기, 잎의 대부분과 꼬투리가 누렇게 변하고 종실이 굳어졌을 때 뽑아 말려서 탈곡한다.

팔, 녹두, 땅콩, 강낭콩, 동부, 완두

출제예상문제

1 땅콩에 들어있는 독소는?

① 루틴 　　　　　　　　　　② 아플라톡신

③ 솔라닌 　　　　　　　　　④ 얄라핀

> ✎NOTE| 변질된 땅콩에는 아플라톡신(Aflatoxin)이라는 독성물질이 생겨 사람과 가축에 치명적인 영향을 주므로 저장 및 이용에 특히 주의해야 한다.

2 다음 작물 중 강한 산성에 가장 약한 작물은?

① 완두 　　　　　　　　　　② 동부

③ 강낭콩 　　　　　　　　　④ 콩

> ✎NOTE| 완두는 강한 산성 토양에 극히 약하며 석회가 풍부한 중성 및 강한 염기성 토양에 알맞다.

3 녹두의 성분 및 내용으로 옳지 않은 것은?

① 단백질 함량이 낮다.

② 주성분이 당질이다.

③ 청포, 빈대떡, 떡고물로 만든다.

④ 인도에서는 약용신경제품으로 쓰인다.

> ✎NOTE| 녹두
> ㉠ 주성분은 당질이고 단백질 함량도 많은 편이다.
> ㉡ 청포, 빈대떡, 떡고물, 녹두죽, 부침개 등을 만들어 먹는다.
> ㉢ 숙주나물을 길러 나물로 이용하거나 당면의 원료로 쓰기도 한다.

ANSWER | 1.② 2.① 3.①

02. 팥, 녹두, 땅콩, 강낭콩, 동부, 완두 **405**

4 강낭콩 결실(여물기)에 알맞은 환경조건은?

① 산성 토양   ② 윤작
③ 주야의 큰 온도차   ④ 장일조건

NOTE | 강낭콩은 기온이 높아야 생육과 성숙이 촉진되고, 밤에는 다소 낮은 것이 결실을 조장한다.

5 땅콩 생태형 분류로 잘못된 것은?

① 스패니쉬 – 직립, 대립종   ② 발렌시아 – 직립, 소립종
③ 버지니아 – 포복, 대립종   ④ 사우스이스트 러너 – 포복, 소립종

NOTE | 스패니쉬형 … 직립형의 소립종이며 지방함량이 많고 성숙기간과 휴면기간이 짧다.

6 땅콩이 발달하는 부위는 어디인가?

① 가지뿌리   ② 줄기
③ 뿌리털   ④ 씨방자루

NOTE | 땅콩은 수정이 되고 꽃이 떨어진 다음에 씨방자루가 땅 속으로 들어가 꼬투리를 맺으며 땅콩의 경우에는 뿌리털이 없는 것이 일반적이다.

7 두류의 재배 이용적 특성을 설명한 것 중 옳지 않은 것은?

① 팥과 녹두는 맥류의 뒷그루로 늦심기를 할 때에 유리하다.
② 강낭콩이나 동부는 채소밭이나 원두밭에 섞어짓기를 하는 것이 보통이다.
③ 완두는 두류 중에서 생육기간이 가장 길고, 서늘한 기후에 가장 알맞다.
④ 땅콩은 단위 생산량이 많고 모래땅에 잘 적응하며 강변지역에서 많이 재배된다.

NOTE | ③ 완두는 생육기간이 짧고 두류 중에서 서늘한 기후를 좋아하여 추위에 강하고 작형도 다양하나 수량이 그다지 많지 않다.

ANSWER | 4.③ 5.① 6.④ 7.③

8 두류에서 이어짓기에 가장 약한 작물은?

① 녹두   ② 팥
③ 동부   ④ 완두

> NOTE | 완두와 강낭콩은 이어짓기에 약한 작물로 이어짓기를 하면 병해가 많아지고, 수량이 떨어지는 등 그루타기 현상이 심하므로 알맞게 돌려짓기를 해야 한다.

9 땅콩은 꽃의 어떤 부분이 비대하면 결협이 높아지는가?

① 꽃밥   ② 씨방
③ 암술대   ④ 암술 머리

> NOTE | 땅콩 … 개화 수정 후 씨방자루가 땅 쪽으로 급속히 자라기 시작하고, 땅 속에 들어가 5일 정도가 되면 그 이상 자라지 않고 땅속 깊이에서 씨방이 비대해지기 시작하여 꼬투리를 형성한다. 그러나 꽃 중에는 씨방자루가 땅 속에 도달하지 못하여 결실하지 못하는 경우도 있으며 결협률은 평균적으로 10% 정도에 불과하다.

10 땅콩재배시 북주기의 효과는?

① 병충해를 방지한다.   ② 씨방 자람이 좋아진다.
③ 도복을 방지한다.   ④ 수확이 빨라진다.

> NOTE | 북주기 … 씨방자루가 땅 속으로 자라 들어가는 것을 도와 주는 중요한 작업으로 꽃피기 시작할 때와 그 후 15일 간격으로 한두 차례 북을 준다.

11 다음 두류 중 저온 발아성이 가장 강한 것은?

① 강낭콩   ② 완두
③ 팥   ④ 동부

> NOTE | 완두 … 두류 중 가장 서늘한 기후에 알맞은 작물로 완두의 발아 최적온도는 25~26℃이다.

ANSWER | 8.④ 9.② 10.② 11.②

12 다음 중 두류에서 낮은 온도에 가장 잘 적응하는 것은?

① 강낭콩　　　　　　　　　　② 콩
③ 땅콩　　　　　　　　　　　④ 완두

✎NOTE| 완두는 두류 중에서 서늘한 기후에 가장 알맞다. 이처럼 낮은 온도에도 잘 견디므로 이른 봄의 저온기를 이용하여 재배할 수 있다.

13 다음 중 땅콩의 씨알이 일반적으로 가장 큰 것은?

① 발렌시아형　　　　　　　　② 사우스이스트 러너형
③ 스패니쉬형　　　　　　　　④ 버지니아형

✎NOTE| 버지니아형
㉠ 직립형과 포복형이 있다.
㉡ 가지가 많이 발생하고 길다.
㉢ 개화기가 늦고 성숙기간이 길다.
㉣ 대립종으로서 휴면성이 강하고 지방 함량이 낮은 편이다.

14 다음 두류 중 싹트는 데 최저, 최고 온도가 가장 낮고 가장 높은 작물은?

① 콩　　　　　　　　　　　② 팥
③ 땅콩　　　　　　　　　　④ 녹두

✎NOTE| 녹두의 발아 최저 온도는 0∼2℃, 최고 온도는 50∼52℃로 두류 중에서 최저 온도가 가장 낮고 최고 온도는 가장 높다.

15 다음 중 팥에 대한 설명으로 옳지 않은 것은?

① 원산지는 동북아시아이다.　　② 콩보다 생육기간이 길다.
③ 알맞은 토양 pH는 6.0∼6.5이다.　④ 냉해와 서리의 피해를 받기 쉽다.

✎NOTE| 팥은 콩보다 생육기간이 짧아서 고랭지에서 재배하기 알맞고 뒷그루로 늦심기를 할 때 유리하므로 7월 상순까지 파종이 가능하다.

ANSWER | 12.④　13.④　14.④　15.②

16 두류 중 한 꼬투리에 들어 있는 씨알 수가 가장 많은 것은?

① 콩   ② 동부
③ 완두   ④ 땅콩

>✎NOTE| 동부의 꼬투리 속에는 6~21개의 종실이 들어 있다. 콩에는 1~4개, 완두에는 5~6개, 땅콩에는 1~4개의 종실이 들어 있다.

17 청포, 숙주나물, 빈대떡 등에 이용되는 두류는?

① 녹두   ② 완두
③ 팥   ④ 동부

>✎NOTE| 녹두
>　　㉠ 떡고물, 청포, 부침개, 녹두죽, 빈대떡 등에 이용된다.
>　　㉡ 숙주나물로 길러 먹는다.

18 다음 중 팥과 동부를 비교한 설명으로 옳지 않은 것은?

① 팥은 따뜻하고 습한 기후를 좋아하고, 동부는 높은 온도에서 잘 견딘다.
② 팥과 동부 모두 뿌리혹의 착생이 콩보다 높다.
③ 팥은 밥을 짓거나 빵, 떡의 고물로 이용되고, 동부는 떡고물, 조미료의 원료로 이용된다.
④ 팥과 동부 모두 자가수정을 원칙으로 한다.

>✎NOTE| ② 팥과 동부 모두 뿌리혹의 착생과 공중질소의 고정이 콩보다 떨어지므로, 질소비료를 더 많이 주어야 한다.

19 땅콩의 꼬투리에서 씨알이 나오는 비율은 무게로 얼마 정도인가?

① 20%   ② 30%
③ 40%   ④ 50%

>✎NOTE| 땅콩의 꼬투리에서 씨알이 나오는 비율은 중량으로 약 50%, 용량으로 약 30% 정도이다.

ANSWER | 16.② 17.① 18.② 19.④

20 다음 나열된 두류 중 덩굴성 품종으로 이어짓기를 몹시 꺼리며 산성에 약한 작물은?

① 콩   ② 녹두

③ 완두   ④ 땅콩

> **NOTE |** 완두
> ㉠ 이어짓기를 하면 병해가 많아지고 수량도 떨어지는 등 그루타기 현상이 심하다.
> ㉡ 강산성 토양에 극히 약하고, 중성 또는 염기성의 토양이 알맞다.

21 다음 두류 중 지방함량이 가장 높은 것은?

① 콩   ② 녹두

③ 완두   ④ 땅콩

> **NOTE |** 두류 중에서 지방 함량이 가장 높은 것은 땅콩이고, 단백질 함량이 가장 높은 것은 콩이다.

22 두류에서 한 꼬투리 속에 들어 있는 종실의 수를 옳게 비교한 것은?

① 콩 > 완두 > 동부   ② 콩 > 동부 > 완두

③ 완두 > 콩 > 동부   ④ 동부 > 완두 > 콩

> **NOTE |** 동부의 꼬투리 속에는 6 ~ 21개의 종실이 들어 있고, 콩에는 1 ~ 4개, 완두에는 5 ~ 6개의 종실이 들어 있다.

23 다음 중 멀칭재배에 대한 설명으로 옳지 않은 것은?

① 지온이 높아져서 조파가 가능하다.   ② 출아와 초기 생육이 조장된다.

③ 유효개화기간이 짧아진다.   ④ 발아가 촉진된다.

> **NOTE |** 멀칭재배의 효과
> ㉠ 폴리에틸렌으로 멀칭재배를 하면 지온이 높아지기 때문에 조파가 가능하다.
> ㉡ 보온에 의하여 출아와 초기 생육이 조장되며 개화가 촉진되고, 유효개화기간이 길어져 증수효과가 있다.
> ㉢ 발아가 촉진되므로 발아 중의 피해를 막을 수 있다.
> ㉣ 토양수분이 유지되어 건조해를 경감시킬 수 있다.

ANSWER | 20.③ 21.④ 22.④ 23.③

24 완두의 충해 중 완두의 꼬투리에 들어가 종자를 갉아먹어 발아력을 떨어뜨리는 것은?

① 완두굴파리
② 완두콩바구미
③ 흰가루병
④ 갈색무늬병

✎NOTE| 완두콩바구미의 방제는 수확한 뒤 직사일광을 쬐어 충분히 방제시키는 것이다. 흰가루병과 갈색무늬병은 완두의 병해이다.

25 땅콩에서 그루타기 현상의 원인이 아닌 것은?

① 뿌리혹선충의 피해가 증가하기 때문에
② 토양 중의 질소가 부족하기 때문에
③ 갈색무늬병이 발생하였기 때문에
④ 점무늬병이 발생하였기 때문에

✎NOTE| 그루타기 현상 … 밭 작물을 이어짓기하는 경우에 작물의 생육이 뚜렷하게 나빠지는 현상으로, 기지현상이라고도 한다. 땅콩의 그루타기현상의 원인은 뿌리혹선충의 피해증가, 갈색무늬병과 점무늬병의 발생, 토양 중의 석회가 부족하기 때문이다.

26 다음 중 열대성 작물은?

① 팥
② 연두
③ 강낭콩
④ 땅콩

✎NOTE| 땅콩은 햇볕이 잘 쬐고 건조하며, 기온이 높은 곳의 모래땅이나 강변의 검은 흙에서 잘 재배되며 최적 온도는 25 ~ 27℃이다.

ANSWER | 24.② 25.② 26.④

PART **06**

서류

고구마

1 역사와 생산 및 용도

① 역사와 재배현황

(1) 역사

① **식물학상 분류** … 메꽃과의 식물로 나팔꽃과 비슷한 점이 많다.

② **원산지** … 멕시코를 중심으로 한 열대 중앙아메리카로 추정된다.

③ **우리나라에서의 역사** … 1763년(영조 39년) 조엄이 일본에서 처음으로 들여왔다.

(2) 재배현황

① **세계의 재배현황**

　㉠ 중국이 총 생산량의 70% 이상을 차지하고 있다.

　㉡ 베트남, 인도네시아, 인도, 필리핀, 우간다, 브라질 등에서 많이 재배되고 있다.

② **우리나라에서의 재배현황** … 전라남도, 경상남도, 제주도 등 남부 해안지대나 섬지대에서 많이 재배되고 있으며 점차 재배면적이 줄어들고 있다.

(3) 재배적 특성

① 개간지나 산성 땅 또는 메마른 땅에 적응하는 힘이 강하다.

② 포복성으로서 바람이 심한 해안지나 섬지대에서도 안전하게 재배될 수 있다.

③ 단위면적당 재배수량이 많다.

② 성분과 용도

(1) 성분

① 탄수화물, 조섬유, 칼슘, 칼륨, 인, 비타민 A의 전구체인 베타카로틴과 비타민 C 등이 들어 있다.

② 소량의 지방, 비타민 B_2 등도 들어 있다.

③ 항산화 작용을 나타내는 폴리페놀 화합물인 클로로겐산과 배변에 도움을 주는 하얀 진인 수지 배당체가 들어 있다.

④ **얄라핀**(Jalapin)

    ㉠ 줄기나 괴근을 절단하면 절단면에서 나오는 젖과 같은 흰 즙액이다.

    ㉡ 변통을 좋게 하는 성분으로 변비에 좋다.

    ㉢ 공기와 접촉하면 흑색으로 변하여 가공상의 결점이 된다.

(2) 용도

① **덩이뿌리**

    ㉠ 그대로 찌거나 구워 먹으며, 절간 고구마를 만들어 밥 지을 때 섞기도 한다.

    ㉡ 엿, 과자, 튀김 등 여러가지 가공식품으로 이용된다.

    ㉢ 주정이나 소주의 원료로 이용된다.

    ㉣ 당면, 포도당, 풀, 의약품, 요리용 등으로 이용된다.

② **잎, 줄기** … 사료로 이용된다.

③ **잎자루** … 채소로 이용된다.

> 🔔TIP | 서류
>   ㉠ 땅 속의 덩이줄기나 덩이뿌리와 같은 영양기관에 녹말이나 당분을 저장하는 능력을 가지고 있는 작물이다.
>   • 주요 서류로는 고구마, 감자, 토란, 카사바, 얌 등이 있다.
>   • 대부분의 서류는 이년생이나 다년생이지만 주로 일년생으로 재배된다.
>   ㉡ 서류는 부피가 크며 수분이 많아서 저장, 운반, 보관 등에 어려운 점이 있다.

2 형태 및 생태적 특성

① 형태적 특성

(1) 뿌리

① **뿌리의 구성** … 가는 뿌리(세근), 굵은 뿌리(경근), 덩이뿌리(괴근)로 이루어져 있다.

② **덩이뿌리**

   ㉠ 머리 부분에 눈이 많으며 여러가지 모양과 빛깔이 있다.

   ㉡ 덩이뿌리는 대부분은 많은 녹말이 저장되어 있다.

   ㉢ 겉껍질과 속껍질에 쌓여 있다.

     • 겉껍질 : 얇고 색소가 있다.

     • 속껍질 : 약간 두껍고 녹말이 있다.

🔑 고구마의 덩이뿌리 🔑

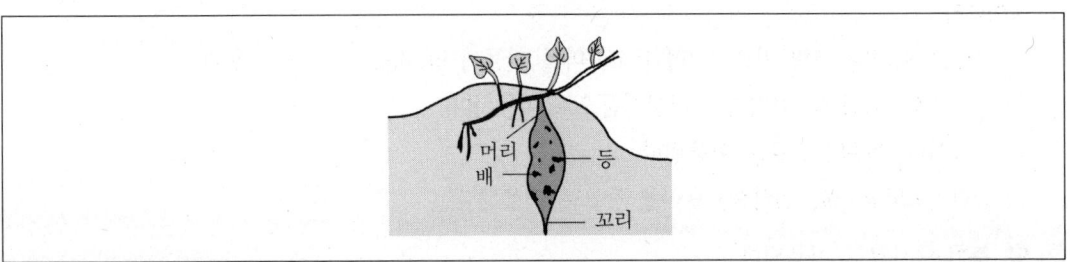

(2) 잎과 줄기

① **잎**

   ㉠ 잎자루 : 길다.

   ㉡ 잎몸 : 심장 모양이나 잎이 깊게 갈라진 결각형까지 여러 모양을 가지고 있다.

② **줄기**

   ㉠ 형태 : 다양한 빛깔을 가지고 있으며 둥글고 길다.

   ㉡ 길이 : 60cm에서 6m까지 다양하다.

(3) 꽃과 열매

① 꽃

㉠ 꽃받침 5장, 꽃뿌리 5쪽, 수술 5개, 암술 1개로 구성되어 있으며 나팔꽃과 비슷하다.

㉡ 고온단일성 식물이므로 우리나라의 일반재배에서는 거의 꽃을 피우지 않는다.

② 열매 ··· 2 ~ 5개의 씨가 들어 있다.

♀ 고구마의 잎, 줄기, 꽃, 열매 ♀

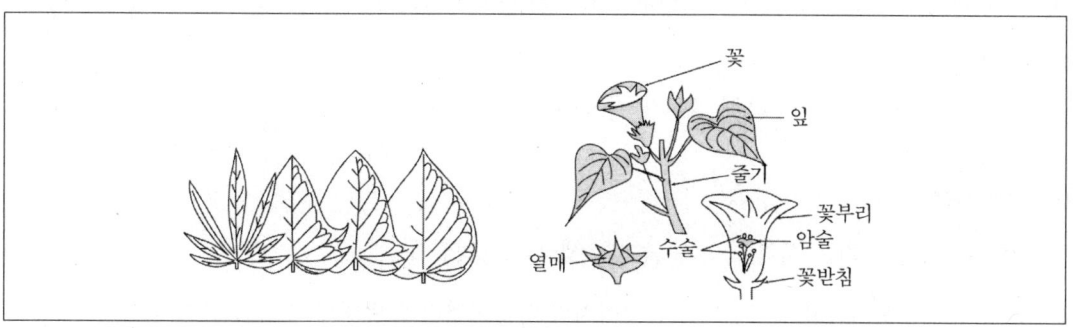

② 생태적 특성

(1) 육묘기와 활착기

① 육묘기

㉠ 모를 키우는 과정으로 씨고구마를 묘상에 묻은 후 싹을 자를 때까지 40 ~ 70일 정도의 기간이다.

㉡ 싹이 나오는 초기 : 씨고구마의 양분만으로 자란다.

㉢ 잎과 줄기가 자라는 시기 : 저장양분과 동화작용으로 생산된 동화물질을 이용하여 자란다.

② 활착기 ··· 10 ~ 15일 정도의 싹을 심은 후 뿌리가 내리기까지의 기간을 말한다.

(2) 생육 초기

① 괴근분화기

㉠ 이식 후 괴근으로 될 뿌리가 분화하는 시기이다.

㉡ 활착이 좋을 경우 25 ~ 30일 정도가 소요된다.

② 괴근형성기

　　㉠ 육안으로 괴근으로 될 뿌리를 구별할 수 있으며 괴근 수(덩이뿌리 수)가 결정되는 시기이다.

　　㉡ 괴근분화 후 10 ~ 15일 정도가 소요된다.

　　㉢ 괴근형성기 후에는 비대생장만 이루어진다.

(3) 생육 중기

① 잎과 줄기가 왕성하게 자라고 덩이뿌리가 굵어지기 시작하는 시기로 생육 초기로부터 40 ~ 50일 정도이다.

② **덩이뿌리 신장기** … 덩이뿌리의 길이가 길어지는 시기이다.

(4) 생육 후기

① 덩이뿌리가 굵어지는 시기로 잎과 줄기의 생장이 느려진다.

② 낮의 길이가 짧아지고, 온도가 점차 낮아지면서 덩이뿌리의 비대에 좋은 조건이 된다.

(5) 덩이뿌리의 비대

① **덩이뿌리의 비대 기간**

　　㉠ 덩이뿌리 비대 초기 : 싹의 이식 후 25일경까지이다.

　　㉡ 덩이뿌리 비대 중기 : 싹의 이식 후 20 ~ 60일까지이다.

　　㉢ 덩이뿌리 비대 후기 : 싹의 이식 후 60 ~ 140일까지이다.

② **덩이뿌리의 분화**

　　㉠ 전분립 축적 : 중심주의 원생목부에 분화된 제1형성층의 활동이 왕성해져서 중심주의 조직이 불어나고 유조직이 목화되지 않을 경우 전분립이 축적된다.

　　㉡ 경근의 형성 : 제1형성층의 활동이 왕성해도 유조직이 속히 목화되면 형성된다.

　　㉢ 세근의 형성 : 제1기 형성층의 활동이 미약하고 유조직의 목화가 빨리 이루어질 경우 형성된다.

③ **덩이뿌리의 비대를 촉진하는 환경조건**

　　㉠ 온도 : 25 ~ 30℃ 정도가 적당하며 변온이 유리하다.

　　㉡ 토양 : 토양 용수량의 70 ~ 75% 정도의 수분이 알맞으며 토양 통기가 양호하여야 한다. 토양의 산도는 pH 4 ~ 8 정도에서 별로 지장이 없다.

　　㉢ 일장 : 단일조건이 좋으며 일조가 많아야 한다.

　　㉣ 비료 : 칼리비료의 효과가 크고 질소의 과다는 불리하다.

④ **전분 함량의 변이에 영향을 주는 요인** … 품종, 재배지의 기상환경, 재배조건 등에 영향을 받는다.

(6) 인위적 개화 유도

① **단일처리** ··· 8 ~ 10시간의 단일처리가 개화 유도에 가장 적합하다.

② **접목** ··· 나팔꽃의 대목에 고구마의 순을 접목하면 개화가 촉진된다.

3 환경, 분류 및 품종

① 환경

(1) 기상조건

① 온도

ㄱ 잎과 줄기가 자라는 데 최적 온도 : 30 ~ 35℃ 정도이다.

ㄴ 뿌리가 내리는 데 최적 온도 : 17 ~ 18℃ 정도이다.

ㄷ 덩이뿌리의 형성 비대 최적 온도 : 20 ~ 30℃ 정도이다.

② **일교차** ··· 덩이뿌리가 굵어지는 데는 일교차가 클수록 좋다.

(2) 토양조건

① 통기가 잘 되면서 수분유지가 잘 되는 모래참흙이나 참흙이 알맞다.

② 메마른 땅이나 산성 땅 등에도 적응성이 크며, 건조에 저항성이 크다.

③ 수분이 너무 많을 때는 생육에 지장이 있다.

④ **토양 산도** ··· pH 4.2 ~ 7.0이 적당하다.

⑤ 덩이뿌리가 굵어지는 시기에는 물빠짐이 좋아야 한다.

② 분류 및 품종

(1) 분류

① **초형** ··· 포복성, 입성이 있다.

② 육질

　　㉠ 생 것 : 경질, 연질로 나뉜다.

　　㉡ 삶은 것 : 분상질(밤고구마), 점질(물고구마), 중간질로 나뉜다.

(2) 품종

① 우수한 품종이 갖추어야 할 조건

　　㉠ 수량이 많고, 품질이 좋으며, 저장력이 강해야 한다.

　　㉡ 너무 크지 않으며, 덩이뿌리에 골이 없는 것이 좋다.

　　㉢ 껍질이 붉고 속살은 누르며, 살이 분질이고, 단맛이 강한 것이 좋다.

> ♠TIP | 공업원료용과 사료용
> 　㉠ 공업 원료용 : 녹말 함량이 많아야 한다.
> 　㉡ 사료용 : 덩이뿌리와 덩굴의 수량이 모두 많아야 하며, 비타민 A나 단백질의 함량이 많아야
> 　　한다.

② 예전 품종 … 충승 100호, 수원 147호 등이 재배되었다.

③ 최근 품종 … 신율미, 풍미, 율미, 원미, 생미, 진미, 선미, 은미, 홍미 등의 품종이 육종되어 재배된다.

4　재배과정

①　육묘

(1) 묘의 종류

① 표준묘(우량묘)

　　㉠ 30cm 정도의 길이로 가지가 없고, 마디 사이가 짧고 굵다.

　　㉡ 잎은 크고 싱싱하며 두껍고 윤택이 있다.

　　㉢ 마디마다 액아가 발생할 징조가 보인다.

② 기타 … 소묘, 특대묘, 분단묘, 복아묘 등이 있다.

(2) 묘상의 종류

① 냉상 … 비닐 하우스를 이용하거나 태양열만 이용하는 방식으로 늦게 옮겨 심을 경우나 남부지방에서 싹을 기를 때 이용한다.

② **양열 온상** … 열을 낼 수 있는 재료를 넣는 방식으로 볏짚, 생두엄, 건초 등으로 열을 낸다.

③ **전열 온상** … 전기를 이용하는 방식으로 온도조절과 설치가 쉬워 편리하나 설치비용이 많이 든다.

(3) 묘상

① **위치**

   ㉠ 관리가 편리한 곳을 선택한다.

   ㉡ 북서풍이 막히고 양지 바른 곳이 좋다.

   ㉢ 물빠짐이 좋아야 한다.

② **면적**(온상의 경우) … 본밭 10a당 $7 \sim 10m^2$(2~3평) 정도가 필요하다.

(4) 상토(모판흙) 넣기

① **모판흙 만들기**

   ㉠ 수분과 양분이 충분하고 병원균이 없어야 한다.

   ㉡ 볏짚, 낙엽, 건초 등과 산흙이나 논흙, 석회 등을 잘 섞어 수분을 맞추고, 잘 썩혀서 쓴다.

② **모판흙의 양** … $1m^2$당 $0.12 \sim 0.15m^3$ 정도가 필요하다.

③ **모판흙의 깊이** … 너무 깊으면 온도가 잘 안 올라가고, 너무 얕으면 마르기 쉽기 때문에 $12 \sim 15cm$ 정도가 알맞다.

(5) 씨고구마 묻기

① **씨고구마**

   ㉠ 특징 : 병과 상처가 없고, 250g 정도의 크기인 것으로 한다.

   ㉡ 씨고구마의 양 : 10ha당 $75 \sim 100kg$이 적당하다.

② **씨고구마 묻기**

   ㉠ 머리와 꼬리의 방향을 일정하게 해서 $4 \sim 5cm$ 간격으로 모판흙에 묻는다.

   ㉡ 씨고구마가 보이지 않도록 모판흙을 덮고 물을 충분히 준 후 덮개를 덮어 보온한다.

③ **싹을 키우는 기간**

   ㉠ 냉상 : $50 \sim 60$일 정도가 걸린다.

   ㉡ 양열 온상 : $40 \sim 50$일 정도가 걸린다.

   ㉢ 전열 온상 : $30 \sim 40$일 정도가 걸린다.

(6) 묘상관리

① 온도

  ㉠ 싹이 트기 전 : 30 ~ 32℃로 유지한다.

  ㉡ 싹이 튼 후 : 25℃ 정도로 유지한다.

② 싹이 튼 후에는 물을 충분히 주어 모판이 마르지 않도록 한다.

③ 싹이 5 ~ 10cm 자라고 따뜻해지면 싹이 튼튼하게 자라도록 비닐이나 덮개를 열어준다.

④ 싹을 자르기 10 ~ 15일 전쯤에는 밤에도 완전히 덮개를 열어 놓는다.

② 재식

(1) 싹 자르기

① 길이가 25 ~ 30cm로 굵고 싱싱한 것이 좋은 싹이다.

② 자른 싹은 곧 심는 것이 좋으므로, 심기 전날이나 심는 날 자른다.

③ 싹을 자를 때는 밑의 2 ~ 3 마디를 남기고 자른다.

(2) 밭 마르기

① **밭 마르기 과정** … 밭을 깊이 갈고 고른 뒤에 거름을 뿌리고, 그 위에 이랑을 높이 만들어 싹을 심는다.

② **밭 마르기 방법**

  ㉠ 일찍 심을 때 : 90cm 이랑너비에 포기 사이를 25 ~ 35cm로 한다.

  ㉡ 늦게 심을 때 : 70 ~ 80cm 이랑너비에 포기 사이를 18 ~ 25cm로 한다.

(3) 싹 심기

① **싹 심는 시기** … 5월 상·중순에서 6월 중·하순 사이에 땅의 온도가 15℃ 이상 되는 날 심는다.

② **싹 심는 과정**

  ㉠ 이랑의 중앙에 구덩이를 파고 물을 충분히 준다.

  ㉡ 물이 잦아든 다음에 잎과 순이 모두 땅 위로 나오도록 심는다.

③ 싹 심는 방법

  ㉠ 종류 : 곧심기, 빗심기, 구부려심기, 휘어심기, 수평심기, 개량수평심기 등의 방법이 있다.

   • 수평심기 : 덩이뿌리가 얕게 묻힌 마디에서 잘 형성되는 특성을 살려서 묘를 3 ~ 4cm의 깊이로 수평으로 심는다.

   • 개량수평심기 : 수평심기의 단점을 보완해서 묘의 밑부분만 깊게 눌러 심는다.

   • 휘어심기 : 묘의 가운데 부분을 깊게 심으므로 활착이 좋으나 고구마가 형성되는 마디 수가 적다.

   • 빗심기, 구부려심기, 곧심기 : 작은 묘를 심을 때나 토양이 건조할 때 묘의 밑부분이 깊게 묻히는 방법이다.

  ㉡ 건조하거나 싹이 작을 때 : 곧심기나 빗심기로 심는다.

  ㉢ 건조하지 않고 싹이 클 때 : 수평심기로 심는다.

♀ 고구마의 싹 심는 방법 ♀

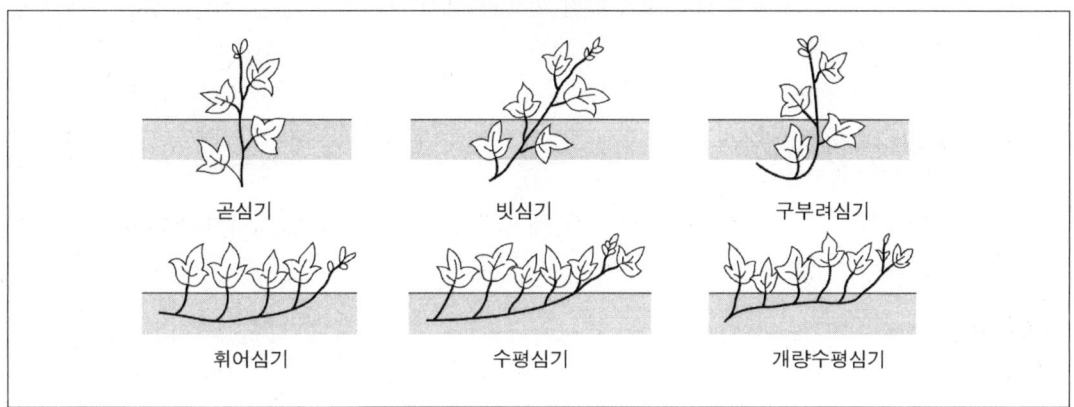

곧심기　　　　　　　빗심기　　　　　　　구부려심기

휘어심기　　　　　　　수평심기　　　　　　　개량수평심기

(4) 시비

① **시비방법과 기능**

  ㉠ 고구마의 흡수량 : 칼륨, 질소, 인산이 대략 4 : 3 : 1의 비율이다.

  ㉡ 질소과다시 덩굴만 무성하기 쉽다.

  ㉢ 칼륨은 고구마의 탄소 동화작용을 활발하게 하고, 지상부의 양분이 지하부로 이동하는 것을 촉진하여 덩이뿌리가 굵어지는 것을 도와준다.

② **시비량**(10a당)

  ㉠ 두엄 : 1,000kg 이상

  ㉡ 질소 : 4 ~ 10kg

  ㉢ 인산 : 5 ~ 11kg

  ㉣ 칼륨 : 11 ~ 24kg

(5) 관리

① **김매기** ⋯ 김매기는 2회를 하는데 심은 후 15 ~ 20일쯤 한 후 20 ~ 30일쯤 후에 한번 더 한다.

② **제초** ⋯ 싹을 심은 후 10a당 알라유제(라소)나 입제 또는 리누론(아파론) 수화제를 고루 뿌려준다.

③ 병충해방제

(1) **병해**

① **검은무늬병**

   ㉠ 특징

- 주로 저장 중에 발생하는 병으로 병에 걸린 씨고구마에서 자란 싹은 밑동 부분에 검은 무늬가 생기고 시들어 죽는다.
- 병에 걸린 덩이뿌리는 둥글고 검은 무늬가 생기고 살 속 깊은 곳까지 흑색으로 변한다.
- 이포메아마론(Ipomeamaron) : 병에 걸린 덩이뿌리에 들어 있는 독소로, 쓴맛이 나고 사람이나 가축이 먹으면 중독된다.

   ㉡ 방제 : 병이 없는 씨고구마를 골라 소독을 해서 싹을 기르고, 돌려짓기하며, 모판흙과 저장고를 소독한다.

② **무름병**

   ㉠ 특징

- 저장 중에 덩이뿌리가 물렁물렁하게 썩어 가면서 흰 곰팡이가 생기고, 검은 곰팡이로 변하면서, 알코올 냄새가 난다.
- 상처 난 고구마를 냉습저장하거나, 온도 23 ~ 25℃, 습도 75 ~ 84%의 조건에서 잘 발생한다.

   ㉢ 방제 : 수확 후에는 큐어링을 해주고, 저장소를 소독하고 저장온도와 습도를 잘 맞추어 저장한다.

③ **덩굴쪼갬병**

   ㉠ 특징

- 덩굴 밑 부분이 갈라지며 분홍색 곰팡이가 생긴다.
- 덩이뿌리는 검은 병반이 내부에까지 미치고, 잎이 누렇게 변하여 떨어진다.

   ㉡ 방제 : 돌려짓기를 하고 씨고구마를 소독한다.

④ **기타** ⋯ 뿌리썩음병, 검은별무늬병, 검은점박이병, 자주빛날개무늬병 등이 있다.

(2) 충해

① **선충**

　⊙ 특징 : 뿌리 속에 침입하여 덩이뿌리의 자람을 억제한다.

　⊙ 방제 : 살충제를 뿌려주며, 연작을 피한다.

② **기타** … 고구마뿔나방, 고구마검은나방, 굼벵이 등의 피해가 있다.

5　수확 및 저장

①　수확

(1) 수확시기

① 영양 번식 작물이므로 늦게 수확하는 것이 품질도 좋고 수량도 많다.

② 7월 하순부터 10월 중순까지 수시로 수확할 수 있다.

(2) 수확방법

덩이뿌리의 머리를 바짝 자르지 않고, 상처가 나지 않도록 수확한다.

②　저장

(1) 저장조건

① **저장할 고구마의 할 조건**

　⊙ 저장력이 강한 품종이어야 한다.

　⊙ 냉해를 입지 않고 상처가 없어야 한다.

　⊙ 병충해의 피해를 입지 않고, 너무 어리지 않은 것이 좋다.

② **예비저장**

　⊙ 개념 : 저장 전에 직사광선을 받지 않고 기온이 차지 않으며, 통기가 잘 되는 건조한 곳에 퍼
　　널어서 며칠 동안 방열시키는 것이다.

ⓛ 예비저장의 필요성 : 수확 직후의 고구마를 그대로 쌓아 저장하면 수분과 호흡열의 발산이 심해 서 썩기 쉽다.

ⓒ 큐어링 처리
- 저장할 고구마를 온도 30 ~ 33℃, 상대습도 90% 이상의 조건에서 4 ~ 5일 보관했다가 방열시키는 것이다.
- 효과
  - 병균의 침입을 막아 주어 검은무늬병이나 무름병에 대한 저항력이 높아진다.
  - 부패방지의 효과가 있다.
  - 당분 함량이 증가하여 냉온에 강해진다.

③ 저장조건
- ⊙ 온도는 12 ~ 15℃이고, 습도가 85 ~ 90%가 되도록 한다.
- ⓛ 9℃ 이하가 되면 냉해를 입기 쉽고, 18℃ 이상이 되면 싹이 나기 쉽다.
- ⓒ 저장고는 훈증소독을 하며, 쥐의 피해가 없고, 침수가 되지 않도록 한다.

(2) 저장방법

① 굴저장
- ⊙ 가장 많이 사용되고 있는 저장법으로 양지 바르고 비스듬한 언덕의 남쪽에 8 ~ 10m 이상의 굴을 파고, 다시 여러 개의 갈래굴을 파서 저장하는 것이다.
- ⓛ 겨울 동안에 알맞은 온도와 습도를 유지할 수 있다.

② 움저장
- ⊙ 남부의 따뜻한 지방에서 이용하는 저장방법이다.
- ⓛ 집 안에 움을 파고 저장하는 방법 : 바닥과 둘레에 짚을 두툼하게 대서 보온을 하고, 고구마 위에도 가마니와 왕겨 등을 덮어서 보온한다.
- ⓒ 집 밖에 움을 파고 저장하는 방법 : 2중으로 움을 파고 움 속에 고구마를 저장한 다음, 짚이나 낙엽 등을 덮어서 보온한다.

③ 가열저장 … 전기를 이용할 수 있는 경우로 저장 중의 저장고의 온도와 습도를 조절할 수 있으며, 큐어링 처리도 할 수 있고, 저장환경도 조절이 된다.

6 특수재배

① 비닐 멀칭 조기재배

(1) 재배목적 및 재배지역

① **재배목적** … 식용 고구마를 조기 출하하거나 채소용으로 엽병을 생산하기 위한 재배이다.

② **재배지역** … 남부지방에서 많이 실시되고 있다.

(2) 재배과정

① 두둑의 너비를 60 ~ 75cm로 하여 보통재배보다 싹을 많이 심는다.

② 비닐을 피복하거나 터널을 설치한다.

> ♣TIP | 비닐 피복의 효과 … 보온효과가 크고, 수분증발이 적어 토양수분의 유지에도 유리하며, 비료의 유실도 적게 된다.

② 직파재배

(1) 재배의 특징

① **개념** … 씨고구마를 감자의 경우와 같이 직접 밭에 심는 방법이다.

② **장점**

　㉠ 싹을 기르는 노력이 필요없고, 기계화 재배가 용이하다.

　㉡ 덩굴의 수량이 많고, 초기 생육이 왕성하다.

　㉢ 심을 때 비가 없거나 토양이 건조해도 파종할 수 있다.

③ **단점** … 씨고구마가 많이 소요되고, 덩이뿌리의 품질이 떨어진다.

④ **이용** … 사료용이나 공업용 재배에 알맞다.

(2) 직파용 품종

① 비교적 저온에서도 싹이 잘 나는 것이 좋다.

② 씨고구마용으로 알맞은 작은 고구마가 포기당 2 ~ 4개 정도 달리는 것이 좋다.

③ 씨고구마로 심은 고구마 자체의 비대가 적은 것이 좋다.

④ 씨고구마에서 발생한 뿌리가 비대하는 것이 적은 것이 좋다.

❡ 직파한 고구마의 덩이뿌리 ❡

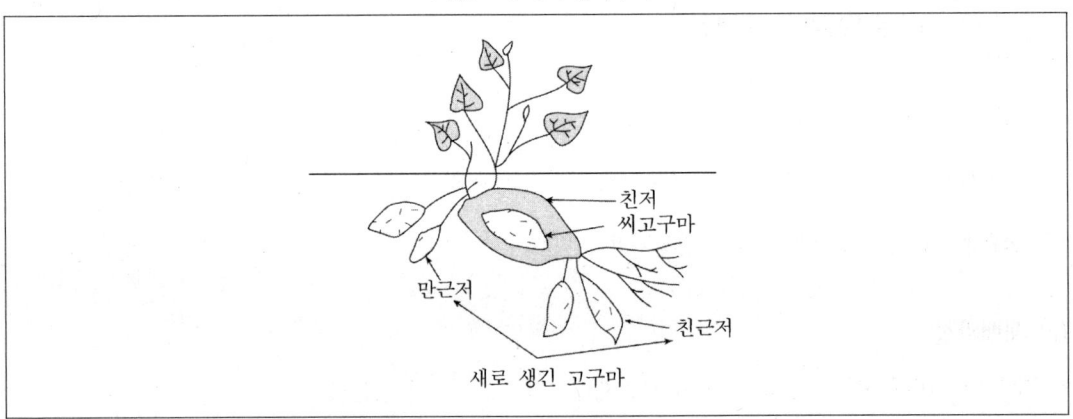

01 출제예상문제

1 다음 중 고구마 괴근의 저장환경(온도, 저장습도)으로 적합한 것은?

① 12℃, 60%　　　　　　　　　　② 13℃, 90%

③ 15℃, 60%　　　　　　　　　　④ 17℃, 90%

　　✎NOTE| 고구마 괴근의 저장환경은 온도 12~15℃, 습도 85~90%가 되어야 한다.

2 다음 작물 중 단위면적당 생산량이 가장 많은 것은?

① 감자　　　　　　　　　　　　② 고구마

③ 녹두　　　　　　　　　　　　④ 메밀

　　✎NOTE| 고구마…개간지 및 산성, 건조한 땅에 적응력이 강하며, 해안지대나 섬지대에서도 재배가 가능하고 단위면적당 수량이 많다.

3 다음 중 고구마의 특성으로서 잘못된 것은?

① 단위 면적당 수확량이 어느 작물보다 높다.

② 덩이뿌리의 이용범위가 넓다.

③ 가축의 사료용으로도 사용된다.

④ 주산지는 강원도와 경북이다.

　　✎NOTE| ④ 고구마는 전라남도, 경상남도, 제주도 등 남부지방의 해안지대 및 섬지대에서 많이 재배된다.

ANSWER | 1.② 2.② 3.④

4 고구마의 병해 중 이포메아마론이란 독소가 들어 있어 사람이 먹으면 중독이 되는 병은?

① 검은무늬병　　　　　　　　　　② 검은점박이병
③ 무름병　　　　　　　　　　　　④ 덩굴쪼김병

✎NOTE| **검은무늬병** … 고구마에서 주로 저장 중에 발생하는 병으로 병에 걸린 덩이뿌리에는 이포메아
마론이란 독소가 있어 이것은 쓴맛이 나고 사람이나 가축이 먹으면 중독이 된다.

5 덩이뿌리에 이포메아마론이란 독소가 있어 먹으면 중독되는 병은?

① 덩굴쪼김병　　　　　　　　　　② 검은무늬병
③ 무름병　　　　　　　　　　　　④ 검은점박이병

✎NOTE| **검은무늬병** … 덩이뿌리에 둥글고 검은 무늬가 생기고 살 속 깊이까지 흑색으로 변하게 되는
병으로 이 병에 걸린 덩이뿌리에는 이포메아마론이란 독소가 있어 쓴맛이 나고 사람이나 가축
이 먹으면 중독이 된다.

6 다음 중 저장온도가 높은 작물은?

① 감자　　　　　　　　　　　　　② 벼
③ 고구마　　　　　　　　　　　　④ 콩

✎NOTE| 고구마의 저장환경은 12 ~ 15℃의 온도가 알맞아 9℃ 이하에서는 냉해를 입고, 18℃ 이상에서는
싹이 튼다. 대체적으로 감자의 경우 저장온도는 1 ~ 4℃, 벼는 15℃ 이하, 콩은 5℃ 이하이다.

7 고구마를 큐어링하는 요령으로 알맞은 것은?

① 온도 24 ~ 25℃, 습도 70 ~ 75%, 2일간　　② 온도 33 ~ 39℃, 습도 70 ~ 75%, 5일간
③ 온도 27 ~ 30℃, 습도 85 ~ 90%, 3일간　　④ 온도 30 ~ 33℃, 습도 90 ~ 95%, 4일산

✎NOTE| **큐어링의 조건**
　　ⓐ 온도 : 30 ~ 33℃,
　　ⓑ 상대습도 : 90% 이상
　　ⓒ 기간 : 4 ~ 5일

ANSWER | 4.① 5.② 6.③ 7.④

8 고구마의 큐어링 중 옳지 않은 것은?

① 큐어링을 하면 캘러스가 형성된다.   ② 검은무늬병의 병반 치유

③ 38도를 넘지 않아야 한다.   ④ 당분 함량이 높아진다.

> **NOTE** ② 큐어링을 통해 병균의 침입을 억제하여 병을 예방하는 차원이지, 검은무늬병에 의한 병반을 치유하는 차원이 아니다.
>
> ※ 큐어링
>
>   ㉠ 개념 : 수확한 고구마를 온도 30 ~ 33℃, 습도 90 ~ 95%인 환경에서 4 ~ 5일 보관했다가 방열시켜 저장하는 방법이다.
>
>   ㉡ 효과
>   - 부패를 방지한다.
>   - 당분 함량이 증가한다.
>   - 냉온에 대한 저항성이 강화된다.
>   - 검은무늬병, 무름병에 대한 저항력를 증대시킨다.
>   - 상처난 부분에 부합조직(캘러스)이 형성되어 병균의 침입을 방지한다.

9 고구마가 일반적으로 가장 많이 흡수하는 비료의 성분은?

① 질소   ② 인산

③ 칼륨   ④ 석회

⑤ 규산

> **NOTE** 질소 : 인산 : 칼륨은 3 : 1 : 4의 비율로 흡수된다. 즉, 칼륨의 요구량이 가장 많고 사용효과도 현저하다.

10 고구마의 줄기나 뿌리를 절단하면 나오는 젖과 같은 흰 즙액의 성분은?

① 솔라닌   ② 루틴

③ 얄라핀   ④ 카페인

> **NOTE** 얄라핀 … 고구마의 줄기나 덩이뿌리를 절단하였을 때 절단면에서 나오는 젖과 같은 흰 즙액으로 공기와 접촉하면 흑색으로 변한다. 변통을 좋게 하는 성분으로 변비에 좋다.

11 고구마 덩이뿌리의 형성 및 비대에 알맞은 조건은?

① 덩이뿌리의 형성은 10 ~ 15℃, 덩이뿌리의 비대는 15 ~ 20℃에서 조장된다.
② 토양 수분은 약간 부족해야 한다.
③ 일조가 부족해도 상관없다.
④ 칼리가 풍부하고 질소가 과다하지 않아야 한다.

> ✎NOTE | 덩이뿌리의 비대에 알맞은 환경조건
> ㉠ 변온이 유리하다.
> ㉡ 덩이뿌리의 형성은 22 ~ 24℃, 덩이뿌리의 비대는 20 ~ 30℃가 알맞다.
> ㉢ 칼리비료의 효과가 크고 질소 과다는 불리하다.
> ㉣ 토양수분은 토양 용수량의 70 ~ 75%가 알맞다.
> ㉤ 일장은 단일조건이 유리하며 일조는 많아야 한다.

12 고구마 괴근의 분화형성에 관한 설명으로 옳은 것은?

① 제1기 형성층의 발달 정도가 작고 중심주 세포의 목화 정도가 작다.
② 제1기 형성층의 발달 정도가 작고 중심주 세포의 목화 정도가 크다.
③ 제1기 형성층의 발달 정도가 크고 중심주 세포의 목화 정도가 크다.
④ 제1기 형성층의 발달 정도가 크고 중심주 세포의 목화 정도가 작다.

> ✎NOTE | 유근에서 괴근으로의 분화 … 중심주의 원생목부에 분화된 제1형성층의 활동이 왕성해져 중심주의 조직이 불어나고 유조직이 목화되지 않으면 이 조직에 전분립이 축적되어 형성된다.

13 다음 중 고구마의 덩이뿌리 비대는 어떤 조건에서 알맞은가?

① 고온단일　　　　　　　② 저온장일
③ 고온장일　　　　　　　④ 저온단일

> ✎NOTE | 고구마의 덩이뿌리의 비대를 촉진하는 온도는 25 ~ 30℃, 일장은 단일조건이 좋다.

ANSWER | 11.④　12.④　13.①

14 고구마는 식물학상 어디에 속하는가?

① 메꽃과
② 나팔꽃과
③ 가지과
④ 화본과

15 다음 중 고구마의 덩이뿌리의 비대 환경조건이 아닌 것은?

① 온도는 25 ~ 30℃이다.
② 토양 통기가 양호해야 한다.
③ 일장은 단일조건이어야 한다.
④ 질소비료의 효과가 크다.

16 고구마에 분홍색 곰팡이가 생기고 잎이 누렇게 변하는 병은?

① 덩굴쪼갬병
② 검은무늬병
③ 무름병
④ 겹둥근무늬병

17 우리나라의 고구마 전래는 어느 나라에서 전파되었는가?

① 멕시코
② 청나라
③ 대만
④ 일본

    NOTE| 고구마는 1763년(영조 39년)에 통신사로 일본에 갔던 조엄이 쓰시마 섬(대마도)에서 부산진에 처음으로 씨고구마를 보내며 전파되었다.

18 고구마의 싹 기르기에 소요되는 온상면적은 10a당 어느 정도인가?

① $2 \sim 5m^2$
② $7 \sim 10m^2$
③ $12 \sim 15m^2$
④ $23 \sim 35m^2$

    NOTE| 고구마의 싹 기르기 … 온상면적은 10a당 $7 \sim 10m^2$, 즉 $2 \sim 3$평을 요한다.

19 다음 중 고구마의 덩이뿌리 수가 결정되는 시기는?

① 육묘기
② 생육 초기
③ 생육 중기
④ 생육 후기

    NOTE| 생육 초기 … 덩이뿌리로 될 뿌리를 육안으로 구별할 수 있으며 덩이뿌리의 수가 결정되는 시기이다.

20 비료 중에서 고구마의 괴근의 제1기 형성층의 활동을 조장하고 비대가 촉진되는 데 효과가 큰 것은?

① 질소
② 인산
③ 칼륨
④ 석회

    NOTE| 칼륨의 효과
        ⊙ 광합성 능력과 동화물질의 지하부로의 전류가 조장된다.
        ⓛ 괴근의 제1기 형성층의 활동을 조장하고 중심주 세포가 목화되는 것을 억제하여 괴근의 형성과 비대가 촉진되어 증수된다.

ANSWER | 17.④ 18.② 19.② 20.③

21 고구마의 재배시 육묘 중 우량묘인 것은?

① 표준묘　　　　　　　　　　　② 특대묘

③ 분단묘　　　　　　　　　　　④ 복아묘

　✎NOTE │ 표준묘
　　　　⊙ 30cm 정도의 길이로 가지가 없고 마디 사이가 짧고 굵다.
　　　　ⓛ 잎은 크고 싱싱하며 두껍고 윤택이 있으며 마디마다 액아가 발생할 징조가 보이는 묘로서,
　　　　　 우량묘이다.

22 다음 중 서류에 포함되지 않는 작물은?

① 고구마　　　　　　　　　　　② 감자

③ 동부　　　　　　　　　　　　④ 토란

　✎NOTE │ 서류 … 땅 속의 덩이줄기나 덩이뿌리와 같은 영양기관에 녹말이나 당분을 저장하는 능력을 가
　　　　 지는 작물로 고구마, 감자, 토란, 카사바, 얌 등이 있다.
　　　　③ 두류에 포함되는 작물이다.

23 다음 중 고구마의 저장 중에 주로 발생하는 병은?

① 덩굴쪼갬병　　　　　　　　　② 검은무늬병

③ 뿌리썩음병　　　　　　　　　④ 검은점박이병

　✎NOTE │ 고구마의 저장 중에 발생하는 일이 많은 병은 검은무늬병과 무름병이 있다.

24 다음 중 고구마의 품종이 아닌 것은?

① 율미　　　　　　　　　　　　② 풍미

③ 수미　　　　　　　　　　　　④ 원미

　✎NOTE │ 고구마의 품종 … 율미, 풍미, 생미, 원미, 선미, 진미, 은미, 흥미 등이 있다.
　　　　③ 감자의 품종이다.

ANSWER │ 21.① 22.③ 23.② 24.③

CHAPTER

02

감자

1 역사와 재배현황 및 용도

① 역사와 재배현황

(1) 역사

① **식물학상 분류** ··· 가지과의 식물로 토마토와 비슷한 점이 많다.

② **원산지** ··· 남아메리카의 칠레 부근에서 1,000년 전부터 재배되었다고 추정된다.

③ **우리나라에서의 역사** ··· 1824년(순조 24년)에 간도지방에서 도입되었다.

(2) 재배현황

① **세계적 재배현황** ··· 중국 및 인도를 비롯한 아시아와 러시아를 포함하는 유럽에서 많이 재배되고 있다.

② **우리나라의 재배현황** ··· 봄감자는 전국적으로 재배되고 있으며 가을감자는 남부지방에서 주로 재배된다.

(3) 재배적 특성

① 저온 작물이므로 서늘한 북부지방에 알맞으며, 이 지방에서 재배해야 수량도 많고 품질도 우수하다.

② 온대지방에서는 봄감자뿐만 아니라 가을감자도 재배가 가능하다.

③ 저온기에 파종하여 짧은 생육기간을 지낸 후 수확하므로 일정기간에 생산되는 단위면적당 건물 생산량이 높다.

④ 생산 칼로리가 높은 작물에 속하며 이용범위가 넓다.

② 성분과 용도

(1) 성분

① 주성분은 전분(녹말)이며 철분, 칼륨, 마그네슘 같은 중요한 무기질과 비타민 C, 비타민 B등을 다량 함유하고 있다.

② 일반적인 식물성 단백질과 달리 필수아미노산인 라이신을 다량 함유하고 있다.

(2) 용도

① **식용** … 잡곡에 섞어 밥을 지어 먹거나 간식, 보식, 부식 등으로 이용한다.

② **가공식품** … 엿, 포테이토칩 등을 만드는 데 이용한다.

③ **공업용** … 전분, 주정, 당면, 공업 원료 등에 이용한다.

④ **사료용** … 전분을 만들고 남은 찌꺼기를 사료로 이용한다.

2 ▶ 형태 및 생태적 특성

① 형태적 특성

(1) 뿌리

① 씨가 싹이 틀 때는 1개의 곧은 뿌리가 나오고 많은 곁뿌리와 실뿌리가 나온다.

② 씨감자를 심으면 싹이 트면서 줄기에서 많은 실뿌리가 나와 비교적 얕게 퍼진다.

🔑 감자의 뿌리와 덩이줄기 🔑

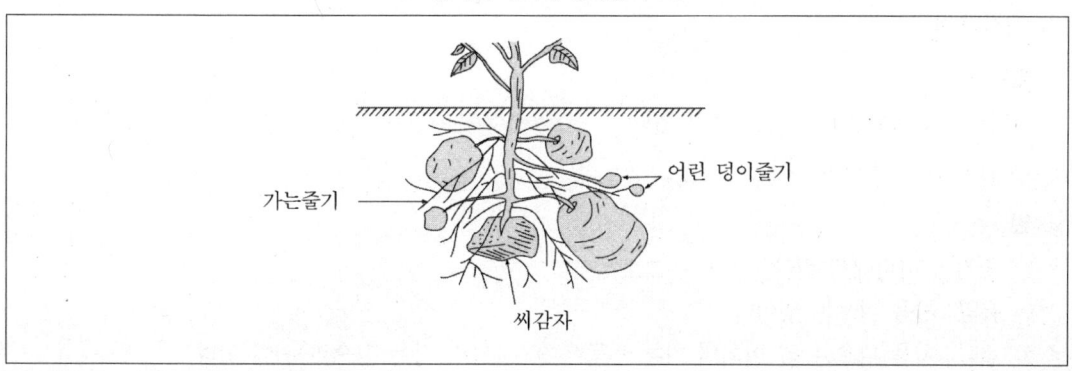

(2) 기는줄기(복지)와 덩이줄기

① 기는줄기(복지)

㉠ 씨감자에서 싹이 트고, 줄기가 자라면서 땅 속 마디에서 나온다.

㉡ 기는줄기의 끝이 굵어지면 덩이줄기가 된다.

② 덩이줄기

㉠ 기는줄기에 달려 있던 부분이 밑부분, 그 반대쪽이 끝부분인데, 끝부분에 눈이 많이 있다.

㉡ 껍질색 : 흰색, 누른색, 자주색 등을 띤다.

㉢ 속색 : 흰색, 누른색이 있다.

㉣ 단면구조

• 구성 : 겉껍질, 속껍질, 관다발 둘레, 바깥속, 안속 등으로 구분된다.

• 바깥속 : 녹말이 많다.

• 안속 : 별 모양으로 물기가 많고 녹말이 적다.

③ 솔라닌

㉠ 감자에 아린 맛이 생기게 하는 성분이다.

㉡ 줄기와 잎에 많아서 사료로 쓰지 못한다(많이 먹으면 중독).

㉢ 미숙한 덩이줄기나 볕에 쬐어 푸르게 변색하면 함량이 다량 증대한다.

㉣ 감자는 일반적으로 0.005 ~ 0.1%의 솔라닌을 함유하고 있는데, 이 정도의 양은 인체에 해가 없다.

♠ 감자 덩이줄기의 단면 ♠

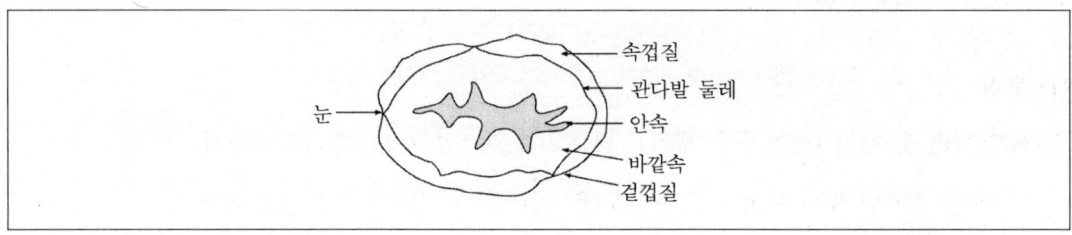

(3) 줄기와 잎

① 줄기

㉠ 형태 : 녹색으로 둥글지만 모가 있다.

㉡ 길이 : 40 ~ 100cm 정도 된다.

② 잎

㉠ 줄기의 마디에 달린다.

㉡ 홑잎 : 처음 나오는 잎이다.

㉢ 겹잎 : 처음 나오는 잎 이외의 다른 잎들은 3 ~ 4쌍의 작은 잎으로 되어 있다.

(4) 꽃과 열매

① **꽃**

　　㉠ 줄기 끝에 있는 2 ~ 4본으로 갈라진 꽃자루에 꽃송이가 달린다.

　　㉡ 5개씩의 꽃받침, 꽃잎, 수술과 1개의 암술로 구성되며 가지꽃과류와 비슷하다.

② **열매** … 토마토와 비슷하나 작고, 성숙하면 담황색이 되며, 그 안에는 200 ~ 300개의 씨가 들어 있다.

② 생태적 특성

(1) 생육과정

① **출아기**(맹아기)

　　㉠ 씨감자를 심고 싹이 나올 때까지의 기간으로 씨감자의 저장양분으로 생장한다.

　　㉡ 보통 30 ~ 40일 정도 걸린다.

② **개엽기**

　　㉠ 싹이 나온 후 5 ~ 6배의 잎이 나오고 꽃봉오리가 형성될 때까지의 기간이다.

　　㉡ 아직은 씨감자의 저장양분에 상당히 의존한다.

③ **덩이줄기 형성기**

　　㉠ 싹이 나오면서 기는줄기가 발생하기 시작하는 기간이다.

　　㉡ 개엽기를 지나 꽃봉오리가 형성되고 꽃이 피기 시작할 때까지의 10 ~ 15일 정도 소요된다.

　　㉢ 덩이줄기의 수가 결정된다.

④ **덩이줄기 비대기** … 덩이줄기 형성기로부터 잎과 줄기가 누렇게 변하는 때까지의 25 ~ 30일 정도의 기간이다.

⑤ **덩이줄기 완성기**

　　㉠ 덩이줄기 비대기 이후 7 ~ 15일 동안 덩이줄기가 비대를 멈추고 휴면상태로 들어가는 기간이다.

　　㉡ 덩이줄기가 완성되는 시기까지의 기간은 90 ~ 130일 정도 소요된다.

(2) 덩이줄기의 형성과 비대

① **덩이줄기의 형성조건**

　　㉠ 저온 : 10 ~ 14℃ 정도에 촉진되며 18 ~ 20℃ 이하에서만 형성이 가능하다.

　　㉡ 단일조건 : 8 ~ 9시간 정도의 단일조건에서 촉진된다.

② 덩이줄기의 형성과 생장조절 물질(GA)

　　㉠ GA 함량이 감소되면 인히비터의 축적을 조장하여 덩이줄기가 형성된다.

　　㉡ 저온·단일조건에서 GA 함량이 감소된다.

③ 덩이줄기의 비대

　　㉠ 저온과 단일조건에서 촉진된다.

　　㉡ 인산 및 칼륨이 풍부해야 한다.

　　㉢ GA는 덩이줄기의 비대를 저해한다.

(3) 덩이줄기의 휴면

① **휴면** ··· 감자의 덩이줄기를 싹이 트기에 알맞은 조건에 두어도 눈이 자라지 않는 것이다.

② **휴면기간** ··· 2 ~ 4개월이 일반적이다.

③ **휴면 정도의 조절**

　　㉠ 휴면기간의 연장

　　　• 수확하기 2주일 전에 생장 억제제인 MH제(말레이 액제)를 처리한다.

　　　• 수확 후에 CIPC를 처리한다.

　　　• 1 ~ 4℃의 저온에 저장한다.

　　㉡ 휴면기간의 축소

　　　• 지베렐린이나 에스렐을 처리한다.

　　　• 10℃ ~ 30℃의 고온처리를 한다.

3 　환경, 분류 및 품종

①　**환경조건**

(1) 기상조건

① **생육 적정온도** ··· 15 ~ 23℃가 알맞다.

② **일조량과 수분** ··· 비교적 일조량이 많고, 토양수분이 충분해야 좋다.

(2) 토양조건

① **적정토양** ··· 갈이흙이 깊고 기름지며, 부식이 풍부하고 물빠짐이 좋은 기름진 모래참흙이 알맞다.

② **알맞은 토양 산도**

    ㉠ pH 6.0 ~ 6.5가 알맞다.

    ㉡ 산성 토양에 대한 적응성이 높다.

② 분류 및 품종

(1) 분류

① **숙기** ··· 조숙종과 만숙종이 있다.

② **재배시기와 휴면성**

    ㉠ 봄감자 : 휴면기간이 긴 것이 알맞다.

    ㉡ 가을감자 : 휴면기간이 짧은 것이 알맞다.

③ **육질** ··· 분질과 점질이 있다.

(2) 품종

① **좋은 품종의 조건**

    ㉠ 특징 : 생육이 왕성하고 병에 강하며, 수량이 많고 저장성이 강해야 한다.

    ㉡ 봄재배시 : 예비 저장기간이 길기 때문에 휴면기간이 긴 것이 좋다.

    ㉢ 가을재배시 : 수확한 감자를 곧바로 심어야 하기 때문에 휴면기간이 짧은 것이 좋다.

② **장려품종**

    ㉠ 전국적 장려품종 : 남작

    ㉡ 남부지방의 2기작용 : 대지

    ㉢ 조기재배 및 우리나라 교배 육성종 : 조풍

    ㉣ 남부지방의 조기재배 및 프렌치 프라이용 : 세풍(가공성이 우수)

    ㉤ 경기도, 경상남 · 북도의 장려품종 : 수미

4 재배과정

① 작부체계

(1) 평야지

① **봄재배** … 주로 봄에 심어서 초여름에 수확하는 것이다.

② **육아재배** … 이른 품종을 싹 틔워 심으면 재배시기가 빨라지는 것으로, 남부지방에서는 논의 앞 그루로 재배되기도 한다.

③ **가을재배** … 남부 평야지에서 한여름에 심어 늦가을에 수확하는 것이다.

(2) 산간지대

① **여름재배** … 늦봄에 심어 늦여름이나 초가을에 수확하는 것이다.

② **홑짓기** … 일반적으로 홑짓기로 콩, 조, 옥수수 등과 돌려짓기를 한다.

③ **돌려짓기** … 이어짓기를 하면 풋마름병, 무름병, 선충 등의 피해가 심해지기 쉬우므로 알맞게 돌려짓기를 해야 한다.

② 씨감자의 퇴화와 채종

(1) 씨감자의 퇴화

① **퇴화의 원인**

　㉠ 진딧물이 옮기는 바이러스병에 걸린 경우에 퇴화된다.

　㉡ 생육기간이 짧거나 생육기간 중의 온도가 높아 충실하지 못한 경우에 되화된다.

　㉢ 수확한 다음 높은 온도조건에서 오랫동안 저장할 경우에 퇴화된다.

② **수량의 감소** … 퇴화된 씨감자를 심으면 30 ~ 40%나 수량이 떨어지게 된다.

(2) 씨감자의 채종

① 씨감자의 조건
ㄱ 8월의 평균기온이 21℃ 이하인 대관령과 같은 고랭지에서 생산된 것이 좋다.
ㄴ 바람이 심하여 진딧물의 발생이 적은 섬 지방이나 바닷가에서 생산된 것이 좋다.
ㄷ 온도가 낮은 가을재배에서 생산된 것이 좋다.

② 씨감자의 특징
ㄱ 바이러스병이나 다른 병에 걸리지 않고, 상처가 없어야 한다.
ㄴ 싹이 트지 않고 영양소모가 적은 것을 사용한다.

③ 씨감자의 준비와 씨감자 심기

(1) 씨감자의 준비

① 씨감자의 양
ㄱ 10a당 150 ~ 200kg이 적당하다.
ㄴ 30 ~ 40g을 기준으로 60 ~ 80g인 것은 2조각, 더 큰 것은 3 ~ 4조각으로 자른다.

② 감자를 자를 때 유의할 점 ⋯ 감자를 바꾸어 자를 때마다 칼을 소독해서 써야 바이러스병의 전염을 막을 수 있다. 감자 눈을 고르게 갖도록 자르며, 감자 눈은 식물체가 연결되어 있던 부분의 반대편에 많이 분포한다.

(2) 씨감자 심기

① 심는 시기
ㄱ 적정시기 : 마지막 서리가 내린 다음 싹이 나오도록 한다.
ㄴ 일찍 심을 경우 : 어린 싹이 서리의 피해를 입기 쉽다.
ㄷ 늦게 심을 경우 : 자라는 기간이 충분하지 않아 수량이 떨어진다.

② 심는 방법
ㄱ 밭을 간 다음에 거름을 주고 이랑을 만든 다음 씨감자의 자른 면이 밑으로 가도록 5 ~ 6cm 깊이로 심는다.
ㄴ 10a당 5,000 ~ 7,000 포기가 자라도록 한다.
  • 산간지대 : 75cm × 25 ~ 30cm
  • 평야지대 : 60cm × 20 ~ 30cm

④ 시비와 관리

(1) 시비

① **질소** … 잎과 줄기의 발달을 촉진한다.

② **인산** … 생육을 촉진한다.

③ **칼륨**

   ㉠ 덩이줄기에 동화산물을 축적시킨다.

   ㉡ 감자가 칼륨을 많이 흡수하여 칼륨 작물로 불리기도 한다.

④ **시비량**

   ㉠ 고랭지 : 10a당 두엄 1,000kg 이상, 질소 12kg, 인산 16kg, 칼륨 12kg 정도가 적당하다.

   ㉡ 평야지대 : 질소 10kg, 인산 10kg, 칼륨 12kg 정도가 적당하다.

(2) 관리

① **싹 솎기**

   ㉠ 휴면이 끝난 씨감자 절편에서는 보통 여러 개의 싹이 나오는데, 밀식이 아니면 솎지 않고 그대로 두는 것이 수량이 많으나 감자가 잘다.

   ㉡ 수량과 품질을 고려할 때 약간 밀식하고, 포기당 2그루 정도를 남기고 솎는 것이 좋다.

   ㉢ 싹이 나온 후 씨감자가 뜨지 않도록 손으로 누르고 강한 싹으로 2그루만 남긴다.

② **김매기**

   ㉠ 싹을 솎을 때 처음 김을 매고, 싹이 15∼20cm 정도 자라면 두 번 김을 매면서 3cm 정도로 북을 준다.

   ㉡ 5월 하순쯤 꽃망울이 맺히게 되는데, 이 때에 5∼6cm 정도로 높게 북을 주고 풀을 뽑아준다.

③ **북주기**

   ㉠ 싹이 나온 다음 서리를 맞을 염려가 있을 때에는 싹이 덮이도록 북을 준다.

   ㉡ 감자는 보통 땅 속 10cm 부위에서 덩이줄기가 비대발육하므로 깊이에 맞도록 북주기를 해야 한다.

   ㉢ 효과 : 물빠짐과 토양통기를 조장하고 도복발생을 줄일 수 있다.

④ **제초제 처리** … 감자를 심은 후 3일 안에 메리진 수화제(센코)를 10a당 200g 또는 알라유제(라소) 200ml를 100L(5말)의 물에 타서 분무기로 토양 전면에 고루 뿌려준다.

⑤ 병충해 방제

(1) 병해

① **바이러스병**

　㉠ 특징

　　• 바이러스병에는 10여 가지가 있는데, 이 중 X바이러스, Y바이러스 및 잎말이병의 피해가 크다.

　　• 잎의 빛깔이 엷어지고, 잎이 말리거나 오그라드는 증세가 나타난다.

　　• 생육이 불량하여 수량이 크게 줄어든다.

　　• 주로 씨감자와 진딧물에 의하여 전염된다.

　㉡ 방제 : 고랭지에서 재배된 씨감자를 심는 것이 가장 안전하다.

② **둘레썩음병**

　㉠ 특징 : 꽃이 필 무렵부터 줄기의 관다발이 갈색으로 변하여 시들어 버리고, 병이 진행되면 덩이줄기의 관다발 둘레가 검은 갈색을 띠면서 썩는다.

　㉡ 방제 : 건전한 씨감자는 칼을 잘 소독해서 자르며, 돌려짓기를 한다.

③ **역병**

　㉠ 특징

　　• 꽃이 필 무렵에 온도가 낮고, 비가 자주 내릴 때 많이 발생한다.

　　• 잎에 갈색의 점 무늬가 생기고 점차 흑갈색으로 되면서 잎이 탄 것처럼 말라 죽는다.

　　• 심하면 포기 전체가 죽고, 덩이줄기에도 번진다.

　㉡ 방제 : 병이 발생한 초기에 만코지 수화제를 7일 간격으로 10a당 100~200L를 뿌려준다.

④ **겹둥근무늬병**

　㉠ 특징

　　• 평지에서 생육 후기에 온도가 높고 습한 날씨가 계속될 때 많이 발생한다.

　　• 잎에 검은 갈색의 겹둥근무늬가 생기며, 심하면 잎 전체가 시들어 죽는다.

　㉡ 방제

　　• 조숙종을 재배해서 빨리 수확해야 피해를 줄일 수 있다.

　　• 이미 발생한 경우에는 만코지 수화제를 뿌려준다.

⑤ **기타** ⋯ 이 밖에 더뎅이병, 풋마름병, 검은점박이병, 무름병, 검은빛썩음병 등이 있다.

(2) 충해

① **왕뒷박벌레** … 잎을 갉아 먹어 피해를 준다.

② **진딧물** … 바이러스병을 전염시킨다.

③ **뿌리썩음선충, 도둑나방, 거세미, 굼벵이** … 이어짓기를 할 때 많이 발생한다.

④ **방제** … 뿌리썩음선충은 돌려짓기와 피해 감자를 제거하고, 다른 해충들은 살충제를 뿌린다.

5 수확 및 저장

① 수확

(1) 수확시기

① **평지** … 6월 하순에서 7월 상순까지 수확한다.

② **산간 고랭지** … 8월 상순에서 9월 상순까지 수확한다.

③ **평야지의 가을감자** … 10월 중·하순 정도에 수확한다.

(2) 수확방법

① 땅이 너무 습하지 않을 때 상처가 나지 않도록 수확한다.

② 줄기를 뽑으면서 호미로 캐거나 감자 수확기로 수확하는 것이 좋다.

② 저장

(1) 예비저장

① 수확한 감자를 겨울의 본저장 전에 보관, 관리하는 것이다.

② 직사광선이 들지 않고 온도가 낮으며, 바닥이 습하지 않고 통기가 잘 되는 넓은 창고에 얇게 펴 보관한다.

③ 가끔 감자를 뒤쳐서 고루 마르게 하고 썩기 시작하는 것은 제거해 버린다.

④ **큐어링 처리**

　　㉠ 10 ~ 15.6℃의 온도와 100%의 습도조건에서 2 ~ 3주일 동안 보관했다가 방랭하는 것이다.

　　㉡ 효과 : 상처가 빨리 아물고, 더욱 안전하게 보관·저장할 수 있다.

(2) 본저장

① 1~ 4℃ 온도와 90 ~ 95% 습도조건에 저장하는 것이 좋다.

② **저장 중의 억아법**

　　㉠ 방사선 처리 : 감마(γ)선 등의 방사선을 처리하면 감자의 발아가 억제된다.

　　㉡ 약제 처리 : 도마톤(Dormatone), MH-30, 벨비탄 K(Belvitan K), 노나놀(Nonanol), 클로로아이피씨(CI-IPC) 등이 있다.

6 　특수재배

① 육아재배

(1) 육아재배의 특징

① 봄에 일찍 재배를 할 때, 씨감자의 싹을 틔워서 심는 것이다.

② 싹이 트는 데 걸리는 시간이 단축된다.

③ 생육시간이 길어지고 수량이 많아진다.

④ 싹이 난 씨감자를 심은 후 폴리에틸렌 필름으로 멀칭을 하거나 터널을 만들어 재배하면 더욱 효과적이다.

(2) 재배과정

① **씨감자 심기**

　　㉠ 적정시기 : 늦서리가 끝나기 40 ~ 45일 전에 씨감자를 냉상에 심는다.

　　㉡ 남부지방 : 3월 상순에 육아를 시작하여 3월 하순에 정식한다.

　　㉢ 중부지방 : 3월보다 약간 늦게 육아를 시작하여 4월 초에 정식한다.

② **싹 트기에 알맞은 온도** … 17 ~ 18℃ 정도가 적당하다.

③ **씨감자의 육아**

　　㉠ 양지 바른 곳에 냉상을 만들고 씨감자를 닿지 않을 정도로 놓은 다음, 모래로 1~2cm쯤 덮고
　　　물을 충분히 준다.

　　㉡ 낮에는 폴리에틸렌 필름을 덮고, 밤에는 그 위에 보온재를 덮어서 보온한다.

　　㉢ 싹이 2~3cm 자라면 본밭에 심는다.

④ **씨감자 심는 방법** … 싹이 난 씨감자를 심을 때는 어린 뿌리와 싹이 상하지 않도록 조심하고, 싹
이 완전히 묻히도록 흙을 덮는다.

②　**가을재배**

(1) **가을재배의 특징**

① 덩이줄기의 비대에 유리하다.

② 진딧물의 발생이 적어 바이러스병에 걸릴 위험도 매우 적다.

③ 저장기간이 짧아 양분소모도 적으므로 씨감자의 생산에도 유리하다.

④ 온도가 높을 때 심어야 하므로 씨감자가 썩기 쉽다.

⑤ 남부지방에서 주로 재배하는 방법이다.

(2) **재배과정**

① **씨감자 조건** … 휴면기간이 짧은 시마바라나 대지와 같은 품종을 봄재배한 후 이용하거나, 봄에
재배한 감자의 휴면을 타파하여 씨감자로 이용하여야 한다.

② **씨감자의 육아**

　　㉠ 모래를 깐 모판(최아상)에 서로 닿지 않을 정도로 펴놓고, 거친 모래로 덮고 물을 충분히 준다.

　　㉡ 약 10일 후에 싹이 2~3cm로 자라면 본밭에 옮겨 심는나.

③ **씨감자 심는 방법**

　　㉠ 밭을 평평하게 갈고, 이랑너비 60cm에 포기 사이를 20cm로 다소 배게 심는다.

　　㉡ 씨감자는 싹이 완전히 묻히도록 흙을 덮는다.

④ **시비** … 봄재배에 비하여 질소질거름을 50% 더 주어 초기의 줄기와 잎이 잘 자라도록 한다.

⑤ **관리** … 밭의 물빠짐이 잘 되도록 관리하여야 한다.

감자

출제예상문제

1 감자를 고랭지에서 채종하는 이유는 어느 병해를 예방하기 위함인가?

① 역병

② 겹둥근무늬병

③ 바이러스병

④ 둘레썩음병

> **NOTE** | 바이러스병
> ㉠ 특징
> • 10여가지 종류가 있으며, X바이러스, Y바이러스 및 잎말이병의 피해가 가장 크다.
> • 잎의 빛깔이 엷어지고, 잎이 말리거나 오그라드는 증세가 나타난다.
> • 생육이 불량하여 수량이 크게 줄어든다.
> • 씨감자와 진딧물에 의해 전염된다.
> ㉡ 방제 : 고랭지에서 재배된 씨감자를 심는 것이 가장 안전하다.

2 감자의 괴경비대조건에 대한 설명으로 옳은 것은?

① 25~30℃ 정도의 적온과 변온이 유리하다.

② 토양 용수량의 70~75% 정도의 수분을 함유한 토양일수록 촉진된다.

③ 저온과 단일조건일수록 유리하다.

④ GA의 함량이 증가할수록 촉진된다.

> **NOTE** | 감자의 괴경비대조건
> ㉠ 저온 및 단일조건
> ㉡ 인산 및 칼륨 풍부
> ㉢ GA의 함량 감소

ANSWER | 1.③ 2.③

3 감자의 괴경(덩이줄기) 형성조건으로 적합한 것은?

① 저온, 장일   ② 고온, 장일

③ 저온, 단일   ④ 고온, 단일

> **NOTE |** 덩이줄기의 형성조건
> ㉠ 저온 : 10~24℃에 촉진되며 18~20℃ 이하에서 형성 가능하다.
> ㉡ 단일 : 8~9시간 정도의 단일조건에서 촉진된다.
> ㉢ 휴면기간의 단축을 위해서는 고온처리를 실시한다.

4 다음 중 감자의 아린 맛을 내는 물질은?

① 알라타제   ② 리핀

③ 솔라닌   ④ 아스파라긴

> **NOTE |** 솔라닌
> ㉠ 감자에 아린 맛이 생기게 하는 성분이다.
> ㉡ 줄기와 잎에 많이 분포하며 다량 섭취시 중독성이 있으므로 사료로 사용할 수 없다.
> ㉢ 감자에 함유된 0.005~0.1%의 솔라닌은 인체에 해가 없다.

5 감자의 솔라닌이 많이 증가하는 경우는?

① 직사광선을 쬘 때   ② 온도가 높아질 때

③ 온도가 낮아질 때   ④ 장기간 저장할 때

> **NOTE |** 감자를 수확한 후 오래 직사광선을 쪼이면 감자가 녹색으로 변하고 솔라닌 함량이 많아진다.

6 감자의 휴면타파에 효과적으로 이용되는 것은?

① MH   ② 과산화수소

③ 지베렐린   ④ γ선 처리

> **NOTE |** 지베렐린, 에스렐로 처리하면 감자가 휴면을 깨고 싹이 나올 수 있으며 MH, CIPC로 처리하면 휴면을 연장시킬 수 있다.

ANSWER | 3.③ 4.③ 5.① 6.③

7 감자의 괴경비대의 가장 좋은 조건은?

① 낮의 길이가 길고 야간온도가 높은 경우

② 낮의 길이가 짧고 야간온도가 낮은 경우

③ 낮의 길이가 짧고 야간온도가 높은 경우

④ 낮의 길이가 길고 야간온도가 낮은 경우

> ✎NOTE | 감자의 괴경(덩이줄기)의 비대 … 저온 단일조건에서 생육할 때 잘 형성되며, 특히 10 ~ 14℃의 낮은 온도와 8 ~ 9시간의 단일조건에서 괴경의 비대가 촉진된다.

8 다음 중 감자 채종지가 아닌 것은?

① 대관령과 같은 고랭지에서 재배

② 바람이 심한 섬지대 바닷가에서 재배

③ 온도가 낮은 가을에 재배

④ 온난 평야지대에서 재배

> ✎NOTE | 감자의 채종지
> ㉠ 8월 평균기온이 21℃ 이하인 대관령과 같은 고랭지
> ㉡ 바람이 심하여 진딧물의 발생이 적은 섬 지방이나 바닷가
> ㉢ 온도가 낮은 가을지

9 감자의 덩이줄기의 형성조건에 대한 설명 중 옳지 않은 것은?

① 덩이줄기의 형성은 18 ~ 20℃ 이하에서 가능하다.

② 10 ~ 14℃의 낮은 온도와 12시간 이상의 장일조건에서 특히 촉진된다.

③ 인산과 칼륨 공급이 충분할 때 촉진된다.

④ 덩이줄기의 형성과 비대는 저온 및 단일 조건과 토양 수분이 알맞아야 한다.

> ✎NOTE | 덩이줄기의 형성 및 비대
> ㉠ 덩이줄기의 형성은 18 ~ 20℃ 이하에서 가능하다.
> ㉡ 10 ~ 14℃의 낮은 온도와 8 ~ 9시간의 단일 조건에서 괴경의 형성이 촉진된다.
> ㉢ 저온 단일조건에서 토양 수분이 알맞아야 한다.
> ㉣ 인산, 칼륨의 공급이 충분할 때 비대가 촉진된다.

ANSWER | 7.② 8.④ 9.②

10 감자의 솔라닌 성분이 많이 들어 있는 것은?

① 표피   ② 피층

③ 내피   ④ 체관

> **NOTE** 감자의 솔라닌 … 줄기와 잎에 특히 많이 들어 있으며 줄기에서는 피층 부분에 많이 들어 있다. 아린 맛이 나며 많이 먹으면 중독된다.

11 감자와 고구마의 생육적 특성이 바르게 연결된 것은?

| 감자 | 고구마 | | 감자 | 고구마 |

① 덩이뿌리 – 덩이줄기   ② 덩이줄기 – 덩이뿌리

③ 덩이줄기 – 인편조직   ④ 인편조직 – 덩이줄기

> **NOTE** 감자는 괴경(덩이줄기)이며, 고구마는 괴근(덩이뿌리)이다.

12 감자 괴경의 비대에 관한 설명으로 옳지 않은 것은?

① GA는 괴경의 비대를 촉진한다.

② 괴경의 비대는 세포수의 증가와 세포의 비대에 의한다.

③ 괴경의 비대에는 인산 및 칼리가 넉넉해야 좋다.

④ 괴경의 비대에는 단일조건과 야간의 저온이 알맞다.

> **NOTE** ① GA는 괴경의 형성과 비대를 저해한다. 괴경의 비대는 저온 단일조건에서 인산 및 칼륨이 충분할 때 촉진된다.

13 저장 중 감자의 발아를 억제하기 위하여 수확 전 포장에다 살포하여야 효과가 있는 약제는?

① Dormaton   ② MH-30

③ Belvitan K   ④ Nannol

> **NOTE** 감자의 발아를 억제하기 위해서 MH제, CIPC로 처리하여 휴면기간을 연장시켜 준다.

ANSWER | 10.② 11.② 12.① 13.②

14 감자의 괴경 형성 및 비대에 관한 설명으로 옳은 것은?

① 복지의 신장이 정지되고 복지 기부에 단당류가 축적되어 비대한다.

② 감자의 괴경형성은 저온 단일조건에서 저해된다.

③ 감자의 괴경이 형성될 때에는 체내의 지베렐린 함량이 저하된다.

④ 괴경의 비대에는 고온 장일조건이 알맞다.

✎NOTE ① 감자의 경우 복지의 끝이 자람을 멈추고 지상부의 당분이 지하부로 전류되어 녹말로 바뀌어 축적됨으로써 괴경이 형성된다.

②④ 감자의 괴경 형성 및 비대의 조건은 저온 단일이다.

③ 지베렐린은 신장촉진, 종자발아와 개화 촉진 등 생장을 촉진하는 식물생장조절제이다.

15 고랭지에 비하여 평난지에서 수확한 씨감자의 퇴화원인으로 가장 거리가 먼 것은?

① 고온   ② 바이러스병

③ 큐어링   ④ 영양소모

✎NOTE 씨감자의 퇴화원인

㉠ 고랭지에 비하여 평난지는 기상조건이 알맞지 않아 굵은 감자가 생산되기 어렵다.

㉡ 그 원인은 감자를 수확한 다음 높은 온도조건에서 오랫동안 보관, 저장해야 하기 때문에 그 동안에 영양소모가 크고 싹이 나서 세력이 약해지기 때문이다.

㉢ 이렇게 평난지에서 재배, 생산된 감자를 심으면 수량이 크게 떨어지는 것을 씨감자의 퇴화라고 한다.

㉣ 진딧물이 옮기는 바이러스병의 경우에도 퇴화한다.

16 감자 장려품종 중 프렌치 프라이용으로 알맞은 품종은?

① 대지   ② 세풍

③ 수미   ④ 조풍

✎NOTE ① 대지는 남부지방의 2기작 용이다.

② 남부지방의 조기재배지대에 알맞고 가공성이 우수한 프렌치 프라이용으로 쓰이는 품종이다.

③ 수미는 경기도, 경상남·북도의 장려품종이다.

④ 조풍은 조기재배에 알맞으며 우리나라 교배육성종이다.

ANSWER | 14.③ 15.③ 16.②

17 감자의 잎, 줄기를 사료로 사용할 수 없는 가장 큰 이유는?

① 영양가가 없다.

② 섬유질이 많다.

③ 솔라닌 성분의 독소가 함유되어 있다.

④ 청산가리 성분이 다량 함유되어 있다.

✎NOTE| 솔라닌 ··· 감자의 잎, 줄기에 많이 들어 있는데, 많이 먹으면 중독되므로 사료로 쓰이지 못한다.

18 다음 중 감자의 휴면타파에 효과적으로 이용되는 것은?

① MH-30　　　　　　　　　② 지베렐린

③ 과산화수소　　　　　　　　④ 이포메아마론

✎NOTE| 지베렐린이나 에스렐은 감자의 휴면타파에 효과적으로 이용된다.
　　　　※ MH나 CIPC는 휴면기간을 연장하는 데 이용된다.

19 감자는 식물학상 어디에 속하는가?

① 화본과　　　　　　　　　　② 전분과

③ 가지과　　　　　　　　　　④ 메꽃과

✎NOTE| 감자는 가지과에 속하는 1년생 작물이다.

20 다음 중 감자와 고구마의 저장온도로 옳은 것은?

① 1 ~ 4℃, 12 ~ 15℃　　　　　② 4 ~ 5℃, 15 ~ 20℃

③ 12 ~ 15℃, 1 ~ 4℃　　　　　④ 10 ~ 12℃, 20 ~ 25℃

✎NOTE| 감자 · 고구마의 저장온도
　　　　㉠ 감자 : 1 ~ 4℃ 온도와 90 ~ 95% 습도조건에서 저장하는 것이 좋다.
　　　　㉡ 고구마 : 12 ~ 15℃와 85 ~ 90% 습도조건에서 저장하는 것이 좋다.

ANSWER | 17.③　18.②　19.③　20.①

21 다음 작물의 씨 중 휴면하는 것은?

① 감자   ② 옥수수

③ 벼   ④ 고구마

> **NOTE** 감자의 괴경에는 많은 수분이 함유되어 있으므로 온도가 충분하고 산소가 공급되면 발아할 수 있다. 그러나 수확 후 일정기간 동안은 충분한 발아조건이 갖추어졌다 하더라도 발아하지 않고 휴면에 이른다.

22 다음 중 감자의 강제 휴면유도 연장제로 쓰이는 약제는?

① 옥신   ② 에틸렌

③ 지베렐린   ④ MH제

> **NOTE** 감자에서 강제 휴면유도 연장제로 쓰이는 약제는 MH제(말레이 약제)와 CIPC이다.

23 감자의 솔라닌 색소는 어느 부위에 가장 많은가?

① 줄기   ② 뿌리

③ 꽃   ④ 열매

> **NOTE** 감자의 솔라닌은 잎과 줄기에 많이 분포하는데, 줄기에서도 피층에 많이 들어 있다.

24 다음 감자의 특수재배 중 가을재배에 대한 설명으로 옳지 않은 것은?

① 덩이줄기의 비대에 유리하다.

② 씨감자의 생산에 유리하다.

③ 바이러스병에 걸릴 위험이 적다.

④ 온도가 낮을 때 심어야 하므로 씨감자가 얼기 쉽다.

> **NOTE** 가을재배
> ㉠ 남부평지에서 여름에 심어 늦가을에 수확하는 재배방식이다.
> ㉡ 온도가 높을 때인 여름에 심어야 하므로 씨감자가 썩기 쉽다.
> ㉢ 저장기간이 짧아 양분소모가 적으므로 씨감자 생산에 유리하다.

ANSWER | 21.① 22.④ 23.① 24.④

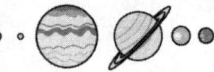

25 다음 중 감자와 관련된 것이 아닌 것은?

① 덩이줄기   ② 칼륨

③ 솔라닌   ④ 경근

> **NOTE** 감자는 덩이줄기로 번식하며, 칼륨을 많이 흡수하여 칼륨 작물이라고도 한다. 햇볕에 쪼이면 솔라닌 성분이 급증한다.

26 다음 중 감자와 고구마의 주산지로 옳은 것은?

① 강원도 – 경기도   ② 전라남도 – 경상북도

③ 충청북도 – 강원도   ④ 강원도 – 전라남도

> **NOTE** 감자·고구마의 주산지
> ㉠ 감자 : 강원도의 산간지대에서 많이 재배된다.
> ㉡ 고구마 : 전라남도에서 많이 재배된다.

27 감자의 덩이줄기(괴경)의 비대촉진을 위해 특히 많이 주어야 하는 비료는?

① 질소, 칼륨   ② 인산, 칼륨

③ 질소, 인산   ④ 마그네슘, 칼륨

> **NOTE** 감자의 덩이줄기의 비대는 인산과 칼륨이 넉넉해야 촉진된다. 특히, 감자는 칼륨을 많이 흡수하는 칼륨 작물이라고 한다.

28 감자의 덩이줄기 단면 중 녹말이 가장 많이 함유되어 있는 곳은?

① 껍질   ② 안속

③ 바깥속   ④ 관다발 둘레

> **NOTE** 감자의 덩이줄기의 단면
> ㉠ 겉껍질, 속껍질, 관다발 둘레, 바깥속, 안속 등으로 구분된다.
> ㉡ 바깥속에는 녹말이 많다.
> ㉢ 안속은 물기가 많고 녹말이 적다.

ANSWER | 25.④ 26.④ 27.② 28.③

29 감자를 우리나라에서 재배하기 시작한 것은 어느 때부터인가?

① 신석기시대   ② 삼국시대

③ 고려시대   ④ 조선시대

    ✎NOTE| 감자의 경우 우리나라에서는 순조 24년(1824년)에 간도지방에서 도입되었다.

30 감자가 일광에 쬐어 녹화된 괴경의 피부에 현저하게 증가되는 성분으로 많이 먹으면 중독되는 성분은?

① 전분   ② 솔라닌

③ 청산가리   ④ 베타 글루캔

    ✎NOTE| 솔라닌은 감자의 순에 들어 있는 독성분으로 아린 맛을 낸다.

31 다음 감자에 발생하는 병해 중 전세계적으로 발생하며, 잎에 갈색의 점 무늬가 생기는 병은?

① 바이러스병   ② 둘레썩음병

③ 역병   ④ 겹둥근무늬병

    ✎NOTE| 역병
         ㉠ 감자의 모든 부위에서 발생한다.
         ㉡ 병발생에 알맞은 기후조건이 계속되면 2주일 내에 지상부는 완전히 말라죽는다.
         ㉢ 만코지 수화제를 뿌려 방제한다.

ANSWER | 29.④   30.②   31.③

PART **부록**

최근기출문제분석

2016. 4. 9 인사혁신처 시행
2016. 6. 18 제1회 지방직 시행

1 작물의 학명이 옳은 것은?

① 밀 : *Triticum aestivum* L.

② 옥수수 : *Arachis mays* L.

③ 강낭콩 : *Vigna radiata* L.

④ 땅콩 : *Zea hypogea* L.

> **NOTE** ② 옥수수 : Zea mays L.
> ③ 강낭콩 : Phaseolus vulgaris L.
> ④ 땅콩 : Arachis hypogaea L.

2 우리나라 고품질 쌀의 이화학적 특성으로 옳지 않은 것은?

① 단백질 함량이 10% 이상이다.

② 알칼리붕괴도가 다소 높다.

③ Mg/K의 함량비가 높은 편이다.

④ 호화온도는 중간이거나 다소 낮다.

> **NOTE** 우리나라 고품질 쌀의 이화학적 특성
> ㉠ 단백질 함량은 7% 이하이다.
> ㉡ 아밀로스 함량은 20% 이하이다.
> ㉢ 수분함량 15.5~16.5% 범위이다.
> ㉣ 알칼리붕괴도가 다소 높다.
> ㉤ 호화온도는 중간이거나 다소 낮다.
> ㉥ 지방산가는 8~15 범위이다.
> ㉦ 무기질 중에서 Mg/K의 함량비가 높은 편이다.

ANSWER | 1.① 2.①

3 보리에 대한 설명으로 옳지 않은 것은?

① 사료용, 주정용으로 활용할 수 있다.

② 내도복성 품종은 기계화재배에 용이하다.

③ 맥류 중 수확기가 가장 늦어서 논에서의 답리작에는 불리하다.

④ 일부 산간지대를 제외하면 거의 전국에서 재배가 가능하다.

> **NOTE** | ③ 맥류 중에서 수확기가 가장 빨라 밭에서 두과 등과의 이모작, 논에서 답리작을 할 때 가장 유리하다.

4 볍씨를 산소가 부족한 심수조건에 파종했을 때 나타나는 현상은?

① 초엽이 길게 신장하고, 유근의 신장은 억제된다.

② 초엽의 신장은 억제되고, 유근의 신장은 촉진된다.

③ 초엽과 유근 모두 길게 신장한다.

④ 초엽과 유근 모두 신장이 억제된다.

> **NOTE** | ① 볍씨 종자가 발아할 때 산소가 부족하면 초엽이 길게 신장하고 유근의 신장은 억제되어 산소 흡수를 유도한다.

5 약배양 육종법으로 육성된 품종은?

① 밀양 23호   ② 화성벼

③ 통일벼   ④ 남선 13호

> **NOTE** | ② 약배양 육종법으로 육성된 품종은 화성벼, 화진벼, 화청벼, 화영벼, 화선찰벼, 화중벼, 화신벼, 화남벼, 화삼벼, 화명벼, 화동벼, 양조벼 등의 품종이 있다.

ANSWER | 3.③ 4.① 5.②

6 씨감자 생산에 대한 설명으로 옳지 않은 것은?

① 씨감자의 생리적 퇴화는 수확한 후 저장하는 동안 호흡작용에 의하여 일어난다.

② 씨감자를 생산하는 지역은 병리적 퇴화를 일으키는 매개 진딧물 발생이 적은 고랭지가 적합하다.

③ 기본종은 건전한 감자의 식물체로부터 조직배양을 통해 생산한다.

④ 진정종자를 이용할 경우 바이러스 발병률이 높아서 씨감자를 이용한다.

> **NOTE |** ④ 대부분의 감자 바이러스는 종자로는 전염되지 않으므로 진정종자를 이용할 경우 바이러스 발병률이 낮아지고, 씨감자 생산에 소요되는 비용이 절감되므로 씨감자 생산에 이용한다.

7 작물의 형질전환에 대한 설명으로 옳지 않은 것은?

① 형질전환 작물은 외래의 유전자를 목표 식물에 도입하여 발현시킨 작물이다.

② 도입 외래 유전자는 동물, 식물, 미생물로부터 분리하여 이용 가능하다.

③ 형질전환으로 도입된 유전자는 식물의 핵내에서 염색체 외부에 별도로 존재하면서 발현된다.

④ 형질전환 방법에는 아그로박테리움 방법, 입자총 방법 등이 있다.

> **NOTE |** ③ 형질전환으로 도입된 유전자는 식물의 핵 내에서 염색체 상에 고정되어 식물체의 모든 세포에 존재하며 식물의 필요에 따라 발현된다.

8 벼의 직파재배와 이앙재배에 대한 설명으로 옳지 않은 것은?

① 파종이 동일할 때 직파재배는 이앙재배에 비해 출수기가 다소 빠르다.

② 직파재배는 이앙재배에 비해 잡초가 많이 발생한다.

③ 직파재배는 이앙재배에 비해 분얼이 다소 많고 유효분얼비가 높다.

④ 직파재배는 이앙재배에 비해 출아 및 입모가 불량하고 균일하지 못하다.

> **NOTE |** ③ 직파재배는 이앙재배에 비해 분얼이 다소 많지만, 무효분얼이 많고 유효경 비율이 낮다.

ANSWER | 6.④ 7.③ 8.③

9 콩과 팥에 대한 설명으로 옳지 않은 것은?

① 콩과 팥의 꽃에는 암술은 1개, 수술은 10개가 있다.

② 팥은 콩보다 고온다습한 기후에 잘 적응하는 반면에 저온에 약하다.

③ 콩은 발아할 때 떡잎이 지상부로 올라오고, 팥은 떡잎이 땅속에 남아 있다.

④ 팥 종실 내의 성분은 콩에 비해 지방 함량이 높고 탄수화물 함량은 낮다.

> NOTE ┃ ④ 팥 종실 내의 성분은 콩에 비해 지방 함량이 낮고 탄수화물 함량은 높다.
> ※ 콩과 팥의 성분 함량(종실 100g 중 함량)

성분	콩	팥
열량	335	314
수분(%)	9	14
탄수화물(%)	25.1	59.1
지질(%)	17.6	0.7
단백질(%)	41.3	21

10 벼 재배시 물관리에 대한 설명으로 옳지 않은 것은?

① 물을 가장 많이 필요로 하는 시기는 수잉기이다.

② 무효분얼기에 중간낙수를 하는데 염해답과 직파재배를 한 논에서는 보다 강하게 실시한다.

③ 분얼기에는 분얼수 증가를 위해 물을 얕게 대는 것이 좋다.

④ 등숙기에는 양분의 전류축적을 위해 물을 얕게 대거나 걸러대기를 한다.

> NOTE ┃ ② 무효분얼기에 중간낙수를 하는데 사질답, 염해답, 생육이 부진한 논에서는 생략하거나 보다 약하게 해야 하고, 직파재배를 한 논에서는 보다 강하게 실시한다.

11 트리티케일(triticale)에 대한 설명으로 옳은 것은?

① 밀과 호밀을 인공교배하여 육성한 동질배수체이다.

② 밀과 호밀을 인공교배하여 육성한 이질배수체이다.

③ 밀과 보리를 인공교배하여 육성한 동질배수체이다.

④ 밀과 보리를 인공교배하여 육성한 이질배수체이다.

> ✎NOTE┃ 트리티케일(Triticale) … 밀·호밀의 배수성육종을 이용한 속간교잡에 의해 만들어진 식물, 라
> 이밀(wheatrye)이라고도 한다.
> ㉠ durum(AABB)×호밀(RR)=6배체 트리티케일(AABBRR)
> ㉡ 보통밀(AABBDD)×호밀(RR)=8배체 트리티케일(AABBDDRR)

12 콩의 용도별 품종적 특성에 대한 설명으로 옳지 않은 것은?

① 장콩(두부콩)은 보통 황색 껍질을 가진 것으로 무름성이 좋고 단백질 함량이 높은 것이 좋다.

② 나물콩은 빛이 없는 조건에서 싹을 키워 콩나물로 이용하기 때문에 대립종을 주로 쓴다.

③ 기름콩은 지방함량이 높으면서 지방산 조성이 영양학적으로도 유리한 것이 좋다.

④ 밥밑콩은 껍질이 얇고 물을 잘 흡수하며 당 함량이 높은 것이 좋다.

> ✎NOTE┃ ② 나물콩은 빛이 없는 조건에서 싹을 키워 콩나물로 이용하기 때문에 수량을 많이 생산할 수
> 있는 소립종을 주로 쓴다. 쥐눈이콩으로 불리는 것이 많이 이용된다.

13 감자와 고구마에 대한 설명으로 옳지 않은 것은?

① 두 작물은 본저장 전에 큐어링을 하면 상처가 속히 아문다.

② 두 작물의 주요 저장물질은 탄수화물이다.

③ 두 작물은 가지과에 속한다.

④ 감자는 괴경을, 고구마는 괴근을 식용으로 주로 이용한다.

> ✎NOTE┃ ③ 감자는 가지과, 고구마는 메꽃과에 속한다.

ANSWER┃ 11.② 12.② 13.③

14 다음 중에서 단위면적당 생산열량이 가장 많은 작물은?

① 벼
② 콩
③ 보리
④ 고구마

✎NOTE | 작물별 단위면적 당 생산량, 생산열량, 부양가능인구 및 열량단위당 가격

작물	수량 (kg/10a)	열량 (kcal/100g)	ha당 생산열량 (kcal)	부양가능 인구 (인/ha)	열량단위당 가격 (원/kcal)
벼	451	359	16,190	17.7	415
보리	254	337	8,560	9.4	281
콩	178	410	7,298	8.0	332
고구마	2,238	113	25,300	27.7	91
감자	1,782	75	13,365	14.6	386
옥수수	630	355	22,365	24.5	129

15 메밀(*Fagopyrum esculentum*)에 대한 설명으로 옳지 않은 것은?

① 꽃가루가 쉽게 비산하므로 주로 바람에 의해 수분이 일어난다.
② 자가불화합성을 가진 타식성 작물이다.
③ 종자가 주로 곡물로 이용되나 식물학적으로는 과실(achene)이다.
④ 메밀의 생태형은 여름생태형, 가을생태형 및 중간형으로 구분된다.

✎NOTE | ① 메밀은 꽃에 꿀이 많아 벌꿀의 밀원이 되고, 곤충에 의한 타가수정을 주로 한다.

16 벼에서 키다리병에 대한 설명으로 옳지 않은 것은?

① 우리나라 전 지역에서 못자리 때부터 발생한다.
② 병에 걸리면 일반적으로 식물체가 가늘고 길게 웃자라는 현상이 나타난다.
③ 발생이 많은 지역에서는 파종할 종자를 침지 소독하는 것이 좋다.
④ 세균(*Xanthomonus oryzae*)의 기생에 의해 발병한다.

✎NOTE | ④ 세균(Xanthomonus oryzae)의 기생에 의하여 발병하는 것은 벼흰잎마름병이고, 벼키다리병은 Gibberella fujikuroi라는 곰팡이(진균)에 의하여 발병한다.

ANSWER | 14.④ 15.① 16.④

17 땅콩에 대한 설명으로 옳은 것은?

① 내건성(耐乾性)이 강한 편으로 모래땅에도 잘 적응하는 장점이 있다.

② 식용 두류 중에서 종실 내 단백질 함량이 가장 높다.

③ 꼬투리는 지상에서 비대가 완료된 후에 자방병이 신장되어 지중으로 들어간다.

④ 타식률이 4~5%로 다른 두류에 비해 높은 편이다.

> **NOTE|** ② 식용 두류 중에서 종실 내 단백질 함량이 가장 높은 것은 콩이며, 지질 함량이 가장 높은 것은 땅콩이다.
> ③ 수정 후 5일이 지나면 자방병이 급속히 땅을 향하여 신장한다. 자방병이 땅속에 들어가면 5일 정도 지나서 씨방이 수평으로 비대하기 시작하여 자방병의 신장이 정지된다.
> ④ 타식률이 0.2~0.5%로 다른 두류에 비해 낮은 편이다.

18 옥수수와 비교하여 벼에서 높거나 많은 항목만을 모두 고른 것은?

㉠ 기본염색체(n)의 수	㉡ 이산화탄소보상점
㉢ 광포화점	㉣ 광호흡량

① ㉡

② ㉠, ㉢

③ ㉠, ㉡, ㉣

④ ㉠, ㉡, ㉢, ㉣

> **NOTE|** ㉢ 옥수수는 C_4 식물이며, 벼는 C_3 식물이다. C_4 식물은 C_3 식물보다 광포화점이 높기 때문에 광합성 효율이 높다.
> ㉠ 염색체 수는 벼 2n=24개, 옥수수 2n=20개이다.
> ㉡ C_4 식물은 C_3 식물보다 이산화탄소 보상점이 낮아서 낮은 농도의 이산화탄소 조건에서도 적응할 수 있다.
> ㉣ C_4 식물은 광호흡을 하지 않거나, 광호흡량이 대단히 낮다.

ANSWER| 17.① 18.③

19 맥류에 대한 설명으로 옳지 않은 것은?

① 밀의 개화온도는 20℃ 내외가 최적이며 70~80% 습도일 때 주로 개화한다.

② 출수 후 밀이 보리에 비해 개화와 수정이 빨리 이루어진다.

③ 우리나라에서는 수발아 억제 방법으로 조숙품종을 재배하는 방법이 있다.

④ 맥주보리는 단백질 함량과 지방 함량이 낮은 것이 좋다.

> **NOTE |** ② 보리는 출수와 동시에 바로 꽃이 피지만 밀은 출수 3~6일 후에 꽃이 피기 시작하므로 출수 후 밀이 보리에 비해 개화와 수정이 늦게 이루어진다.

20 옥수수의 합성품종에 대한 설명으로 옳은 것은?

① 종자회사에서 개발하여 상업적으로 판매하는 품종의 거의 대부분은 합성품종이다.

② 합성품종의 초기 육성과정은 방임수분품종과 유사하고, 후기 육성과정은 1대 잡종품종과 유사하다.

③ 합성품종은 방임수분품종에 비해 개량의 효과가 다소 떨어진다.

④ 합성품종은 1대 잡종품종에 비해 잡종강세의 발현 정도가 낮고 개체 간의 균일성도 떨어진다.

> **NOTE |** ① 종자회사에서 개발하여 상업적으로 판매하는 품종의 거의 대부분은 1대잡종품종이다.
> ② 합성품종의 초기 육성과정은 1대잡종품종과 유사하고, 후기 육성과정은 방임수분품종과 유사하다.
> ③ 방임수분품종은 합성품종에 비해 개량의 효과가 다소 떨어진다.

ANSWER | 19.② 20.④

2016. 6. 18 제1회 지방직 시행

1 옥수수의 출수 및 개화에 대한 설명으로 옳지 않은 것은?

① 일반적으로 웅성선숙이다.

② 수이삭의 개화기간은 7~10일이다.

③ 암이삭의 수염추출은 수이삭의 개화보다 3~5일 정도 빠르다.

④ 암이삭의 수염은 중앙 하부로부터 추출되기 시작하여 상하로 이행된다.

NOTE| ③ 암이삭의 수염추출은 수이삭의 개화보다 3~5일 정도 늦다.

2 땅콩의 종합적 분류에 있어서 초형, 종실의 크기, 지유함량에 대한 설명으로 옳지 않은 것은?

① 발렌시아형의 초형은 입성이고, 종실의 크기는 작으며, 지유함량은 많다.

② 버지니아형의 초형은 입성·포복형이고, 종실의 크기는 크며, 지유함량은 적다.

③ 사우스이스트러너형의 초형은 포복성이고, 종실의 크기는 작으며, 지유함량은 많다.

④ 스페니쉬형의 초형은 입성이고, 종실의 크기는 크며, 지유함량은 적다.

NOTE| ④ 스페니쉬형의 초형은 입성이고, 종실의 크기는 작으며, 지유함량은 많다.

3 맥류에서 흙넣기의 생육상 효과로서 적절하지 않은 것은?

① 수발아   ② 잡초억제

③ 도복방지   ④ 무효분얼 억제

NOTE| 흙넣기의 효과

ㄱ **월동 조장** : 월동 전 생육 초기에 실시하면 복토를 보강하여 어린 싹들을 추위와 건조로부터 보호한다.

ㄴ **월동 후 생육 조장** : 뿌리의 고정 및 발달, 생육을 조장하며, 잡초의 발생을 억제하기도 한다.

ㄷ **무효분얼 억제** : 3월 하순~4월 상순에 2~3cm 깊이의 흙넣기를 하면 무효분얼이 억제된다.

ㄹ **도복 방지** : 대가 많이 자란 뒤에 3~6cm로 흙을 깊게 넣어주면, 도복이 적어지고 통풍과 일조가 양호해져 생육이 왕성해지게 된다.

ANSWER| 1.③ 2.④ 3.①

4 보리의 파종기가 늦어졌을 때의 대책으로 옳지 않은 것은?

① 파종량을 늘린다.

② 최아하여 파종한다.

③ 골을 낮추어 파종한다.

④ 추파성이 높은 품종을 선택한다.

> ✎NOTE │ 보리의 파종기가 늦어졌을 때 대책
> ㉠ 파종량을 기준량의 20~30%까지 늘려 뿌린다.
> ㉡ 백체가 나올 정도로 최아 파종한다.
> ㉢ 밑거름 주는 기준량에 인산·가리를 20~30%늘려 뿌려 준다.
> ㉣ 안전하게 월동할 수 있도록 골을 낮추어 파종한다.
> ㉤ 파종 후 볏짚·퇴비 등 유기물을 덮어 준다.
> ㉥ 추파성이 낮은 품종을 선택한다.

5 벼 품종의 주요 특성에 대한 설명으로 옳지 않은 것은?

① 조생종은 생육기간이 짧은 고위도 지방에 재배하기 알맞다.

② 동남아시아 저위도 지역에는 기본영양생장성이 작은 품종이 분포한다.

③ 묘대일수감응도는 감온형이 높고 감광형·기본영양생장형은 낮다.

④ 만생종은 감온성에 비해 감광성이 크다.

> ✎NOTE │ ② 동남아시아 저위도 지역에는 기본영양생장성이 큰 품종이 분포한다.

6 메밀에 대한 설명으로 옳지 않은 것은?

① 서리에는 약하나 생육기간이 짧으며 서늘한 기후에 잘 적응한다.

② 수정은 타화수정을 하며, 이형화 사이의 수분을 적법수분이라고 한다.

③ 동일품종에서도 장주화와 단주화가 섞여있는 이형예현상이 나타난다.

④ 생육적온은 17~20℃이고, 일교차가 작은 것이 임실에 좋다.

> ✎NOTE │ ④ 생육적온은 21~31℃이고, 일교차가 큰 것이 임실에 좋다.

ANSWER │ 4.④ 5.② 6.④

7 감자의 성분에 대한 설명으로 옳지 않은 것은?

① 비타민 A보다 비타민 B와 C가 풍부하게 함유되어 있다.

② 괴경의 비대와 더불어 환원당은 감소되고 비환원당이 증가한다.

③ 감자의 솔라닌은 내부보다 껍질과 눈 부위에 많이 함유되어 있다.

④ 괴경 건물 중 14~26%의 전분과 2~10%의 당분이 함유되어 있다.

> ✎NOTE| ④ 고구마의 성분에 대한 설명이다. 감자 괴경의 건물을 구성하는 성분 중 60~80%가 전분이
> 며, 감자는 고구마보다 당분이 적어 단맛이 적고 담백하다.

8 감자의 형태에 대한 설명으로 옳지 않은 것은?

① 줄기의 지하절에는 복지가 발생하고 그 끝이 비대하여 괴경을 형성한다.

② 감자의 뿌리는 비교적 심근성이고, 처음에는 수직으로 퍼지다가 나중에는 수평으로 뻗는다.

③ 괴경에는 눈이 많이 있는데 특히 기부보다 정부에 많다.

④ 감자의 과실은 장과에 속하고 지름이 3cm 정도이다.

> ✎NOTE| ② 감자의 뿌리는 비교적 얕게 퍼지는 천근성이고, 처음에는 수직으로 퍼지다가 나중에는 수
> 평으로 뻗는다.

9 바이러스에 의한 병이 아닌 것은?

① 감자 더뎅이병

② 보리 황화위축병

③ 벼 줄무늬잎마름병

④ 옥수수 검은줄오갈병

> ✎NOTE| ① 감자 더뎅이병은 방선균에 의한 병이다.

10 밭 작물의 비료 시비 방법에 대한 설명으로 옳지 않은 것은?

① 무경운시비는 작업이 어렵지만 비료의 유실이 적은 편이다.

② 파종렬시비를 할 때는 종자에 비료가 직접 닿지 않게 해야 한다.

③ 전면시비는 밭을 갈고 전체적으로 비료를 시비한 후 흙을 곱게 부수어 준다.

④ 엽면시비는 미량요소를 공급하거나 빠르게 생육을 회복시켜야 할 때 사용된다.

　✎NOTE | ① 무경운시비는 작업이 용이하지만, 비료의 유실이 많은 편이다.

11 보리의 재배적 특성에 대한 설명으로 옳지 않은 것은?

① 내한성이 강할수록 대체로 춘파성 정도가 낮아서 성숙이 늦어진다.

② 수량에 영향이 없는 한 조숙일수록 작부체계상 유리하다.

③ 습해가 우려되는 답리작의 경우 껍질보리보다 쌀보리가 유리하다.

④ 휴면성이 없거나 휴면기간이 짧은 품종은 수발아가 잘된다.

　✎NOTE | ③ 습해가 우려되는 답리작의 경우 내습성 품종을 선택해야 하는데, 껍질보리는 쌀보리보다 내습성이 강하여 유리하다.

12 콩을 분류할 때, 백목(白目), 적목(赤目), 흑목(黑目)으로 분류하는 기준에 해당하는 것은?

① 종실 배꼽의 빛깔

② 종실의 크기

③ 종피의 빛깔

④ 콩의 생태형

　✎NOTE | 콩의 분류
　　　ⓐ 쓰임새 : 일반용, 혼반용(밥), 유지용(기름), 두아용(콩나물), 청예용(사료 또는 비료) 등
　　　ⓑ 종피의 빛깔 : 흰콩, 노란콩, 푸른콩(청태), 검정콩, 밤콩, 우렁콩, 아주까리콩, 선비제비콩 등
　　　ⓒ 종실 배꼽의 빛깔 : 백목, 적목, 흑목 등
　　　ⓓ 종실의 크기 : 왕콩, 굵은콩, 중콩, 좀콩, 나물콩 등
　　　ⓔ 생태형 : 올콩(조생종), 중간형(중생콩), 그루콩(만생종) 등
　　　ⓕ 줄기의 생육 습성 : 정상형, 대화형, 만화형 등

ANSWER | 10.① 11.③ 12.①

13 벼에서 종실의 형태와 구조에 대한 설명으로 옳지 않은 것은?

① 왕겨는 내영과 외영으로 구분되며, 외영의 끝에는 까락이 붙어 있다.

② 과피는 왕겨에 해당하고, 종피는 현미의 껍질에 해당한다.

③ 현미는 배, 배유 및 종피의 세 부분으로 구성되어 있다.

④ 유근에는 초엽과 근초가 분화되어 있다.

✎NOTE | ④ 유아에는 초엽이, 유근에는 근초가 보호하는 종근이 분화되어 있다.

14 벼의 생육특성에 대한 설명으로 옳지 않은 것은?

① 볍씨가 발아하려면 건물중의 30~35% 정도 수분을 흡수해야 한다.

② 우리나라에서 재배하던 통일형 품종은 일반 온대자포니카 품종보다 휴면이 다소 강하다.

③ 모의 질소함량은 제4, 5본엽기에 가장 낮고, 그 후에는 증가하면서 모가 건강해진다.

④ 벼 잎의 활동기간은 하위엽일수록 짧고, 상위엽일수록 길다.

✎NOTE | ③ 모의 질소함량은 제4, 5본엽기에 가장 높고, 그 후에는 감소하면서 C/N율이 높아져 모가 건강해진다.

15 벼의 건답직파에 대한 설명으로 옳지 않은 것은?

① 출아일수는 담수직파에 비해 길다.

② 담수직파에 비해 논바닥을 균평하게 정지하기 곤란하다.

③ 결실기에 도복발생이 담수직파에 비해 많이 발생된다.

④ 담수직파보다 잡초발생이 많다.

✎NOTE | ③ 건답직파보다 담수직파의 경우에 벼 종자가 깊이 심어지지 못하여 뿌리가 얕게 분포하고 약히기 때문에 결실기에 도복되기 쉽다.

16 고구마에서 비료요소의 비효에 대한 설명으로 옳지 않은 것은?

① 질소과다는 괴근의 형성과 비대를 저해한다.

② 고구마는 인산의 흡수량이 적으므로 비료로서의 요구량도 적다.

③ 고구마 재배에서 칼리는 요구량이 가장 많고 시용효과도 가장 크다.

④ 질소가 부족하면 잎이 작아지고 농녹색으로 되며 광택이 나빠진다.

✎NOTE | ④ 인산이 부족하면 잎이 작아지고 농녹색으로 되며 광택이 나빠진다.

17 볍씨의 발아에 영향을 미치는 요인에 대한 설명으로 옳지 않은 것은?

① 일반적으로 발아 최저온도는 8~10℃, 최적온도는 30~32℃이다.

② 종자의 수분함량은 효소활성기 때 급격하게 증가한다.

③ 볍씨는 무산소 조건하에서도 발아를 할 수 있다.

④ 암흑조건 하에서 발아하면 중배축이 도장한다.

✎NOTE | ② 종자의 수분함량은 발아에 필요한 수분함량에 달할 때까지 발아초기에 급격하게 증가한다.

18 벼의 광합성에 영향을 주는 요인에 대한 설명으로 옳은 것은?

① 벼는 대체로 18~34℃의 온도범위에서 광합성량에 큰 차이가 있다.

② 미풍 정도의 적절한 바람은 이산화탄소 공급을 원활히 하여 광합성을 증가시킨다.

③ 벼는 이산화탄소 농도 300ppm에서 최대광합성의 45% 수준이지만, 2,000ppm이 넘어도 광합성은 증가한다.

④ 벼 재배시 광도가 낮아지면 온도가 낮은 쪽이 유리하고, 35℃ 이상의 온도에서는 광도가 높은 쪽이 유리하다.

✎NOTE | ① 벼의 광합성은 28℃에서 최고로 활발하며, 25~35℃의 온도범위에서는 광합성량에 큰 차이가 없다.
③ 벼는 이산화탄소 농도 300ppm에서 최대광합성의 45% 수준이지만, 2,000ppm이 넘으면 광합성이 더 이상 증가 하지 않는다.
④ 벼 재배시 광도가 낮아지면 온도가 높은 쪽이 유리하고, 35℃ 이상의 온도에서는 광도가 낮은 쪽이 유리하다.

ANSWER | 16.④ 17.② 18.②

19 벼의 생육기간에 대한 설명으로 옳은 것은?

① 육묘기부터 신장기까지를 영양생장기라고 한다.

② 고온·단일 조건에서 가소영양생장기는 길어진다.

③ 모내기 후 분얼수가 급증하는 시기를 최고분얼기라고 한다.

④ 출수 10~12일 전부터 출수 직전까지를 수잉기라고 한다.

> **NOTE** ① 육묘기부터 유수분화직전까지를 영양생장기라고 한다.
> ② 가소영양생장기는 고온·단일 조건에서 짧아지고, 저온·장일 조건에서 길어진다.
> ③ 모내기 후 분얼수가 급증하는 시기를 분얼최성기라고 하며, 분얼수가 가장 많은 시기는 최고분얼기라고 한다.

20 콩의 특성에 대한 설명으로 옳지 않은 것은?

① 콩은 고온에 의하여 개화일수가 단축되는 조건에서는 개화기간도 단축되고 개화수도 감소되는 것이 일반적이다.

② 자연포장에서 한계일장이 짧은 품종일수록 개화가 빨라지고 한계일장이 긴 품종일수록 개화가 늦어진다.

③ 가을콩은 생육초기의 생육적온이 높고 토양의 산성 및 알칼리성 또는 건조 등에 대한 저항성이 큰 경향이 있다.

④ 먼저 개화한 것의 꼬투리가 비대하는 시기에 개화하게 되는 후기개화의 것이 낙화하기 쉽다.

> **NOTE** ② 자연포장에서 한계일장이 짧은 품종일수록 늦게 일장반응이 일어나 개화가 늦어지고, 한계일장이 긴 품종일수록 빨리 일장반응이 일어나 개화가 빨라진다.

ANSWER | 19.④ 20.②

당신의 꿈은 뭔가요?

MY BUCKET LIST !

꿈은 목표를 향해 가는 길에 필요한 휴식과 같아요.

여기에 당신의 소중한 위시리스트를 적어보세요. 하나하나 적다보면 어느새 기분도

좋아지고 다시 달리는 힘을 얻게 될 거예요.

- ☐ _____
- ☐ _____
- ☐ _____
- ☐ _____
- ☐ _____
- ☐ _____
- ☐ _____
- ☐ _____
- ☐ _____
- ☐ _____
- ☐ _____
- ☐ _____
- ☐ _____
- ☐ _____
- ☐ _____
- ☐ _____
- ☐ _____
- ☐ _____
- ☐ _____
- ☐ _____
- ☐ _____
- ☐ _____
- ☐ _____

- ☐ _____
- ☐ _____
- ☐ _____
- ☐ _____
- ☐ _____
- ☐ _____
- ☐ _____
- ☐ _____
- ☐ _____
- ☐ _____
- ☐ _____
- ☐ _____
- ☐ _____
- ☐ _____
- ☐ _____
- ☐ _____
- ☐ _____
- ☐ _____
- ☐ _____
- ☐ _____
- ☐ _____
- ☐ _____
- ☐ _____

창의적인 사람이 되기 위해서

정보가 넘치는 요즘, 모두들 창의적인 사람을 찾죠.
정보의 더미에서 평범한 것을 비범하게 만드는 마법의 손이 필요합니다.
어떻게 해야 마법의 손과 같은 '창의성'을 가질 수 있을까요. 여러분께만 알려 드릴게요!

01. 생각나는 모든 것을 적어 보세요.

아이디어는 단번에 솟아나는 것이 아니죠. 원하는 것이나, 새로 알게 된 레시피나, 뭐든 좋아요.
떠오르는 생각을 모두 적어 보세요.

02. '잘하고 싶어!'가 아니라 '잘하고 있다!'라고 생각하세요.

누구나 자신을 다그치곤 합니다. 잘해야 해. 잘하고 싶어.
그럴 때는 고개를 세 번 젓고 나서 외치세요. '나, 잘하고 있다!'

03. 새로운 것을 시도해 보세요.

신선한 아이디어는 새로운 곳에서 떠오르죠. 처음 가는 장소, 다양한 장르에 음악, 나와 다른 분야의 사람.
익숙하지 않은 신선한 것들을 찾아서 탐험해 보세요.

04. 남들에게 보여 주세요.

독특한 아이디어라도 혼자 가지고 있다면 키워 내기 어렵죠.
최대한 많은 사람들과 함께 정보를 나누며 아이디어를 발전시키세요.

05. 잠시만 쉬세요.

생각을 계속 하다보면 한쪽으로 치우치기 쉬워요. 25분 생각했다면 5분은 쉬어 주세요.
휴식도 창의성을 키워 주는 중요한 요소랍니다.